经以济世
建德崩才
贺教育部
社科司向项目
办至主任

李召林
丙戌九月八

教育部哲学社会科学研究重大课题攻关项目

我国资源、环境、人口与经济承载能力研究

CHINA'S CAPACITY OF RESOURCE, ENVIRONMENT, POPULATION, AND ECONOMY

邱 东 等著

经济科学出版社
Economic Science Press

图书在版编目（CIP）数据

我国资源、环境、人口与经济承载能力研究/邱东等著.
—北京：经济科学出版社，2013.8
教育部哲学社会科学研究重大课题攻关项目
ISBN 978 – 7 – 5141 – 3630 – 2

Ⅰ.①我… Ⅱ.①邱… Ⅲ.①环境承载力 – 研究 – 中国②人口承载力 – 研究 – 中国 Ⅳ.①X21②C924.2

中国版本图书馆 CIP 数据核字（2013）第 163944 号

责任编辑：王东岗
责任校对：刘　昕
版式设计：代小卫
责任印制：邱　天

我国资源、环境、人口与经济承载能力研究
邱　东　等著
经济科学出版社出版、发行　新华书店经销
社址：北京市海淀区阜成路甲 28 号　邮编：100142
总编部电话：88191217　发行部电话：88191537
网址：www.esp.com.cn
电子邮件：esp@esp.com.cn
北京季蜂印刷有限公司印装
787×1092　16 开　27.75 印张　530000 字
2014 年 1 月第 1 版　2014 年 1 月第 1 次印刷
ISBN 978 – 7 – 5141 – 3630 – 2　定价：70.00 元
（图书出现印装问题，本社负责调换。电话：88191502）
（版权所有　翻印必究）

课题组主要成员

首席专家 邱 东
主要成员 （按姓氏笔画为序）
　　　　　　王卉彤　王亚菲　石　刚　吕光明
　　　　　　孙宝文　宋旭光　何　强　赵　楠
　　　　　　席　玮

编审委员会成员

主 任 孔和平 罗志荣
委 员 郭兆旭 吕 萍 唐俊南 安 远
　　　　　文远怀 张 虹 谢 锐 解 丹
　　　　　刘 茜

总　序

哲学社会科学是人们认识世界、改造世界的重要工具，是推动历史发展和社会进步的重要力量。哲学社会科学的研究能力和成果，是综合国力的重要组成部分，哲学社会科学的发展水平，体现着一个国家和民族的思维能力、精神状态和文明素质。一个民族要屹立于世界民族之林，不能没有哲学社会科学的熏陶和滋养；一个国家要在国际综合国力竞争中赢得优势，不能没有包括哲学社会科学在内的"软实力"的强大和支撑。

近年来，党和国家高度重视哲学社会科学的繁荣发展。江泽民同志多次强调哲学社会科学在建设中国特色社会主义事业中的重要作用，提出哲学社会科学与自然科学"四个同样重要"、"五个高度重视"、"两个不可替代"等重要思想论断。党的十六大以来，以胡锦涛同志为总书记的党中央始终坚持把哲学社会科学放在十分重要的战略位置，就繁荣发展哲学社会科学做出了一系列重大部署，采取了一系列重大举措。2004年，中共中央下发《关于进一步繁荣发展哲学社会科学的意见》，明确了新世纪繁荣发展哲学社会科学的指导方针、总体目标和主要任务。党的十七大报告明确指出："繁荣发展哲学社会科学，推进学科体系、学术观点、科研方法创新，鼓励哲学社会科学界为党和人民事业发挥思想库作用，推动我国哲学社会科学优秀成果和优秀人才走向世界。"这是党中央在新的历史时期、新的历史阶段为全面建设小康社会，加快推进社会主义现代化建设，实现中华民族伟大复兴提出的重大战略目标和任务，为进一步繁荣发展哲学社会科学指明了方向，提供了根本保证和强大动力。

高校是我国哲学社会科学事业的主力军。改革开放以来，在党中央的坚强领导下，高校哲学社会科学抓住前所未有的发展机遇，紧紧围绕党和国家工作大局，坚持正确的政治方向，贯彻"双百"方针，以发展为主题，以改革为动力，以理论创新为主导，以方法创新为突破口，发扬理论联系实际学风，弘扬求真务实精神，立足创新、提高质量，高校哲学社会科学事业实现了跨越式发展，呈现空前繁荣的发展局面。广大高校哲学社会科学工作者以饱满的热情积极参与马克思主义理论研究和建设工程，大力推进具有中国特色、中国风格、中国气派的哲学社会科学学科体系和教材体系建设，为推进马克思主义中国化，推动理论创新，服务党和国家的政策决策，为弘扬优秀传统文化，培育民族精神，为培养社会主义合格建设者和可靠接班人，做出了不可磨灭的重要贡献。

自2003年始，教育部正式启动了哲学社会科学研究重大课题攻关项目计划。这是教育部促进高校哲学社会科学繁荣发展的一项重大举措，也是教育部实施"高校哲学社会科学繁荣计划"的一项重要内容。重大攻关项目采取招投标的组织方式，按照"公平竞争，择优立项，严格管理，铸造精品"的要求进行，每年评审立项约40个项目，每个项目资助30万～80万元。项目研究实行首席专家负责制，鼓励跨学科、跨学校、跨地区的联合研究，鼓励吸收国内外专家共同参加课题组研究工作。几年来，重大攻关项目以解决国家经济建设和社会发展过程中具有前瞻性、战略性、全局性的重大理论和实际问题为主攻方向，以提升为党和政府咨询决策服务能力和推动哲学社会科学发展为战略目标，集合高校优秀研究团队和顶尖人才，团结协作，联合攻关，产出了一批标志性研究成果，壮大了科研人才队伍，有效提升了高校哲学社会科学整体实力。国务委员刘延东同志为此做出重要批示，指出重大攻关项目有效调动各方面的积极性，产生了一批重要成果，影响广泛，成效显著；要总结经验，再接再厉，紧密服务国家需求，更好地优化资源，突出重点，多出精品，多出人才，为经济社会发展做出新的贡献。这个重要批示，既充分肯定了重大攻关项目取得的优异成绩，又对重大攻关项目提出了明确的指导意见和殷切希望。

作为教育部社科研究项目的重中之重，我们始终秉持以管理创新服务学术创新的理念，坚持科学管理、民主管理、依法管理，切实增强服务意识，不断创新管理模式，健全管理制度，加强对重大攻关项目的选题遴选、评审立项、组织开题、中期检查到最终成果鉴定的全过程管理，逐渐探索并形成一套成熟的、符合学术研究规律的管理办法，努力将重大攻关项目打造成学术精品工程。我们将项目最终成果汇编成"教育部哲学社会科学研究重大课题攻关项目成果文库"统一组织出版。经济科学出版社倾全社之力，精心组织编辑力量，努力铸造出版精品。国学大师季羡林先生欣然题词："经时济世 继往开来——贺教育部重大攻关项目成果出版"；欧阳中石先生题写了"教育部哲学社会科学研究重大课题攻关项目"的书名，充分体现了他们对繁荣发展高校哲学社会科学的深切勉励和由衷期望。

创新是哲学社会科学研究的灵魂，是推动高校哲学社会科学研究不断深化的不竭动力。我们正处在一个伟大的时代，建设有中国特色的哲学社会科学是历史的呼唤，时代的强音，是推进中国特色社会主义事业的迫切要求。我们要不断增强使命感和责任感，立足新实践，适应新要求，始终坚持以马克思主义为指导，深入贯彻落实科学发展观，以构建具有中国特色社会主义哲学社会科学为己任，振奋精神，开拓进取，以改革创新精神，大力推进高校哲学社会科学繁荣发展，为全面建设小康社会，构建社会主义和谐社会，促进社会主义文化大发展大繁荣贡献更大的力量。

教育部社会科学司

前 言

可持续发展是当今世界最受瞩目的重大问题，也是人类追求的共同目标。可持续发展的实质是人类生态系统的持续承载，即资源、环境、人口与经济系统的综合持续承载。20世纪中叶以来，人类生态领域各类承载能力研究受到世界各国的广泛关注。在教育部哲学社会科学研究重大课题攻关项目"我国资源、环境、人口与经济承载能力研究"（项目批准号：06JZD0020）的资助下，我们对这一课题项目展开了历时四年半的研究。本书是这一课题项目的最终成果。阶段性成果《承载能力与中国可持续发展研究丛书》（共五本）已先期于2011年年底和2012年年初由中国人民大学出版社先后出版。本书是在阶段性成果的基础上进一步完善和提炼而成的。作为集体研究的结晶，本书记录着全部课题组成员一段夹杂着喜悦、踌躇与艰辛的科学探索历程。

2006年7月，教育部社会科学司下发"关于教育部哲学社会科学研究重大课题攻关项目2006年度招标工作的通知"后，我们马上选定题目，组建研究小组，进行项目论证。在此基础上，于11月11日参加投标现场答辩。2006年年底，教育部社会科学司公布结果，我们申报的"我国资源、环境、人口与经济承载能力研究"成功获批立项。这是对我们前期论证工作的肯定，带给我们一丝丝喜悦。

2007年5月，课题组如期在北京召开了开题报告会。肖红叶教授、康君研究员、罗建国高级统计师作为专家出席了会议。专家们在承载能力评价标准与指标体系的设计、反向承载作用关系的揭示等方面提出了许多有益和独到的建议，对课题组进一步完善研究设计和凝练方向将起到重要的作用。在吸纳专家意见的基础上，我们扩充了研究队伍，最终确立了五个子课题的研究框架。这五个子课题的研究范围设计为：承载能力理论与研究方法、承载能力与中国经济增长方式转变、承载能力与中国区域功能规划、承载能力与中国城乡统筹发展、承载能力与中国可持续发展测度。

在各个子课题的实施阶段，一些阻挠课题研究推进的问题接触而至，如承载能力问题的多学科性、定量化测度方法的复杂性、研究参数设定的困难性、中国实证数据的庞杂性等。这些问题颇费踌躇，但在课题组全体成员的艰苦努力下，得益于多位咨询专家的悉心指导，我们逐渐克服这些难题，一块块任务逐步落实，一篇篇论文陆续在公开期刊上发表。在2011年5月，课题最终研究成果最终通过了教育部社科司组织的成果鉴定，得以顺利结项。

本书凝结了全部课题组成员的智慧和心血。除了本书开头所列的课题组主要成员外，以下同志也曾经对本书的框架设计、内容探索和最终成稿做出了或多或少的贡献。他们是：陈梦根、郭志伟、余玥、李江华、刘猛。

本课题项目的研究始终得到了教育部社会科学司的指导、关心和支持。社会科学司相关领导同志亲自出席了开题报告会和中期检查报告会。中央财经大学科研处相关领导和老师也对本课题项目的研究做了大量帮助和支持。没有他们的工作，本课题项目是难以顺利完成的。同时，经济科学出版社吕萍总编辑的亲自指导和王东岗编辑的悉心编排，也使得本书得以顺利付梓出版。在此一并表示感谢。当然，文责自负。

最后，需要指出的是，人类生态领域中的承载能力问题是一个庞大的多学科性的研究课题。本书仅仅是做了初步的、较为粗浅的探索。囿于研究能力和学科视野所限，本书还存在不少的错误、不足和疏漏，恳请各位专家、同仁和读者批评指正。

邱东

内容摘要

本书对承载能力研究的演进过程及其与可持续发展之间的关系进行系统梳理和剖析，在可持续发展背景下构筑了一个全新的承载能力系统互动理论框架和应用方法框架，把承载能力理论和方法研究与中国可持续发展的实现问题结合起来，寻求中国国情约束下可持续发展的实现模式和路径。在应用研究中，本书从资源、环境、经济三个维度对中国各区域的承载能力状况进行总体上的系统测算和分析，分别采用不同的承载能力分析方法，对当前中国发展的三个重大问题，即区域功能规划、城乡统筹发展和经济增长方式转变，进行合理的阐释和剖析，以期探求较为理想的解决思路、路径与对策。

全书内容分为五章。

第1章为承载能力理论与研究方法。本章首先阐析了承载能力研究的演进过程，探讨与解析了目前承载能力研究所面临的困境与挑战；其次，借助PREE系统理论，构筑了一个全新的承载能力系统理论分析框架，剖析了生态系统综合承载能力的详细分解关系与调控原理；再其次，从单因素承载能力和综合承载能力两个层面对承载能力的研究方法进行归纳、探讨与评析；最后，给出了后续各章应用研究的基本思路与结构安排。

第2章是中国区域资源、环境、经济的人口承载能力的分析与应用。本章首先从资源、环境、经济三个独立承载能力系统出发，按照影响因子界定——模型构建——实证分析的解决问题思路，以区域的人口承载水平为研究对象，以适度的人口容量为研究目标，实证分析了各系统的人口承载能力状况；其次，立足于资源——环境——经济的复合巨系统，运用三类不同研究方法，估算现阶段中国各区域的承载能力状况；最后在实证分析的结论之上，提出改进系统承载能力的相关对策与建议。

第3章是承载能力与中国区域功能规划。本章首先从资源、环境与经济的承载能力与承载压力这一视角，构建由22个指标组成的递阶多层次综合评价指标体系；其次以省为主体功能区的划分单元，对我国31个省市自治区进行主体功能区的划分与评价，并利用GIS对各地区的评价因素进行比较分析；最后提出相应的政策建议。

第4章是资源承载能力视角下的中国城乡统筹发展实证研究。本章首先对城乡统筹的理论意义进行归纳，并提出了基于资源、环境承载能力视角的城乡统筹发展理论构想；然后以全国31个省级行政单位为研究对象，从城乡资源、环境、经济承载因素三个角度，逐项探讨中国农村可持续发展与城市（工业）发展的具体关系，并对其因果作用方向进行判别。随后，选取水资源承载能力和基础设施承载能力两个方面作为着力点，以城乡资源承载能力的互动提升为研究视角，对中国城乡统筹发展的现实意义、目标设定与策略选择进行分析，并在实证研究的基础上提出政策建议。

第5章是经济系统物质流核算与中国经济增长若干问题研究。本章以经济系统的物质流核算为基础，以中国经济系统为具体研究对象，对经济增长过程中的物质代谢总量平衡核算、物质减量化、典型农村可持续发展的物质流模式、经济增长与物质代谢的动态冲击以及区域资源消耗与经济增长之间的动态关系等问题进行了系统研究，并给出相关的政策建议。

Abstract

In this book, the evolution of carrying capacity and the relationship between the capacity and sustainable development is analyzed in a systemic way; at the background of sustainable development, a new framework of carrying capacity system interaction theory and application method is built up; combining carrying capacity theory and research on ways with reality problems in China's sustainable development, the mode and ways to realize the sustainable development under the restriction of China's national conditions are explored. In terms of application research, a systemic calculation and analysis on resources, environment and economy in each of China's region is conducted in this book; three major problems in China's current development: regional function planning, integrated development of the urban and rural areas and the transformation of economic growth pattern are explained and analyzed in different analyzing methods in order to find out ideal thoughts, ways and countermeasures.

There are 5 chapters in this book.

Chapter 1 is about carrying capacity theory and research methods. This chapter begins from the evolution of research on carrying capacity, discussion and analysis on the difficulties and challenges in the research on carrying capacity. Then, with PREE system, a new framework of analyzing carrying capacity system theory is established and a detailed decomposition relationship of the over all carrying capacity of ecological system and its regulating principle are analyzed; and then, methods of research on carrying capacity are summarized, discussed and evaluated from two levels—single-factor carrying capacity and integrated carrying capacity; lastly, basic ideas and structures on the application study in following chapters are presented.

Chapter 2 is about the analysis and application of China's regional resources', environment's and economic capacity of supporting the population. Firstly, with the research object of levels of supporting the population in each region and aiming to work out the moderate population capacity, an empirical analysis on the three independent systems of carrying capacity—resources, environment and economy is conducted in the thinking way of defining influencing factors-model construction-empirical analysis; secondly, based on the giant complex system of resources—environment—economy, the carrying capacity in each region is estimated with three different methods; finally, on the foundation of the empirical analysis, measures and suggestions on improving system's carrying capacity are proposed.

Chapter 3 is the carrying capacity and regional function planning in China. At the beginning of this chapter, a hierarchy and multi-level comprehensive evaluation indicator system composed by 22 indicators is built up from the perspective of the carrying capacity and pressure of resources, environment and economy; setting each province as the main functional region unit, 27 provinces and 4 municipalities are divided and evaluated and the factor of evaluation in each region is analyzed and compared with GIS; at the end of this chapter, suggestions on relative policies are proposed.

Chapter 4 is the empirical study on China's integrated development of the urban and rural areas from the perspective of resources' carrying capacity. Theoretical meaning of an overall urban-rural development is firstly summarized and an idea of such a theory based on the carrying capacity of resources and environment is put forward; the specific relationship and causation direction between the sustainable development in China's rural areas and urban (industrial) development is discussed one by one in the 31 provinces and municipalities from the aspects of resources, environment and economy; besides, the practical significance, objective setting and policy selection of China's integrated urban-rural development are analyzed with the case study on the supporting capacities of water and infrastructure from the perspective of interactive promotion between urban and rural resources' carrying capacity; and proposals on policy are presented on the base of empirical study.

Chapter 5 is the study on several issues such as economy-wide material flow accounting and China's economic growth. With the study objective of China's economic system and based on the economy-wide material flow accounting, the total material metabolism balance accounting, dematerialization, the material flow mode of typical sustainable development in rural areas, the dynamic impacts of economic growth and material metabolism and the dynamic relationship between regional resources consumption and economic growth are studies in a systemic way before offering some suggestions on policies.

目 录

第1章 ▶ 承载能力理论与研究方法　1

第一节　承载能力研究的发展与挑战　2
一、承载能力研究的演进过程　2
二、当前承载能力研究面临的困境与挑战　14

第二节　承载能力 PREE 系统论　27
一、人类生态 PREE 系统论　27
二、基于 PREE 系统的承载能力系统重构　33

第三节　单因素承载能力研究方法　48
一、资源承载能力研究方法　49
二、环境承载能力研究方法　59
三、经济承载能力研究方法　61
四、可持续发展背景下单因素承载能力研究方法的审视　68

第四节　综合承载能力研究方法　69
一、基于能量和物质转移的综合测度方法　69
二、指标体系测度方法　76
三、面向复合层次结构指标的综合测度方法　79
四、系统性建模测度方法　80
五、综合承载能力测度方法的改进方向　83

第五节　后续各章的研究安排　84
一、中国承载能力应用研究的必要性　84
二、后续各章的基本思路与内容安排　86

第2章 ▶ 中国区域资源、环境、经济的人口承载能力分析与应用　88

第一节　区域自然资源人口承载能力分析　89
一、区域水资源人口承载能力分析　89
二、区域耕地资源人口承载能力分析　97

三、区域草地资源人口承载能力分析　　102
　第二节　区域生态环境人口承载能力分析　106
　　一、生态环境承载能力影响参数分析　　107
　　二、生态环境人口承载能力指标体系　　108
　　三、区域环境人口承载能力分析　　110
　第三节　区域经济人口承载能力分析　115
　　一、作为承载主体的经济承载能力　　115
　　二、区域就业人口承载能力分析　　116
　　三、区域经济人口承载能力综合分析　　121
　第四节　区域承载能力综合分析　125
　　一、基于生态足迹的区域承载能力综合分析　　125
　　二、基于短板效应的区域承载能力综合分析　　140
　　三、基于神经网络的区域可持续承载能力综合评价　　145
　第五节　环境—资源—经济系统承载能力优化对策　151
　　一、资源系统承载能力提升对策　　151
　　二、环境系统承载能力提升对策　　154
　　三、资源环境持续约束的经济发展模式选择　　155

第3章 ▶ 承载能力与中国区域功能规划　157

　第一节　区域功能规划国内外比较及其理论基础　157
　　一、区域规划的理论基础　　158
　　二、国外区域规划的比较分析　　161
　　三、我国区域规划的发展历史与主体功能区的提出　　168
　第二节　我国区域功能规划的实证研究
　　　　　——基于承载能力视角　173
　　一、主体功能区的划分方法　　174
　　二、承载能力的测定方法　　180
　　三、划分指标的选取与数据处理　　180
　　四、我国主体功能区划分的实证分析　　185
　　五、实证分析结论与评价　　192
　第三节　推进形成区域功能的财税金融政策　195
　　一、推进主体功能区建设的财税政策建议　　195
　　二、四类主体功能区的财税政策研究　　199
　　三、推进主体功能区建设的金融政策建议　　204

第4章 承载能力视角下的中国城乡统筹发展实证研究　209

第一节　研究内容　209
一、研究背景　210
二、研究目的及意义　214
三、研究思路及主要内容　214

第二节　基于资源、环境承载能力的城乡统筹发展理论构想　216
一、国外相关研究　216
二、国内相关研究　219
三、承载能力与城乡统筹发展的相关分析　220
四、基于承载能力的城乡统筹理论构想　223

第三节　城乡资源、环境承载因素对农村可持续发展的影响力分析　224
一、农村可持续发展与城乡资源要素关系　224
二、农村可持续发展与城市（工业）环境要素关系　234
三、农村可持续发展与城市经济因素关系　251
四、结论　258

第四节　城乡基础设施承载能力指数与承载状态实证研究　260
一、基础设施的定义　261
二、基础设施承载能力的理论界定和性质　262
三、基础设施承载能力的测度方法　264
四、对基础设施承载能力指数的测度　264
五、研究结论　271

第五节　城乡水资源承载能力指数与承载状态对比研究
———以北京市为例　274
一、北京市水资源现状　274
二、研究意义　278
三、水资源承载能力理论　279
四、城乡水资源承载能力的测度　282
五、城乡水资源承载状态的动态比较分析　287
六、研究结论　291

第六节　中国城乡统筹发展的路径：基本思路与策略分析　293
一、统筹城乡发展的基本目标与思路　293
二、统筹城乡发展的策略选择之一：实现农村和城市资源承载能力的互动提升　294

三、统筹城乡发展的策略选择之二：综合提升城乡环境承载能力　297

　　四、统筹城乡发展的策略选择之三：综合提升城乡经济承载能力　300

第5章 ▶ 经济系统物质流核算与中国经济增长若干问题研究　304

第一节　经济系统物质流核算方法　305

　　一、经济系统物质流分析方法的基础　306

　　二、经济系统范围的总体物质平衡体系　306

　　三、经济系统物质流分析核算的系统边界　307

　　四、物质流核算指标与账户　310

　　五、物质流核算项目分类　313

第二节　中国经济系统物质代谢总量平衡核算　314

　　一、数据来源　314

　　二、总量指标平衡核算结果　317

　　三、结论与建议　328

第三节　中国经济增长的物质减量化分析　328

　　一、研究方法与数据说明　329

　　二、实证结果与讨论　332

　　三、结论与建议　339

第四节　中国典型农村经济增长的可持续性评估　339

　　一、研究方法与数据　340

　　二、禹州农村生产消费活动的物质流分析　341

　　三、结论与建议　346

第五节　中国经济增长与物质代谢的动态冲击分析　347

　　一、变量选取与数据来源　347

　　二、实证研究结果与讨论　347

　　三、结论与建议　372

第六节　中国经济增长与物质代谢的面板数据分析　374

　　一、模型设定与数据来源　374

　　二、实证结果及分析　375

　　三、结论与建议　381

第七节　主要结论与建议　382

附表　385

参考文献　392

Contents

Chapter1 Theory and Research methods of Carrying Capacity ········ 1

Section 1 Development and challenges of research on carrying capacity ········ 2
  1. The evolution of research on carrying capacity ········ 2
  2. Current difficulties and challenges of research on carrying capacity ········ 14
Section 2 PREE system theory of carrying capacity ········ 27
  1. Human ecological PREE system theory ········ 27
  2. A new framework of analyzing carrying capacity based on PREE system ········ 33
Section 3 Research methods of single-factor carrying capacity ········ 48
  1. Research methods of Resource carrying capacity ········ 49
  2. Research methods of Environment carrying capacity ········ 59
  3. Research methods of Economy carrying capacity ········ 61
  4. A review of single-factor carrying capacity research methods in the context of sustainable development ········ 68
Section 4 Research methods of integrated carrying capacity ········ 69
  1. Integrated measurement of carrying capacity based on transfer of energy and mass ········ 69
  2. Indicator system measurement ········ 76
  3. Integrated measurement for indicators with complex hierarchy ········ 79
  4. Systemic modeling measurement ········ 80
  5. The direction of improvement for integrated carrying capacity measurement ········ 83
Section 5 Research arrangements of the following chapters ········ 84
  1. The necessity of Chinese applied research on carrying capacity ········ 84

2. The basic idea and arrangements of the following chapters ········· 86

Chapter 2 Analysis and Application on Population Carrying Capacity ········· 88

Section 1 An analysis of population carrying capacity of regional natural resources ········· 89

1. An analysis of population carrying capacity of regional water resources ········· 89
2. An analysis of population carrying capacity of regional cultivated land resources ········· 97
3. An analysis of population carrying capacity of regional grassland resources ········· 102

Section 2 An analysis of population carrying capacity of regional ecological environment ········· 106

1. An analysis of parameters affecting carrying capacity of regional ecological environment ········· 107
2. Ecological environment indicators system on population carrying capacity ········· 108
3. An analysis of population carrying capacity of ecological environment ········· 110

Section 3 An analysis of population carrying capacity of regional economy ········· 115

1. Economy as the principle part of the carrying capacity ········· 115
2. An analysis of population carrying capacity of regional employment ········· 116
3. Comprehensive analysis of population carrying capacity of regional economy ········· 121

Section 4 Comprehensive analysis of the carrying capacity of the region ········· 125

1. A comprehensive analysis of the regional carrying capacity based on ecological footprint ········· 125
2. A comprehensive analysis of the regional carrying capacity based on cask effect ········· 140
3. Comprehensive evaluation of regional sustainable carrying capacity based on neural networks ········· 145

Section 5 Optimization countermeasures of the carrying capacity system ········· 151

1. Promoting countermeasures of the carrying capacity on the resources system ········· 151
2. Promoting countermeasures of the carrying capacity on the environment system ········· 154
3. Development model choice under continuing constraints of the resources and environment ········· 155

Chart 3 Carrying capacity and Chinese regional functions planning ········· 157

Section 1 Theory basis of regional functions planning and its comparison between China and other countries ········· 157

1. Theory basis of regional functions planning ········· 158

    2. Comparative analysis of foreign countries' regional planning ……………… 161
    3. Development history of Chinese regional planning and emergence of main functional areas …………………………………………………… 168
  Section 2 Empirical analysis of Chinese regional functions planning based on the carrying capacity ……………………………………………… 173
    1. The partitioning method of main functional areas ……………………… 174
    2. The measuring method of carrying capacity …………………………… 180
    3. Selection of division indicators and data processing …………………… 180
    4. Empirical analysis of the division of Chinese main functional areas …… 185
    5. The conclusions and comments of the empirical analysis ……………… 192
  Section 3 Fiscal and financial policies of promoting the construction of main functional areas ……………………………………………… 195
    1. Suggestion of fiscal policies to promote the main functional areas ……… 195
    2. Fiscal policies' research of promoting four types of main functional areas ……… 199
    3. Suggestion of financial policies to promote the main functional areas …… 204

Chapter 4 An Empirical Study on Chinese balancing Urban and Rural Development from the Perspective of Carrying Capacity ………………… 209

  Section 1 Research contents …………………………………………………… 209
    1. Research background …………………………………………………… 210
    2. The purposes and significances of research …………………………… 214
    3. Research ideas and the main contents ………………………………… 214
  Section 2 Theoretical conception of balancing urban and rural development based on resources and environment carrying capacity …………… 216
    1. Relative literature review of abroad …………………………………… 216
    2. Relative literature review of China …………………………………… 219
    3. Correlation analysis of carrying capacity and balancing urban and rural development ………………………………………………………… 220
    4. Theoretical conception of balancing urban and rural development based on carrying capacity ………………………………………………… 223
  Section 3 Influence analysis of urban-rural resources and environment carrying factors on rural sustainable development …………………………… 224
    1. The relations between rural sustainable development and urban and rural resource factors …………………………………………………………… 224

2. The relations between rural sustainable development and urban（Industry）
　　　　environmental factors ·· 234

　　3. The relations between rural sustainable development and urban economic factors ······ 251

　　4. Conclusions ·· 258

Section 4 The empirical research of urban and rural infrastructure carrying
　　　　capacity index and carrying state ·· 260

　　1. The definition of the infrastructure ·· 261

　　2. Theoretical definition and property of infrastructure carrying capacity ··············· 262

　　3. Measure methods of infrastructure carrying capacity ·· 264

　　4. Measure infrastructure carrying capacity index ·· 264

　　5. Conclusions ·· 271

Section 5 The contrastive study of urban and rural water resources carrying
　　　　capacity index and carrying state—Beijing as a case ···················· 274

　　1. The current status of water resources in Beijing City ·· 274

　　2. The significances of the research ·· 278

　　3. Water resources carrying capacity theory ··· 279

　　4. Measure water resources carrying capacity index ··· 282

　　5. Dynamic comparative analysis of urban and rural water resources carrying state ······ 287

　　6. Conclusions ·· 291

Section 6 The paths of Chinese balancing urban and rural development:
　　　　Research idea and strategy analysis ·· 293

　　1. The basic aims and ideas of balancing urban and rural development ····················· 293

　　2. The first strategy of balancing urban and rural development: implementing the
　　　　interaction and promotion between rural and urban resources carrying capacity ······ 294

　　3. The second strategy of balancing urban and rural development: Comprehensively
　　　　promoting urban and rural environmental carrying capacity ·································· 297

　　4. The third strategy of balancing urban and rural development: Comprehensively
　　　　promoting urban and rural economic carrying capacity ······································· 300

Chapter 5 Study on Some Problems between Economic Growth and economy-wide Material flow accounts in China ···················· 304

Section 1 Economy-wide material flow analysis ································· 305

　　1. The basic framework of economy-wide material flow analysis ···························· 306

　　2. The overall material balance in the economy system ··· 306

　　3. The system boundary of the economy-wide material flow accounting ··················· 307

  4. Economy-wide material flow indicators and accounts ······ 310

  5. The classification of economy-wide material flow accounting ······ 313

Section 2 The mass material metabolism balance of China's economic system ······ 314

  1. Data sources ······ 314

  2. Results of the material flow indicators ······ 317

  3. Conclusions and suggestions ······ 328

Section 3 Linking analysis on China's material dematerialization and economic growth ······ 328

  1. Research methods and data description ······ 329

  2. Empirical results and discussion ······ 332

  3. Conclusions and suggestions ······ 339

Section 4 Sustainability assessment on typical rural economic growth in China ······ 339

  1. Research methods and data description ······ 340

  2. Material flow analysis on production and consumption activities in Yuzhou ······ 341

  3. Conclusions and suggestions ······ 346

Section 5 Analysis of dynamic impact on China's economic growth and metabolism ······ 347

  1. Variable selection and data sources ······ 347

  2. Empirical results and discussion ······ 347

  3. Conclusions and suggestions ······ 372

Section 6 The panel data analysis on China's economic growth and metabolism ······ 374

  1. Model specification and data sources ······ 374

  2. Empirical results and discussion ······ 375

  3. Conclusions and suggestions ······ 381

Section 7 Main conclusions and suggestions ······ 382

Attached table ······ 385

Reference ······ 392

第 1 章

承载能力理论与研究方法

可持续发展是当今世界最为关注的重大问题,也是人类追求的共同目标。可持续发展并不意味着不消耗资源和污染环境,也不是使发展完全摆脱对资源环境的影响和依赖,而是将发展保持在资源、环境、人口与经济系统的承载限度内,又不能使发展处于停滞状态。可持续发展的实质是生态系统的持续承载,即资源、环境、人口与经济系统的综合持续承载。

作为一种与可持续发展相吻合的理念,承载能力研究逐渐成为近些年科学研究的焦点。与可持续性的概念相比,承载能力的概念不但同样可以应用于几乎所有尺度的人类与环境相互关系的可持续性问题,而且还有后者所不具备的额外优势——传递可计算性和精确性的意念[1]。可持续发展理论的完善需要承载能力尤其是生态系统综合承载能力理论的支持,承载能力理论和研究方法必将成为可持续发展的重要支撑。承载能力理论与方法研究是进一步深化可持续性度量和评价研究的核心途径之一。

本章第一节阐析了承载能力研究的演进过程,较为深入地探讨与解析了目前承载能力研究所面临的困境与挑战。第二节在可持续发展背景下,借助于 PREE 系统理论,构筑了一个全新的承载能力系统理论分析框架,剖析了生态系统综合承载能力的详细分解关系与调控原理。第三节从单因素承载能力和综合承载能力两个层面对承载能力的研究方法进行归纳、探讨与评析。第四节在探讨中国开展承载能力应用研究必要性的基础上,给出了后续各章应用研究的基本思路与结构

---

[1] Sayre, N. F. *Carrying Capacity: Genesis, History and Conceptual Flaws*. Working paper, 2007.

安排。

第一节 承载能力研究的发展与挑战

作为人类可持续发展的测度与管理决策的重要指标，承载能力概念的提出及相关研究的深化和完善是一个十分漫长而复杂的过程。其间，伴随着不少争论与疑惑。与可持续发展状态测度的精确性要求相比，目前的承载能力研究还面临着不少挑战。本节对这些问题逐一进行较为详细的阐述和剖析。

一、承载能力研究的演进过程

承载能力又称承载能力、承受能力，英文为 Carrying Capacity 或 Bearing Capacity，它原本是物理力学中的一个概念，指物体在不产生任何破坏时所能承受的最大负荷，具有力学中压强的量纲，如 kg/cm^3、N/cm^3。后来，生物学、人口统计学、生态学等学科在发展过程中普遍借用承载能力的概念，衍生出种群承载能力、资源承载能力、环境承载能力、生态承载能力等概念。这些衍生概念都是没有力学量纲的抽象概念，试图表达出某一条件下承载主体（通常为资源、环境或生态系统）对承载对象（通常为人类或生物种群）生长的支撑能力或发展的限制程度。承载能力从具体的力学概念演变到抽象的生态学概念[①]经历了一个十分漫长而复杂的过程，这一过程大致可分为以下四个阶段：

（一）第一阶段：Logistic（非条件多元）曲线恒定 K 值的提出

承载能力的概念由具体到抽象的演化最早可追溯到 18 世纪人口统计学和生物学中的人口或生物种群数量增长问题研究。当生物种群的生长不受空间、食物和其他有机体等资源与环境条件的限制时，该物种的增长率为最大，唯一的限制因子为物种自身的繁殖率与生长率，此时的增长率为内禀自然增长率。此时种群增长曲线呈 J 形，其数学表达式为：

[①] 有的研究如邢永强等（2007）把承载能力的力学概念称为承载力（Bearing Capacity），而把承载能力（Carrying Capacity）仅理解为一个生态学概念，认为承载力侧重于对具体实物的支撑和荷载，而承载能力则偏重于对人类社会、生态系统等抽象系统的支持和包容。笔者认为，无论是"力"，还是"能力"，都是"Capacity"的对应词，二者应该是完全等价的，互为替换的。

$$\frac{dN(t)}{dt} = rN(t) \qquad (1-1-1)$$

该模型就是生态学中著名的马尔萨斯（Malthus）模型，由马尔萨斯在1789年发表的《人口原理》中提出的。但是，在现实生活中，除非是有控制条件的实验研究①，否则由于资源和环境限制因素，种群是不可能按J形曲线无限制增长的（见图1-1-1）。

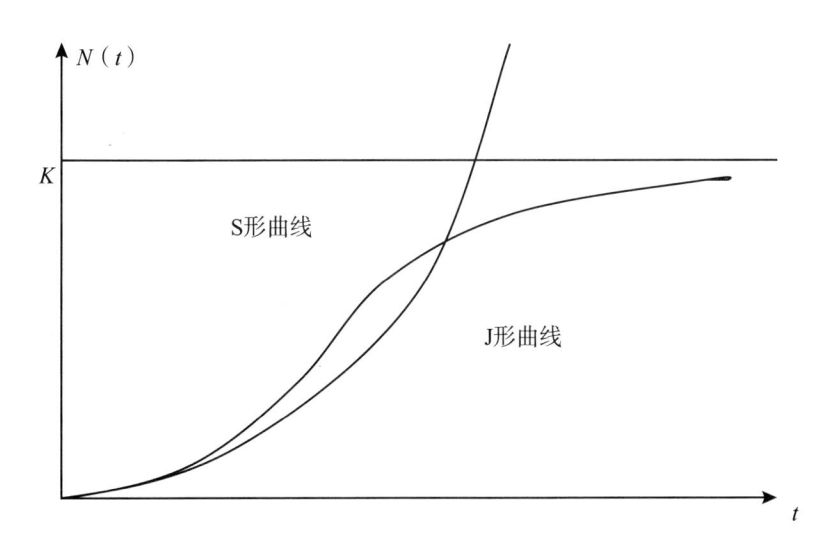

图1-1-1 种群增长曲线示意图

马尔萨斯是第一个看到资源环境限制因子对人类物质增长过程有着重要影响的学者。在1798年出版的《人口原理》中，他假定：①食物是人类生存的必需品，是人口增长的唯一限制因子；②由于上帝赋予人类几乎不变的两性情欲，所以人口呈几何级数即指数增长（即1，2，4，8，16，…）②；③食物产量最多呈算术级数即线性增长（即1，2，3，4，5，…）。在此基础上，马尔萨斯提出食物资源有限并影响人口增长的理论。

建立在规范命题和机械的自然和社会概念基础上的马尔萨斯理论，不仅反映了当时的社会形式，而且对后来的科学研究都产生了广泛的影响［塞德尔（Seidl），1999］。达尔文在其进化论观点中采用了人口几何增长和资源有限约束的观点。人口增长的压力是达尔文关于自然选择、现代生物进化论和生物多样性的理论基础。1838年，比利时数学教授维赫尔斯特（Verhulst）第一个用数学形式表

---

① 如利费里奇（Levrich）和利文（Leven）（1979）对福禄考（Phlox）种群的研究。
② 马尔萨斯的指数增长思想是观察美国的人口增长得到的，其他地区的人口并不符合这一思想。当时美国人口每25年翻一番，但马尔萨斯忽视了这种增长背后存在的大规模移民因素。

示出马尔萨斯的观点。在对 19 世纪最初 20 余年法国、比利时、沙俄及英国埃克塞斯（Essex）郡人口调查的基础上，维赫尔斯特考虑人口容量或极限规模，引入常数 K 表示自然资源和环境条件所能容许的最大人口，建立起人口增长的曲线方程。在时隔近一个世纪后的 1920 年，美国生物学家珀尔（Pearl）与其助手里德（Reed）在研究黄果蝇种群生长的实验中也独立地构建类似的曲线方程。这就是著名的 Logistic 曲线方程，也称维赫尔斯特—珀尔（Verhulst - Pearl）方程，其数学表达式为：

$$\frac{\mathrm{d}N(t)}{\mathrm{d}t} = rN(t)\left(\frac{K - N(t)}{K}\right) \qquad (1-1-2)$$

Logistic 曲线方程揭示出生物种群发展与环境之间的基本关系：通常种群数量最初增长缓慢，然后逐渐加快，但不久后，由于限制因素的影响，增长速度逐渐降低，然后达到某一平衡的恒定 K 值，最终呈现如图 1-1-1 所示的 S 形。长期的生态研究表明，在环境条件较好时，生物种群往往会生长过头，当生物种群个体数目超过 K 值过多以后，种群就会大量死亡，导致种群个体数目骤然下降，从而重新回到 K 值以内。在生态系统中，种群的变化还有其他几种形式，但万变不离其宗，种群个体数目的最后变化结果总是回到恒定 K 值所允许的范围内（高吉喜，2001）。用 Logistic 曲线的恒定 K 值反映资源环境限制因子对种群增长的限制作用，使人类意识到资源和环境方面的限制作用，更重要的是对现今承载能力的研究有重要的指示意义，可以说是现今承载能力研究的起源［哈丁（Hardin），1986］。

（二）第二阶段：种群的动态平衡与承载能力

尽管 Logistic 曲线在人口统计学和生物学研究中都得到一定程度的证实，但在永恒意义上却很难得到有力支持。由美国、英国、澳大利亚和新西兰等国家短期数据估计得到的 K 值很快被随后的人口增长所突破［科恩（Cohen），1995；塞德尔，1999］。简单的 Logistic 曲线并不适宜用于估计承载能力，主要原因是在建模过程中将系统假设为封闭的，而且将方程中的 K 值和 r 值等参数视为恒定不变，没有考虑到自然环境和人类社会发展的动态变化性和不确定性（陈劭锋，2003）。

1921 年，美国帕克（Park）和伯吉斯（Burgess）在有关的人类生态学杂志中首次明确提出了种群承载能力的概念，并把它定义为某一特定环境条件下某种生物个体存活的最大数量。显然，该定义描述的是一种最大的极限容纳量，是一种绝对数量的概念。由于它不涉及机制的探讨，因而承载主体与承载对象之间的关系最为简单（王开运等，2007）。

在现实生态系统中,包括人类在内的生物种群之间相互作用十分复杂,资源环境的稳定状态具有多重性。既然种群承载能力是资源环境对生物种群限制的具体体现,那么只要生物种群或资源环境因素发生变化,种群承载能力也就会发生相应的变化。种群承载能力是资源环境状况、生物种群对资源环境的利用状况以及生态调节机制等共同作用的结果。也就是说,种群承载能力是一个动态的变量。人口承载能力更是如此。虽然人也可以被认为是生物的一种,但是人在某种意义上已超越了一般的动物,人可通过劳动来增加其承载能力。马尔萨斯错误地预测人口的增长率将总是迅速地超过食物的增长率,但并未意识到人类扩展其承载能力的可能性和程度(陈劭锋,2003)。

一些学者首先注意到种群承载能力的这种可变性,并力求捕捉其动态变化规律。1922年,霍登(Hawden)和帕默(Palmer)在观察阿拉斯加引入驯鹿种群后的生态效应时发现,在种群数量增长并超过某一限度之后,会有一个急速下降,并最终趋于稳定。为此,霍登和帕默针对草原生态系统从生态学角度提出了新的承载能力概念,即在不损坏草场的情况下,草场可以支持的牲畜数量。显然,这一概念首次从种群与环境状态之间相互作用的角度定义承载能力,但也留下了如何客观评估这种相互作用的困难。约20年后,利奥波德(Leopold)(1941)也给出了相似的定义:区域生态系统能支撑的最大种群密度变化的范围。1953年,奥德姆(Odum)在其具有广泛影响力的著作《生态学基础》[①]中,将Logistic曲线最大值K与承载能力理论阈值联系后,承载能力这一概念有了形象直观的数学表达式。由于现实生态系统本身的复杂性,生物和环境以及种群间的交流与多重稳定过程属于非线性关系,并且受外界环境干扰的影响,种群数量的变化及其多元稳态通常处于非线性动态变化中,因此在实践中很难采用简单的Logistic曲线来描述自然种群的时空动态变化特征〔麦克劳德(McLeod),1997;王开运等,2007〕。尼克尔森(Nicholson)在其著名的蝴蝶试验中得出的分析结论表明,加入时间变化滞后因子 $(t-T)$ 后的方程 $\dfrac{\mathrm{d}N(t)}{\mathrm{d}t} = rN(t)\left(\dfrac{K-N(t-T)}{K}\right)$ 能够更好地拟合得到 Logistic 曲线方程(塞德尔,1999)。沃尔泰拉(Volterra)(1930)考虑遗传效应对种群动态的影响,得到积分—差分形式的改进方程:

$$\frac{\mathrm{d}N(t)}{\mathrm{d}t} = rN(t)\left(1 - \frac{N(t)}{K} - \int_0^t f(t-\tau)N(\tau)\mathrm{d}\tau\right) \qquad (1-1-3)$$

迈耶(Meyer)和奥苏贝尔(Ausubel)(1999)认为,由于技术发明和学习

---

① E. P. Odum, *Fundamentals of Ecology*, Philadelphia: Saunders, 1953.

曲线多呈 S 形，承载能力 $K(t)$ 是关于时间的 Logistic 函数

$$\frac{\mathrm{d}K(t)}{\mathrm{d}t} = \alpha_K (K(t) - K_1) \left(1 - \frac{K(t) - K_1}{K_2}\right) \quad (1-1-4)$$

因而可以用双 Logistic 曲线方程模拟人口的动态变化。

在人口统计学的研究中，很多学者把承载能力变化动态与人口变化动态联系起来，构建不同形式的微分方程，其中最有代表性的形式有两种：一是含有康多塞（Condorcet）参数 c 的方程：

$$\frac{\mathrm{d}K(t)}{\mathrm{d}t} = c \frac{\mathrm{d}N(t)}{\mathrm{d}t} \quad (1-1-5)$$

二是含有米尔（Mill）参数 L 的方程：

$$\frac{\mathrm{d}K(t)}{\mathrm{d}t} = \frac{L}{N(t)} \frac{\mathrm{d}N(t)}{\mathrm{d}t} \quad (1-1-6)$$

以前者为例，人口规模 $N(t)$ 和承载能力 $K(t)$ 的解依赖于 c 的取值。当 $c<1$ 时，由于 $K(0) > N(0) > cN(0)$，非齐次线性方程的解为 Logistic 曲线方程，此时，承载能力是恒定的。当 $c=1$ 时，非齐次线性方程的解为指数增长方程，承载能力也不断增加。当 $c>1$ 时，人口规模 $N(t)$ 和承载能力 $K(t)$ 都将趋于无穷大[1]（陈劲锋，2003）。

总的来说，以豪登和帕默（1922）为代表的第二阶段研究，明确提出了种群承载能力的概念，突出了作为承载主体的环境状态的作用，指明了环境状态与种群数量变化之间的相互作用关系，把承载能力研究由纯粹的种群增长率变化分析推进到种群增长率变化与环境状态变化之间的平衡分析，将研究焦点由最大种群平衡 $\left(\frac{\mathrm{d}N(t)}{\mathrm{d}t} = 0\right)$ 转移到环境质量平衡上来，由绝对平衡数量承载能力转向了相对平衡数量承载能力。尽管人类或生物种群数量的动态平衡变化在当时生态学中还难以解释，但这种动态平衡思想为承载能力提供了新的概念立足点，也与后来的可持续发展理论有着原则上的相似，成为这一阶段的一大理论创新。种群承载数量的动态平衡思想也从此与 Logistic 曲线 K 值思想一起，成为后来大多数承载能力研究的理论基础。当然，这一时期的研究虽然在前一阶段的基础上深化，建立了不少模型，但这些模型多属于验证理论的正确性，并没有用于解决人类所面临的实际问题中。

（三）第三阶段：人类生态学领域的单因素承载能力

20 世纪 40 年代后，人类社会遭遇了人口膨胀、自然资源短缺和环境污染等

---

[1] 特别地，若 $K(0) - cN(0) = 0$ 时，非齐次线性方程的解 $N(t)$ 就是对冯·福斯特（Von Foerster）等人提出的世界末日方程的解。

一系列危机。这些危机的发生引起了人类学家、生物学家和经济学家的广泛关注和深入思考，以解决人类发展与自然界之间的关系问题。他们开始将承载能力的概念应用于人类生态学领域，用于捕捉、计算和表达资源环境对人类活动的限制，于是针对资源或环境的单因素承载能力研究逐渐兴起。单因素承载能力所考虑的制约因素也不再仅是马尔萨斯时期的粮食问题，而是扩展到人类社会已经普遍面临的土地资源、矿产资源、水资源、环境等问题。单因素承载能力研究试图通过对某些关键资源的供需状况以及对敏感环境因子的纳污状况进行分析，以确定地球的人口承载能力或者人类活动的方式和强度是否合理。

1. 资源承载能力

随着一些国家工业化的快速推进，对自然资源的需求量也越来越大，人类开始意识到自然资源是有限的，资源承载能力的概念应运而生。自资源承载能力的概念出现后，虽然已被广泛应用，但迄今并没有一个公认的确切定义。一般认为，资源承载能力是指在一定时间、空间内某种自然资源所能支撑的一定物质生活水平下的人口规模[1]［阿罗等（Arrow etc），1995；蒂帕拉特（Tipparat），2005；谢高地等，2005］。开展资源承载能力研究目的在于揭示资源的合理配置，实现资源可持续利用。按照人类发展在不同阶段面临的资源问题不同，先后出现了土地资源承载能力、矿产资源承载能力、水资源承载能力和森林资源承载能力等概念[2]。

（1）土地资源承载能力

在各种资源承载能力研究中，土地资源承载能力的研究是开始最早[3]、规模最大也最为成熟的。艾伦（Allan）早在1949年将土地资源承载能力定义为："在维持一定水平并不引起土地退化的前提下，一个区域能永久地供养的人口数量及人类活动水平"，较为典型的土地资源承载能力定义为：在确保不会对土地资源造成不可逆的负面影响的前提下，土地生产潜力能容纳的最大人口数量。多数研究是以土地资源——食物生产——人均消费——可承载人口为主线，即以耕地为基础，以食物为中介、以人口容量测算为目标，研究一定的生产技术水平下，依靠本地区土地资源所能承受的一定消费水平下的人口量。

（2）水资源承载能力

国外关于水资源承载能力的专门研究较少，常常是在可持续发展问题研究中

---

[1] 这是最常见的"数量"式定义。此外，"能力"式定义也比较多见。如张丽、董增川（2002）的定义为：一个国家或地区，按人口平均的资源数量和质量，对该空间内人口的基本生存与发展的支持能力。
[2] 类似的概念还有草地资源承载能力、基础设施资源承载能力等，概念基本类似，这里不做赘述。
[3] 早在1921年，帕克·R·F和伯吉斯·E·W（Park R.F. & Burgess E.W.）就研究过土地资源承载能力。

使用可持续利用水量［亨特（Hunter），1998］、水资源的生态限度或水资源自然系统的极限［法尔肯马克和兰奎斯特（Falkenmark & Lundqvst），1998］、水资源紧缺程度指标（法尔肯马克等人，1998）等指标来表述类似的含义，且一般直接指天然水数量的开发利用极限。近年来，水资源承载能力研究在国内也得到了独立的发展，其常见的定义方式有 4 种，即抽象的"能力"、用水能力（容量）、人口和（或）社会经济发展规模，外部作用，其中以第 3 种最为普遍（龙腾锐、姜文超，2003；龙腾锐、姜文超和何强，2004；夏军、朱一中，2002）。左其亭等（2005）在归纳国内代表性定义后把水资源承载能力简单定义为："一定区域、一定时段，维系生态系统良性循环，水资源系统支撑社会经济发展的最大规模。"

（3）矿产资源承载能力

徐强（1996）认为，矿产资源承载能力是指在可以预见的时期内，保障正常社会文化准则的物质条件下，矿产资源以直接或间接方式持续供养的人口数量。孟旭光等在 1997 年完成的课题"我国矿产资源与可持续发展"中认为，矿产资源承载能力指在一个可预见的时期内，在当时的科学技术和自然环境允许的条件下，矿产资源的经济可采储量对社会经济发展的支持能力。它可以表现为对社会经济发展所需求的矿产资源的供给能力，也可以表现为矿产资源所间接供养的人口数量。与土地资源承载能力相比，由于矿产资源开发利用周期长，受科技水平限制性大，刚性强，开发利用过程中易于浪费以及矿产资源耗竭性等特点，矿产资源承载能力研究主要局限于经济发展的角度，更注重时间性、选择性和种类平衡等（徐强，1996；陈英姿，2010）。

（4）森林资源承载能力

目前对森林资源承载能力的正式研究在国内外都比较少见。吴静和（1990）最早探讨了森林资源承载能力，并给出了定义："森林资源承载能力是指在一定生产条件下森林资源的生产能力及其在一定生活水平下可以承载的人口数量。"欧阳勋志等（2003）认为，森林资源承载能力的承载对象应该包含人口数量和社会经济活动两个方面，并把森林资源承载能力定义为"一定时期、一定区域的森林对人类社会经济活动的支持能力的阈值及可供养的具有一定生活质量的人口最大数。"总的来说，森林资源承载能力研究还处于起步阶段，缺乏准确的概念。

应该说，承载能力只是从一个侧面考虑资源与人类发展之间的关系，考虑到不同资源之间存在的替代、共生、此消彼长等复杂关系，有必要进一步研究不同资源之间的相互广义替代性[①]，从系统的角度界定资源的综合承载能力。事实

[①] 指资源之间通过一种资源的数量和质量优势在一定程度上弥补另一种资源在数量或质量的劣势。

上，单一资源的承载能力虽可以达到最大资源效应，却可能损害生态系统的整体功能。

2. 环境承载能力

环境承载能力是在大气、水体、固体废物等环境污染问题日渐显现的背景下提出的，其理论雏形源于环境容量的概念（洪阳、叶文虎，1998）。环境容量是指在人类生存和自然不受损害的前提下，某一环境所能容纳的污染物的最大负荷量。最大负荷量实质上是一个最大支持阈值，通常还可以用环境人口容量来表示。由于环境容量仅仅反映了环境销纳污染物的一个功能，因而常作为狭义环境承载能力。

由于环境系统的组成物质在数量上存在一定的比例关系，在空间上具有一定的分布规律，所以它对人类活动的支撑能力必有一定的限度。后来，人们逐渐认识到环境对人类活动的支撑功能，因而广义环境承载能力的概念得以提出。1974年，Bishop 在《环境管理中的承载能力》一书中指出，"环境承载能力表明在维持一个可以接受的生活水平前提下，一个区域所能永久地承载的人类活动的强烈程度"。1991年，国际自然与自然资源保护联盟、联合国环境规划署及世界自然基金会（IUCN/UNEP/WWF）在《保护地球》中指出，"地球或任何一个生态系统所能承受的最大限度的影响就是其承载能力。人类对这种承载能力可以借助于技术而增大，但往往是以减少生物多样性和生态服务功能作为代价的，但是在任何情况下也不可能将其无限增大"。2002年出版的《中国大百科全书·环境科学》给出的环境承载能力定义是："在维持环境系统功能与结构不发生变化的前提下，整个地球生物圈或某一区域所能承受的人类作用在规模、强度和速度上的上限值"。周伟、钟祥浩、刘淑珍（2008）对环境承载能力的定义如下：在一定时期、一定状态或条件下，一定环境系统所能承受的生物和人文系统正常运行的能力。环境承载能力反映的是人类与环境相互作用的界面特征，是研究环境与经济是否协调发展的一个重要判据。然而，由于环境本身的复杂性及影响因素的多样性，现有的环境承载能力研究还不够深入，缺乏深度，多是一些框架性研究。事实上，在作为生态环境组成要素的各项自然资源的承载能力问题还没有完全解决之前，是无法深入研究环境承载能力的。

总的来说，第三阶段的单因素承载能力概念是第二阶段种群承载能力概念在人类生态学领域的改进和修正。与后者相比，前者所包含的内容要广泛得多，所具有的内涵要深刻得多。主要表现在：①种群承载能力概念强调的是资源环境因素对其中生物种群的容纳能力，侧重体现和反映资源环境系统的纯自然属性，其影响因素相对单一，主要是资源环境系统的质地等自然属性以及种群之间相互作用等；而单因素承载能力概念更强调资源环境系统对其中生物和人文系统活动的支撑能力，侧重体现和反映资源环境系统的社会属性，其影响因素要复杂得多，包括资源环境系统和人类活动之间的相互影响、人类价值取向、目标体制背景及管理措施等。②种群承载能力是一个实证概念，而单因素承载能力涉及人文活动和人文目标，是所追求目标的函数，是一个复杂的规范概念（塞德尔，1999）。正如哈丁（1991）所指出的，对生物而言，依据维持基本生存的资源测算其承载能力是合理的。对人类而言，人类生存需要不同比例的必需品和奢侈品，即意味着不同的生活质量。生活质量越高，则承载能力越小。人类的承载能力受制度、建筑物、风俗习惯、发明和知识等一切与人类有关的因素影响，是一种文化承载能力，文化承载能力总是小于生物物理承载能力。戴利（Daily）和埃利希（Ehrlich）（1992）提出了一个相似的概念——社会承载能力，以区别生物物理承载能力。他们认为，生物物理承载能力是指在特定技术能力情况下生物物理条件可以支持的最大人口数量，社会承载能力则是指在各种社会条件下（特别是与资源消费有关的社会模式）可以支持的最大人口数量。在任何技术水平条件下，社会承载能力都将小于生物物理承载能力。③单因素承载能力概念强调自然的界限能够被人口的迅速增长、自然资源的加速利用以及人类对生态系统及生物地球化学循环的干预所超越。显然，人类生态学领域的承载能力概念不仅仅受到自然资源和环境因素的影响，而且还受到人类自身文化社会因素的影响（科恩，1997）。这是承载能力研究过程中的一个重要的理念转变，为推动其理论研究的深化提供了重要的基础。当然，单因素承载能力只考虑承载主体的资源或环境因子的作用，缺乏对人类活动的细致研究以及对生态系统的整体考虑，难以得出体现发展动态特征的结论，进而缺乏综合性的实践指导意义。

（四）第四阶段：人类生态学领域的综合承载能力——生态承载能力

与资源短缺和环境污染不可分割的另一问题是生态破坏，如草原退化、水土流失、荒漠化、生物多样性丧失等。生态破坏的明显特点是生态系统的完整性遭到损害，从而使生存其中的人类和生物面临生存危险。由于人类社会系统只是生态系统的一部分，人类社会系统结构和功能的好坏取决于生态系统的结构和功能的状态，仅仅关注其中的资源和环境单因素并不足以解决人类所面临的生存危险。20世纪80年代后期，可持续发展思想得以提出，承载能力被认为是它的一个固有方面，并与之相结合而获得新的发展。

可持续发展与承载能力在某种意义上是一脉相承的，在某种程度上是相辅相成的，两者是同一枚硬币的两面，解决的核心问题都是资源、环境、人口与经济发展问题即PREE问题，不同之处只是考虑问题的角度不同，承载能力可以说是从"脚底"出发，根据生态系统的实际承载能力确定人口与经济的发展速度与发展规模，强调发展的极限性，而可持续发展是从更高的角度看问题，强调发展的公平性、可持续性和共同性，强调发展不能脱离生态系统的束缚。从二者的结合看，可持续发展实现的理想模式是人类的发展需求与承载能力的提升保持相对一致，同时保证适当的承载潜力空间。可持续发展要求人类活动规模保持在承载能力的限度内，而阻止一个地区承载能力下降则要求生态系统的发展是可持续的。可持续发展必须建立在生态系统完整、资源持续供给和环境长期有容纳的基础之上，人类活动不能超过系统的承载限值。承载能力和可持续发展之间的关系如图1-1-2所示。在图1-1-2中，三角形是某生态系统的支持层，S表示承载主体的承载能力，矩形是该生态系统的表现层，P表示承载对象的承载压力，当 P=S 时，承载对象施加的压力恰好等于承载主体的承载能力，表明该生态系统处于可持续与不可持续的临界状态（阈值）；当 P<S 时，承载对象施加的压力小于承载主体的承载能力，该生态系统的状态是可持续的；当 P>S 时，承载对象施加的压力大于承载主体的承载能力，该生态系统的状态是不可持续的。也就是说，表现层的发展要小于等于支持层的发展。

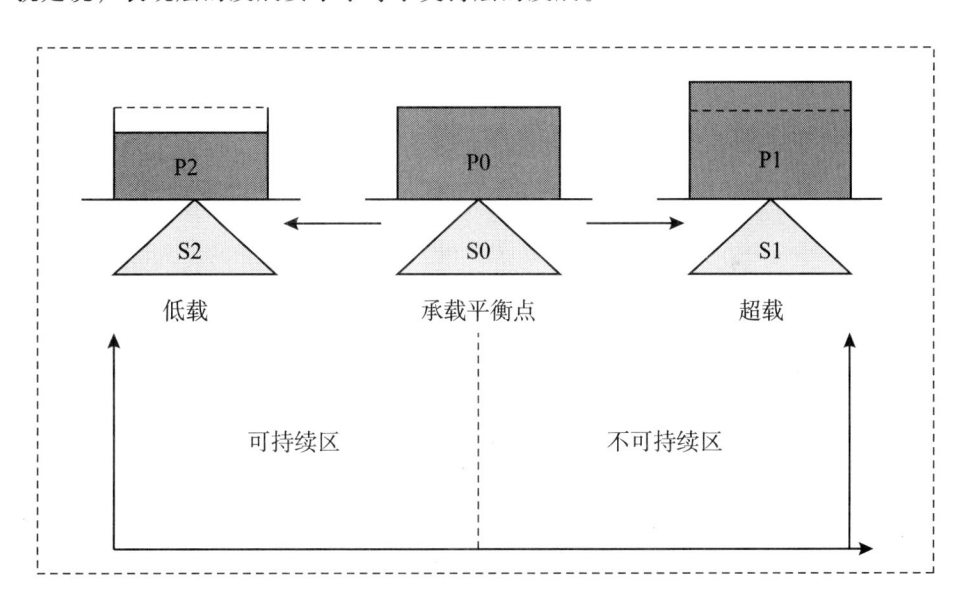

图 1-1-2 承载能力与可持续发展的基本关系

一些学者在讨论生态系统所提供的资源和环境与人类社会系统之间的关系时，突破了以前的单因素承载能力概念，从系统的整合性出发提出了生态承载能力的概念。在国外，霍林（Holling）（1973）是较早提出生态承载能力概念的学者，他在1973年的定义如下：生态承载能力是指生态系统抵御外部干扰，维持原有生态结构和生态功能以及相对稳定性的能力。为了定量研究生态系统对干扰的反应，国外一些学者还提出了生态支持力（Ecological Persistence）、生态阈值（Ecological Threshold）［霍林，1996；罗尔丹·穆拉迪恩（Roldan Muradian），2001］等与生态承载能力相似的概念。

在国内，王家骥等（2000）①是较早开展生态承载能力研究的学者，其对生态承载能力定义如下：生态承载能力是自然体系维持和调节系统的能力的阈值。超过这个阈值，自然体系将失去维持平衡的能力，遭到摧残或归于毁灭，由高一级的自然体系（如绿洲）降为低一级的自然体系（如荒漠）。高吉喜（2001）②在《可持续发展理论探索——生态承载能力理论、方法与应用》一书中将生态承载能力定义为：生态系统的自我维持、自我调节能力，资源与环境子系统的供容能力及其可维育的社会经济活动强度和具有一定生活水平的人口数量，并指出资源承载能力是生态承载能力的基础条件，环境承载能力是生态承载能力的约束条件，生态弹性力是生态承载能力的支持条件。程国栋（2002）认为，生态承载能力是指生态系统所提供的资源和环境对人类社会系统良性发展的一种支持能力，由于人类社会系统和生态系统都是一种自组织的结构系统，二者之间存在紧密的相互联系、相互影响和相互作用，因此，生态承载能力研究的对象是生态经济系统，研究其中所有组分的和谐共存关系。刘庄（2006）指出，生态承载能力的英文对应词为 Ecological Resilience，而非大多数国内学者使用的 Ecological Carrying Capacity，其概念有广义和狭义之分，广义的生态承载能力是指在保持系统原有结构和稳定性的前提下，生态系统对干扰的承受能力；狭义的生态承载能力是指生态系统对人类活动干扰的承受能力。王开运等（2007）认为，生态承载能力是指不同尺度区域在一定时期内，在确保资源合理开发利用和生态环境良性循环，以及区域间保持一定物质交流规模的条件下，区域生态系统能够承载的人口社会规模及其相应的经济方式和总量的能力。生态承载能力的内涵包括两个方面内容：一是生态系统的自我维持和调节能力，表现为区域内资源与环境的可持续供给与容纳的支持力；二是人类社会生产和生活活动（包括经济活动），既是施加于生态系统之上的压力，也为系统提供反馈和调节。生态承载能力可以从资源的可持续供给、生态环境纳污和人类支持作用三个子项阐述。张林波（2009）指出，生态承载能力是指人类在各种自然因素、社会文化因素及其相互关系影响下的系统承载能力，其承载对象是人类社会经济活动，其承载主体则综合考虑制约人类社会经济发展的各种自然、社会和文化因素。综合起来，生态承载能力制约因素主要是资源、环境和自然生态。生态承载能力可被定义为：某一

---

① 王家骥等：《黑河流域生态承载力估测》，载《环境科学研究》2000年第13期。
② 高吉喜：《可持续发展理论探索——生态承载能力理论、方法与应用》，中国环境科学出版社2001年版，第15～27页。

特定区域在资源、环境和自然生态因素制约下，经济发展、资源利用、生态保护和社会文明各个领域均能符合可持续发展管理目标要求的最大人类经济社会发展负荷，包括人口总量、经济规模及发展速度。

与种群承载能力和单因素承载能力的概念相比，生态承载能力的概念所包含的范围更为全面、广泛，含义更加深刻、复杂。生态承载能力的研究对象不是生态系统的某一个子系统，更不是子系统中的某一组分，而是生态系统，其研究内容是所有系统和组分如何和谐共存，实现可持续发展。可持续发展理论的进入，极大地丰富了承载能力的内涵，由单一的承载主体和承载对象组成的简单系统发展到"自然—经济—社会"的复合系统，承载对象不再局限于人口，而是人口、经济、社会、科技等多方面有机结合的社会发展过程；承载主体需要相应的扩展，包含的因素需要体现系统的供给和自我维持方面的作用。可持续发展要求生态承载能力的内涵不仅要包含实现满足承载主体存在和发展的需求，而且要将承载主体和承载对象统一于区域生态系统中，把系统的稳定与可持续协调发展、正向演化和功能提升视为最重要内涵。

总之，生态承载能力的诞生和发展，使承载能力理论跳出了单因素研究的局限，开辟了多要素协同与整体分析的新领域，获得了里程碑式的发展。同时，采用可持续发展中的平衡、协调和稳定的观点，使生态承载能力研究上升到可持续发展的高度。

（五）小结

承载能力研究是以承载能力的概念为主线的。承载能力从具体的力学概念到抽象的生态学概念经历了一个十分漫长而复杂的演进过程。最先出现的是生物学和人口学中的 Logistic 曲线恒定 K 值，随后引入动态平衡的思想，衍生出种群（人口）承载能力概念。20 世纪 40 年代后，承载能力的概念应用于人类生态学领域，随着人类发展面临 PREE 问题的不同，先后出现了单因素承载能力以及生态承载能力的概念。在人类面临粮食危机、土地日趋紧张的情况下，科学家们提出了土地资源承载能力的概念，在环境污染蔓延全球、资源短缺和生态环境不断加重的情况下，环境承载能力、资源承载能力与生态承载能力等概念相继被提出并日益得到重视。表面上看，人类生态学领域的不同承载能力概念之间在意义上有较大转变，但实际上都是相通的，都是用以捕捉、计算和表达资源、环境对人类活动限制程度的概念。每一阶段下的承载能力概念的使用与发展都包含了对前一阶段含义的扩展，同时也与生态学科的发展及人类社会发展背景存在着极强的相关关系，但实际上它们是一脉相承的，这个"脉"就是"发展模式及其问题"。在不同的发展阶段，产生了不同的承载能力概念及相应的基础理论。

在承载能力概念演变的 200 多年历程中，实际上还衍生出不少不同的承载能力概念名称，这些概念名称一般是在"承载能力"概念之前加上所研究的承载主体名称、承载对象类型、研究对象范围作为定语而命名的。例如，资源承载能力、环境承载能力是以"承载主体＋承载能力"方式命名的；种群承载能力、人口（人类）承载能力是以"承载对象＋承载能力"方式命名的；生态承载能力、区域承载能力、城市承载能力是以"研究对象范围＋承载能力"方式命名的。就人类生态学研究而言，目前主要的承载能力概念可用以下框架图表示，见图 1-1-3。

$$（人口）承载能力\begin{cases}按承载主体分\begin{cases}单因素承载能力\begin{cases}资源承载能力\\环境承载能力\end{cases}\\生态（综合）承载能力\end{cases}\\按研究对象范围分\begin{cases}生态承载能力\\区域承载能力\\城市承载能力\\\cdots\end{cases}\end{cases}$$

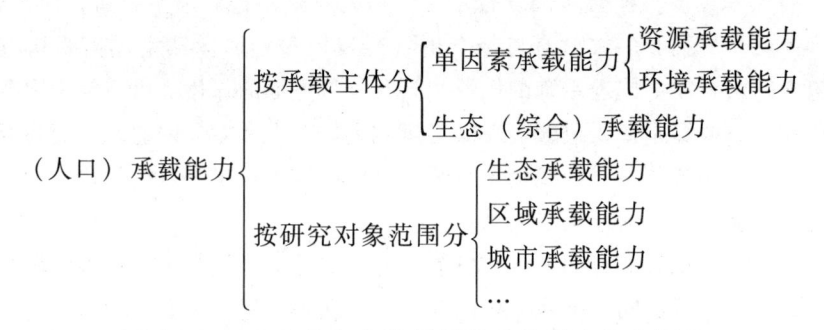

图 1-1-3　人类生态学领域的承载能力概念框架

二、当前承载能力研究面临的困境与挑战

（一）当前承载能力研究面临的困境

从马尔萨斯 1798 年尝试提出的土地资源承载能力的萌芽思想算起，承载能力作为一种描述人与资源环境之间关系的度量工具，到如今已经有 200 多年时间。在这些年里，承载能力在理论上和方法上反复不断地受到质疑、批评甚至否定，并由此引发了关于承载能力的大量争论与疑惑[①]。归纳起来，这些争论可以主要分为以下两类：

1. 承载能力的客观存在性疑惑

1953 年奥德姆将 Logistic 曲线最大值 K 与承载能力理论阈值联系后，阈值 K 就成为承载能力概念和模型的基础。然而，绝大多数学者在后来开展承载能力的研究过程中，都会遇到或发现这样两个相关联的疑惑：一是人类生态系统中的人

---

① 张林波：《城市生态承载力理论与方法研究：以深圳为例》，中国环境科学出版社 2009 年版，第 24 页。

口数量增长和社会经济规模变化是否符合 Logistic 曲线特征。换句话说，人类生态系统中的人口数量增长和社会经济规模是否有限。二是技术进步是否会对承载能力阈值 K 变化产生根本影响。第一个疑惑自从 Logistic 曲线被完整提出后就一直存在。尽管 Logistic 曲线在 19 世纪最初 20 余年法国、比利时、沙俄及英国埃克塞斯（Essex）郡等少数国家和地区得到一定程度的证实，但在永恒意义上却很难得到有力支持。由美国、英国、澳大利亚和新西兰等国家短期数据估计得到 K 值很快被随后的人口增长所突破（科恩，1995；塞德尔，1999）。马尔萨斯倡导的应与粮食供应基本协调的人类人口增长，也由于抗生素、疫苗的发明、避孕方法以及其他技术进步从 1934 年起开始剧烈增长。第二个疑惑主要是罗马俱乐部 1972 年延续马尔萨斯思想的《增长的极限》发表后引发的。罗马俱乐部在综合考虑人口、自然资源、农业生产、工业生产和环境污染等多种因素构建的"世界模型"预测：如果按照既有的方式继续增长下去，世界经济将会在此后 100 年内发生崩溃。

实际上，这两个疑惑归纳在一起就是承载能力是否存在极限的问题，或者说，资源环境与生态系统是否对人类社会的人口数量和经济活动规模起限制作用的问题，说到底还是承载能力的客观存在性问题。在这一问题上，主流的经济学家和主流的生态学家存在着根本的分歧。

以美国马里兰大学 J. L. 西蒙（J. L. Simon）为代表的经济学家们认为，自然环境对经济增长是不设限的，承载能力只不过是人为的产物，从历史的经验看人类的知识和技术进步具有无限性，自然环境对经济增长的限制都可以通过技术进步等途径得到解决，人类社会现在面临的和未来将要面临的所有环境问题都可以通过技术进步、贸易等途径加以解决［巴尼特和莫尔斯（Barnett & Morse），1963；布朗和菲尔德（Brown & Field），1978；卡顿（Catton），1980；费希尔（Fisher），1979；西蒙，1980；奥苏贝尔（Ausubel），1997；斯蒂芬和丹尼尔（Stephen & Daniel），2000；豪斯曼（Huesemann），2001］。马尔萨斯没有考虑到技术进步的力量，他不明白土地的可得性更多的是一种相对稀缺而不是绝对稀缺的问题，即土地是一种混合的资源，人们有可能在更加差的土地上通过增加投入来获得和以前相等数量的粮食。[1] 罗马俱乐部在《增长的极限》中把过去的趋向加以外推而不考虑技术进步和相对价格变化如何克服了明显的稀缺约束时，似乎有点无知。[2] 科学已经实现了一个又一个奇迹，不断地提高全球的承载能力，没

---

[1] ［英］里克·诺伊迈耶，王寅通译：《强与弱：两种对立的可持续性范式》，上海世纪出版集团/上海译文出版社 2006 年版，第 48 页。

[2] ［英］里克·诺伊迈耶，王寅通译：《强与弱：两种对立的可持续性范式》，上海世纪出版集团/上海译文出版社 2006 年版，第 50 页。

有什么理由怀疑科学再继续以前的这种奇迹。西蒙在《没有极限的增长》一书中认为,科技进步能够使人类为自然资源找到人工制造的替代品,为稀缺的资源找到更丰富的自然资源作为替代品。他认为有大量的事实支持这一点。当树木在16世纪稀缺时,美国人学会了使用煤。当19世纪用于制作象牙台球球丸的象牙短缺时,便奖励寻找替代品,结果先发明了赛璐珞①,接着是塑料的出现。当19世纪为生产灯油而将鲸捕猎得近乎灭绝时,煤油从石油中提炼出来用以点灯,并产生了最早的石油工业。现在,卫星和光纤维(来源于沙)代替了传递电话信号的昂贵的铜线。西蒙认为,最后的资源是人类的发明。当人口增长时,人类发明自身也在积累,当它被人们利用之时,就变成增值的资源。不仅如此,他还认为,人口增加越多,找到科学家和发明家的机会就越大,他们的发明将长期增加人类的福利。而且,人口增加和资源稀缺还迫使人们进行经济政策的改革,为有效利用资源创造条件。这些都使人类能够超越自然的限制。② 1995 年,德国科学家冯·魏茨泽克(E. U. Von Weizsäcker)应罗马俱乐部之邀,会同美国科学家 A. B 洛文斯(A. B. Lovins)和 L. H 洛文斯(L. H. Lovins)利用著名的 IPAT 公式发表了《四倍数:资源使用减半,人民福祉加倍③》的报告④,该报告列举了 50 个令人鼓舞的四倍数效率革命的实例,为技术解决资源环境问题的前景进行了广泛的可行性论证。在人类需求的欲望和市场激励机制的驱动下,这种无限的技术进步潜力可以使人类能够而且正在发现新材料、新能源,使稀缺资源的开采更为经济,可以不断地提高人类的资源利用效率,也可以使人造资本无限地替换自然资源,通过替换或更新使人类获得清洁的空气、水、肥沃的土壤、便宜的化石材料和没有污染的地球服务功能〔诺伊迈尔(Neumayer),1999;阿伯内西(Abernethy),2001〕。贸易可以通过比较优势改善生活水平和提高总的生产效率,进而提高承载能力。科恩(1997)认为,自从新旧大陆开始交易食物和其他资源后,世界人口数量的翻倍时间从 1 600 年以上减少到不足 200 年。岛国日本资源贫乏,人们密集地居住在一起,却享受着富裕的生活方式。原因在于他们不断地通过贸易形式从其他国家或地区获得生活所需的各种物品。日本人使用的所有纸张和木材几乎都源自东南亚地区,使用的石油都来自中东,等等。

主流的生态学家则承认自然环境对经济增长的限制作用,而且对技术进步缓

---

① 赛璐珞英文名为 Celluloid,学名为硝化纤维塑料,俗称硝纤象牙。
② 肖显静:《摆脱资源危机:靠技术进步还是减少人口》,载《社会学家茶座》2004 年第 2 期,第 107~112 页。
③ Factor Four-doubling wealth,halving resource use.
④ 经典的 IPAT 模型由美国斯坦福大学人口学家埃利希提出,该模型的关系式为 I = P × A × T,它意味着决定环境影响状况(I)的因素主要有三种:人口(P)、富裕程度(A)和技术水平(T)。

解这种限制作用持谨慎乐观态度。他们从地球或个别古代区域的封闭性、人类活动所造成的前所未有的生态破坏和人文社会因素的有限作用等方面论证自己的观点。1966年，美国学者K.E伯尔丁（K. E. Boulding）在《即将到来的宇宙飞船世界的经济学》一文中，把地球经济系统比喻为一艘宇宙飞船，地球这艘飞船上的资源环境是有限的，人口和经济的增长最终使封闭飞船内的有限资源耗尽。伯尔丁对地球的这个形象比喻为随后的其他学者打开了分析承载能力有限性的思路，哈丁等一些学者将地球比喻为人类的生命之舟、地球孤岛［哈丁，1974，1986；威廉斯（Williams），2000；约翰（John），2004］或一个与外界完全无法进行物质能量交换的封闭玻璃或塑料容器［里斯（Rees），1996］等，以此分析地球承载能力。一些处于大洋中的封闭岛屿或与外界几乎没有贸易往来的古代人类命运的实例，如太平洋中的复活节岛、蒂科皮亚岛、查科阿纳萨齐文明、楼兰古国等为承载能力的存在提供了有力的证据。对人类已经造成的前所未有的生态影响的担忧则是生态学家认为地球存在承载能力的另外一个原因。斯坦福承载能力研究项目估算出人类已经直接使用或破坏了大约40%的陆地净初级生产力［维托塞克等人（Vitousek et al.），1986］。联合国、国际生物科学联盟（IUBS）等国际组织分别开展了国际生物学计划（IBP）、人与生物圈计划（MAB）、国际地圈生物圈计划（IGBP）、生物多样性计划（DIVERSITAS）、全球千年评估研究等。这些努力使人类认识到，人类的影响使土壤、地下水、大气环境质量恶化，人类活动导致地球的大量物种灭绝或濒临灭绝。这些证据更加加深了生态学家对于地球承载能力的忧虑，人类的经济社会活动可能已经超过、正在超过或即将超过地球的承载能力。大部分生态学家虽然承认技术进步、贸易、生活方式等文化社会因素可以极大提高承载能力，但同样坚信地球承载能力是确实存在的，地球的生物生产能力、资源提供能力和纳污能力也是有限的，人类不断增长的需求最终将与地球的自然极限发生冲突［布朗，1995，1997；布朗和凯恩，1994；哈里斯和肯尼迪（Harris & Kennedy），1999］。虽然技术进步可以减缓人类造成的环境污染和生态破坏，生态经济也可以大幅度减少资源消耗和污染物排放，但物质守恒定律和耗散结构分析科学技术并不能真正有效地解决人类当前和未来面临的环境问题。人类借助科学技术虽然可以提高承载能力，但往往以生物多样性的减少、生态功能的损失和自然资本的消耗为代价。里斯（1996）认为，技术进步增加了短期的能量流和物质流，在增加系统产出的同时加速了存量的损耗，并增加了物质消耗总量，实际上剥削了资源基底，从而间接降低了长期的生态承载能力。技术进步提高的只是资源利用效率（或是资源承载能力），即使在理想状况下，节能低耗技术只能支撑既定的人口在更高的物质条件下，或者是既定物质水平上的更多人口，它本质上不能提高生态承载能力，只是使"社会经济活动强度和具有一定生活水平的人口数量"越来越接近生态承载能力的极限。

随着无数个正反两方面例子和证据的出现，关于承载能力的客观存在性的争论不但没有随着时间的推移而停息，而且将继续下去。尽管从逻辑上讲，客观存在性疑惑的化解是承载能力理论和测度方法继续深入发展的基本前提，但由于越来越多现实问题的解决亟待承载能力理论和测度方法指导。因此，很多学者的研究也就暂时绕开这一问题而首先承认承载能力的客观存在。

2. 承载能力的可测算性疑惑

在人类研究承载能力的过程中面临着第二类疑惑是：承载能力是否具备可测算性？这类疑惑表现在两个方面：①承载能力如果是一个变量的话，受哪些因素影响，是哪些因素的函数？②如何测算承载能力的函数？不同测算方法的结果有何差异？如果有差异的话，差异如何解释？

戴利和埃利希（1992）[1]指出，承载能力是区域和生物有机体等因素的一个函数。在其他条件给定的情况下，一个大的或富饶的区域，总是具有较高的承载能力。类似地，若在一个给定的区域内可以供养能量要求相对较少的一种物种（比如蜥蜴）或者与这一物种的营养水平要求相同但能量要求相对较高[2]的另外一种物种（比如鸟类），那么，前一种物种的最大供养数量要比后一种物种的最大供养数量大。对于面积保持不变的区域，只要有机体进化出不同的资源需求，其承载能力就会发生变化。因此，尽管承载能力的概念很清晰，但承载能力通常很难估算。对于人类，受个体在资源消费类型和数量上的巨大差异和提供单位消费量的资源类型和数量的快速演变两种因素的影响，情况变得更加复杂。因此，其承载能力的影响因素更为广泛，影响机制更为复杂，结果具有更大的不确定性。

承载能力更多的是由人文社会因素所决定，而非纯粹的生物学意义上的自然因素。正是由于这些人文社会因素，人类不再仅仅是自然的简单施压者，也是承载能力的共同创造者，人类承载能力具有了自我提升功能。因此，人类承载能力比生物种群承载能力更为复杂，充满了不确定性。

阿罗等（1995）指出，"（人口）承载能力在本质上不是固定的、静态的或者简单的关系。它们会随技术、偏好和生产与消费结构的变化而发生变化，同样也会受自然系统和生物系统之间不断变化的相互作用状态的影响而变化。由于人类创新和生物进化本身是未知的，因此承载能力的一个简单数字毫无意义。"[3]

---

① Daily G C., Ehrlich P R. *Population, sustainability, and Earth's carrying capacity. BioScience*, 1992 (42), 761 – 771.

② 主要是形体大小与蜥蜴差不多的鸟类。

③ Arrow, K., Bolin, B., Costanza, R., Dasgupta, P., Folke, C., Holling, C. S., Jansson, B. O., Levin, S., Maeler, K. G., Perrings, C., & Dimentel, D. *Economic growth, carrying capacity, and the environment. Science*, 1995 (268), pp. 520 – 521.

从较长的时间看，特定地区的承载能力是动态变化的，可以受科技进步等人文社会因素的影响由相对较低的水平提升到较高水平。但在相对短的时间内，特定地区的承载能力是相对稳定的，应该是一个固定的数值。这就为从科学的角度测算承载能力提供了依据。

如果说马尔萨斯人口理论是承载能力概念的源头，那么 Logistic 曲线方程就是承载能力研究方法的鼻祖①。但正如麦克劳德（Mcleod）（1997）所指出的，基于 Logistic 的承载能力或许可用于资源有效利用条件下短期潜力的粗略分析，但对受多因素特别是人文社会因素影响的承载能力则难以胜任。在承载能力研究发展的 200 多年里，各国学者提出了多种承载能力的测算方法。这些方法可以归结为单因素承载能力测算方法和综合生态承载能力测算方法两类。但从测算结果看，无论是单因素承载能力，还是综合承载能力目前能够真正为人类经济社会提供有效决策支持的还不多见。

事实上，在这些方法中，即使面对同一个研究对象，不同测算方法得到的结果也各不相同，甚至迥然不同；有时候，即使利用同一种方法，由于模型参数、人类价值规范等方面的差异，所得到的估算结果也差异巨大。以地球承载的最大可能人口为例，1995 年，美国学者 J. E. 科恩在《地球能够养活多少人》② 一书中对已有承载能力估计进行了详尽的搜集整理，见表 1－1－1。2001 年，克雷布斯（Krebs）也进行过类似的工作，见图 1－1－4。

表 1－1－1　　　　关于地球承载能力的估计表

作者	时间	限制条件	说明	单位：10 亿
列文虎克 （Leeuwenhoek）	1679	空间	假设地球可居住区域的人口密度同荷兰一样，尽管这样并不能很好地定居，则可居住面积是荷兰可居住面积 13 385 倍的地球能够容纳 13 385 000 000 的人口	13.4
金·乔治 （King Gregory）	1695	空间	不同纬度的地区，人口密度也不同	6.3～12.5
斯密尔奇 （Shssmilch）	1741	食物	基于法国每平方盈利的粮食产量	4～6.3
斯密尔奇 （Shssmilch）	1765	居住区域	在列文虎克估计的基础上	13.9

---

① 王开运等：《生态承载力：复合模型系统与应用》，科学出版社 2007 年版，第 16 页。
② J. E. Cohen, *How many people can the earth support?* New York：W. W. Norton & CO., 1995.

续表

作者	时间	限制条件	说明	单位：10亿
莱文森（Ravenstein）	1891	肥沃土地	肥沃土地上每平方英里能养活207人；而草原仅能养活10人；沙漠为1人；假设热带地区不适合（欧洲）人居住	6.0
方德勒（Pfaundler）	1902	再循环率	通过农场和牧场上的有机物再循环率得到大农业的再循环率；每公顷5人（在当时是比较先进的方法）	10.9
伊斯特（East）	1924	生产力	伊斯特是个植物遗传学家；假设地球表面40%的土地上每个人需要2.5英亩	5.2
珀尔和里德（Pearl & Reed）	1924	理论	首次使用对数模型；预测世界人口将在2040年达到上限，略高于20亿；理论渐近线	2
潘可（Penck）	1924	空间	纳粹的人口管理者；计算各区域的平均潜在人口密度	7.7~15.9
郝斯汀（Hollstein）	1937	热量（卡路里）	每人每天需2500千卡热量	13.3
索尔特（Salter）	1946	肥料	能被生物吸收的氮	5
斯宾格勒（Spengler）	1949	燃料/矿产	精细农业所需的不可再生资源	1.8~7.2
布朗等（Brown）	1957	日常饮食	范围随欧洲（低）和日本（高）的饮食习惯变化	3.7~7.7
克拉克（Clark）	1958	空间	技术推动；从荷兰农民外推	28
巴德（Baade）	1960	食物	绿色革命；集约化农业；每人每年500千克粮食；每天配给3磅粮食	30
克莱伯（Kleiber）	1961	生产力	人类单维文化；上限基于藻类或菌类的营养学基础	16~800
赛佩德等（Cepede）	1964	效率	"这个地球上未来的10亿人或者更多将比我们现在过得更好，我们应该大胆地正视这个前景"	≥10

续表

作者	时间	限制条件	说明	单位：10亿
施密特（Schmitt）	1965	政治	"社会经济的羁绊将会在自然因素之前限制食物的生产"；无效率限制了人口	30
克拉克（Clark）	1967	热量（卡路里）	上限估计是基于单维人类文化下每年每人250千克谷类食品；每人每天配给12磅食品	47~157
休莱特（Hulett）	1970	生活水平	以美国1970年的标准生活水平为最优水平	1
埃利希（Ehrlich）	1971	系统完整性	1971年的人口水平已经是可持续水平的3~7倍	0.5~1.2
穆克欧哈森（Muckelhausen）	1973	土地	基于1967年美国总统科学顾问委员会（绿色革命数据库）	35~40
雷维尔（Revelle）	1974/1976	热量（卡路里）	种植业的面积加倍；以爱荷华州农场采用的技术和化学品为标准；每天4 000~5 000千卡；1976年修订为每天2 500千卡	38~48/40
惠特克和莱克斯（Whittaker&Likers）	1975	生活方式和技术	美国方式为10亿人口；欧洲方式为20亿~30亿人口；农民方式为50亿~70亿人口	5~7
威斯汀（Westing）	1981	生活方式	富裕（27个最富裕国家的平均水平）与节俭（43个中等收入国家的平均水平）；基于5种关键额可重复使用和（或）可再生资源（全部土地，可耕种土地，林地，谷物和森林）	2.0~3.9
加尔文（Calvin）	1986	能源	每天全球能够提供55万亿千卡能量，足够满足220亿人口每天2 500千卡的所需	22
梅多斯（Meadows）	1992	特定模式	在中等农业产出和技术水平下	7.7
埃利希等（Ehrlich）等	1993	需求	舒适承载能力要低于营养承载能力；人口接近营养承载能力时会破坏生态系统	5.5
海利希（Heilig）	1993	NPP①	技术精选；经济可行；生态健康；社会公平	12~14

---

① Net Primary Product，即净初级产品。

续表

作者	时间	限制条件	说明	单位：10亿
魏格纳 （Waggoner）	1994	热量 （卡路里）	1994年农业用地两倍水平上所得到的素食产品	10
皮曼塔尔等 （Pimental）	1994	可再生能源	增加的农业产出可以由化石原料等非再生性供给得出；自持续的可再生能源系统能够提供每人500升燃油（美国当时数量的一半），此时可以支持10亿~20亿人口生活在相对繁荣的情况下	3
斯米尔 （Smile）	1994	食物	氮限制；要求当今世界上的富裕国家养成自觉的利他主义习惯	10~11

资料来源：引自 J. E. Cohen, How many people can the earth support? New York: W. W. Norton & CO., 1995；转引自丁任重《西部经济发展与资源承载能力研究》，人民出版社2005年版。

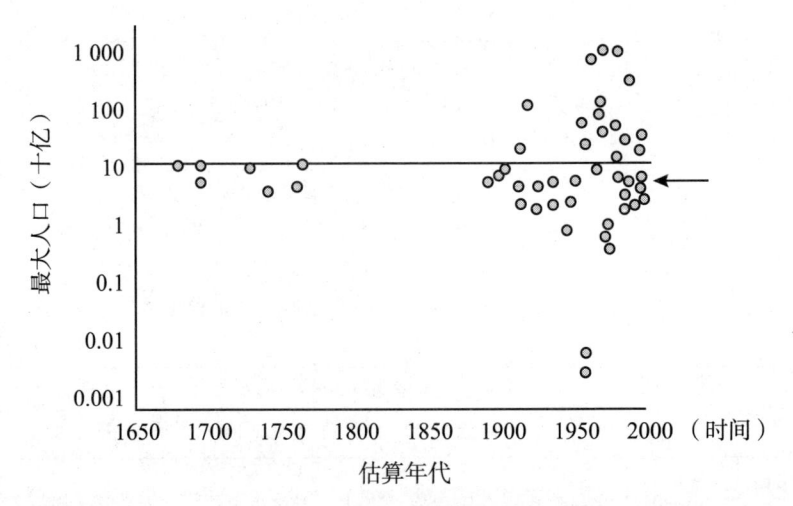

图 1-1-4　Krebs（2001）归纳得到的地球最大人口容纳量

从表1-1-1和图1-1-4可以看出，学者们测算的范围大小不一，有的小于10亿，也有的大于10 000亿，其平均水平在100亿左右；从时间进程看，尽管所有估计的平均水平并没有随时间的推进发生太大波动，但其离散程度却越来越大。这也在一定程度上证实了承载能力是动态变化的，难以精确衡量。科恩（1995）对每一个估计的限制条件、选择方法和估计结果进行了对比分析，并指出承载能力是由自然条件和人类的选择共同决定的。所以，不论是在今天还是在未来，地球能养育多少人口这个问题都不会只是一个简单的数字答案。目前我们对大自然的各个方面还知之甚少，因此，对地球人口承载能力的任何估计，都是在对未来的人类选择和自然状况等进行合理假设的前提下进行的。哈丁（1986）也曾指出，在任何时候都不能希望把承载能力数字弄得像化学原子价或万有引力常数那样准确，很多变化因素必须加入专家关于承载能力的估算中。因此，承载能力的任一特定的估算数字里面都有大量的主观成分。①

（二）当前承载能力研究面临的挑战

关于承载能力的长期争论，对唤醒人类环境意识起到了突出作用。但总体上理论探讨和实证测算都不够系统和深入，尚未形成完善的理论体系，这是产生以上疑惑的根本原因，同时也导致本应该得到广泛而有效应用的承载能力研究对人类实践活动的指导较为有限。然而，作为承载能力基本要素的资源、环境与人类的协调发展是可持续发展的基础②，因此，为了推动人类社会的可持续发展，我们必须加强这些方面的理论研究，把承载能力的深化研究作为可持续发展的理论支柱和实现保障。不可否认，在可持续发展的背景下开展承载能力研究还面临不少挑战，具体如下：

1. 对地球生态系统复杂性的理论研究不够充分

可持续发展要求人类与自然环境和谐共存。从承载主体与承载对象的关系上考虑，承载能力的承载对象是人类社会，其承载主体是人类的生存环境，人类社会与其生存环境共同构成一个不可分割的整体——人类生态系统。理论上，人类社会的活动必须限制在人类生态系统的承受阈值范围即生态承载能力之内。生态承载能力强调特定生态系统所提供的资源和环境对人类社会良性发展的支持能力，生态承载能力的不断提高是实现可持续发展的必要条件。从尺度上看，人类生态系统是由无数个大大小小的生态系统组成的复合系统，大至整个地球生物圈，中到城市、区域和流域，小到工厂、村庄、池塘和草地。由于各类尺度的人类生态系统都可以看作是一个开放的生态系统，它们之间存在着人口、物质、能量、信息和知识的流通和交换，所以单独计算特定区域的承载能力是没有意义

---

① Hardin G., Cultural carrying capacity: a biological approach to human problems. BioScience, 1986, 36 (9), pp. 599 - 604.

② 过去普遍认为可持续发展需要解决的核心问题是 PRED（People, Resource, Environment, Development）的协调发展问题，因此 PRED 理论被作为可持续发展的基本理论。但 PRED 理论基本上偏重于人口、资源、环境与发展之间的协调关系研究，而基于承载能力的研究很少。可持续发展除要求保持经济、资源与环境的协调发展外，还必须以承载能力为基础，但这种承载能力的基础绝非资源、环境等单因素承载能力的支持，必然是一个复杂系统的承载能力。因此，可持续发展理论的完善需要承载能力尤其是生态承载能力理论的支持，承载能力理论应作为可持续发展的重要支撑理论之一。

的，只能在全球的水平上分不同的尺度加以综合考虑。因此，要推进承载能力的研究，必须加强对地球生态系统复杂性的理论研究。

地球生态系统是一个极为复杂的整体系统，其独特的内部运行机制具有动态性、整体突变性、级联性、自反馈等特点。在没有任何人类干扰的情况下，地球生态系统的特征和过程在不同的时间和空间上都是动态变化的［斯特芬（Steffen），桑德森和泰森等人（Sanderson & Tyson et al.），2004］。在考虑人类社会影响的情况下，我国著名生态学家马世骏院士认为，生态系统实质上是一个"社会—经济—自然复合生态系统（SENCE）"①。相对于地球大约46亿年的漫长历史，人类社会在地球上存在的时间极为短暂，而人类研究地球及其相关科学的历史更为短暂。在过去30年里，人类对地球生命系统的认识和理解取得了近乎爆炸式的增长，但是真正将地球作为一个整体系统来研究只是最近10~15年的时间，人类对这个完整的系统是如何运行的、地球各个部分之间是如何联系在一起以及地球不同部分具有何种重要性还知之甚少，对于地球的反馈机制和动态变化也缺乏足够了解和认识。②

学术界对地球生态系统复杂性的理论研究不够充分，导致生态承载能力研究存在以下不足：对研究对象的结构和功能及其与承载主体之间的关系和作用机制还不能准确确定，承载能力的内部结构不够明晰，概念表达不准确，可操作性差，应用还不够广泛。因此，对承载能力特别是生态承载能力的继续发展和补充完善，是承载能力研究所面临的一大挑战。

实质上，经济学家与生态学家之间关于承载能力客观存在性的争论，就是传统的经济学和生态学两个学科对地球生态系统复杂性认识不够充分的体现。尽管从研究对象上讲，传统的经济学和传统的生态学都研究种群行为，但两种研究重点和研究方法存在较大不同。传统经济学研究的是人类种群的行为，并不考虑外部生态系统；其研究方法多是在福利经济学的框架下，通过外部性理论和产权理论进行调整，以解释和解决环境问题，其不足在于仅仅根据人们的偏好和价值判断并参考市场供需关系，无法对资源环境产品给出准确的定价，无法反映其中人类及整个生态系统的真正价值。而传统生态学侧重于研究自然生态系统以及人的自然属性，轻视人类的社会属性，其研究多是一些理念式的，缺乏像传统经济学那样的技术分析工具、手段和严密的理论分析框架。正是由于这两个学科在研究对象和研究方法上的片面性，因此难以对地球生态系统复杂性进行充分的理论研究。

---

① 马世骏主编：《中国生态学发展战略研究（第1集）》，中国经济出版社1991年版。
② 张林波：《城市生态承载力理论与方法研究：以深圳为例》，中国环境科学出版社2009年版，第31页。

2. 对人文社会因素的影响机制揭示得不够深刻

在地球生态系统中，人类是唯一能够威胁甚至摧毁自己生存所依赖的环境的生物，是唯一扩展进入和支配使用陆地所有生态系统的生物，也是能够发展出高度开发海洋生态系统的方法的生物。正是由于这种区别，（人口）承载能力与生物种群承载能力存在很大的不同，它除了资源环境等纯自然因素的影响外，还受科技进步、生活方式、价值观念和风俗习惯、社会制度、贸易流通、道德和伦理、知识水平和管理水平等人文社会因素的影响。正是这些人文社会因素的影响，使承载能力具备新的特征，表现在：一方面，在人文社会因素的影响下承载能力具有自我提升的特点。人文社会因素使人类不同于生物种群，人类不只是自然的简单施压者，同时也是承载能力的共同创造者，人类在消费生存所需要的资源环境的同时，还可以通过科技和贸易等途径，提高生物生产能力和资源利用效率，合理配置资源，从而可以不断地增加生存所必需的资源环境的有效数量。另一方面，人文社会因素在提升人类自身生态承载能力的同时必然加速自然资本的消耗，从而削弱自然界对人类的支持能力。

尽管学术界早自马尔萨斯时代就开始意识到人文社会因素对承载能力的影响，但长期以来，学术界的研究和讨论更多地集中于人文社会因素对承载能力的影响的存在性上，对影响的具体机制的探讨极为有限。真正意义上的探讨开始于1986年哈丁的研究。20多年来，在哈丁、戴利、埃利希、迈耶、奥苏贝尔、里斯、瓦克纳格尔（Wackernagel）等学者的努力，学术界在揭示人文社会因素对承载能力的影响方面取得了一些进展，研究领域逐步扩展到环境科学、生态科学、人口科学、经济科学、统计学、考古学等多个学科，研究方法也开始呈现多样化特点，但相比于人文社会因素的多样性和人文社会因素影响的两面性、非线性变化、动态性、多重反馈等特点，这些进展还较为有限，多局限于单个学科内，远远不足以准确刻画人文社会因素的具体影响机制，为科学测算和调控承载能力建立必要的基础。因此，更加深入地揭示和探讨人文社会因素对承载能力的影响机制和作用原理，是承载能力研究所面临的另一大挑战。

3. 研究思路和研究角度存在较大偏差

近年来，可持续发展正经历着从一般的概念性和定性研究向定量研究的转变，而承载能力研究是可持续发展度量和评价研究的核心，是指导可持续发展用于实践的基石。与可持续发展的任务要求相比，现有的承载能力研究在思路和角度上存在三大偏差，主要是：

（1）承载能力评价的单项研究多，综合研究少，缺乏系统性

笔者认为，生态承载能力可以看作是具体要素承载能力的二级综合，从大的

方面看，它包括资源承载能力、环境承载能力和经济承载能力；从小的方面考虑，资源承载能力还可以进一步分为土地资源承载能力、水资源承载能力和矿产资源承载能力等，环境承载能力还可以分为水环境承载能力、大气环境承载能力和土壤环境承载能力等。现有的承载能力研究大多侧重于某些单一要素的承载能力研究，特别是水、土地、矿产资源等短缺性资源要素和环境要素的研究，而缺乏将区域社会经济发展同人口、资源、环境紧密结合的系统综合研究以及与之相对应的具有可操作性的调控对策研究。尽管近年来出现的生态承载能力与可持续发展的要求较为吻合，但其研究方法还停留在单资源承载能力或因子效应简单复合的层面上，使得研究对象主要限于小区域和子系统[①]。正是由于承载能力评价的单项研究多、综合研究少，缺乏系统性，它很容易顾及少数几个方面，而忽视其他方面，其结果往往导致生态平衡破坏，生态系统发生衰退，最终导致不可持续发展后果的产生。

(2) 承载作用关系的单向研究多，双向研究少，缺乏互动性

在现有的承载能力研究中，多强调资源环境对人类社会活动的限制作用，强调负反馈调节，而对人文社会因素的提升作用即正反馈调节重视不足，对生态系统的最基本生态功能重视不足，因此也就没有在明确区域生态系统主体功能的前提下，设计承载能力的提升方案，做好生态功能区划工作。实际上，随着时间的推移，人文社会因素对人类社会的影响越来越大，承载能力的提升也会在速度上更快，在高度上更高，在强度上更强。在人文社会因素的作用下，人类可以根据自己的知识主动地选择消费模式，改变生产方式以及其他行为方式，从而减轻对资源的压力，在提高人口生态承载能力的同时，也不削弱地球生态系统的支撑能力。[②] 正是由于对正反馈调节的研究不足，目前的研究多偏重于静态现状性的分析，对将现状承载能力同承载潜力相结合的动态变化过程涉及甚少，对承载能力的互动性研究不足，承载能力理论对人类社会的指导作用还较为有限。

(3) 承载能力结果测度的数量研究多，质量研究少，缺乏可比性

由于从方法上延续了传统的生物种群承载能力研究，人类承载能力测算更加注重对人口绝对数量的研究，而忽视对生存质量上的严格界定，导致研究测算结果的可比性比较差。实际上，对自然界的同一种生物而言，尽管不同个体对食物、资源、空间等各种自然条件的生存需求会存在一定的差异，但从总体上看，个体之间的差异相对较小，因此，生物种群承载能力可以用种群数量来表示。而

---

① 王开运等：《生态承载力：复合模型系统与应用》，科学出版社2007年版，第15页。
② 张林波：《城市生态承载力理论与方法研究：以深圳为例》，中国环境科学出版社2009年版，第55页。

对于人类，受人文社会因素的影响，不同时间不同空间的人类在生存需求方面差异很大，甚至存在多元化特色，不能简单地应用绝对数量反映其承载能力。如果仅仅把人口数量作为最终承载对象来分析承载能力，势必会降低研究的可比性，降低问题研究的分量和应用范围。

承载能力过去所面临的困境和目前所面临的挑战决不能成为我们放弃承载能力研究的理由。相反，当务之急是，联合不同部门和不同学科的力量，加强学科交叉融合研究，在现有研究的基础上，更加深入地研究和探讨地球生态系统复杂性规律和人文社会因素对承载能力的影响机制，纠正现有研究的三大偏差，以期在可持续发展的框架内，构筑更为合理的承载能力理论框架。寻求更加有效和具有可操作性的承载能力测算方法，使承载能力研究能够真正应用于当前人类可持续发展的具体实践之中。

第二节 承载能力 PREE 系统论

目前承载能力的研究已经推进到生态系统综合承载能力这一高级层次，其研究的对象是人类生态系统，它是一个由人口、资源、环境、经济等多个因素构成的纷繁复杂的巨系统。重新构建生态系统综合承载能力理论分析框架必须从分析人类生态系统着手。

一、人类生态 PREE 系统论

（一）人类生态系统的结构分析

人类社会存在于一定的环境空间，需要一定的资源进行经济生产来维持其自身的生存和发展。随着人类活动规模的扩展和壮大，活动范围遍及地球的每个角落，以人类为主体的社会生态系统越来越大，其与自然生态系统之间的联系和交互影响越来越紧密，人们逐渐认识到所在系统的自然生态属性、社会生态属性和经济生态属性，认识到自然生态系统和社会生态系统的系统作用和自组织特征，从而把自然生态系统和社会生态系统称为人类社会生态系统。

任何系统都是有结构的。所谓的结构是指系统的各个要素相对稳定的相互联系、相互作用的方式，亦即系统内部的组织形式、结合方式和秩序。这种相互联系、相互作用的实质就是物质、能量、信息和价值的交换和传递。系统内部各要素之间的相互作用主要体现在三个方面：一是相互限制，有限制就意味着单个要素自由度的减少，这也是承载能力出现的条件；二是筛选，不是限制一切，而是既有丧失又有保留；三是协同，即系统内部各方出现协调同步作用，从而形成新的功能。

人类生态系统作为一个具有多种功能的复杂巨系统，具有自己特殊的结构组成。简单概括起来，PREE 系统的结构可以用图 1-2-1 展示。

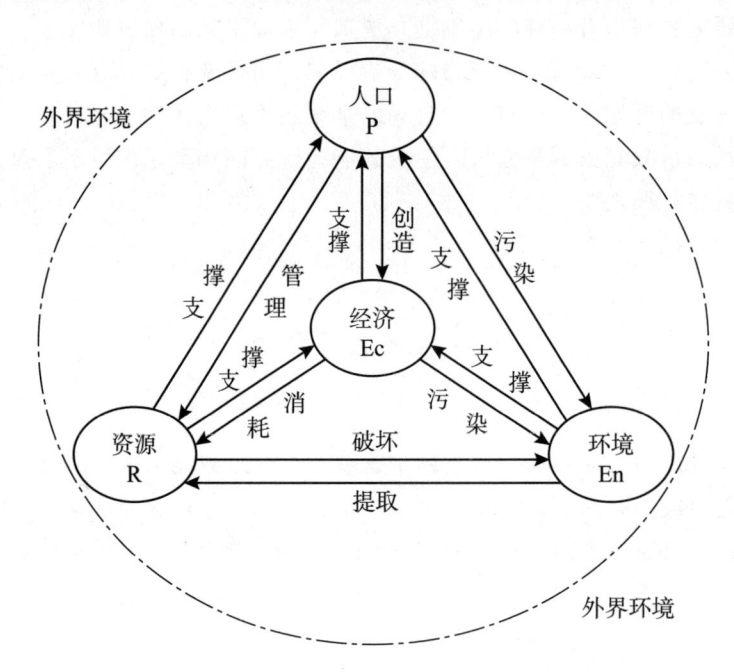

图 1-2-1　人类生态 PREE 系统结构

1. 组成要素

人类生态 PREE 系统是由人口、资源、经济、环境四个子系统组成的，其中人口和经济两个子系统源自人类社会系统，而资源和环境两个子系统源自自然生态系统，体现人类生态系统是由两者耦合①而成的思想。人类生态系统中的关键组成要素有四个：人口（Population）、资源（Resource）②、经济（Economy）、

---

①　耦合本是物理学的概念，是指两个或两个以上的体系或两种运动形式之间通过各种相互作用而彼此影响的现象。后来耦合概念被广泛应用于各种研究中。在系统学中，系统耦合是指两个或两个以上的具有耦合潜力的系统，在人为调控下，通过物流、能流和信息流在系统中的输入和输出所形成的新的、高一级的结构功能体。

②　"资源"在《辞海》中被解释为"资财之源，一般指天然的财源"，有广义、狭义之分。广义的资源指人类生存、发展和享受所需要的一切物质的和非物质的要素，狭义的资源仅指自然资源。这里的资源为狭义的资源，即自然资源。在城市生态系统承载能力研究中，有时候会采用广义的资源概念。

环境（Environment）。

①人口是指生活在一定社会制度和一定区域范围内，具有数量和质量的人的总称。人口是组成社会的基本前提，是构成生产要素和体现生产关系的生命实体。人口既是物质的生产者，也是物质的消费者，其生产者与消费者的双重身份，决定了人口在人类生态系统中的主体地位。

②自然资源是指与人类社会经济发展相联系的、能够用于生产和生活的各种客观要素的总称。自然资源按是否能够再生，可划分为两类：一类是不可再生资源，如天然气、石油、煤矿、铁矿等矿产资源；另一类是可再生资源，如水资源、森林资源等。

③经济要素或称经济活动，是指整个社会的物质资料的生产、分配、交换和消费活动的统称。经济活动规模的增长是人类社会存在与发展的物质保证。

④生态学上的环境是指各种生物存在和发展的空间，具体指的是自然界的空气、水、土壤、阳光以及各种有机和无机要素构成的空间。

2. 要素关系

考察人类生态 PREE 系统中四大要素间的关系，不难得出下面的结论[①]：

①从资源和环境的关系和结合方式看，资源和环境同为自然物，其本身就具有一定的重叠关系。也就是说，资源本身可以作为环境的一部分，而构成环境的部分组分在一定程度上可以作为资源，两者之间的分界也在慢慢淡化，或者从技术拓宽资源范围的角度看，自然资源和自然环境本身可以看作同一事物的两个不同方面。联合国环境规划署（UNEP）对资源下过这样的定义："所谓自然资源，是指在一定时间、地点的条件下能够产生经济价值的、以提高人类当前和将来福利的自然环境因素和条件的总称。"《英国大百科全书》中把资源说成是人类可以利用的自然生成物以及生成这些成分的环境功能。胡宝清、严宝强、廖赤眉等[②]曾经指出，资源和环境在空间的本质上并无严格区别，它们只是在以不同形式存在和对人类显示不同功能时，才具有差异性。资源作为环境存在时，只是显示其为人口主体的客观条件，自然属性较重；而环境作为资源存在时，则是指对人类生产过程而言有效用的具体环境因子，社会经济属性更为明显。

②从资源和经济的关系和结合方式看，自然资源是经济发展的物质基础。从人类经济增长的来源和本质看，其本身就是人类对自然物质加以利用和开发，为

[①] 张晓军、张均：《区域资源环境经济系统联合评价方法的理论与方法研究》，中国地质大学出版社2006年版。

[②] 胡宝清、严宝强、廖赤眉等：《区域生态经济学理论、方法与实践》，中国环境科学出版社2005年版，第21页。

人类自身的生活创造更为舒适条件的一种活动。人类经济发展的历史本身就是一部自然资源开发史。煤炭、铁矿石、石油等曾经被认为是无用的物质，现在成为经济生产中的重要原料和能源。从经济发展对资源的影响来看，随着经济的发展，人类利用资源的范围在不断拓宽，利用程度在不断加深，利用数量在不断扩大，但在一定的时间、空间和技术背景下，资源的供给能力相对于经济发展的需求是稀缺的。这也引出经济学家与生态环境学家不断争论的一个话题：地球上相对有限的自然资源如何满足无限的经济发展的需要？自然资源在多大程度上能够被人造资本和人力资本替代？

③从环境与经济的关系和结合方式看，自然环境和经济活动具有质量上的同利同害关系。首先，作为经济发展的外在因素，环境对经济具有重要的影响，如环境质量的保证程度对经济活动的宽度和广度都具有巨大的制约作用。其次，经济活动作为非自然力量对环境已经具有了某种程度的决定作用。很多学者对环境污染和经济增长之间的关系进行证实性的研究，其中著名的是1991年格罗斯曼（Grossman）和克鲁格（Krueger）提出的环境库兹涅茨曲线（the Environmental Kuznets Curve，EKC）理论，其含义是：环境污染程度与经济发展水平之间的长期关系呈倒U型。从目前看，虽然EKC理论并没有为大多数国家或地区的数据所完全证实，但其至少说明这样两个重要思想：一是经济发展是解决环境污染问题的重要措施之一；二是人类经济发展存在一个绝大的生态不可逆转阈值，对一些环境污染物的排放必须控制在可接受的范围内。①

④从人口在资源、环境和经济之间的主体连接作用看，资源、环境和经济三种要素之间关系的形成和发展都与人类的活动密切相关。在人类生态系统中，人口要素是处于主体地位的，其他要素都处于客体地位。人类社会活动都是以资源、环境和经济为基础的，人口数量的增加和人口福利水平的提高需要资源、环境作为支撑，需要经济增长作为动力。资源、环境和经济只有在与人口发生联系时才有现实意义。比如，环境组分转化为资源需要人类技术进步的支持，资源促进经济的发展本身就是人类的一种活动，各种环境问题的出现和解决都离不开人类的参与。

（二）人类生态PREE系统的特征分析

人类生态PREE系统作为一种复杂的巨系统，既具有一些系统科学的基本特征，又具有自己所特有的复杂特征。

---

① 刘宇辉：《基于生态足迹模型的经济——生态协调度评估》，中国环境科学出版社2009年版，第25页。

1. 基本特征

①整体性。人类生态系统是一个充满复杂联系的整体系统，系统内部不是各部分要素杂乱无章或无序的偶然堆积，而是各个要素组分的有机组合，其各个组成部分之间通过物质流、能量流、信息流、价值流等形式相互紧密地联系在一起；人类生态系统各个子系统的最佳发展模式叠加，绝非系统整体的最优方案。因此，实现人类生态系统的可持续发展，不仅需要考虑系统内部的横向联系，同时还要关注系统的纵向关联。生态承载能力研究正是加强这些联系的重要途径之一。

②层次性和相对性。人类生态系统作为一组有序的、多层次结构的统一体，它的多样性和统一性是通过层次性加以体现的。系统的层次性是指任何系统向宏观方向可以逐层综合，向微观方向可以逐层分解。其表现在两个方面：一是在系统构成要素上的等级层次性，自上而下的是系统—子系统—亚系统—要素的层次；二是在空间范围上的地域层次性，从大到小的从地球—国家—区域的层次。正是由于整个系统具有不同的等级和层次，系统的结构与要素是相对的。例如，水资源本身是一个系统，但相对于资源子系统而言，它只能算是其中的一个要素；中国的城市系统本身是一个系统，但相对于中国这样一个国家生态系统而言，它仅是一个子系统。人类生态系统的层次性和相对性是对承载能力进行分类和综合的基础。

③开放性与动态性。人类生态系统是开放的和动态的。人类生态系统处于一定的外部宇宙环境中，与外部宇宙环境之间不断进行物质、信息和能量交换。人类生态系统几乎在任何时间、空间尺度上都是动态变化的，并不存在单一的稳定状态。人类生态系统的开放性与动态性特征也是承载能力在长期内发生变动的根本原因之一。

2. 独特特征

①等级级联的耗散结构特征。在系统科学中，通常用有序、无序来描述客观事物的状态，或指由多个子系统组成的系统的状态。自然界和人类社会都存在两种有序现象：一是平衡的有序或静态有序，其所形成的结构称为平衡结构；二是非平衡的有序或动态有序，所形成的结构称为非平衡结构。耗散结构论的创始人、比利时科学家普利高津（Prigogine）指出：非平衡是有序之源。一个远离平衡的开放系统，通过不断地与外界交换物质、信息和能量，在外界条件达到一定阈值时，就可能从原先的无序状态转变为一种在时空或功能上的有序状态，即"耗散结构"。[①] 人类生态系统的各个子系统都是高度有序的、依靠耗散太阳能负

---

① 谷国锋、张秀英：《区域经济系统耗散结构的形成与演化机制研究》，载《东北师大学报（自然科学版）》2005 年第 3 期。

熵而维持具有等级级联特征的耗散结构，通过耗散负熵的太阳能形成高度有序的自然生态系统和人类社会经济系统。这也决定了人类生态系统的任何子系统都具有耗散结构的最基本特点——非线性、突变性和等级级联性。

②非线性、阈值性和突变性的变化特征。人类生态系统涉及各种复杂的自然现象和社会现象，它在本质上是非线性的，因此它包含着无限多个自然和社会因素。这些因素不是独立的，而是相互关联的。这些因素及其参数之间的强耦合作用便在系统内部形成了某种内在的结构，某些特定的因素及其参数则在变化与运动中形成稳定的组织模式和使用、制约特征，从而限制或激发系统的演化与发展，在宏观上的表现即为复合生态系统自组织演化。人类生态系统的动态变化具有非常强烈的非线性，具有关键性阈值和突变性特征。在阈值范围内，人类生态系统的动态变化相对稳定，但超过阈值就会引起系统突变，使系统的主要功能发生强烈变化。

③自反馈特征。由于任何系统内部都存在着熵增趋势，它最终都将趋于衰退。然而，系统通过与环境的相互作用和内部要素的相互作用，可以形成某种自反馈特征。通过这种特征，系统对物质、能量流动实行有效的自我调控。这一过程是靠系统内的信息反馈实现的。信息反馈是系统运行中非常重要的手段，没有良好的信息反馈，系统就无法对自己的各项活动进行有效的控制。对人类生态系统这样一个复杂大系统而言，机理各不相同的各子系统之间也必须通过信息交互反馈，才能建立有效的调控特征。任何一个子系统的发展过程都受到某种或某些限制因子或负反馈特征的制约作用，也得到某种或某些利导因子或正反馈特征的促进作用。正反馈将系统中涨落因素放大，给系统提供前进的动力，但正反馈也会带来不稳定因素，需要经过选择，由负反馈将其去掉，使系统在新的状态中保持稳定，系统就发展了。健全的人类生态系统就靠这种反馈特征实现自我调节以适应环境条件的变化。因此，在人类生态系统调控中，要特别注意那些提升因子和限制因子的动向，注意正反馈环和负反馈环的位置和反馈强度。

（三）人类生态 PREE 系统的作用机制分析

人类生态 PREE 系统是一个结构复杂的系统，其内部组成要素之间关系的复杂性决定了其各子系统作用机制的多样性。这主要表现在①：

---

① 参见魏一鸣、傅小锋、陈长杰：《中国可持续发展管理理论与实践》，科学出版社 2005 年版；张晓军、张均：《区域资源环境经济系统联合评价方法的理论与方法研究》，中国地质大学出版社 2006 年版；胡宝清、严宝强、廖赤眉：《区域生态经济学理论、方法与实践》，中国环境科学出版社 2005 年版。

1. 人口子系统是人类生态系统可持续发展的目的和归宿

人口在人类生态系统中居于主体地位。人口既是经济活动的生产者，又是经济成果的消费者；既是资源环境的破坏者，又是资源环境的维护者；既是可持续发展的倡导者，又是可持续发展的执行者；人类所掌握的科学技术和制度规范是可持续发展的根本动力。同时，人口的过快增长会占用大量的生产资金，给经济子系统带来就业和消费压力，制约经济发展；人口的过快增长消耗资源，生产生活废物，给资源和环境子系统带来巨大压力。因此，实现可持续发展的目的就是，控制人口数量，提高人口质量，协调人与自然关系，在保持人类活动规模在承载能力的限度内的前提下，使人类的生活更加美好。

2. 资源子系统是人类生态系统可持续发展的基础和保障

自然资源是人类社会存在与发展的物质基础，是人类生态系统可持续发展的基础和保障。经济的发展是自然资源与其他投入综合作用的结果，社会进步是自然资源满足人力需求的体现。正是由于资源的不断供给，才有了经济的快速发展，才有了人类丰富多彩的物质生活。无论哪一种资源，只要其消耗超过自身的恢复水平，就会导致供需平衡破坏，从而引起严重的生态环境问题。因此，人类生态系统可持续发展必须建立在资源承载能力和持续供应的基础上。

3. 经济子系统是人类生态系统可持续发展的核心与重点

在人类生态系统中，经济子系统占据着重要地位，发挥着十分关键的作用。人类社会的经济活动，通过生产、交换、分配和消费等经济环节，实现从自然资源和能源到产品及价值的转化与积累，以此满足人类生存和发展的需求。经济增长在提高人类生活水平的同时，常常会带来资源消耗和环境污染。经济子系统的可持续发展不仅体现在经济数量的增长上，而且体现在经济效益的提高、经济结构的改善、发展方式的转变等。

4. 环境子系统是人类生态系统可持续发展的条件和约束

环境子系统作为一种空间载体，其质量水平直接关系到人类的生活条件、资源的存量水平、经济的发展基础。社会经济发展与环境保护之间存在冲突和协调两种关系：环境质量的改善取决于环境保护投资和技术水平，从这方面看，两者具有协调性；同时，经济增长和消费水平的提高会增加污染物的排放，导致环境破坏和承载能力的下降，两者又是矛盾的。环境子系统可持续发展的关键在于人类社会的发展水平与环境承载能力相适应，环境能够承受人类社会发展带来的压力。

二、基于 PREE 系统的承载能力系统重构

既然承载能力和可持续发展都是为了解决人口、资源、环境与经济发展问题

即 PREE 问题，那么从系统论的角度来看，可持续发展实质上就是在一定的时空范围内，在社会人文条件下，实现自然生态系统与人类社会系统（或人地关系）的协调发展。其核心是把人口、资源、经济和环境之间的内在联系准确地表达出来，实现生态系统持续、稳定、均衡、有序发展。承载能力研究就是这种联系的一种表达方式。有鉴于此，本节拟在 PREE 系统框架下，通过承载能力表达人口、资源、经济和环境之间的联系，构筑一个全新的承载能力系统理论分析框架。

（一）基于 PREE 系统的可持续承载能力理论重构

1. PREE 系统内部的基本承载关系解析

对承载主体和承载对象的界定和对二者之间的作用形式与关系分析是承载能力研究的基石。在 PREE 系统框架下构筑全新的承载能力系统理论框架也应该从这一基石出发，即在复合系统的结构划分基础上，深入区分承载关系的作用主体和客体，界定承载主体和承载对象，全面描述它们之间的作用机制。

高吉喜（2001）曾经对生态系统的承载递阶原理进行深入而全面的描述[①]。他指出，生态系统的这种生态承载递阶关系具有以下特点：一是直接承载与间接承载。所谓的直接承载是指承载主体与承载对象间有直接关系，而间接承载是指承载主体与承载对象是通过某个中间环节而建立的。二是承载主体与承载对象的相对性。承载主体与承载对象的相对性是指承载与被承载是相对而言的，而不是固定不变的。三是承载主体与承载对象的多向性。承载主体的多向性是指就某种承载主体而言，其承载作用是多方面的，其承载对象也不止一个，而是多个；承载对象的多向性是指就某个承载对象而言，其承载主体有多个。四是承载主体与承载对象的系统层次性。承载主体与承载对象的系统层次性是指承载主体与承载对象之间的关系具有一定的系统层次性。参照高吉喜的生态系统承载递阶理论为，可以对 PREE 系统内部的基本承载关系解析如下：

①承载主体和承载对象的界定。在人类生态 PREE 系统中，终极的承载对象是人口，最基本的承载对象是资源和环境，而经济是中间环节，既可以是承载主体，又可以是承载对象。

②资源与人口和经济之间的承载关系分析。在人类生态的 PREE 系统中，人口需要消耗资源维持物质生产，进而满足衣食住行。在资源与人口和经济三个要

[①] 高吉喜：《可持续发展理论探索——生态承载能力理论、方法与应用》，中国环境科学出版社 2001 年版，第 41~44 页。

素之间,存在着"资源→经济→人口"这样一个递阶关系,其中,资源对经济的承载关系是直接承载关系,资源对人口的承载关系是间接承载关系。

③环境与人口和经济之间的承载关系分析。在人类生态的 PREE 系统中,人口需要消耗资源进行物质生产的同时,必然又排放大量的废弃物,这些废弃物需要由环境进行容纳和消解。在环境与人口和经济三个要素之间,存在着"环境→经济→人口"这样一个递阶关系,其中,环境对经济的承载关系是直接承载关系,环境对人口的承载关系是间接承载关系。

④经济与人口之间的承载关系。与以前的研究不同,本研究明确提出经济对人口的承载关系,也就是说,经济是承载主体,人口是承载对象。

⑤根据前面分析不难发现,在 PREE 系统的四个要素中,人口具有承载对象的多向性的特点,资源和环境具有承载主体的多向性的特点,而经济兼具承载对象的多向性和承载主体的多向性的双重特点。

2. 基于 PREE 系统的可持续承载能力理论重构

以往的"承载"概念仅考虑生态系统对承载对象的容纳,将承载关系视为简单的对立和单纯的供需平衡。可持续发展理论要求"承载"不仅满足承载主体存在和发展的需求,更将承载主体和承载对象统一于生态系统。同时,以生态系统健康发展为目标的可持续发展理论必然使承载主体和承载对象的界定及二者之间的作用机制发生如下重大变化:一是承载对象不仅仅限于人口,还包括经济,也就是说扩大到人类生态系统;二是承载主体也得到相应的扩展,包含的主要要素需要体现系统的供给和自持两方面的作用;三是在承载关系的作用机制上,不仅强调承载主体对承载对象的限制作用,还强调作为终极承载对象的人类对承载能力的提升作用。这就意味着,在可持续发展背景下的承载能力概念与以往的承载能力概念在含义上有较大不同。为了突出这种不同,特以"可持续承载能力"予以区别。

结合可持续发展的根本要求和前面分析,笔者构筑出一个全新的承载能力系统理论框架,见图 1-2-2。在这一理论框架中,人类生态系统对人类的综合承载能力称为可持续承载能力。可持续承载能力可以细化为三个分项承载能力:一是可持续资源承载能力,反映资源子系统对人口子系统和经济子系统即人类社会系统的承载关系;二是可持续环境承载能力,反映环境子系统对人口子系统和经济子系统即人类社会系统的承载关系;三是可持续经济承载能力,反映人类社会系统内经济子系统对人口子系统的承载关系。

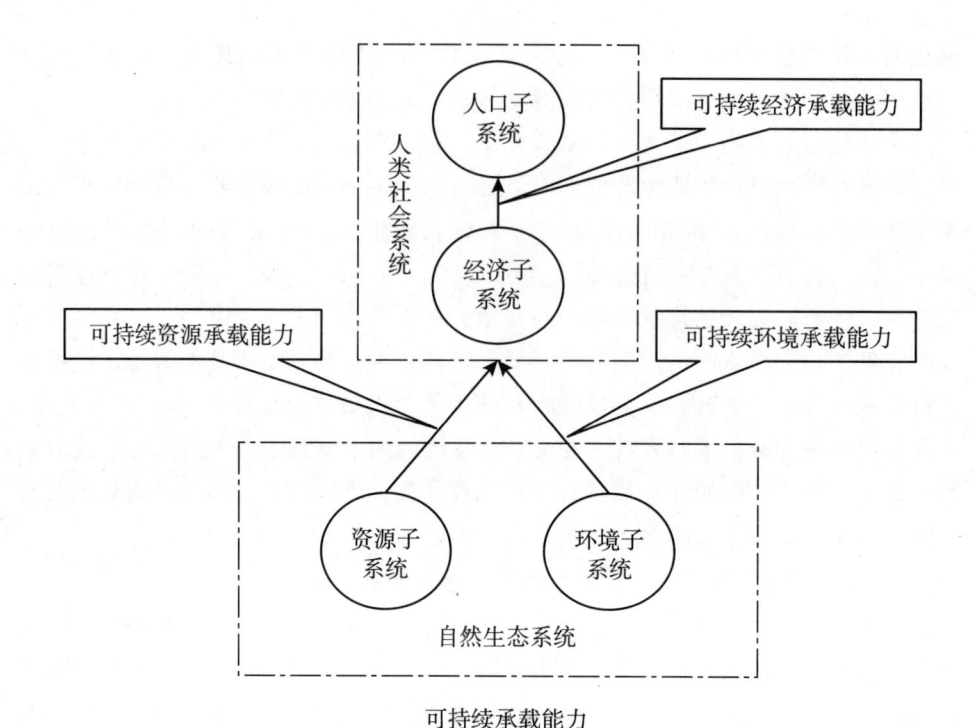

图 1-2-2　基于 PREE 系统的可持续承载能力图解

(二) 可持续承载能力的界定与内涵

1. 可持续承载能力的界定

延续传统的承载能力概念，吸纳可持续发展理论的思想，这里对可持续承载能力定义如下：不同尺度区域在确保资源的持续合理开发利用和生态环境的良性循环的条件下，以及在诸多人文社会因素的影响下，人类生态系统中资源和环境所能支撑的社会经济活动规模及与之相匹配的具有特定的生活方式和相应的生活质量要求的人口数量。理解这一概念需要注意以下几点：

①层次分解性内涵。层次分解性内涵包括两个方面：一是概念的系统层次结构分解。依据 PREE 系统结构，可持续承载能力可以从三个子项加以阐述，即可持续资源承载能力、可持续环境承载能力和可持续经济承载能力。前两个子项反映自然生态系统对人类社会系统的承载作用，后一个子项反映人类社会系统内部的承载作用。三个子项加在一起凸显了自然生态系统在可持续承载能力中的基础承载作用和人类社会可持续发展的承载终极目的作用。二是可持续承载能力可以表现在地球生态系统、国家、地区、城市甚至景观等不同水平层次上，通常我们应该同时关注较低层次的承载能力、较高层次上承载能力以及同一层次的相关区域承载能力。在承载能力分析应用于区域经济管理和规划时，一般遵循从上到

下、由高及低的顺序进行。这对我国主体功能区域规划工作的启示是，主体功能区域规划必须遵循从国家到区域或流域再到省份或地区这样一个自上而下的推进过程。

②双重承载性内涵。对于可持续承载能力来说，双重承载性内涵包括两个方面：一方面是双重承载对象含义，即可持续承载能力的承载对象不仅是人口数量，而且包括由人文社会因素和社会经济活动共同决定的生活质量。同样的经济规模，承载温饱水平生活质量要求的人口数量与承载小康水平生活质量要求的人口数量肯定不相等。另一方面是双重承载关系含义，即可持续承载能力包含双重的承载关系：一是资源子系统和环境子系统对人口子系统和经济子系统的承载；二是经济子系统对人口子系统的承载。两种承载关系之间存在一定的递阶关系和嵌套关系。

③承载主体的自持性内涵。可持续承载能力的承载主体在发挥承载作用时，必须首先满足自身的需要：一是对于可持续资源承载能力和可持续环境承载能力来说，由于它们各自的承载主体——自然资源和自然环境——本身可以看做同一事物的两个不同方面，因此其自持性内涵就表现为满足自然生态系统功能发挥的需要。二是对于可持续经济承载能力来说，自持性内涵表现为承载主体即经济的规模扩大，用经济学语言表述就是，为了维持人类消费的不断扩大，必须进行再投资以扩大再生产。

④时空性内涵和可调控性内涵。可持续承载能力是客观存在的，但并不是一成不变的，可持续承载能力的大小会因区域和空间的不同尺度而发生较大变异。在不同的时空尺度，其他条件相似的区域的可持续承载能力并不都相同。在人类生态系统中，只有人口是主观能动因素，经济、环境和资源等子系统的变化很大程度上受人口左右的，因此人类生态系统的发展方向在一定程度上是人为调控的，人为调控得当与否直接关系到可持续发展能否实现。可持续承载能力的人为调控是可以通过诸多人文社会因素的调控来实现的。在极端情况下，两个区域承载能力可以通过战争、不平等贸易和行政干预等方式加以转换。

2. 可持续资源承载能力——可持续承载能力的基础条件

自然资源是人类社会存在与发展的物质基础，因此，可持续资源承载能力是可持续承载能力的基础条件。早期的资源承载能力研究仅仅局限于单项资源，如土地资源、水资源、矿产资源、森林资源，而缺乏从人类生态系统整体性考虑，这就导致所研究的单项资源处于最大利用效率，而其他资源的利用却超出了本应有的合理范围。借鉴可持续承载能力的概念，这里把可持续资源承载能力定义为在确保资源的持续合理开发利用和生态环境的良性循环的条件下，资源子系统中的各种资源所能支撑的社会经济活动规模及与之相匹配的具有特定的生活方式和相应的生活质量要求的人口数量。

①与最初的资源承载能力的概念有所不同,可持续资源承载能力是一个综合概念。可持续资源承载能力的大小是由各类资源承载能力彼此连带和制约的关系综合决定的。其连带关系主要体现为资源再生、贸易流通、调节利用所提供的承载能力。资源再生主要以资源本身的形式传续其承载能力;区域内外的资源贸易流通在一定程度上缓解了人类社会系统对稀缺资源的压力,导致其承载能力的扩大;资源的调节利用主要表现在:在技术进步的推进下新资源或资源新用途的发明,导致各种资源流向和用途的重新分配。制约关系则体现为持续资源承载能力受制于不同种类的资源的承载能力,尤其受限于日益枯竭、不可替代资源产生的承载能力。

②可持续资源承载能力必须在确保资源的持续合理开发利用和生态环境的良性循环的条件下衡量,因此,其实质是一个适度开发量的概念,而非最大的利用率或利用量。以水资源为例,计算可持续资源承载能力首先考虑其生态价值,即满足人类生态系统的安全性和生物多样性以及区域宏观生态环境的用水需求,然后考虑其资源价值,满足特定生活质量要求和生产质量要求的生活用水和生产用水。

③与可持续承载能力一样,可持续资源承载能力具有需求数量和需求质量的双重承载性内涵。需求数量和需求质量不同,可持续资源承载能力的大小就不同;人类对自然资源的认识不同,利用方式不同,产生的效果也就不同。过去,人们在计算资源承载能力时,较多考虑资源的数量,较少考虑资源的质量。如在计算中国土地资源承载能力时,考虑的只是土地的粮食作物生产能力,而没有考虑与需求对应的供给粮食种类与质量。对于给定的粮食作物种类与产量,可供养的温饱水平的人口数量要远远低于可供养的基本小康生活水平或全面小康生活水平的人口数量。

3. 可持续环境承载能力——可持续承载能力的约束条件

在人类社会系统正常运转的过程中,必然向生态环境中排放各种废弃物。如果各种废弃物排放量超过生态环境的自净能力,就会导致环境问题发生,甚至破坏生态系统平衡。因此,反映环境子系统与人类社会系统之间承载关系的可持续环境承载能力就成为可持续承载能力的约束条件。参考已有的环境承载能力概念,吸纳可持续发展理论的思想,这里把可持续环境承载能力定义为:在确保资源的持续合理开发利用和生态环境的良性循环的条件下以及一定的生活质量要求下,环境子系统所能容纳的污染物数量以及可支撑的社会经济活动规模和人口数量。

根据定义,可持续环境承载能力包括三个方面的含义:一是一定的生态环境的良性循环的条件和一定的生活质量要求,反映在环境方面主要是环境应不朝恶性方向转变,且具有相应的质量标准,说明它是一个适宜标准下的适度承载能力的概念;二是可容纳的污染物数量,反映的是环境的容纳功能;三是在满足前两个条件下可支撑的社会经济活动规模和人口数量,反映的是环境对人类的支持作用,这很大程度上取决于人类社会的生产方式和生活方式。一些研究如戴利(Daly,1996)[①]和达钦(Duchin,1998)[②]认为,多数的环境破坏可以追溯到消费者的直接行为,如垃圾处理和汽车的使用,或者消费者的间接行为,如生产的产品必须满足消费者的需求。因此,可持续环境承载能力的主要决定因素有环境容纳能力、环境标准、人类的生产和生活方式以及其他人文社会因素。

4. 可持续经济承载能力——可持续承载能力的保障条件

人类社会的经济活动,通过生产、交换、分配和消费等经济环节,实现从自然资源和能源到产品及价值的转化与积累,以此满足人类生存和发展的需求。因此,可持续经济承载能力是可持续承载能力的保障条件。由于人类社会可持续发展是可持续发展的终极目标,在这一目标下研究经济承载能力就具有重要的意义。遗憾的是,目前国内外关于承载能力的研究关注的焦点是资源承载能力、环境承载能力和生态承载能力,这些承载能力研究关注的重点是自然生态系统对人类社会子系统的承载能力。关于经济承载能力的研究不多,已有研究只是在人口经济问题分析或具体承载能力分析中或多或少地涉及。比如,从人口与经济的适度关系上看,适度人口是能够达到一个特定或一系列目标的"最佳"或"最理想"的人口规模,以便和所在区域的经济发展水平、自然资源多寡及生态系统的负载能力保持平衡。[③]再如,李涌平、杨华(2002)在承载能力的研究提出过经济人口承载能力这样类似的概念,并把它界定为与经济过程相联系的人口数量,其核心是指在一定的经济水平条件下,生产资料所能容纳的最大人口数量[④]。

可持续经济承载能力是在可持续资源承载能力和可持续环境承载能力基础上依据生态系统的承载递阶原理而衍生出的一个承载能力概念。考虑到可持续经济承载能力的衍生性特点,这里把可持续经济承载能力界定为:在人类生态系统处于可持续资源承载能力和可持续环境承载能力之内的条件下,经济子系统对人口子系统发展的支撑能力。显然,可持续经济承载能力也是一个适度的承载能力概念,其反映的是物质资料生产满足人类特定生活方式和特定生活质量的能力。

---

① Daly, H. E. Consumption: value added, physical transformations, and welfare. /Eds. R. Costanza, O. Segura, J. Martinez-Alier, Getting down to Earth: Practical applications of ecological.

② Duchin, F. Structural Economics: Measuring Change in Technology, Lifestyles and the Environment, Washington, D. C.: Island Press. 1998.

③ 王世巍:《城市人口均衡发展研究》,社会科学文献出版社 2008 年版。

④ 李涌平、杨华:《生态动态人口承载力的预测——以云南省澜沧江区域人口为例》,载《中国人口科学》2002 年第 1 期。

在人类生态系统的经济子系统中，从经济增长的动力机制来看，增长不仅取决于自然资源和环境，也取决于人造资本、人力资本和社会资本等，不仅取决于各种有形或无形的要素，更取决于要素的利用和组合程度，进一步地，还取决于决定要素组合程度的技术变革和经济制度以及决定技术变革和制度创新的体制等。因此，自然资源和环境的量和质对经济增长不是起决定作用，而是起影响作用。自然资源禀赋和经济增长之间不存在严格的对应关系。可见，可持续经济承载能力大小的影响因素与可持续资源承载能力或可持续环境承载能力大小的影响因素不完全相同。

可持续经济承载能力除了受技术进步、贸易流通、管理水平、制度标准、生产与生活方式等同时影响可持续资源承载能力或可持续环境承载能力的因素影响外，还单独受到人造资本和人力资本投资水平、产业结构、收入不平等等因素的影响。因此，可持续经济承载能力与可持续资源承载能力或可持续环境承载能力并不呈现正相关关系。

（三）三个分项承载能力的可能组合类型分析

由于可持续经济承载能力与可持续资源承载能力或可持续环境承载能力并不完全正相关，因此，在特定的数量和质量的人口承载目标下，可持续经济承载能力与可持续资源承载能力或可持续环境承载能力评价结果的可能组合类型有四种：一是可持续资源承载能力或可持续环境承载能力评价处于低载状态，可持续经济承载能力评价处于超载状态。二是可持续资源承载能力或可持续环境承载能力评价处于低载状态，可持续经济承载能力评价也处于低载状态。三是可持续资源承载能力或可持续环境承载能力评价处于超载状态，可持续经济承载能力评价也处于超载状态。四是可持续资源承载能力或可持续环境承载能力评价处于超载状态，可持续经济承载能力评价处于低载状态。在四种承载能力组合中，第二种组合情形为可持续发展的理想实现状态，第一种组合常见于资源诅咒方面的案例，第四种组合常见于资源福音方面的案例，第三种组合情形为资源枯竭型地区或城市。

资源福音（bless of resources）和资源诅咒（curse of resources）是发展经济学中的一对著名命题。前者的含义是自然资源对经济增长产生了促进作用，资源丰裕经济体的增长速度往往快于资源贫乏的经济体；后者的含义是自然资源对经济增长产生了限制作用，资源丰裕经济体的增长速度往往慢于资源贫乏的经济体[①]。资源福音的典型的例证是挪威、博茨瓦纳、新西兰、澳大利亚、加拿大

---

① 张景华：《经济增长：自然资源是"福音"还是"诅咒"》，载《社会科学研究》2008年第6期。

等；资源诅咒的典型的例证便是 20 世纪的非洲（资源丰裕的国家居多数）、盛产石油的印度尼西亚、委内瑞拉等欠发达经济体以及自然资源丰裕的中国中西部省份。不少研究（胡援成、肖德勇，2007；张景华，2008；王成，2010）都对资源福音和资源诅咒的传导机制进行了较为深入的揭示。归纳这些研究，资源福音的传导机制是：自然资源丰裕度会影响社会劳动生产率；自然资源利用能促进技术进步；自然资源影响产业布局。资源诅咒的传导机制主要是人力资本、外商直接投资、制度等。这些传导机制实际上大都可以和承载能力联系起来。

笔者认为，资源福音和资源诅咒的分歧在于经济承载能力与资源环境承载能力的影响因素不完全相同，进而导致区域两类承载能力评价出现超载与低载协调程度不同的结果。资源承载能力的大小不仅取决于生态系统中资源的丰富度，即自然资本的多少，而且取决于人类对资源的需求和人类对资源的利用方式。自然资本丰富或资源的供给能力大并不表明该系统中的资源承载能力就大，也即并不表明现有资源可维持快的社会经济发展速度。如果自然资本平均而言排斥物质资本和人力资本，极度依赖自然资源会通过间接延缓金融体系的发展而伤害储蓄和投资，从而抑制经济增长。制度缺位和管理水平低下引发的寻租现象和政府变质，同样也会导致经济增长缓慢。在现实中，资源枯竭型地区或城市正是资源诅咒的传导机制长期作用的结果。资源产业的强劲发展使得政府有意或无意地轻视或忽视人力资本的培育，对教育的投入严重滞后于经济发展，忽视其他产业的发展，资源采集结束必然重新出现经济承载能力下降的后果。因此，对我国资源丰富的西部地区而言，应该以调整资源价格体制、提高技术水平、加快对外开放、完善生态环境管理体制和改变经济增长模式等方法发展经济，而不能单纯依赖能源资源开发的发展模式，否则最终将陷入"资源诅咒"困境；对于资源型地区或城市而言，人力资源的开发和合理利用，资源产业外其他产业的合理发展是可持续发展实现的必由之路。

（四）可持续承载能力的调控机理分析

可持续承载能力是客观存在的，但不是固定不变的。可持续承载能力的变化遵循一定的调控机理。

1. 可持续承载能力的演化机制分析

（1）低载情形下可持续承载能力阈值的变化分析

世界上任何事物的发展过程都是量变和质变的统一，也就是相对稳定（量变）和层次跃进（质变）的统一。人类生态系统的可持续发展过程也是人口、经济、资源和环境子系统相互耦合的结果，构建在各子系统之间承载关系基础上的承载能力阈值更是这一结果的产物。在低载情形下，影响可持续承载能力阈值变化的因素可以分为两类：一类是对可持续承载能力阈值起固定限制作用的因子，这里称为限制因子；另一类是对可持续承载能力阈值起利导提升作用的因子，这里称为提升因子。

人类生态系统等级级联的耗散结构特征决定了可持续承载能力阈值变化的非线性特点。如果在相对较短的时间内考察，可持续承载能力主要受限制因子作用，可持续承载能力阈值固定不变，系统的变化可用 Logistic 曲线刻画，其方程为：

$$\frac{dN(t)}{dt} = rN(t)\left(\frac{K - N(t)}{K}\right) \qquad (1-2-1)$$

其中，$N(t)$ 为具有一定质量要求的人口数量，K 为可持续承载能力阈值。

如果在相对较长的时间内考察，可持续承载能力主要受提升因子的影响，当提升因子起主导作用时，可持续承载能力阈值的变化轨迹大体呈现系列跃进（见图1-2-3），这时，Logistic 曲线的方程就变化为人口数量会随时间变化的方程：

$$\frac{dN(t)}{dt} = rN(t)\left(\frac{K(t) - N(t)}{K(t)}\right) \qquad (1-2-2)$$

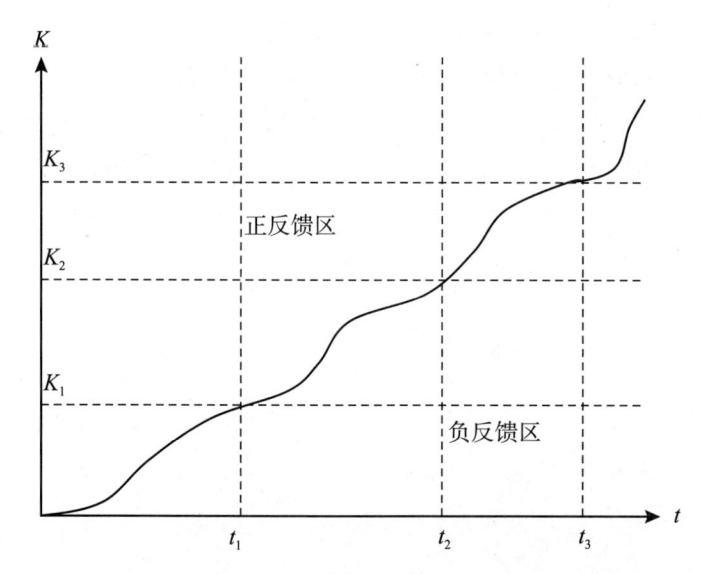

图1-2-3 可持续承载能力跃进式变化

然而，根据上述方程显然无法确定可持续承载能力阈值 $K(t)$ 的变化轨迹。科恩（1995）、班克斯（Banks，1999）等都曾对 $K(t)$ 的变化特征进行探讨，但并没有给出它的具体形式。迈耶和奥苏贝尔（1999）认为，由于技术发明和学习曲线多呈S形，承载能力 $K(t)$ 是关于时间的 Logistic 函数，可以刻画如下：

$$\frac{\mathrm{d}K(t)}{\mathrm{d}t} = \alpha_K (K(t) - K_1)\left(1 - \frac{K(t) - K_1}{K_2}\right) \qquad (1-2-3)$$

可持续承载能力阈值 $K(t)$ 从 t_1 到 t_2 和从 t_2 到 t_3 的变化均可以用双 Logistic 曲线方程。这样，可持续承载能力阈值的非线性变化就可以用一系列不同参数的双 Logistic 方程模拟。

（2）超载情形下可持续承载能力阈值的变化分析

可持续承载能力的演化过程分析的另一个重要问题是人口数量超过承载能力阈值的后果。

生物种群数量增长超过承载能力阈值后，经常会出现的后果可以概括为三种[1]：一是稳定型。稳定型的超载表现为生物种群数量能够达到并相对稳定在某一特定的承载能力阈值 K，随着时间的推移在该数值附近小幅度地上下波动。这种情况经常发生于生物种群超载对其栖息环境的破坏较小并且能够较快恢复，或者栖息环境虽受到较大损害但具有较强的恢复能力，多见于实验情形中。二是衰落型。衰落型的超载多发生于生物种群超载对其栖息环境造成严重破坏，并产生了不同程度的不可逆变化，生物种群承载能力受到损害并下降到比原有承载能力低的水平上，常见于野生生物种群中。衰落型的超载表现为生物种群数量会随着承载能力的下降而下降，并保持在其水平之下。三是崩溃型。当生物种群栖息环境的承载能力受到极为严重的损害，并且这种损害不能恢复时，生物种群栖息环境的承载能力与原有的承载能力相比就有巨大的差异，有可能完全丧失承载能力，这种承载类型就是崩溃型。自然界中生物种群承载能力超载更多地表现为崩溃型。

人类能够自主和能动地支配生态系统的特点和人文社会因素的影响，决定了人口数量超过可持续承载能力的后果与生物种群有较大的不同。这表现在：一是除了绿洲沙漠化等少数崩溃型情形，超载的后果更多地表现为稳定型或衰落型。超载对人类自身的影响也不再表现为人口数量的剧烈下降，而表现为经济受到资源环境的限制而出现发展速度下降、资源枯竭、环境恶化以及人类的生活质量下降，甚至出现主动或被动地向外迁徙现象。这种现象常见于资源枯竭地区或城市，生态难民就是其最典型表现。二是可持续承载能力超载后影响的范围比较大，力度也比较强，持续时间也相对较长。与过去频繁发生的、较小幅度的生态危机相比，现代社会所面临的生态危机虽不频繁，但危机的范围和强度更大了。近年来，发生在我国的数次大的自然灾害如汶川地震、玉树地震、舟曲泥石流等，无不印证了这一点。舟曲泥石流灾难发生后，人们才惊讶地发现，舟曲这个

---

[1] 张林波：《城市生态承载力理论与方法研究：以深圳为例》，中国环境科学出版社 2009 年版，第 64~65 页。

中国西部的山中小城却聚集了如此众多的人口。舟曲县城东西不到 2 公里,南北不到 1.5 公里,总面积不到 3 平方公里,却容纳了常住人口 4.2 万人。若按平均人口密度算,约为 1.5 万/平方公里,这竟然仅低于 2009 年北京功能核心区[①]的常住人口密度 2.3 万/平方公里,而是北京功能扩展四区[②]的常住人口密度 0.7 万/平方公里的两倍多!舟曲县城的人口数量早已超过承载能力阈值。如果不是发生了大的泥石流,在过去很长一段时间内当地居民如何会意识到其灾难性后果呢?

2. 可持续承载能力的阈值调控机制分析

虽然自然生态系统处于不断变化中,但自然生态系统中生物种群的承载能力阈值在一定时期内却是相对固定的。与人类生态系统一样,自然生态系统也具有自反馈特征。要使具有反馈特征的自然生态系统能起控制作用,系统应具有某个理想的状态或位置点,系统能围绕位置点而进行调节。生物种群承载能力阈值调控主要是负反馈调节,最常见的形式是密度制约因素的负反馈调节。当种群数量的增长超过承载能力时,密度制约因素对种群的作用增强,使死亡率增加,而把种群数量压到承载能力以下。当种群数量在承载能力以下时,密度制约因素作用减弱,而使种群数量增长。

人类生态系统的自反馈特征和人类社会文化因素的提升作用,决定了人类不仅是简单的施压者,也是承载能力的共同创造者,人类可以主动地提升自身的承载能力。因此,可持续承载能力阈值调控不仅有负反馈调节,而且有正反馈调节。[③]

可持续承载能力阈值的负反馈调节方式与生物种群的相似,但人类的调节方式可以是主动的、积极的。例如,当某区域的人口数量过多或过少时,人类通常采取两种方式进行密度调节:一是通过计划生育有预见性地控制人口的增长(如我国政府的政策),或通过某种激励政策鼓励生育(如西方国家);二是通过人口迁移调节(如我国西部地区实施的有步骤、有计划的生态移民工程)。第一种方式如今较为常见,而第二种方式在人类历史上发挥了极为重要的作用。

可持续承载能力阈值的正反馈调节方式主要通过人文社会因素进行。它不仅应使可持续承载能力得以提升,同时还不应该削弱自然对人类的支撑能力。在过去相当长时间内,由于人类对人类生态系统复杂性的认识不到位,只是看到经济功能,而没有看到生态功能,导致人类通过人文社会因素调控自然的一些措施往

---

① 即东城、西城、崇文、宣武四区,2010 年东城、崇文两区合并为新东城区,西城、宣武两区合并为新西城区。
② 即朝阳、海淀、石景山、丰台四区。
③ 张林波:《城市生态承载力理论与方法研究:以深圳为例》,中国环境科学出版社 2009 年版,第 67~68 页;高吉喜:《可持续发展理论探索——生态承载能力理论、方法与应用》,中国环境科学出版社 2001 年版,第 47~49 页。

往不能真正提高可持续承载能力，而是产生相反的结果，导致生态环境恶化，可持续承载能力下降。事实上，科技进步、生活方式、价值观念和风俗习惯、社会制度、贸易流通、道德和伦理、知识水平和管理水平等人文社会因素对可持续承载能力的影响方向和程度归根结底取决于人类自己的意识。单纯追求物质经济利益的人文社会因素必然会对可持续承载能力造成不利影响，但人类可以根据自己的知识和意识主动地选择生产方式、消费模式以及其他行为方式，从而减轻对资源子系统、环境子系统甚至经济子系统的压力，在提高可持续承载能力的同时不削弱人类生态系统对人口的支撑能力。人类可以通过建立循环经济体系、资源节约和环境友好型社会来提高自身的承载能力。例如，人类可以通过节水灌溉技术在不减少粮食产量的同时减少水资源的使用量，进而提高水资源的承载能力。再如，随着人们环保意识的提高，垃圾分类回收处理量逐渐增大，进而可以提高可持续环境承载能力。这些都是可持续承载能力的正反馈调节作用的体现。人类可持续发展的实现必须重视人文社会因素通过正反馈调节对可持续承载能力的提升作用。

3. 可持续承载能力三大子项的阈值调控机制分析

（1）可持续资源承载能力的阈值调控机制分析

资源承载能力特别强调自然资源的数量和质量，资源承载能力的大小取决于人们对资源的利用方式和手段。在可持续资源承载能力的阈值调控机制中，负反馈调节主要是资源使用的节约或回收循环利用，不同资源之间的调配使用等；正反馈调节主要通过技术、贸易等手段进行。具体有：

①开发新资源，拓展资源的范围和用途。人类的社会进步、扩大资源（augmenting-resource）型技术进步水平的不断提高、原有类型资源数量和品种的增加，以及新类型、新物种、新领域资源的发掘与资源利用新途径的出现，使资源种类增加，数量上升，质量提高。从人类社会的发展历程看，人类所依赖的"资源"是一个动态的概念，随着技术的进步、经济的发展、已有资源储量的减少以及人类认识程度的深入，它的范围在不断地扩大，以前不是资源的物质有可能成为可利用的资源。近一百年来，特别是第二次世界大战后的几十年里，人类开发资源手段之先进，能力之巨大，是前所未有的。

②资源的人工替代或资本替代。随着科学技术的发展，用人工合成物质替代自然资源，用可再生资源替代不可再生资源就成为一大趋势。优质树脂替代玻璃，塑料替代部分钢铁产品，风能、太阳能替代化石燃料发电就是资源的人工替代的实例。对于资源的资本替代，达斯古普塔（Dasgupta）和希尔（Heal）、索洛（Solow）、斯蒂格利茨（Stiglitz）在1974年曾经证明，可持续性的实现要求资本与资源之间具有相当高的替代性，或者被要求足够高的、持续的技术进步

率，或者要求有持久的、支撑性的技术。哈特维克（Hartwick，1977）也证明，所有不可再生资源的稀缺性必须以人造资本投资以维持产量和保护可持续发展，其实现程度取决于人造资本对自然资本的替代弹性。一些研究〔如格里芬（Griffen）和伍德（Wood）（1975），平狄克（Pindyck）（1979），张（Chang）（1994）〕已经证实了这种替代的存在性。

③对于低尺度的区域而言，短期内制约可持续资源承载能力的主要是少数几个关键的资源，那么，通过贸易流通手段从区外调入就成为承载能力提升的一种重要手段。北煤南运、南水北调、西气东输、西电东送就是其中的典型例子。随着全球经济的不断融合，贸易迅速发展，区域资源的获取范围极大地突破行政界限，在一定程度上使可持续资源承载能力发生变化。在经济、技术上领先的国家具备强有力的贸易能力，可以更多获取外部资源保证经济运行，而无须消耗太多的区域自身资源。同样的贸易活动，可以提升发达地区的可持续资源承载能力，同时减弱落后地区的可持续资源承载能力。

④通过技术等手段提高资源的承载能力。例如，通过改良土壤，运用新技术、培育新品种等措施，作物的产量得到极大提高，进而其承载能力得以提升。再如，超临界煤粉发电技术等技术的创新可以提高资源利用效率，进而提高煤炭资源的承载能力。事实上，这里的提高资源承载能力的技术可称为资源扩大（resource-augmenting）型技术进步，其实质是提高资源使用效率，使得从一定数量资源中可以生产出越来越多的产品，或一定产出所需要的资源越来越少。

目前我国高投入、高消耗、低回报、对外依赖性强的粗放型发展方式，使得资源承载能力难以支撑未来经济的更大规模发展，经济发展方式转变就是要改粗放型发展方式为由技术创新和制度创新驱动的集约型发展方式。其中，在资源方面的要求是减少经济发展对资源的依赖和对环境的破坏，实现由资源消耗型经济向资源节约型、环境友好型经济转变。我国经济增长方式转变的实质是，通过战略调整和政策变革改变资源承载能力正向反馈和负向反馈的作用机制，最终提高资源承载能力的阈值。

（2）可持续环境承载能力的阈值调控机制分析

依据上述定义，可持续环境承载能力的阈值应该包括两个方面的内容：一方面，环境的容纳量；另一方面，社会经济活动规模发展和人口数量增长的环境空间范围。可持续环境承载能力的阈值被人口膨胀和经济发展压力突破后会表现出三个明显特点：一是问题显现滞后；二是影响的全方位和多重性；三是会导致恶性循环。因此，一般不能通过破坏生态环境的办法来获取承载能力信息，但这并不影响人类可以通过调节环境标准、改变人类的生产和生活方式等手段调节承载能力阈值。

①环境标准是由政府有关部门所制定的强制性的环境保护技术法规。政府制定环境标准的目的是为了保护公民健康、社会物质财富和维护生态平衡，对一定空间和时间范围内环境中的有害物质或因素的容许浓度作出规定。因此，不同国家和地区，由于发展水平和生活质量的差异，制定的环境标准不同。环境标准具体可分为大气环境标准、水环境标准、土壤环境标准等。政府可根据解决发展水平和生活质量的变化，适时调整环境标准，达到调节可持续环境承载能力的目的。

②人类生产和生活方式主要是指与生产污染物和生活污染物排放有关的生产工艺、环境保护措施、生活方式等。采取的生产工艺和生活方式不同，产生的污染物数量甚至成分就不同，在相同的生产工艺和生活方式下，是否采取环境保护措施直接关系到污染物的排放量。人类可以通过人口数量调节、推行循环经济、建设生态产业体系、建设生态文明等，建设环境友好型社会，来提高可持续环境承载能力。

那些因为生态条件不适合人类生存，或者因生存条件恶化难以继续生存的情况所导致的生态难民，其实质是环境承载能力超载，其成因是与生产和生活方式密切相关的，生态难民问题的解决只能从环境承载能力阈值调控入手。

(3) 可持续经济承载能力的阈值调控机制分析

可持续经济承载能力是经济系统中的物质资料生产满足人类特定生活方式和特定生活质量的能力。其阈值调控的负反馈调节表现在：如果区域人口数量即将达到或超过可持续经济承载能力的阈值，人类通常采用计划生育进行总额控制，实施人口迁移进行密度分布调整。

可持续经济承载能力阈值调控的正反馈调节是扩大物质资料生产能力，提高经济增长水平，保障人们福利水平的持续提高。主要实现方法有：一是通过教育和培训等手段，加强人力资本投资提高人口质量，将巨大的人口负担转变为丰富的人力资源。二是优化产业结构和经济结构，增强技术变革和制度创新能力，提高经济增长的可持续性。三是倡导合理的人类生活方式、循环利用的经济生产方式、更为高效的生产管理方式等。

可持续经济承载能力是从可持续资源承载能力和可持续环境承载能力衍生出来的，其调控机制应该在遵循可持续资源承载能力和可持续环境承载能力的基础上进行。资源承载能力和环境承载能力的研究对象是人类社会生态系统，其阈值具有整体性的特点，但系统内部各区域能够在一定程度上通过物质流动、区域贸易和谈判①等手段转嫁和分解资源承载能力和环境承载能力。经济承载能力的研究主要针对人类社会生态系统，其决定因素多属于区域自身层面的，这就决定了

---

① 比如碳交易机制、水资源流域补偿机制等。

经济承载能力具有区域限制特征和不易转移性特征。因此，在区域主体功能规划中，资源承载能力和环境承载能力规划应在较高尺度的区域进行，而经济承载能力规划应在较低尺度的层面上结合不同区域的特点进行。

从理论上讲，任何一级拥有一定国土空间范围、一定经济管理权限和政策实施手段的政府或经济主体都应贯彻和实施区域经济功能区划的战略理念，但资源承载能力和环境承载能力规划只能从国家等较高区域层面实施。对于我国的区域主体功能规划，一个可行思路是，首先在国家层面，根据资源承载能力、环境承载能力和经济承载能力与利用现状的比较结果，设立国家级重点开发区、国家级优化开发区、国家级限制开发区和国家级禁止开发区。然后，在省级层面，根据国家规划的结果，在国家重点开发区内，规划设立省级重点开发区、省级优化开发区、省级限制开发区和省级禁止开发区；在国家优化开发区内，规划设立省级优化开发区、省级限制开发区和省级禁止开发区；在国家限制开发区内，规划设立省级限制开发区和省级禁止开发区。以此类推到地级市层面和区县层面。最终形成的结果见示意图1-2-4。

```
             ┌ 国家级禁止开发区
             │                    ┌ 省级禁止开发区
             │ 国家级限制开发区 ┤
             │                    └ 省级限制开发区
             │                    ┌ 省级禁止开发区
             │ 国家级优化开发区 ┤ 省级限制开发区
             ┤                    └ 省级优化开发区
             │                    ┌ 省级禁止开发区
             │                    │ 省级限制开发区
             │ 国家级重点开发区 ┤
             │                    │ 省级优化开发区
             └                    └ 省级重点开发区
```

图1-2-4 我国国家级和省级区域主体功能规划的结果设想

第三节 单因素承载能力研究方法

单因素承载能力的研究方法是单因素承载能力理论研究与应用研究之间的桥梁。第一节已经提到，人类生态学领域传统的单因素承载能力理论主要是对资源、环境的承载能力进行研究。相应地，传统单因素承载能力的测度方法也主要包含针对资源承载能力的测度方法和针对环境承载能力的测度方法两大部分。从时间上讲，对单因素承载能力测度方法的正式研究最早可以追溯到20世纪40年代。可以说，它与其相对应的理论几乎是同步发展的。同时，为了和第二节提出的经济承载能力理论相对应，本节还将探讨经济承载能力的研究方法。本节在逐一介绍各类单因素承载能力研究方法的同时，注重从方法论角度评析它们的优点和缺点，并对其未来的发展趋势进行展望。

一、资源承载能力研究方法

早期的资源承载能力研究只局限于土地资源研究，且测度的目标是计算特定区域土地资源能承载的人口数量。后来，随着全球人口的急剧增加，人类对很多其他自然资源和基础设施资源的需求量和压力也越来越大，催生了对水资源、矿产资源、森林资源、草地资源、基础设施资源等方面的测度方法研究。有一部分研究者为了测算这些资源之间的相互承载能力，还开发了相对资源承载能力的测度方法。这里主要介绍土地资源和水资源的承载能力测度方法，并简要介绍其他几种资源承载能力的测度方法。

下面就分别述评这些资源承载能力的研究测度方法。

（一）土地资源承载能力的测度方法

在各种资源承载能力的测度方法中，对土地资源的研究是开始最早、规模最大且最为成熟的。目前这种类型的计算方法主要包括三种：生态生产潜力方法、统计推断方法和ECCO（Enhancement of Carrying Capacity Options）方法。

1. 生态生产潜力方法

土地的生产潜力是指在未来的不同时间尺度上，以可预见的技术为依据，区域土地能够持续生产人类所需生物品的潜在能力。它是通过植物的转化功能，将水分、二氧化碳及各种养分合成有机物质来实现的。通常，这种合成能力主要取决于土地的潜力结构，包括所处区域的气候潜力、土壤潜力和植被潜力等。这种方法的主要步骤是：首先将区域内土地按类型、质量分类，然后根据影响合成有机物能力的因素计算出土地的生产潜力，最后依照当地的生活水平估算出人口承载数量。测算生产潜力的方法包括以下几种：

（1）光合生产潜力法

该方法主要是针对农业土地的。光合生产潜力是指作物在温度、水分和土壤等条件均保持最适宜状态时，由辐射的太阳能资源所决定的产量。这种做法的理论基础是：尽管在现代农业科学技术水平下，可用地膜、灌溉和人工降雨等技术在小区域面积上实现对温度、水分的控制，同时也可以通过长期的人工操作在一定程度上改变土壤的理化性质，但是在大面积区域上实现这些控制，使之不受自然条件的限制而能充分发挥生产潜力，还是相当困难的，甚至是不可能的，因为这样做的成本往往大于收益。实际操作中，像温度、水分这些条件目前仍主要受限于自然界，所以合理的做法还应该把光照作为主要的研究因素，进而根据温度、水分、土壤等各方面的条件来估算农业生产潜力。这也是在目前具体实践中无法建立系统多因子复合模型的情况下的一种替代性模型，适用于一定区域范围和各种生产力层次的应用。通常计算光合潜力的公式为：

$$P_f = \alpha Q \qquad (1-3-1)$$

其中，P_f 为光合生产潜力；Q 为太阳能辐射总量；α 为光能转换系数，其取值在实际应用时随各地具体情况而有所不同。在计算光合潜力等式的基础上，依对温度、水分、土壤三个因素进行修正后，可以得到农业土地生产潜力。

整体而言，光合生产潜力法的优点是其计算比较简单，所需的数据资料也较少，一般只需要知道作物的生长期、温度和辐射，而且这些资料很容易搜集。它的缺点是没有坚实的理论基础，或者说是机理性不强，很多研究只是靠研究者本人的经验来实施的，这很难真实地反映特定区域的光温资源对作物生产力的影响。

（2）瓦赫宁根（Wageningen）方法

该方法最早是由以德威特（Dewitt）为组长的瓦赫宁根农业生产力研究小组提出，后来被国际土地开垦与改良协会广泛采用。它通过模拟植被的光合作用、叶和根等生长量因子的日变化以及碳水化合物的变化过程，在植被和水的管理标准较高、水和养分没有限制以及病虫害很小的条件下，来计算土地的产粮潜力。其计算公式为：

$$P = [F \cdot y_0 + (1-F) \cdot y_c] \cdot \frac{ETM}{e_a - e_d} \cdot K_p \cdot CT \cdot CH \cdot G \qquad (1-3-2)$$

$$F = \frac{Rse - 0.5Rs}{0.8Rse} \qquad (1-3-3)$$

其中，F 为白天中阴天的比例（常用云彩覆盖度表示）；y_0 和 y_c 分别表示特定区域内全部为阴天和晴天时标准作物的干物质生产量；ETM 为作物生长期内日平均最大蒸散量；e_a 和 e_d 分别为饱和时水汽压和实际水汽压；K_p 为作物校正系数；CT 为温度系数；CH 为收获指数；G 为总生长期；Rse 和 Rs 分别表示在植被覆盖地面时，晴天吸收的短波辐射最大值和实际吸收的短波辐射值。在实证方面，周白、郑剑非（1992）[①] 曾在计算内蒙古武川旱农实验区土地生产潜力时使

[①] 周白、郑剑非：《内蒙古武川旱农实验区自然降水生产潜力研究》，载《中国农业气象》1992年第1期，第2~4页。

用过该方法。

不过,尽管该方法机理性比较强,但对作物生长与环境的关系定量化不足,主要表现在没有真实反映出温度条件对作物干物质生长率的影响,只是使用作物种类校正系数来确定作物的标准干物质总产量和实际干物质总产量之间的关系。因此,该模型虽然在国际上的应用地域很广泛,但主要局限在苜蓿、玉米、高粱、小麦等少数作物上,对其他作物的应用比较有限。

(3) 农业生态区方法

农业生态区是按气候、土壤、地形、水文等土地自然特征的异同原则而划定的一个区域(亦可称为农业生态单元、土地评价单元、制图单元等)。每个生态区内的土地自然特性基本一致。农业生态区是通过气候图、土壤图、地形图、水文图、土地利用现状图等图形叠加而成的(王霞,2007)[①]。农业生态区方法是在 20 世纪 70 年代后期由联合国粮农组织和国际应用系统分析研究所共同合作开发的。从原理上讲,它是前面瓦赫宁根方法的进一步扩展,使得新的方法能应用于更多的作物。通常它有两种具体的表达形式,其中,第一种形式的计算公式为:

$$P = \begin{cases} [F(0.8+0.01y_m)y_0 + (1+F)(0.5+0.025y_m)y_c] \cdot CL \cdot CN \cdot CH \cdot G & y_m \geq 20 \\ [F(0.5+0.025y_m)y_0 + (1-F)(0.05y_m)y_c] \cdot CL \cdot CN \cdot CH \cdot G & y_m < 20 \end{cases}$$
(1-3-4)

其中,y_m 为气候给定条件下叶干物质生产速率的最大值(单位为公斤/公顷·天);CL 为作物叶面积的生长修正系数;CN 为作物在生长期间日平均温度下呼吸消耗的净干物质产量的修正系数,喜温作物常取 0.5,喜凉作物常取 0.6;CH 为收获指数;G 为总生长期。其他变量的含义与瓦赫宁根模型中的相同。

第二种形式的计算公式为:

$$P = \frac{0.36 y_m \cdot CL \cdot CH \cdot G}{1 + 0.25 \cdot G \cdot C_t}$$
(1-3-5)

其中,C_t 为作物呼吸中维持呼吸的比例常数。其他变量的含义与前面第一种表达形式的相同。

不难看出,两种表达式的物理意义和建立模式的机制是相同的,其形式不同的原因在于两者对作物呼吸修正方式的差异。

农业生态区方法的优势在于它比较全面地考虑了影响众多作物生长发育的气候因素,所用的气候指标都是常规气象观测的数据,并且所用的参数可以根据作物的特点进行调整,用于大面积的作物生产力计算比较容易实现。

---

① 王霞:《新疆土地承载力问题研究》,新疆大学 2007 年博士学位论文。

农业生态区方法的缺点有：第一，它是静态的计算方法，不能反映土地资源承载能力和人口增长之间的动态变化。第二，在实践中难以针对具体的作物确定合适的参数和修正函数，尤其是在不能采用有实验依据参数的条件下，研究的科学性和精度将受到显著的影响，等等。

2. 统计推断方法

该类方法通过建立数理统计模型，将区域内土地生产潜力与某些自然因子关联起来。它适用于较大范围的初级生物性生产潜力估计。目前这类方法有以下两类代表性做法：

（1）基于气候因子的生产潜力法

该类方法主要使用降水、温度、蒸散量等和气候相关的资料来测度生产潜力。最早的代表方法为利思（H. Lieth）(1972）提出的迈阿密（Miami）模型，它以年平均气温和年平均降水量来计算，其公式为：

$$P_1 = \frac{3\,000}{1 + e^{1.315 - 0.119t}} \qquad (1-3-6)$$

$$P_2 = \frac{3\,000}{1 - e^{0.000648r}} \qquad (1-3-7)$$

其中，P_1 是根据年均气温计算的生产潜力，P_2 是根据年降水量计算的生产潜力，t 为年平均温度，r 为年均降水量。由于针对特定区域两个公式计算出的结果很可能会不一致，所以该方法规定取两者较小值作为最终的生产潜力估计值。

迈阿密模型的缺点是：它只考虑单个气候因子（年平均气温或年平均降水量），未能综合考虑其他影响生产潜力的气候因子的影响，在实践中很可能会出现较大误差。为此，利思又以蒸散量为变量提出了托姆思韦特（Thomthwaite）模型，计算公式为：

$$P = \frac{3\,000}{1 - e^{0.0009695(E - 20)}} \qquad (1-3-8)$$

其中，E 为年平均蒸散量。由于蒸散量受太阳辐射、温度、降水、饱和差、风速等气候因子的综合影响，所以从理论上讲，该方法估算的生物生产潜力较迈阿密方法会更为准确。

（2）基于作物指数的遥感生产潜力法

该方法通过遥感手段获得与作物生产密切相关的因子，如面积指数、叶重、叶群数量、生物量、叶绿素含量及作物对光辐射的截留能力等，构造出作物指数，再通过作物指数来计算生产潜力。

这种方法的优点体现它能利用先进的技术获得较为准确、科学的作物指数资料，为进一步估算土地生产潜力提供重要的支持。但是，通过遥感手段得到的只是作物的生产信息，而不是实际的经济产量信息。因此，在实践中须将遥感获得作物资料与其他非遥感信息充分结合起来,建立更加综合的估计模型,这样才能有助于减少单纯遥感模型估算作物产量带来的误差。

除了前面介绍两种统计推断方法外,近年来又出现了作物生长过程模拟方法,即根据作物光合作用过程、生理生态特性和外界环境因子来计算生产潜力,如 CERES 模型、EPIC 模型等。这些方法需要大量的参数,尤其是要通过试验数据来获取作物品种特性的相关信息,其功用特点还有待进一步观察和实践。

3. ECCO 方法

前面两种方法是通过土地粮食生产间接测度人口承载的,而 ECCO 却是直接计算土地承载人口的方法。它是由马尔科姆·斯莱瑟(Malcolm Slesser)(1985)在联合国教科文组织的资助下提出的,通过运用系统动力学方法,综合考虑影响土地生产潜力的资源、环境、人口、社会、经济等多种因素及其相互关系,把区域的承载能力看做一个整体系统,对人口容量进行动态的定量计算。

ECCO 方法的计算主要有三个步骤:第一步,辨别特定区域影响土地生产的各种关键系统及其关联。一般土地承载能力系统可分为土地资源子系统、水资源子系统、种植业子系统、畜牧业子系统、渔业子系统、环境子系统、人口子系统、消费水平子系统等。第二步,根据研究特征选择方程参数和结构,建立系统动力学模型。第三步,运行模型,检验它对历史模拟的吻合程度,并在确定模型的适用性以后,对未来不同方案下的土地生产潜力和不同生活水平下的承载能力进行仿真预测,为宏观部门提供决策建议。

这种方法最突出的优点是能够综合反映影响土地生产潜力的各种因素及其因果关系,且能对区域内的人口容量进行动态分析。其主要的缺点有:第一,该方法的使用需要对区域内部复杂的资源、经济、社会、人口系统在定性和定量两方面都有相当翔实的资料,这对很多地区来讲过于苛刻。尤其在长期预测中,很难控制制度等变量的影响。第二,从技术层面上讲,由于很难搞清楚变量间的因果机理,在实践中常把资源数量作为最基本的自变量,把经济系统的众多参数基本上都作因变量处理。这种状态方程很难有效地揭示由自然资本与经济资本的转换与替代关系所带来的承载能力变化的本质,等等。

4. 对土地资源承载能力计算方法的评价和展望

①绝大部分土地资源承载能力的测度方法都是建立在"耕地资源——粮食生产——人均消费——可承载人口"的模式上,其中如何计算区域内部土地生产粮食的数量是最核心的部分。这种模式的问题有:第一,在科学技术不断发展的今天,多种土地资源都能够创造出财富,比如园地、林地、牧草地以及用于发展第二、第三产业的工业用地、商业用地、建设用地等,以耕地资源代替土地资源的计算结果在一定程度上缩小了土地资源的综合承载能力。因此,在今后的研

究中，不应仅仅研究耕地资源，而要结合其他农用地资源和城市用地对承载能力进行综合研究。第二，随着人们生活水平的普遍提高，膳食营养日益改善，这种以单纯粮食为主的消费结构已经不再适合作为人口承载的标准。应该寻求更加综合的指标体系来反映土地的承载状况，比如以热量或蛋白质为指标来测度土地人口承载量，等等。

②目前的土地资源承载能力测度方法都是以土地资源为中心的条件下，最大限度地计算土地的数量承载潜力，这忽视了土地承载的质量研究。其实，土地作为资源、环境、社会复杂系统的基础，必然会受到其他系统的作用与反作用。因此，在大力提高区域土地资源承载能力的同时，还必须对区域的土地健康进行合理的评价，明确区域人地关系的协调程度，建立土地健康的评价体系和预警体系，在保证土地资源生态系统可持续发展的情况下寻求合理的开发战略。

③当前的土地资源承载能力计算模式多强调其空间限制，忽视其开放性。比如，它无视区际贸易对粮食流通的作用以及人口大规模的区际流动带来的影响，依此得到的土地承载能力估算结果的科学性和政策意义存在很大的局限性。这样的做法显然已经不再契合当前全球化的发展趋势。因此，未来的测度方法应针对不同的区域特点，因地制宜地选择不同的技术参数和度量范式。

④大多数土地资源承载能力研究仍然属于静态研究，即使有些研究采用了基于系统动力学的 ECCO 方法，但那也只能算是比较静态研究。所以，未来的研究应在进一步发扬遥感、地理信息系统等既有技术优势的条件下，积极追踪动态技术的发展，对影响土地资源承载能力的各因子间的关系进行更加全面、综合的分析，揭示土地资源利用系统的内在规律和反馈机制，提高土地资源承载能力研究的可操作性和预测能力。

（二）水资源承载能力的测度方法

水资源承载能力测度方法的系统研究是伴随着其理论研究而发展的，因此其时间最早可以追溯到 20 世纪 80 年代末。其中，中国的学者对此做出了很大的贡献。不过，文献中对水资源承载能力测度方法的单项研究较少，大多都是在结合社会、经济、环境等其他因素的基础上，将其纳入可持续发展研究中来探讨的。目前，国内外对水资源承载能力研究的主体还没有统一的认识，有些为水资源承载能力研究的目标是最大人口承载数量或最适度人口承载数量，有些认为它应研究水资源对社会、经济、环境等支持的程度，等等。这些认识上的差异使得研究者们在水资源承载能力测度方法的研究方面形成了众多的流派。从整体上看，水资源承载能力测度方法的研究主要可以分为以下两大部分：

1. 水资源承载能力的评价指标体系

目前国内外对这方面的研究大体可分为两类:第一类是以传统的水资源供需平衡测度为基础而发展起来的对区域水资源承载能力的评价索罗·D·乔尔达(Souro D. Joardar, 1998)[①],即首先计算出区域水资源的可利用水量和用水定额,然后利用简单的供需平衡计算承载能力;第二类是首先选择反映区域水资源承载能力的主要影响因素指标,然后在综合这些因素的基础上对区域水资源承载能力状况进行评价。前者的优点是简便直观,能反映区域水资源的供需状况,但缺点是无法反映水资源系统、社会经济系统结构差异对区域水资源承载能力的复杂影响。后者的特点是能间接地反映区域水资源承载能力的相对大小,不能反映其绝对大小,也不能反映区域水资源系统的供需状况。为此,有些学者提出了一些改进措施,其中有代表性的为王友贞(2005)[②]的研究。他根据水资源社会经济系统结构关系和承载能力指标设计的指导思想,将承载能力指标分成宏观指标和综合指标两大类。宏观指标用区域水资源能够支持的经济规模和人口数量来表示,综合指标可以分成承载能力指数和协调指数两个分项指标,其中承载能力指数由支持力指数和压力指数构成。

①水资源承载能力的宏观指标。它包括两个指标:区域水资源支撑的经济规模和区域水资源支撑的人口规模。前者用区域国内生产总值与生产这些产值所消耗水量的比值来表示,后者用目标阶段的国内生产总值与水资源承载的最大人口规模的比值来表示。

②水资源承载能力的综合指标。水资源承载能力综合指标体系由目标层、准则层和指标层构成。目标层仅包括一个单一的指标——水资源承载能力综合评价指标。准则层包括支持力指数、压力指数和协调指数三个分项指标。准则层由8个方面的指标构成,指标层由32个指标构成,用以全面反映影响水资源承载能力各主要因素,篇幅所限,这里不再一一具体介绍。

2. 水资源承载能力的评价模型与方法

除了一些常规趋势算法[③]之外,文献中其他主要使用的模型与方法主要包括以下四种:

①多目标分析模型。该模型以对社会经济系统可供给水量为约束条件,建立描述水资源在社会经济系统内部各子系统之间的分配关系,通过这种关系来确定

---

① Souro D. Joardar. Carrying capacities and standards as bases towards urban infrastructure planning in India: a case of urban water supply and sanitation [J]. Habitat International, 1998, 22 (3): 327 – 337.
② 王友贞:《区域水资源承载力评价研究》,河海大学2002年博士学位论文。
③ 比如,王在高等(2001)、王家骥等(2000)曾在考虑可利用水量、生态环境用水以及国民经济各部门的适用用水比例的前提下,充分考虑建设节水型社会的政策背景,用线性回归等常规趋势算法来计算水资源所承载的工业、农业及人口量等。

社会发展模式的模型。进而经由经济发展、结构优化、资源约束与利用效率等多目标之间的权衡来确定社会发展模式（经济结构、农业种植结构等）、供水结构（节水、污水回流、开发当地水、外流域调水等）及国民经济各部门之间的水资源分配状况。

②多指标综合评价法。该方法通过水资源系统支持力和水资源系统压力来共同反映水资源承载状况。通过两值相比得到水资源承载能力指数（相对指标）并进行分级，可以评估水资源承载状况。

③基于模拟和优化的控制目标反退模型（简称 COIM 模型）。该方法最早由闫继红（2006）① 提出。它把水资源承载能力作为目标函数，把水资源循环转化关系方程、污染物循环转化关系方程、社会经济系统内部相互制约方程、水资源承载程度指标约束方程，以及生态与环境控制目标约束方程联合作为约束条件，建立起一个优化模型。通过该优化模型的求解，得到的目标函数值就是水资源承载能力。

④系统动力学方法。该方法具体的计算步骤为：第一，根据水——生态——社会经济复合系统内部各因素之间的关系设计系统流图。该图中一般包含两种重要要素：状态变量和变化率。第二，根据水资源承载能力及承载状况的反馈关系，建立描述各类变量的数学方程，并用计算机进行仿真模拟。第三，对各种提高水资源承载能力的方案确定不同的变量输入值，通过仿真操作运算，得到不同发展方案下的水资源承载能力仿真运算结果，包括 GDP、人口数、农业产值以及可供水量等各种具体的指标。第四，通过对比分析，择优确定方案。

目前这些水资源承载能力评价指标体系和方法的缺陷有：第一，大多数研究采用了涉及水资源承载能力不同侧面的多指标体系，但相对缺乏分析和筛选框架，因此所得到的结论实际上是水资源与社会经济的协调程度，而非承载能力本身。第二，大多数研究相对忽视了人或者经济系统对水资源承载能力的反馈作用，很多研究实际上将人口、社会经济发展和资源环境孤立甚至对立地看待。第三，目前的计算方法多以系统动力学法以及多目标模型法等为主，但具体到子系统的划分或目标的设定上，不同研究者差别很大，而且也没有充分考虑它们对人类发展而言的统一性，等等。未来水资源承载能力的测度研究应当在努力克服这些缺陷的基础上，积极吸收地理信息系统和遥感等先进技术方法，促进水资源研究与地理学、生态学、社会经济学等学科间的交叉研究，尤其是要加强区域空间差异与功能区特点对水资源承载能力的作用与反作用关系的研究，以进一步增强

---

① 闫继红：《我国水资源承载力模型建立及问题浅论》，载《财经政法资讯》2006 年第 5 期，第 43～48 页。

研究成果的适应性。

(三) 其他资源承载能力的测度方法

1. 矿产资源承载能力的测度方法

文献中关于矿产资源承载能力测度方法的正式研究起步较晚（大约在20世纪末期），而且发展非常缓慢。这些方法主要侧重于研究矿产资源对经济的承载能力，有代表性的是中国国土资源经济研究院的王玉平、卜善祥（1998）[①] 提出的模型。该模型包括两部分：第一部分是关于矿产资源经济承载能力的数量测度的，这里的矿产资源经济承载能力是指现有经济可利用的矿产资源储量能够支持的国民生产总值量；第二部分是关于矿产资源经济承载能力的平衡测度的，这里的现有矿产资源经济承载能力平衡指在一定时期内，根据现有的矿产资源量计算出的矿产资源经济承载能力与根据国家规划的经济发展速度计算的累计国民生产总值之间的平衡。

这种方法最大的优点是简明易算，能从宏观上给出整体的把握。缺点是方法过于粗略，比如在确定矿产资源经济可利用系数和矿产品合理储备年限时，很多矿产资源的数据是不同的，有些还相差非常大，将这些过于异质的资源强行加总得到的数据就降低了结果的实际意义，也很难从政策操作上给予差别的对待。从整体上看，矿产资源承载能力的研究还处于初级发展阶段。

2. 森林资源承载能力的测度方法

首先需要指出的是，对森林资源承载能力的正式研究在国内外都比较少见，而且对森林资源承载能力概念内涵的界定决定了其研究方法的选择。在已有的、为数不多的森林资源承载能力研究中，早期的文献均以评估某一区域的森林资源能够养活多少人口或满足多少人的需要为其研究宗旨，并以此作为森林资源承载能力的评估值。这类方法一般将森林资源分为物质产品资源和非物质产品资源两大类，用木材、薪材、水果、干果四项的人均需求指标来代表森林的物质产品，以此评估森林资源承载能力，同时又用人均需求森林面积来代表生态环境指标，以此评估森林环境承载能力（徐德成等，1994）[②]。

后来，有学者对此森林资源承载能力的内涵进行了改进和拓展，并提出相应的模型和方法。苏喜友（2002）[③] 认为，森林承载能力评价的目的是要确定一个

[①] 王玉平、卜善祥：《中国矿产资源经济承载力研究》，载《煤炭经济研究》1998年第12期，第15~18页。

[②] 徐德成、董振凯、王积富：《山东沿海森林人口承载力探讨》，载《林业科学》1994年第3期，第280~287页。

[③] 苏喜友：《森林承载力研究》，北京林业大学2002年博士学位论文。

区域的森林在某一时期是否处于可持续的状态，即是处于弱载（强可持续）、满载（弱可持续）还是超载（不可持续）状态，进而为区域森林资源经营管理决策提供依据与指导。为此，他把森林资源承载指数定义为森林承载量和森林承载能力的比值，然后以 1 为分界判断承载的状态。

此外，还有一些研究采用能值分析法、系统仿真法和综合指数法来对森林资源承载能力进行评价。从方法适用性上讲，能值分析法和系统仿真法更适合于在建立了森林承载能力和森林承载量的机理模型的基础上使用，而综合指数法在没有建立森林承载能力和森林承载量的机理模型的情况下，则更为实用可行。

整体上看，目前对森林承载能力的这些测度方法还处于起步阶段，不仅方法的理论基础薄弱，而且在具体的方法构造上还只停留在理论探讨方面，许多指标在实践中是很难取得研究数据的，这使得它们的实际应用意义就显得非常有限。

3. 相对资源承载能力的测度方法

这种方法的核心思想是以比具体研究区域更大的一个或数个区域作为对比参照区，根据参照区的人均资源拥有量和消费量，以目标区域的资源状况为参数，计算出其各类资源的相对承载能力（黄宁生、匡耀求，2000[①]；谢红霞等，2004[②]；李泽红等，2008[③]）。

整体上看，相对资源承载能力方法的缺陷有两个主要方面：第一，它需要找到一个理想的参照区域，但却没有明确界定理想区域的标准。实践中，在计算省域相对资源承载能力时，往往选择全国水平作为参照标准，但全国总体水平并不一定是可持续的，这样得出的结论是否科学值得商榷。第二，该方法只能用于研究当前的资源相对承载能力，无法对未来相对资源潜力进行有效预测。

4. 草地资源承载能力的测度方法

该方法认为，草地畜牧业是以牧草为第一性生产、家畜为第二性生产的能量转化过程，其中第一性生产是第二性生产的基础。对天然草地生产力的估算思路是先估算第一性生产力（即牧草生产），再据此估算第二性生产（即家畜生产）。最后在天然草地生产力估算基础上，通过一定的经济社会需求量标准将天然草地的生产力转化为草地资源的人口承载能力。

5. 基础设施资源承载能力的测度方法

这里的基础设施资源是为经济、社会和文化发展提供公共服务的各种要素的

---

① 黄宁生、匡耀求：《广东相对资源承载力与可持续发展问题》，载《经济地理》2000 年第 2 期，第 52～56 页。

② 谢红霞、任志远、莫宏伟：《区域相对资源承载力时空动态研究：以陕西省为例》，载《干旱区资源与环境》2004 年第 6 期，第 76～80 页。

③ 李泽红、董锁成、汤尚颖：《相对资源承载力模型的改进及其实证分析》，载《资源科学》2008 年第 9 期，第 1336～1342 页。

总和。研究者通常将城市与农村基础设施的内涵界定为五个范畴：交通设施、医疗设施、邮电通讯、商业服务和教育设施。基础设施资源承载能力的核心测度思路，是通过这些与基础设施相关的承载主体与承载对象的比值得到单项基础设施分量的承载能力，再通过加权求和的方式，构建基础设施承载能力指数，最后通过该指数的大小对区域承载的状态进行判断。

二、环境承载能力研究方法

如前所述，环境承载能力分为狭义环境承载能力和广义环境承载能力。狭义环境承载能力通常用环境人口容量表示。在实际操作中，水体、大气和土壤各自都有环境标准，这些标准是污染物在水体、大气和土壤中的最大限量。因此一般把某区域环境中的水体、大气和土壤可能达到这些限度的量值作为该区域的环境人口容量。广义环境承载能力提出后，学者们在环境承载能力的承载对象和承载机理方面存在认识上的差异，对广义环境承载能力的研究测度方法也相应地产生很大差别。文献中主要有以下四种代表性的测度方法：

（一）多指标综合评价方法

这种方法是目前环境承载能力测度方法中最常见的一种。它的基本思路是首先从各种影响环境的因素（一般为气候、湿度、阳光、生态、经济等）的，挑选对目标区域有重要影响的指标，然后通过模糊评价法、矢量模法、主成分分析法等多元分析方法计算环境承载能力指数，进而实现环境承载能力的评价。

在实证方面，曾维华等（1998）[1] 从大气环境、水环境、水生态稳定性、水资源和土地资源等方面选取五项指标，应用矢量模法对湄洲湾各规划小区的环境承载能力进行了系统分析与评价，进而提出该地区经济发展与环境保护的总体战略。从方法特点上看，应用矢量模法进行环境承载能力指数计算简单易行，但在各项指标权重确定方面，一般采用均权数法或其他主观方法，这样势必会受人为因素的影响，可能使计算结果产生一定偏差。

潘东旭、冯本超（2003）[2] 从消耗类指标、支撑类指标和区际交流类指标三个方面确定了区域承载能力评价因子体系，并采用主成分分析方法研究了徐州市

---

[1] 曾维华、王华东、薛纪渝、叶文虎、关伯仁：《环境承载力理论及其在湄洲湾污染控制规划中的应用》，载《中国环境科学》1998年增刊，第1期，第70~73页。

[2] 潘东旭、冯本超：《徐州市区域承载力实证研究》，载《中国矿业大学学报》2003年第5期，第596~600页。

资源环境承载能力的现状、变化及变化原因，提出了增强区域承载能力、实施可持续发展战略的对策措施。主成分分析法在一定程度上克服了矢量模法和模糊评价法的缺陷，其目的是对高维变量系统进行最佳综合与简化，同时客观地确定各个指标的权重，避免主观随意性。

（二）多目标分析模型

该模型是由一个中心模型和多个子模型组成的。其中，总模型控制着整个模型的变化机理，它将各子系统模型中的主要关系提炼出来，根据变量之间的相互关系，对整个系统内的各种关系进行分析和协调。各个子系统模型是对系统某局部状态进行详细分析的框架，它们之间通过中心模型进行协调和连接。从机理上讲，它们可单独运行，又可配合运行整个模型。

在实证方面，蒋晓辉等（2001）[1]和冉圣宏等（1998）[2]分别采用这种方法对陕西关中地区和北海市进行了环境承载能力分析。从方法特征上讲，该模型为环境承载能力的量化研究提供了一种新的思路，但它对数据要求量较大，且模型求解存在一定难度。

（三）承载能力饱和度方法

承载能力饱和度是指区域环境承载量与该区域环境承载量阈值的比值，也被称为承载率。其中，环境承载量是指环境承载能力指标体系中各项指标的实际取值，环境承载量阈值是指环境承载量的理论最佳值或者预期要达到的目标值。承载能力饱和度方法通过计算目标区域的环境饱和度来评价其环境承载能力的状况或环境与经济的协调程度。

在实证方面，唐剑武、叶文虎（1998）[3]在对山东某市的环境承载能力进行分析时，使用了污染类的二氧化硫（SO_2）、总悬浮颗粒物（TSP）、化学需氧量（COD）、总P浓度、噪声，以及自然资源类的地下水开采量、社会条件类的单位绿地面积人群数（1/人均绿地面积）、单位居住面积人群数（1/人均居住面积）等八项指标组成指标体系，通过计算环境承载饱和度，来评判当地环境承载量和环境承载能力的匹配程度。应用该种方法进行环境承载能力评价，可以从

---

[1] 蒋晓辉、黄强、惠泱河、薛小杰：《陕西关中地区水环境承载力研究》，载《环境科学学报》2001年第3期，第312~317页。

[2] 冉圣宏、薛纪渝、王华东：《区域环境承载力在北海市城市可持续发展研究中的应用》，载《中国环境科学》1998年第12期，第83~87页。

[3] 唐剑武、叶文虎：《环境承载力的本质及其定量化初步研究》，载《中国环境科学》1998年第3期，第227~230页。

评价结果清晰地看出某地区环境发展现状与理想值或目标值的差距,实践意义比较强。

(四) 动态仿真模拟方法

该方法常使用系统动力学方法来研究目标区域的环境承载能力。它通过一阶微分方程组来反映系统各个模块变量之间的因果反馈关系,并对不同发展方案采用系统动力学模型进行模拟以及对决策变量进行预测,然后将这些决策变量视为环境承载能力的指标体系,再运用前述的指数评价方法进行比较,得到最佳的发展方案及相应的承载能力评价结果。从实践效果上看,这种方法的缺点和前面应用在土地资源、水资源承载能力方面的情况类似,也是在对长期发展模拟时不容易控制参变量和模块间的关联机理。

从整体上看,目前这些对环境承载能力的测度方法各有利弊,没有公认的权威计算方法,而且缺乏能够同时描述环境承载能力的客观性、区域性及动态性的科学的指标体系和综合评价模型。此外,以环境承载能力研究为依据,合理调整产业结构和生产力布局,因地制宜地制定社会经济发展目标,协调人类发展与环境关系的实际应用研究还明显不足,等等。这些都是未来对环境承载能力的研究应该进一步完善的地方。

三、经济承载能力研究方法

(一) 经济承载能力测度的理论逻辑基础

前面已经充分论证,承载能力理论与可持续发展理论实质上是同一个问题的两面。承载能力是从"脚底"出发,根据生态环境和自然资源的实际承载能力状况,确定人口与社会经济发展的速度和方向,而可持续发展在很大程度上是从横向的角度来研究同一问题,但终究不能脱离生态环境和自然资源的约束。研究承载能力问题可以与研究可持续发展充分结合起来进行,对经济承载能力的研究更是这样。可持续经济发展是可持续发展的经济范畴,测度经济承载能力可从测度侧重于人口与经济之间关系的可持续经济发展入手。

从某种意义上讲,到目前为止可持续经济发展仍是一个未被精确定义的宏观概念。尽管如此,埃里克·诺伊迈耶(2006)[①]的研究表明,从经济角度而言,

---

① [英]埃里克·诺伊迈耶,王寅通译:《强与弱——两种对立的可持续性范式》,上海世纪出版集团2007年版。

被多数研究者所接受的一个关于可持续发展的概念为：在无限期内，不削弱地提供不降低人均效用能力的发展。那些能够提供效用能力的事物通常被称为资本。从广义上而言，资本是一种提供目前和潜在服务的存量，包括自然资本和人造资本。自然资本是指资源、植物、物种和生态系统等自然的总体能够提供给人类物质和非物质的丰富服务。人造资本既包括传统上用于生产物品与劳务的设备、建筑物、道路等物质资本，也包括人们通过教育、培训和经验而获得的知识与技能等所谓的"人力资本"。不过，目前的大多数研究所讲的人造资本主要指物质资本。依据资本包含的内容，可以将目前研究者们的可持续性发展观的经济范式分成两大部分：弱可持续性和强可持续性。

1. 弱可持续性范式的特点

弱可持续性也被称作"索洛—哈特威克可持续性"[①]，它源于新古典福利经济学中的功利主义哲学。弱可持续性要求在发展的进程中保持总的净投资[②]不减少。这也是著名的哈特威克规则所阐释的核心内容。具体而言，弱可持续性要求保持"大于或等于零的累计净储蓄（投资）总量"不小于"至少包括人造资本和自然资本的资本合计总价值"。这意味着，自然资本可以安全地减少，只要足够多的人造资本被创造出来作为补充即可。

弱可持续性的政策建议是很明确的，即遵从哈特威克规则以保证总的净投资能大于或等于零。但欲遵从哈特威克规则进而保证区域经济发展的弱可持续性，一般需要满足两个条件：一是效用功能的组成部分可相互替代；二是要么资源极其丰富，取之不竭，要么技术进步足够高，能够克服任何资源限制，要么在生产功能上人造资本替代自然资源的弹性等于或大于1。为监视区域经济的发展是否遵从哈特威克规则，弱可持续性观点的提倡者建议改变传统的国家核算体制，建立绿色国民生产净值统计体系，并可以从中推算出真实的储蓄水平。

2. 强可持续性范式的特点

强可持续性经济范式的一个核心思想是把自然资本看做不能与其他形式的资本相互替代的资本。这种思想的理论基础包括：一是在很大程度上，人们对耗竭自然资本的有害结果是没有把握和无知的；二是自然资本的损失常常是不可逆转的；三是有些形式的自然资本提供的是基本的生命支撑功能，不可替代；四是个体很难通过增加消费机会来对环境恶化造成的损失进行补偿，即个体的消费很难替代可再生资源存量的减少和污染总量的增加，等等。

基于这种核心思想，该范式有两种形式：一是要求至少保持人造资本和自然

---

① 该范式是建立在诺贝尔经济学奖得主罗伯特·索洛（Robert M. Solow）和著名资源经济学家约翰·哈特威克（John M. Hartwick）的相关论著基础上的。

② 总的净投资通常被界定为包括所有大于或等于零的有关形式的资本。

资本的合计总价值以及自然资本本身的总价值不变。该范式包括弱可持续性范式，但对自然资本提出了额外的限制。二是在按不变价值进行定义的前提下，要求保证某些关键自然资本形式的实际存量，即对这些资本的使用不能超出其可再生能力。

3. 两种范式的区别及对测度经济承载能力的启示

弱可持续性和强可持续性两种范式的根本分歧在于如何看待生态资本替代性假设的有效性问题。相对于弱可持续性，强可持续性认为资本相互替代是有所限制的。随着一种资本存量相对于其他资本出现了下降或水平跌到可再生临界点之下时，它能进一步被替代的比率也将出现下降或者不存在被替代的可能性，否则会对其他资产的生产力乃至整体生产水平造成损害。在某些情形下，环境资本的功能是无法替代的，因此突破临界点往往造成无法挽回的损害。

可持续发展的两种范式的特点对测度经济承载能力有重要的方法论启示。经济承载能力可以被界定为：在人类生态系统处于资源承载能力和环境承载能力之内的条件下，经济子系统对人口子系统的发展的可持续支撑能力。按照这一定义，经济承载能力测度应该侧重于对长期支撑能力的测度。从前面对可持续经济的发展特点的分析中，我们不难发现，经济承载能力可以从流量和存量两个角度进行测度。流量指标包括收入指标和效用指标，这两种指标可以在广义上归为经济福利指标，存量指标主要是财富指标。

（二）基于经济福利视角的经济承载能力测度方法

这种测度方法的整体思路是：首先计算区域内每个核算期的国民福利水平，然后根据个体人均正常生活水平所对应的福利水平测算该区域经济所承载的人口数量，其公式如下：

$$经济所承载的人口数量 = \frac{总经济福利水平}{人均经济福利水平} \quad (1-3-9)$$

反映经济福利水平的指标主要有以下几种：

1. 以 GDP 和 GNP 为代表的传统宏观生产和收入指标

这些指标的内涵已经广为研究者们所熟悉，而且由于它们的数据采集一般都有比较完善的政府核算框架体系作为基础，使得其数据的可靠性、准确性、可比性和用户易得性都比较高，发布频率也比较固定，数据质量较高。在同等条件下，这些指标的数据越大，通常就意味相应的经济承载能力越高。不过，这类以GNP 和 GDP 为代表的传统宏观收入和生产指标只是包含了经济因素，对环境和资源等因素考虑得不够充分，而且其中一些用于应对自然灾害、污染等造成的支出反而意味着承载能力的下降。

2. 绿色 GDP 指标及其衍生

尽管目前学界还没有对绿色 GDP 的计算方法达成一致意见，但大体上有这样三种观点：第一种观点认为，绿色 GDP 等于国内生产净值减去生产中使用的非生产自然资产，这种计算得到的指标也被称为生态 GDP；第二种观点认为，绿色 GDP 等于 GDP 减去自然资源耗减价值和由环境污染所造成的损失价值；第三种观点认为，绿色 GDP 等于 GDP 减去生产资产折旧和环境投入，这种计算得到的指标就是所谓的国内生态产出（EDP）（李晶，2009[①]）。EDP 来自联合国统计署开发的环境与经济综合核算体系（System of Integrated Environmental and Economic Accounting，SEEA）。总之，从构成上看，这类指标涵盖了经济以及环境中部分可以价值化的因素。

3. 真实储蓄

真实储蓄的计算一般从国民净储蓄的计算开始，其公式为：国民净储蓄＝国民总收入－公共与私人部门消费－经常性转移净支付－固定资产折旧。不过，这种国民净储蓄中，只包含了教育总支出中的固定资本部分，其余的教育支出被视为消费。这种做法从人力资本的概念上来看，显然是不合适的。作为一种近似，在教育支出中的工资和薪金收入应该加入国民净储蓄中，同时刨除建筑物和设备的投资。

从上一步得到的结果中，还应该进一步扣除自然资源损耗（包括能源、金属、矿产和森林损耗）和污染造成的损失（包括二氧化碳排放和颗粒污染物造成的损失）。其中，自然资源损耗价值通常用资源开采的总租金收入来计算的。这里的总租金是以世界平均价格的产品价值和产品的总成本之间的差值来估算的，包括固定资产折旧和资本收益。

经过以上这一系列调整得到的结果才是最终的真实储蓄。由于这种真实储蓄是在国民净储蓄上调整而得到的结果，所以真实储蓄常被称作调整后的净储蓄。

和绿色 GDP 指标及其衍生指标类似，真实储蓄的计算过程中，也涉及大量对资源环境的价值化计算方法，而这些方法通常对资源和环境的某些重要属性作出大量的假设，为了加强对不同区域计算结果的可比性还常常采用"一刀切"的测度方法，等等。这些都导致最终的计算结果与真实值之间存在偏差。

4. 经济福利测度指标

经济福利测度指标（Measure of Economic Welfare，MEW）由 William Nordhaus and James Tobin（1972）[②] 提出，被认为是对以 GDP（或 GNP）为核心指标的国民经济核算体系以经济福利为目标进行全面调整的、最早的尝试之一，目

[①] 李晶：《人类发展的测度方法研究——对 HDI 的反思与改进》，中国财政经济出版社 2009 年版。

[②] William Nordhaus & James Tobin. *Is Growth Obsolete?*. National Bureau of Economic Research，*Economic Growth*. New York：Columbia University Press，1972.

前广为经济学者们所了解。两位创始人认为福利是与消费而不是与生产相关联的，因此他们以 GNP 为起始点，首先减去私人工具性支出、耐用品支出、私人健康和教育支出、城市生活中不愉快之处（如堵车、污染）等项，再加上耐用品资本服务（经虚拟处理）、闲暇、非市场活动（如志愿服务）、政府消费和政府资本服务等项，最终得到的结果就是 MEW。

对 MEW 的批评主要集中在具体的加项或减项方面。在政府服务方面，MEW 是将其作为加项处理的，但一部分学者认为应作为减项，因为所有政府服务都只能被认为是中间产品，只有当这些公共产品的成果直接体现为消费和投资品的增加时才会对福利的增加发挥作用（曾志远、刘璐，2006）[①]。在预防性支出方面，MEW 认为它只是投入，而不是产出，对住户经济福利没有直接影响，即使在某些时候确实也能改善福利，但那也只是间接的，所以应当作为减项。但 Abe Tarasofsky（1998）[②] 认为，一个地区预防支出越多，战争风险的可能越小，这对福利显然有着重要的影响，所以应将其处理为加项。而且，MEW 内部还有一个不一致之处是：没有能够把住户部门中与政府预防性支出类似的支出排除在 MEW 以外，比如在防盗系统、保镖等方面的支出。杨缅昆（2007）[③] 认为 MEW 只包括通过私人产品而形成的经济福利，未包括通过公共产品而形成的经济福利，导致其核算范围过窄，不能反映国民福利的全部内容。

5. 可持续经济福利指数

可持续经济福利指数（Index of Sustainable Economic Welfare，ISEW）最早由 H. 戴利和 J. 科布（H. Daly and J. Cobb）（1989）[④] 开发。它基于 GNP，以私人消费支出为起点，然后从 18 个方面进行调整，以使其能更好地反映可持续经济福利的概念内涵。这 18 个方面的指标可以归为 7 组：收入不均等、非预防性公共支出、资本增长和国际头寸的净变化、对福利的非货币化贡献（如不付酬的家务劳动）、私人预防性支出、环境降级的成本和环境资本存量折旧。

对 ISEW 在经济福利测度方面的批评主要集中在方法构造层次：一是它给予了研究者在经济福利指标选择和估值方法方面很大的选择自由，而且一些指标（如预防性支出）具有很强的区域效应，这降低了不同研究类别间实证结果的可比性。二是它漏掉了人力资本因素，等等。在方法应用层次上，埃里克·诺伊迈

[①] 曾志远、刘璐：《GDP 核算理论的修正与发展：一个综述与评价》，载《新政治经济学评论》，上海人民出版社 2006 年版。

[②] Abe Tarasofsky. GDP *and Its Derivatives as Welfare Measure*：*a Selective Look at the Literature*. http：//www.csls.ca/events/oct98/taras.pdf，1998.

[③] 杨缅昆：《GDP 及其扩展核算研究概论》，中国统计出版社 2007 年版。

[④] H. Daly and J. Cobb. *For the Common Good*. Boston：Beacon Press，1989.

尔（Eric Neumayer）（2000）[①] 发现 ISEW 的结果对某些指标测度方法的微小调整非常敏感，比如"非可再生资源的损耗"和"长期环境损害"。

6. 真实发展指标

真实发展指标（Genuine Progress Indicator, GPI）的前身是 ISEW，由著名的非营利组织——重定义发展（Redefining Progress）在 1995 年开发。GPI 和 ISEW 一样，都是以 William Nordhaus and James Tobin（1972）的贡献为基础的，它以私人消费支出作为起点，然后从收入不均等、社会环境成本和非市场生产等方面进行调整。不过，和 ISEW 相比，GPI 中添加了志愿活动、原始森林资源损耗和闲暇指标。

由于 GPI 和 ISEW 在指标构造上非常接近，很多文献都把两者放在一起进行评论，所以前面提到的对 ISEW 在方法构造上的批评，也同时是针对 GPI 的，只是在批评的内容上有些换成了 GPI 中特有的组成部分。比如，在批评 GPI 指标选择武断性上，劳恩（Lawn）（2005）[②] 认为，尽管 GPI 考虑了闲暇的成本，但没有考虑这种成本是否已经反映在住户和工人的行为决策之中。此外，哪些指标以及它们在多大程度上影响经济福利，GPI 也没有给出客观的解释。

（三）基于国民财富视角的经济承载能力测度方法

这种测度方法的整体思路是：首先计算区域内每个核算期的国民财富水平，然后再根据相应的个体人均财富标准水平测算该区域经济所能承载的人口数量。目前，国际组织、各国政府机构和学术研究界对国民福利的测算方法研究做出了很多尝试和努力。根据笔者的考察与对比，当前比较权威的做法来自世界银行。事实上，其他很多研究都是在世界银行做法的基础上所进行的进一步改进。这里简要述评一下世界银行的做法（世界银行，2006）[③]。

该方法认为国民总财富由三部分构成：生产资本、自然资本与无形资本。总财富可以通过数学模型直接计算得出，生产资本和自然资本分别通过相应具体的子指标进行求和得出，而无形资本是作为总财富与生产资本和自然资本两者总和的差计算而得的。

[①] Eric Neumayer. *On the Methodology of ISEW, GPI and Related Measures: Some Constructive Suggestions and Some Doubt on the "Threshold" Hypothesis. Ecological Economics*, 2000, 34 (3): 347 – 361.

[②] Lawn Philip. *An Assessment of the Valuation Methods Used to Calculate the Index of Sustainable Economic Welfare (ISEW), Genuine Progress Indicator (GPI), and Sustainable Net Benefit Index (SNBI). Environment, Development and Sustainability*, 2005, 7 (2): 185 – 208.

[③] 世界银行，蒋洪强等译：《国民财富在哪里——绿色财富核算的理论·方法·政策》，中国环境科学出版社 2006 年版。

1. 国民总财富的计算方法

计算总财富 W_t 的公式如下式所示：

$$W_t = \int_t^\infty C(s) \cdot e^{-r(s-t)} ds \qquad (1-3-10)$$

式中，$C(s)$ 为第 s 年的消费水平；r 为社会投资回报率（收益率），计算公式为：$r = \rho + \eta \dfrac{\dot{C}}{C}$，式中 ρ 为纯时间偏好利率，η 为关于消费的效用弹性。也即是说，在时刻 t 国民总财富是相应的消费与纯时间偏好利率的一个函数。

2. 生产资本的计算方法

生产资本是机械设备、建筑物和城市土地（包括基础设施）的总和。对机械设备和建筑物资本存量的估算通常采用累积方法，尤其是永续盘存法。这些方法费用较小并易于执行使用，因为它们只要求投资数据和资产服务寿命与折旧方式的信息。城市土地的价值按机械设备和建筑物价值的一定百分比来计算，比如根据肯特等人（Kunte et al.）（1998）① 等研究成果，这个百分比可采用 24%。

3. 自然资本的计算方法

自然资本包括非再生资源（包括石油、天然气、煤和矿产资源）、耕地、草原、林地（包括用于用材林开采和非用材林产品的地区）和自然保护区。大多数自然资源采用资源租金的现值（即整个生命周期内开采的经济利润）来定价。

非用材林资源和保护区的价值核算方法还不成熟。对于非林材产品，分别利用发达国家和发展中国家的平均单位面积收益值与各国的非用林材地面积进行估算。保护区的价值为各国耕地或草地（取低值）的单位面积价值。

4. 无形资本的计算方法

前面已经提到，把总财富与生产资本和自然资本两者总和相减即可得到无形资本存量。这意味着无形资本不仅包括国家及其制度基础和社会资本，还包括人力资本、国外金融净资产，以及那些因缺乏数据而不得不被计入该类资本的地下水、钻石和渔业资源等。

5. 经济承载能力的测算

经济承载能力的计算公式如下式所示：

$$\text{经济所承载的人口数量} = \frac{\text{国民财富总量}}{\text{人均财富水平}} \qquad (1-3-11)$$

由于经济承载能力实质上是一种提供国民财富长期能力的测度，而相同水平的自然资本、生产资本和无形资本在经济体长期经济增长中的作用不完全相同，

---

① Kunte A., K. Hamilton, J. Dixon and M. Clemens. *Estimating National Wealth: Methodology and Results.* Environment Department Papers 57, Washington, DC: World Bank, 1998.

还可以确定它们之间的折算比例系数,进而计算经济承载能力。

整体而言,经济承载能力测度方法的主要发展特点是:以传统的经济测度方法为平台,采用价值化的计算方法将环境、资源、人力资本等被认为是制约经济发展的重要因素逐步纳入其中,以便充分反映经济的可持续发展特点。其不足之处主要体现在价值化的技术层面和数据获取的基础层面,尤其是在资源租金、人力资本价值、环境质量的统计等方面。笔者认为,对经济承载能力未来发展的突破应充分利用具有可操作性的"国民经济核算体系(SNA)"和"环境与经济综合核算体系(SEEA)"等国际标准框架,引入一般均衡分析方法,开发经济承载能力测度的核算产品,通过加强对相关方法和指标的进一步试算来筛选更加理想的测度方式,等等。

四、可持续发展背景下单因素承载能力研究方法的审视

从可持续发展理论的要求来看,尽管单因素承载能力测度方法研究在过去近70年的发展中取得了显著的进步,但它与理想的可持续标准还有很大差距。当然,正如可持续发展理论不是在一朝一夕提出的,完全契合可持续发展的承载能力研究也不可能凭空产生,两者都存在研究的"路径依赖"。因此有必要对单因素承载能力研究的进展进行系统梳理,为未来承载能力测度方法研究提供必要的发展平台。

对各种具体单因素承载能力测度方法的评判,已经在前面介绍方法的时候给出。可以说,所有的方法在测度特定目标方面都是优势和缺陷并存,而且由于只是侧重测度某方面资源的承载能力,自然也就轻视了从整个生态系统的可持续发展角度来考虑,这也使得最终计算的所谓承载结果在实践层次的意义并没有像研究者们所声称的那么大。尽管近些年部分研究注意到了这一点,试图建立单因素之间的承载指标体系,但从其本质上看,它们只是简单地把生态系统作为黑箱来处理,其测度的内容也只是各种单因素之间的协调程度,并不是真正意义上的"承载"。另外还有一些研究试图在保持其他因素不变的条件下来测度特定因素的承载能力,只从这个假定条件我们就可以想象到其研究的实践意义。这是单因素承载能力测度方法研究最大的不足。

此外,单因素承载能力测度方法研究中基本都忽略了时间参数,这使得它很难跳出静态研究的桎梏。在技术使用上,它们有只重结果轻视过程的倾向,有些模型方法尽管看起来很先进、复杂,但其理论基础却非常薄弱,为方法而方法的现象很普遍。在对不同学科间不同方法交叉应用的可能性探讨方面,目前的研究只是处于初级阶段,还有较大的空间有待拓展,等等。

第四节 综合承载能力研究方法

进入20世纪80年代以后,可持续发展理论研究的迅速发展逐步促使承载能力测度从单因素向综合因素转变,并在与承载能力概念充分整合之后,产生了综合承载能力——生态承载能力或可持续承载能力的概念。可持续发展要求人类经济活动规模保持在综合承载能力的限度内,阻止一个区域承载能力下降则要求其生态系统的发展是可持续的。进一步地讲,综合承载能力要发挥其实践指导作用,必然需要承载能力综合研究方法的支撑。目前国内外对这方面的研究已经有很多文献。按照构造特征的不同,这些研究方法可以分为四大类:①基于能量和物质转移的综合测度方法;②指标体系测度方法;③面向复合层次结构指标的综合测度方法;④系统性建模测度方法。

一、基于能量和物质转移的综合测度方法

地球上的一切生命有机物的进化、发展过程均需要能量,能量和物质的迁移和转化是包括人类社会系统在内的生态系统里都不可避免的行为。可以说,物质和能量是衡量生态系统各种作用的指示剂,因而理论上可以用于表达生态系统和人类社会系统之间的承载功能。这类方法主要包括三个子类:

(一) 生态足迹方法

该方法是借助于物质作为衡量承载功能的媒介来完成承载能力测度的。

1. 基本模型

生态足迹也称生态脚印或生态占用,是"Ecological Footprint"一词的中文直译,该概念是由加拿大生态经济学家里斯 W. E. (Rees W. E.)[①] 于1992年提出的,指"一种负载着人类与人类所创造的城市、工厂……的巨脚踏在地球上留下的脚印"。两年后,瓦克纳格尔(Wackernagel M.)给出了生态足迹的完整定义:在现有技术水平下,特定区域范围内人们为持续提供所消耗的所有资源和服务以及分解所排放的所有废弃物而需要的各类土地和水域面积的总和。1996

---

① Rees W. E. Ecological footprint and appropriated carrying capacity: what urban economics leaves out. Environment and Urbanization, 1992, 4 (2): 121-130.

年，里斯.W.E 又和瓦克纳格尔合作引入了"产量因子"和"当量因子"将不同类型土地①的利用加以综合，形成生态足迹基本模型（里斯 W.E. 和瓦克纳格尔，1996）②。该模型通过测定一定区域维持人类生存与发展的自然资源消费量，以及吸纳人类产生的废弃物所需的生物生产性土地面积大小，与给定的一定人口的区域生态承载能力进行比较，来评估人类对生态系统的影响，测度区域可持续发展状况。具体计算流程见图 1 – 4 – 1。

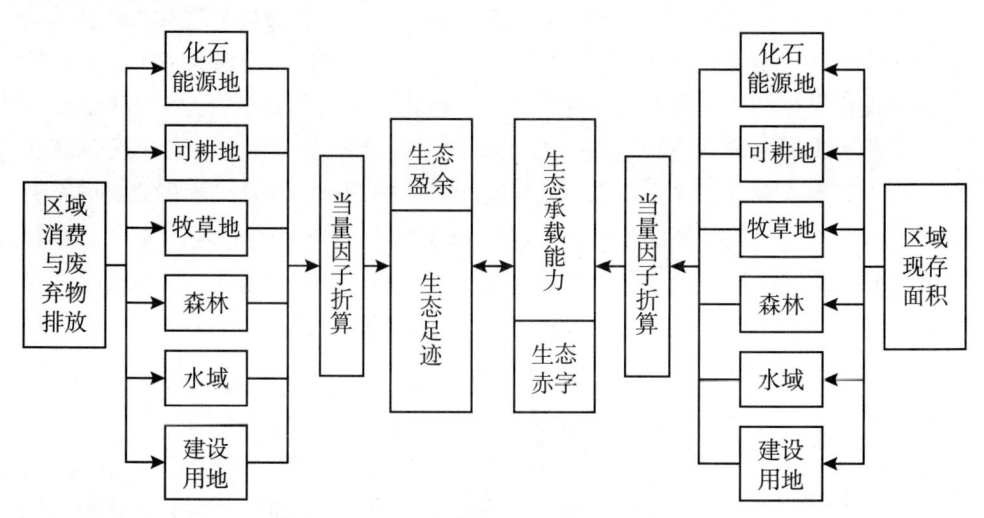

图 1 – 4 – 1　生态足迹方法计算流程

生态足迹和生态承载能力的计算公式分别为：

$$EF = \sum_{i=1}^{n} w_i(cc_i) = \sum_{i=1}^{n} (ac_i/p_i) \quad (1-4-1)$$

$$EC = \sum_{i=1}^{n} w_i(ep_i) = \sum_{i=1}^{n} (ae_i/p_i) \quad (1-4-2)$$

其中，i 为消费商品或生产生物的类型；cc_i 为第 i 种消费商品的生产足迹；ac_i 为第 i 种消费商品的消费总量；p_i 为第 i 种商品的生物生产单位面积产量；ep_i 为第 i 种生物资源的生产足迹；ae_i 为第 i 种生物资源生产总量；w_i 为第 i 种消费品或生物资源土地类型生产力权值，也称为当量因子；EF 为某一地区的生态足迹总量；EC 为地区生态承载能力供给。

生态足迹基本模型通过比较需求面估计得到的生态足迹 EF 与实施生态供给 EC 之间的大小，来确定特定区域的生态赤字或生态盈余状况，进而反映在一定

---

① 这里将土地分为六大类：化石能源地、可耕地、牧草地、森林、水域和建设用地。
② Rees W. E., Wackernagel M. *Urban ecological footprint: Why cities cannot be sustainable and why they are a key to sustainability*. Environmental Impact Assessment Review，1996：224 – 248.

的社会发展阶段和技术条件下,人类社会活动影响程度与生态供给力之间的差距。

生态足迹基本模型的特点可以归结为:①采用单一时间尺度,即"快拍"式截面;②所使用的产量因子是全球平均产量;③是一种综合影响分析;④是在固定生产与消费条件下的确定性研究;⑤反映的是区域生产与消费的综合信息;⑥使用六类土地利用空间;⑦引入当量因子进行综合。

生态足迹基本模型一经提出就得到学者们的广泛关注和实证应用。尽管如此,生态足迹基本模型无论在理论上还是在方法上都被认为存在诸多明显不足与缺陷,引起了较大的争论,甚至遭到了一些研究者们的严厉批评〔艾尔斯(Ayres),2000[1];伊瓦·罗斯(Eva Roth),2000[2];莫法特(Moffatt),2000[3];伦曾等人(Lenzen et al.),2001[4];勒克等人(Luck et al.),2001[5]〕。针对基本模型的特点,很多后续的研究从不同层面对它进行了改进和发展。

2. 动态改进——时间序列足迹模型

生态足迹基本模型假定人口、技术、物质消费水平都是不变的,只是一种静态测算方法,其得到的结论也只是瞬时的,仅仅展示"横向"的可持续性比较,无法反映未来变化发展的趋势,揭示对不同假设条件下计算分析的灵敏性和对数据中存在潜在干扰的灵活性,为监测分析和决策。为此,出现了很多动态改进的模型。目前已经有很多时间序列足迹研究探讨产量因子和当量因子对生态足迹测算的影响,如马西斯·瓦克格内尔等人(Mathis Wackernagel et al.)(2004)[6]等。当前主要时间序列足迹模型处理产量因子和当量因子的方法包括:①采用区域真实产量,舍弃采用当量因子;②采用逐年全球产量和分段当量因子;③采用全球产量和逐年区域实际产量,不采用当量因子;④采用最大可持续产量;⑤在计算草地足迹时,采用单位草地植物生产量而非动物产量。弗恩格(Ferng,

---

[1] Ayres R U. *Commentary on the utility of the ecological footprint concept. Ecological Economic*s,2000,32:347-349.

[2] Eva Roth,Harald Rosenthal,Peter Burbridge. *A discussion of the use of the sustainability index*:"*ecological footprint*" *for aquaculture production. Aquatic Living Resources*,2000,13:461-469.

[3] Moffatt I. *Ecological footprints and sustainable development. Ecological Economics*,2000,32:359-362.

[4] Lenzen M.,Murray S A. *A modified ecological footprint method and its application to Australia. Ecological Economics*,2001,37(2):229-255.

[5] Luck M.,Jenerette G D.,Wu J,et al. *The urban funnel model and the spatially heterogeneous ecological footprint. Ecosystems*,2001,4:782-796.

[6] Mathis Wackernagel,Chad Monfreda,Karl-Heinz Erb,et al. *Ecological footprint time series of Austria,the Philippines,and South Korea for 1961~1999:comparing the conventional approach to an actual land area approach. Land Use Policy*,2004,21:261-269.

2001)[1]和森伯尔等人（Senbel et al., 2003）[2]等还将情景模拟融合到足迹模型之中，用于提高模型的预测性能和处理发展方式选择不确定性的能力。

时间序列足迹模型能够反映区域生态服务消费水平的结构变化，真实生态空间消费及其方位，以及产量因子和当量因子对足迹测算的影响。

3. 过程改进——投入产出足迹模型

生态足迹测算要求涵盖所有进入生产和消费过程的产品所包含的生态服务，但基本模型由于缺乏结构性因素，没有考虑产业间的相互依赖，直接把生态空间利用分配给最终消费，反映的仅仅是直接生态空间占用和区域综合生态影响，无法识别哪些生产和消费部门应对区域综合影响负责。为此，比克内尔（Bicknell, 1998）[3]、克拉斯·胡巴齐克等人（Klaus Hubacek et al., 2003）[4]等学者结合投入产出方法对此提出了改进。其中比克内尔（1998）使用投入产出分析法，通过里昂惕夫逆矩阵得到产品与其物质投入之间的转换关系，反映各部门生产的生态影响细节。其主要计算步骤可以归纳为：①计算完全需求系数矩阵；②计算最终使用包含的非能源足迹；③计算能源消费的生态足迹；④计算进口贸易和其他来源产品包含的生态空间；⑤分别按生产部门和最终使用部门汇总生产和消费的生态足迹。

投入产出足迹模型的特点是：采用倍乘子计算足迹，侧重结构分析，能反映部门间的足迹流动，揭示生态影响的真实发生方位以及某一特定部门的完全生态消费状况。

4. 成分法足迹模型

前面的三种模型均为综合方法（compound approach）模型，很多研究认为，该模型的一大缺陷是由于国家以下层次上消费数据的缺失，无法对生产进行调整得到各消费主体的数据，因而反映具体消费活动的影响。为了反映生态影响的详细程度，成分法模型以人类的衣食住行为出发点，核算人口具体消费行为的生态影响，其典型代表是西蒙斯等人（Simmons et al., 2000）[5]提出的模型，它分两步测算生态足迹：①把研究区域的生态足迹分解成直接能源消费、原材料、废弃

---

[1] Ferng J J. *Using composition of land multiplier to estimate ecological footprints associated with production activity. Ecological Economics*, 2001, 37 (2): 159–172.

[2] Senbel et al. *The ecological footprint: a non-monetary metric of human consumption applied to North America. Global Environmental Change*, 2003 (13): 83–100.

[3] Bicknell K B., Ball R J., Cullen R., et al. *New methodology for the ecological footprint with an application to the New Zealand economy. Ecological Economics*, 1998, 27: 149–160.

[4] Klaus Hubacek, Stefan Giljum. *Applying physical input-output analysis to estimate land appropriation (ecological footprints) of international trade activities. Ecological Economics*, 2003, 44: 137–151.

[5] Simmons C., Lewis K., Barrett J. *Two feet-two approaches: a component-based model of ecological footprint. Ecological Economics*, 2000, 32 (3): 375–380.

物、食物、私人交通、水和建筑用地七类成分；②采用物质流动分析（MFA）法①和生命周期分析（LCA）法②收集数据，研究资源在不同部门、人口与环境之间的流动，从而将消费数据转化为成分影响。

成分法生态足迹模型的特点是：关注人口的衣食住行细节行为，采用生命周期技术，适用于国家、地方、企业、家庭乃至个人生态环境影响评估；该方法对数据的要求较高，因数据不确定所产生的误差也可能更大，对大多数产品层次消费数据缺乏的大多数发展中国家实际应用有限。

生态足迹方法由于综合考虑了人均消费水平、技术进步及贸易等因素，并用直观明了的概念模型将复杂人类文化社会因素简单化、定量化，反映人类社会经济发展与生态环境之间的关系，成为迄今为止生态承载能力综合研究中最受关注和推崇的方法。围绕和涉及生态足迹概念、方法和模型研究纷纷开展，推动力人类生态学领域的综合承载能力研究广泛应用于从全球、国家和地区、城市、家庭到个人各种尺度、各个领域，甚至不同行动方案。但从整体上看，生态足迹方法的不足主要有（殷俊明等，2005③；章锦河等，2006④）：①不能完整测度以可持续理论为基础的区域生态承载能力状况，它侧重考虑资源与环境，很少涉及经济、社会和技术等层面，具有指标选择的生态偏向性，这导致其计算结果大多是超载状态，而事实上按照目前各国家与地区的发展状况，似乎并不总那么严重。②注重于资源消耗，具有资源偏向性，对除化石燃料产生废物外的其他废弃物的污染关注不够，也没能把自然生态系统提供资源，吸纳废弃物的功能描述完全，忽略了地下资源和水资源的估算，也没有考虑污染的生态影响，实际低估了人类对环境的影响。③采用当量因子与产量因子进行地区之间比较时，在将各区域产量调整为世界平均产量的同时使许多区域信息丢失，导致生态足迹指标过分简化，只有全球的一般状况而没有反映出不同区域的实际情况，对区域制定有效的可持续发展决策的直接政策意义并不明确，等等。

---

① 物质流动分析（MFA）主要是对物质从环境进入到经济生产过程，然后返回环境这一过程中的质量数据进行跟踪分析，以衡量人类对自然界的利用程度。MFA 的主要衡量指标是物质总需求（TMR），代表国民经济的物资（包括国内原材料及国外进口原材料）总需求。

② 生命周期分析（LCA）是一种针对产品而不是国家的环境影响评估方法。它通过评估产品整个生产过程的能源和其他能源的需求及废弃物的排放量，对产品从生产、消费、利用及废物处理整个生命过程带来的环境影响进行评估。这种方法有利于跟踪比较不同产品，及同一产品不同生命流程环境影响的大小，但目前该方法尚无统一的计算标准，因而结果差异较大。

③ 殷俊明等《基于生态足迹的可持续发展战略测度研究述评》，载《科学管理研究》2005 年第 1 期，第 5~8 页。

④ 章锦河等《国外生态足迹模型修正与前沿研究进展》，载《资源科学》2006 年第 6 期，第 196~203 页。

(二) 能值分析方法

由于生态系统中各种能量是有质的差别的，所以不能用一般意义上的能量观点进行承载能力测度分析。20 世纪 80 年代，奥德姆（Odum）以能值①为衡量单位建立了一套分析理论，一般称为能值分析理论（奥德姆，1996）②。能值分析是以能值为基准，把生态经济系统中不同能流（能物流、货币流、人口流和信息流等）量纲的能量转换成同一标准的能值，通过计算一系列能值综合指标，来定量分析系统的结构功能特征与生态经济效益。任何形式的能量均源于太阳能，故常以太阳能为基准衡量各种能量的能值。

布朗和尤吉阿蒂（Brown and Ulgiati）（1997）③ 首次通过能值分析理论开发出可以实际应用的承载能力评价指标——ESI（energy sustainable index，能值可持续指标），它被定义为系统能值产出率与环境负载率的比值，然后根据 ESI 的大小评价系统超载状况。陆宏芳等（2002④；2003⑤）在 ESI 的基础上，引入衡量系统交换效率的 EER⑥，构造出系统可持续发展能力的能值评价指标 $ESID$：$EISD = ESI \times EER$。

此外，能值分析方法和生态足迹方法还有融合的趋势。赵等人（Zhao et al.，2005）⑦ 将能值理论应用于传统生态足迹方法中，构建了一种"分室模型"。模型中生态足迹的公式为：

$$EF = \sum_{i=1}^{n} a_i = \sum_{i=1}^{n} \frac{c_i}{p_2} \quad (1-4-3)$$

其中，EF 为生态足迹总量，$a_i = c_i/p_2$ 为第 i 种资源的单位面积能值，p_2 为区域能值密度。模型的实质是把能值转换成土地面积。

应该说，能值分析方法采用能值作为统一量纲，简化了生态过程，有更大的应用空间，但该方法本身也存在一些不足，主要是：①涉及的因子之间的关系过

---

① 一种流动或贮存的能量中所包含的另一种类别能量的数量，被称为该能量的能值，进而产品或劳务形成过程中直接和间接投入应用的一种有效能量，就是其所具有的能值。
② Odum H T. *Environment Accounting: Energy and Environmental Decision Making*, New York，1996.
③ Brown M T.，Ulgiati S. *Energy-based indices and rations to evaluate sustainability: Monitoring economies and technology toward environmentally sound innovation. Ecological Engineering*，1997（9）：51 - 69.
④ 陆宏芳等：《评价系统可持续发展能力的能值指标》，载《中国环境科学》2002 年第 4 期，第 380 ~ 384 页。
⑤ 陆宏芳等：《系统可持续发展的能值评价指标的新拓展》，载《中国环境科学》2003 年第 3 期，第 150 ~ 154 页。
⑥ 系统在对外交换中所能获得的能值与换出的能值的比值。
⑦ Zhao S. et al. *A modified method of ecological footprint calculation and its application. Ecological Modeling*，2005，185：65 - 75.

于简单，数目也较少，难以体现复杂系统的非线性特征。②针对特定地区，依靠转换率或调节因子同度量处理不同资源、环境因子的做法，显得很粗糙，因为转换率或调节因子是通过更大尺度平均计算而来的，它更适合国家或国际范围的承载能力估算（王开运等，2007）。③对指标临界值的选取缺乏科学的程序，等等。

（三）自然植被净第一性生产力估测法

该方法同样借助于物质媒介来测度承载能力。自然植被净第一性生产力是指绿色植物在单位时间和单位空间所能累积的有机干物质，包括植物的枝、叶和根等生产量以及植物枯落部分的数量，反映植物群落在自然环境条件下的生产能力（周广胜、张时新，1996）[①]。在涉及干扰时，也代表了自然体系的恢复能力。虽然生态承载能力受众多因素和不同时空条件制约，特定的生态区域内第一性生产力在一个中心位置上下波动，而这个生产能力是可以测定的。同时，与背景数据进行比较，偏离中心位置的某一数据可视为生态承载能力的阈值，表征了承载能力的强弱（高鹭、张宏业，2007）[②]。由于对各种调控因子的侧重及对净第一性生产力调控机理解释的不同，世界上产生了很多模拟第一性生产力的模型，大致可分为三类：气候统计模型、过程模型和光能利用率模型。国内应用较多的模型是周广胜、张时新（1996）[③] 根据水热平衡联系方程及植物的生理生态特点建立的模型。

该方法的缺陷是：将承载能力的决定因素完全简化为气候、植被等自然方面的状况，无视生态环境所能承受的人类各种社会经济活动能力，以及不同环境和资源自身作用的差异，测算结果的实践意义较小。

此外，该大类方法还包括资源差量法等。根据王中根和夏军（1999）[④] 的研究，衡量区域生态承载能力应该从该地区现有的资源（P_i）与当前发展模式下社会经济对各种资源的需求量（Q_i）之间的差量关系（$P_i - Q_i$）/Q_i，以及该地区享有的生态环境质量（$CBQN_i$）与当前人们所需求的生态环境质量（$CBQI_i$）之间的差量关系（$CBQN_i - CBQI_i$）/$CBQI_i$入手。这就是资源差量法的精要，其缺

[①] 周广胜、张时新：《全球气候变化的中国自然植被的净第一性生产力研究》，载《植物生态学报》1996年第1期，第11~19页。

[②] 高鹭、张宏业：《生态承载力的国内外研究进展》，载《中国人口资源环境》2007年第2期，第19~26页。

[③] 周广胜、张时新：《全球气候变化的中国自然植被的净第一性生产力研究》，载《植物生态学报》1996年第1期，第11~19页。

[④] 王中根、夏军：《区域生态环境承载力的量化方法研究》，载《长江职工大学学报》1999年第4期，第9~12页。

陷也是显而易见的，这里不再赘述。

二、指标体系测度方法

所有承载能力测度都必须基于一定的指标数据结构，这是通过构造指标体系来测度承载能力的出发点。除了个别专门为承载能力设计的指标体系外，目前国际上大量的可持续发展状态评估指标体系，为进一步测度承载能力奠定了基础。归纳起来，该类方法可以分为以下六个子类：

（一）递阶多层次综合评价方法

该方法认为，承载主体与承载对象间的关系十分复杂，但这种复杂关系不是杂乱无章的，而是具有一定系统层次性的，因此，可以首先估计承载主体的客观承载能力和承载对象的压力大小，然后判断系统的承载状况[①]。这种方法中有两个关键之处：①各评价指标权重的确定；②指标评价结果的聚合。前者可以通过常规的统计赋权方法解决；后者主要采用的方法是模糊模式识别方法，即通过构造等级模糊子集把反映被评价事物的模糊指标进行量化（确定隶属度），然后利用模糊变换原理对各指标综合，最后得到总的评价结果。

（二）压力——状态——响应框架体系（PSR）及其衍生

PSR 模式最初由 OECD（1991[②]；2001[③]）在构建环境指标时开发，具体模式结构是：人类活动对环境施以"压力（Press）"，影响到环境的质量和自然资源的数量（"状态（State）"），社会通过环境政策、一般经济政策和部门政策，以及通过意识和行为的变化而对这些变化做出反"响应（Response）"。PSR 模式强调环境压力的来源，突出环境受到的压力和环境退化之间的因果联系，但对社会和经济类指标来讲，压力指标和状态指标之间并没有本质的联系。此外，根据该理论框架的特征，只有用复合的多组指标才能反映整个区域尺度。在 OECD 提出的关键性环境因子中，针对自然资源和环境污染提出了大气、水、植被、生物多样性等 10~13 个关键环境因子，并在此基础上发展出 40~50 个次级环境因子，形成了一套复合指标系统和基于关键环境因子的评价计算方法。

[①] 高吉喜：《可持续发展理论探索——生态承载力理论、方法与应用》，中国环境科学出版社 2001 年版，第 57~68 页。
[②] OECD, Environmental Indicators: a Preliminary Set, Paris, 1991.
[③] OECD, Sustainable Development: Critical issues, Paris, 2001.

依据 PSR 模式使用的目的，可以很容易对它加以调整以反映更多的细节或针对专门的特征。PSR 框架模式的衍生版本目前有很多，如：①特纳等人（Turner et al.，1998）提出的压力——状态——影响——响应框架体系（P-S-I-R），其特点是：相对独立地阐述了人类社会对资源环境的影响，达成人类社会系统和生态系统之间的相容关系①。②联合国可持续发展委员会提出的驱动力——状态——响应（DSR）框架模式，其特点是：通过驱动力指标用以表征那些造成发展不可持续的人类活动和消费模式或经济系统的因素（张丽君，2004）②。③欧洲环境局使用的驱动力——压力——状态——影响——响应（DPSIR）框架模式。其特点是：能反映复合系统承载能力的概念和组分，适用面广，尤其是单因素的资源或环境。此外，还有学者提出了基于 D-P-S-I-R 的生态安全框架，其核心在于评价生态环境系统服务功能对人类需要满足的程度（王开运等，2007）。

（三）基于经济的指标体系框架模式

这种框架反映的是投入——产出模式，它一直主导着当代可持续的思考方式。真实进步指数（GPI）、联合国统计署开发的综合环境经济核算体系（SEEA）等是这种模式的典型代表。它也为生态足迹指数的计算提供基础。德国伍珀塔尔（Wuppertal）气候、环境与能源研究所提出的物质与能源平衡模式——单位服务物质输入（Material Input Per Service Unit）框架也属于这种模式［哈尔迪（Hardi），1997］③。

（四）社会——经济——环境三分量模式或主题框架模式

这种模式在可持续发展状态评估研究文献中占有相当大的分量。在实际研究中，模式中社会、经济、环境的衡量因素常常依据具体问题而变化，比如：就社会主题而言，可能涉及社会、文化、社区、健康或公平的某些方面或所有方面；在环境主题方面，可以只涉及严格限定的环境问题，也可以涉及生态、自然资源和环境发展。许多社区可持续发展指标体系常采用主题指标体系框架模式，这些

---

① Turner et al. *Towards integrated modeling and analysis in coastal zones: Principles and practices*，Land-Ocean Interactions in the Coastal Zone（LOICZ）Reports and Studies ［C］. Netherlands：LOICZ International Project Office，1998.

② 张丽君：《可持续发展指标体系建设的国际进展》，载《国土资源情报》2004 年第 4 期，第 7~15 页。

③ Hardi P. et al. Assessing sustainable development：principles in practice. International Institute for Sustainable Development，1997.

模式中的指标一般并非相互关联但却构成反映社区关注的不同问题（主题）的一组指标。

（五）人类—生态系统福利指标体系框架模式

这种模式的提出是为了将系统思想应用于维持和改善人类与生态系统福利，其原形是加拿大国家环境与经济圆桌会议（NRTEE）的可持续发展指标体系（哈丁等人，1997）①。它有四类指标：生态系统指标（用于评估生态系统的福利）、相互作用指标（用于评估人类和生态系统界面处产生的效益和压力流）、人口指标（用于评估人类的福利）和综合指标（用于评估系统特征，以及为当前分析和预测提供综合观点）。国际自然与自然资源保护联合会的专家普雷斯科特－艾伦（Prescott-Allen）在1997年提出的可持续性晴雨表（Barometer of Sustainability）指数是应用这种模式的一个例子。

（六）多种资本指标体系框架模式

多种资本指标体系框架模式最好的应用例子是世界银行的国家财富指标体系，它包括自然资本、人造资本（即生产资本）、人力资本和社会资本等四个方面的指标体系［世界银行（World Bank），1995］②。这里"财富"的概念从自然资本和人造资本扩展到包含人力资本和社会资本。它们被用来测度国家的财富和可持续发展能力随时间的动态变化状况。

当然需要指出的是，世界银行的国家财富指标体系的前提条件是弱可持续性假设成立。弱可持续性假设认为，自然资本与人造资本可以相互替代，要实现可持续发展，就需要保存资本总量的价值即可。同时，国民储蓄与国民投资存在一定程度的等价关系，因此可以寻找真实储蓄这样的指标来度量可持续性。但是，以皮尔斯（Pearce）为代表的生态经济学家和环境保护主义者认为，自然资本与人造资本并不可以相互替代，因此，需要在保存资本总量的价值即真实储蓄不减少的同时，还应该保持自然资本价值的不减少。③

上述六类指标体系测度方法的不足有：①这类方法的初衷是面向可持续发展提出的，与承载能力研究的角度不是十分吻合；②已有研究对可持续性的经济和环境方面的表达差强人意，但对其他方面的揭示比较滞后；③对指标的研究兴趣多集

---

① Hardi P. et al. *Assessing sustainable development：principles in practice*. Winnipeg：*International Institute for Sustainable Development*, 1997.

② World Bank. *Monitoring Environmental Progress：A Report on Work in Progress*. Washington DC, 1995.

③ ［英］里克·诺伊迈耶，王寅通译：《强与弱：两种对立的可持续性范式》，上海世纪出版集团/上海译文出版社2006年版。

中在全球指标，地方性或城市甚至微观尺度的指标开发有限；④绝大多数研究都提出指标清单，并结合特定问题提供相应的建议，但对可持续发展规划和决策做出实质性的贡献较小；⑤这些指标体系很难对最终的承载能力状况给出简洁的结论。

三、面向复合层次结构指标的综合测度方法

在承载能力概念中，承载主体与承载对象之间关系具有复合性和层次性的特点，这就意味着可以通过构造复合层次结构指标来测度承载能力。这类方法主要有以下两种：

（一）状态空间法

状态空间法采用欧氏几何空间定量描述系统状态。通常它是由表示系统各要素状态向量的三维状态空间轴组成（通常为人口轴、社会经济轴和资源环境轴），通过构造承载能力曲面，利用的其中承载状态点，来研究一定时间尺度内区域的不同承载状况。

毛汉英、余丹林（2001）研究证明，状态空间中的原点同系统状态点所构成的矢量模数能够表示区域承载能力 RCC 的大小①。由于现实的区域承载状况同状态空间中理想的区域承载能力并不完全吻合，其偏差值可作为定量描述区域承载状况的依据。通常区域承载状况有超载、满载与可载三种情况。区域承载状况的计算公式为：

$$RCS = RCC \times \cos\theta \qquad (1-4-4)$$

式中，RCS 为现实的区域承载状况，RCC 为区域承载能力，θ 为现实的区域承载状况矢量与该资源环境承载体组合状态下的区域承载能力矢量之间的夹角。超载时区域承载状况的矢量的模必然大于区域承载能力矢量的模，反之亦然。

该方法的缺陷是：①很难进行定量计算，尤其在构造承载能力曲面方面；②对于人类活动的影响，模型只考虑它对承载体的施压方面，对人的主观能动作用重视的不够，等等。

（二）短板效应方法

短板效应方法通过构建评估指标体系，从几个层面（比如社会、经济和自然环境等）就某区域的承载潜力进行逐个分析计算，然后以承载数值最小的层

---

① 毛汉英、余丹林：《区域承载力定量研究方法探讨》，载《地球科学进展》2001 年第 4 期，第 549~555 页。

面为基础确定整个区域的承载能力水平（王学军，1992）[①]。

该类方法更适合对研究区域内部的各小区域进行横向比较，得到的承载能力数值也仅仅是研究区域内部各小区域相对而言的承载能力大小，而非绝对大小，很难真正判断区域社会经济活动与区域环境整体的协调程度（王开运等，2007）。

四、系统性建模测度方法

随着承载能力研究的日趋深入，特别是在计算机技术的支持下，各种数理模型和统计模型进入该领域，极大地提高了承载能力研究的定量化水平和精确程度，促使承载能力研究进一步向纵深发展。目前这种方法大约有以下三类：

（一）系统动力学模型

系统动力学方法（System Dynamics，SD）最初是由麻省理工学院福里斯特（Forrester）教授于1956年创立的。它的突出优点在于它能处理高阶次、非线性、多重反馈、复杂时变的系统问题。用系统动力学方法进行生态承载能力研究时，能比较容易地得到不同方案下的生态承载能力，较真实地模拟区域资源和社会经济、环境协调发展状况，模拟区域承载能力的变化趋势（王开运等，2007）。20世纪80年代后，计算机技术的发展和仿真软件的应用为SD建模实现和运行提供了有效的平台，使得多阶、多变量的复杂系统模拟成为可能。软件平台从最初的戴纳莫（Dynamo）发展到目前的文普莱（Venple）和文西姆（Vensim）等，功能日趋完善，极大满足了SD的需要。近些年国内外对复杂系统的承载能力进行研究时多采用系统动力学方法［洛等人（Low et al.），1993[②]；郭怀成，2004[③]］。建立SD模型一般包括以下步骤：①划定系统边界；②区分系统层次；③确立指标体系；④建立仿真模型；⑤模型分析与检验。

SD的特点有（尚金城等，2001[④]；李宏等，2000[⑤]）：①在处理区域人口、

[①] 王学军：《地理环境人口承载潜力及其区域差异》，载《地理科学》1992年第4期，第322~328页。

[②] Low et al. Human-ecosystem interactions: a dynamic integrated model. Ecological Economics, 1993 (31): 227－242.

[③] 郭怀成：《城市水资源政策实施效果的定量化评估》，载《地理研究》2004年第6期，第745~752页。

[④] 尚金城、张妍、刘仁：《战略环境评价的系统动力学方法研究》，载《东北师大学报》2001年第1期，第84~89页。

[⑤] 李宏、唐守正：《系统动力学在林业中的运用》，载《西南林学院学报》2000年第3期，第174~179页。

资源、环境和发展之间的复杂关系系统方面有较大优势，能较好地反映系统本质和模拟系统的变化趋势，它最适用于分析研究信息反馈系统的结构、功能与行为之间的动态关系。当然，正因为它处理的对象往往较为复杂，所以模型常存在很多不确定的因素，难以实现精确的模拟。②在具备较完备的资料时，可作为考察系统的实验室，模拟各种决策方案的长期效果，并对多种方案进行比较分析。③在其他模型（如数理统计模型、灰色系统模型、计量经济学模型、投入产出模型、多目标规划模型等）的支持下，能更好地发挥其强大的功能。SD 也有逐渐与这些辅助模型整合的趋势。

（二）多目标复合模型

随着可持续发展理论的深入，统筹兼顾人口、社会、资源和环境等方面的协调发展问题，已经逐步形成主流。多目标复合模型就是为了满足多个发展目标，实现多决策分析与优化而建立的模型系统。目前，这种模型有以下两类：

1. 多目标规划模型

该模型最早见于查内斯和库珀（Charnes and Cooper）（1961）。它的基本思想是：给定若干预期目标以及它们的优先次序，建立模型使得总目标的偏离值在有限条件下达到最小。这类模型能在确定决策变量的前提下，对近期和远期规划做出预测和评价。郭怀成等（2004）[①]将灰色分析的原理应用于该模型，提出灰色多目标模型。在承载能力研究中，采用指标体系的多目标规划模型常与系统动力学模型结合使用，用后者取代约束条件的线性方程，深化模型的动态性和多目标特征（崔和瑞等，2003）[②]。

该模型的基础是线性规划，在解释系统机制方面不如前面的介绍的 SD 模型，在因子预测方面也存在不足。将该模型与 SD 模型结合运用，在指标体系上实现多目标预测，能够提高多目标规划模型的应用范围。

2. 空间决策支持系统模型

在多目标规划模型的基础上，空间决策支持系统模型进一步融入了地理信息系统（用于处理空间分析）和决策支持系统（用于处理半结构化和非结构化问题），将承载能力的研究从单纯的计算和预测扩展到决策方案优选。这类模型多种多样，但一般都有用户界面、数据库（空间数据库和属性数据库）及其管理系统、模型库及其管理系统、知识库及其管理系统。在应用研究方面，张显峰等

---

① 郭怀成等：《城市水资源政策实施效果的定量化评估》，载《地理研究》2004 年第 6 期，第 745～752 页。

② 崔和瑞等：《县域土地资源可持续利用系统动态仿真决策模型研究》，载《西北农林科技大学学报（社会科学版）》2003 年第 1 期，第 107～111 页。

(1997) 开发了黄淮海县级农业可持续发展决策支持系统①，贾永刚等（2001）②使用空间决策支持系统解决高速公路选线中的地质地理问题，王开运等（2007）使用该系统规划设计了上海市崇明岛区的生态建设，等等。

空间决策支持系统模型的特点是功能很强大，在解决非线性、复杂决策和空间分析的理论和技术方面都很有成效，只是在对生态承载能力的研究和应用上仍处于探索阶段。

（三）其他模型

1. 分类统计模型

它把研究区域内的土地分为多种类型，每一种类型的土地假定一个最高的可承载人口密度，计算出每一种类型土地的承载人口数，然后再汇总得出区域可承载的最大人口数量（王开运等，2007）。

2. 线性规划模型

线性规划中线性来源于构造线性模型这一事实，而规划一词用于表示线性模型一组变量的最佳取值，它可用于单目标规划和多目标规划。模型的解代表问题的最佳决策或活动的最佳策略。模型的理想目标由决策者确定，现实目标或约束条件可由有限的资源和其他加在决策变量选择上明显的或隐含的约束确定。用线性规划法进行生态承载能力的研究，可以动态地反映一个区域的生态承载能力的状况（戴晓辉，1996）③。

此外，这类模型还包括灰色分析模型、人工神经网络分析模型等。灰色系统的建模思想是：直接将时间序列转化为微分方程，从而建立抽象系统的发展变化动态过程，其应用可以参见王红莉等（2005）④等。人工神经网络是由大量神经元按照某种特定方式连接而成的智能仿生网络系统，最初这种方法只是多用于计算机科学以及一些系统论问题，进入 20 世纪 80 年代以后，尤其是在 1986 年鲁姆哈特（Rumelhart）和麦克莱兰（McClelland）提出了著名的误差反向传播方法

---

① 张显峰等：《建立面向区域农业可持续发展的空间决策支持系统的方法探讨》，载《遥感学报》1997 年第 3 期，第 231～236 页。

② 贾永刚等：《GIS 和 SDSS 在高速公路选线之间的应用》，载《地球科学》2001 年第 6 期，第 653～656 页。

③ 戴晓辉：《多目标线性规划在水资源优化调度中的应用研究》，载《新疆农业大学学报》1996 年第 1 期，第 39～45 页。

④ 王红莉：《海岸带污染负荷预测模型及其在渤海湾的应用》，载《环境科学学报》2005 年第 3 期，第 307～312 页。

以后，该方法开始被广泛应用于分析和模拟生态系统（米湘成等，2005）[①]。

总的来说，这些类模型主要建立在数值关系基础上分析测度生态承载能力，对生态系统内部的逻辑关系重视不够，对技术等先决条件和假设条件不能做出很好的界定，而且方法相对简单，模拟精度不高，通常只是作为对区域承载能力分析的某一中间步骤使用或结合其他模型方法使用。

五、综合承载能力测度方法的改进方向

从国内外研究现状来看，可以说学界对生态系统的综合承载能力概念的本身研究至今尚未完全成熟，有一些文献甚至质疑这个概念是否真正有用（史蒂文·R. 麦克劳德（Steven R. Mclkeod），1997[②]；张保成等，2006[③]）。所以，尽管目前对承载能力综合测度方法研究已经有了长足的进步，但仍远不能称得上完善，测度结果的精确程度和客观程度也较为有限。笔者认为，要提高测度结果的精确度、客观度和完善承载能力综合测度方法，首先要完善生态系统的综合承载能力概念本身。概念清楚地界定到哪里，方法就跟进到哪里。在此基础上，随着可持续发展理念和综合承载能力理论的进一步深入以及计算机技术和空间决策技术的迅速发展，承载能力综合测度方法的研究还应注重以下方面：

①充分考虑人口、资源、环境和经济之间的互动性和综合性。由于对这一系统的基本原理和机理认识的缺乏，特别是对其中的子系统之间的互动关系缺乏充分认识。目前单方向的承载测算方法已经满足不了复杂系统模拟的需要。理论和实践都表明，"承载"是一个双向性的概念。当然，在实践中可以依据问题的需要，设定某一方向的承载是更主要的，即假定承载能力存在不对称性。同时，应考虑生态系统承载能力的综合性，一方面应研究它与资源承载能力、环境承载能力和经济承载能力等单项承载能力的复合关系；另一方面，在以单向承载能力为主体进行生态承载能力研究时，还需要平衡该单项承载能力与其他单项承载能力之间的关系。

②目前绝大多数的测度方法都是注重对承载对象的"数量"承载，忽视对"质量"的承载，所以开发质量承载测度方法或者两者综合的承载方法，应是一

[①] 米湘成等：《人工神经网络模型及其在农业和生态研究的应用》，载《植物生态学报》2005年第5期，第863~870页。

[②] Steven R. McLeod. Is the concept of carrying capacity useful in variable environments. Oikos, 1997, 79 (3): 529-542.

[③] 张保成、国锋：《自然资源承载力问题研究综述》，载《经济经纬》2006年第6期，第22~25页。

个很值得尝试的研究方向。由于人们生活质量、生产水平的层次性，以及生活方式和价值观的差异性，在同样的承载主体基础条件下，如果承载对象的质量不同，生态承载能力结果也会存在差异。此外，目前"承载"的概念仅指生态系统对承载对象的容纳，因此承载能力总是以某种最大容量或平衡容量加以测度，将二者关系视为简单的对立和单纯的供需平衡。事实上，可持续理论的公平性、持续性与共同性原则要求把系统的稳定协调发展，以及正向演化和功能提升视为"承载"最重要的内涵，这应是生态系统承载能力综合测度方法未来进行创新研究的一个重要思路。

③国内外关于承载能力测度方法研究关注的焦点是资源承载能力、环境承载能力和生态承载能力，对承载能力系统互动理论框架中的经济承载能力的研究仍然缺乏足够重视。只有重视了这个问题，才能使得可持续发展理论充分融入承载能力测度方法。

④目前的承载能力测度方法，其基础都是统计指标和统计数据等统计类产品，而统计产品是国民经济核算发展的结果。近些年来，国民经济核算开始尝试把货币化核算和物量核算扩展到社会领域，建立起覆盖人口——资源——环境——经济系统的综合核算体系。这样，研究者就可以结合国家统计制度改革的方向，在综合核算体系框架下，设计一整套承载能力评价的标准数据框架和指标体系，建立可操作性的"承载能力评价的统计产品"，为承载能力测度服务。

⑤进一步加强对区域系统的定量化和动态模拟研究，发挥空间决策支持系统的强大功能，重视生态系统各种资源间的广义替代性，强化学科间交叉融合意识，等等。

第五节 后续各章的研究安排

承载能力理论研究与方法研究的目的是为了指导中国实践，推动中国可持续发展。本节首先从中国可持续发展战略实施中所面临的人口、经济、资源、环境问题出发，论述中国开展承载能力应用研究的必要性；然后给出后续各章中国承载能力应用研究的基本思路与内容安排。

一、中国承载能力应用研究的必要性

资源、环境、人口与经济四者之间矛盾问题是世界各国可持续发展战略实施

中共同面临的问题，中国也不例外。改革开放 30 多年以来，中国经济发展在取得举世瞩目成就的同时，人口基数庞大并仍在不断膨胀，自然资源大量耗减，生态环境总体上也在不断恶化。具体表现在：

①人口基数大，增长势头快，就业负担沉重。截至 2009 年底，我国人口已达到 13.35 亿，约占世界人口总数的 1/5。尽管在计划生育政策等因素的直接作用下，人口自然增长率由 1978 年的 12.0‰ 下降到 2009 年的 5.1‰，但由于人口基数庞大，增长势头仍然较快，近几年平均每年新增人口仍然在 700 万左右，每年需要安排就业的城市劳动力约 1 100 万。大量农村剩余劳动力转移方向有限，新增农业劳动力又超过非农产业劳动力的转移速度。2009 年度全国农民工总量为 22 978 万人，其中外出农民工数量为 14 533 万人，庞大进城务工的农民工是城市发展必须面对的严峻现实。①

②经济结构存在诸多不合理之处，粗放式发展对生态的压力持续加大。我国总体经济发展速度较快，改革开放 30 多年 GDP 的平均增长速度为 9.92%，是世界经济增长最快的国家之一，但区域差异较大，有相当一部分地区经济结构不合理，粗放型的经济发展模式并没有得到根本性扭转，落后的生产方式仍占相当的比重，科技水平对生产力推进作用仍然很弱。2008 年我国单位 GDP 能源消耗是世界平均水平的 2.65 倍，是美国的 3.9 倍，是欧盟的 4.32 倍，是日本的 8.2 倍。吨钢可比能耗、火电供电煤耗、水泥综合能耗分别高出世界先进水平 15%、20% 和 24%。2008 年我国消耗了全世界 36% 的钢铁、16% 的能源、52% 的水泥，仅创造了全球 7% 的 GDP。②

③人均资源不足，部分重要资源短缺，外部依赖愈发明显。我国自然资源虽然总量丰富，但人均占有量却远远低于世界平均水平。水资源人均占有量只有世界平均水平的 1/4，森林资源人均占有量只有世界平均水平的 1/5，耕地面积只占世界的 7.1%，但人口却占世界的 19.78%。矿产资源种类不全，有的虽储量不少，但品位低，开采难度大。大多数矿产资源人均占有量不到世界平均水平的一半。石油、天然气人均储量都不足世界平均水平的 1/10；即使是比较丰富的煤炭资源，人均储量也不到世界平均水平的 40%。人口和经济的高速增长，势必加快资源、能源的消耗速度，加剧资源、能源不足的矛盾。目前，我国石油、铁矿石、铝土矿、铜矿等重要能源资源消费对进口的依存度都超过了 50%。

④生态环境脆弱，生态功能降低，环境问题日益严峻。我国幅员辽阔，自然条件复杂，地貌类型多样，气候差异显著。西北干旱，少雨多风；西南山高坡

---

① 国家统计局：《中华人民共和国 2009 年国民经济和社会发展统计公报》和《中国统计年鉴 (2009)》；人力资源与社会保障部：《2009 年度人力资源和社会保障事业发展统计公报》。

② 李毅中：《加快产业结构调整　推进工业节能减排》，载《节能减排》2009 年第 7 期。

陡,土层浅薄,多暴雨;青藏高原寒冷严酷,空气稀薄。恶劣多变的自然条件导致我国西部地区生态脆弱,生态承载能力相对低下。即使是自然环境相对较好的中东部地区,与所承受的巨大人口压力相比,承载能力仍相对不足。中国生境破碎化程度高,森林、草原、湿地等生态系统结构趋于简单或不合理,自我调节能力不断下降,生态系统调节气候、涵养水分、保持水土、防风固沙、调蓄洪水、净化空气、维持生物多样性等功能降低。据统计[①],1/5 的城市空气污染严重,1/3 的国土面积受到酸雨影响,全国水土流失面积 365 万平方公里,荒漠面积 263.6 万平方公里,90%以上的天然草场退化,生物多样性严重削减,沙尘暴侵袭、黄河断流、长江特大洪涝以及凶猛频繁的"云娜"、"韦帕"和厄尔尼诺现象等生态灾难,以前所未有的规模和强度影响环境,带来一系列恶果。

党的"十六大"以来,以胡锦涛同志为总书记的党中央先后提出了树立和落实"以人为本,全面、协调、可持续"的科学发展观、构建社会主义和谐社会的重大战略思想,提出并确定了建设资源节约型、环境友好型社会的长期战略任务。承载能力是中国实现科学发展的重要根基,是中国衡量和谐发展的重要方面。只有搞清楚中国资源、环境、人口与经济系统的承载能力,才能确定合理的资源开发战略、环境管理战略、区域功能规划战略、城乡发展战略,进而统筹城乡发展、统筹区域发展、统筹经济社会发展、统筹人与自然和谐发展、统筹国内发展和对外开放,寻找出实现中国可持续发展的模式和路径。虽然目前中国的承载能力研究取得了一定的成绩,但研究多集中于资源与环境承载能力,缺乏对中国发展中若干重大问题的研究。

二、后续各章的基本思路与内容安排

(一) 基本思路

本书后续各章是把承载能力方法研究和中国可持续发展的实现问题结合起来的应用研究。这些研究是在承载能力理论和评价方法系统分析和改进的基础上,对中国资源、环境与经济承载能力进行系统测算和分析,寻求解决区域发展、城乡统筹发展、经济增长方式转变等三大现实问题的途径对策,力图探讨中国国情约束下可持续发展的实现模式和途径,为转变经济发展方式、建设资源节约型环境友好型社会和实现全面协调可持续的发展提供科学的宏观管理决策依据。

后续各章的中国承载能力应用研究是按照"总—分"的方式展开的。首先

---

① 刘助仁:《发展循环经济是建设生态文明的必然选择》,载《唯实》2008 年第 1 期。

从资源、环境、经济三个维度对中国各区域的承载能力状况进行总体上的系统测算和分析。然后分别采用不同的承载能力分析方法,对当前中国发展的三个重大问题,即区域功能规划、城乡统筹发展和经济增长方式转变,进行合理的阐释和剖析,以期寻求探求较为理想的解决思路、路径与对策。具体地,"总"的部分为第二章,"分"的部分为第三、四、五章。

(二) 内容安排

第 2 章是中国区域资源、环境、经济的人口承载能力的分析与应用。本章在第一章承载能力理论和研究方法分析的基础上,首先从资源、环境、经济三个独立的承载能力系统出发,按照影响因子界定——模型构建——实证分析的解决问题思路,以区域的人口承载水平为研究对象,以适度的人口容量为研究目标,实证分析了各系统的人口承载能力状况;其次立足于资源—环境—经济的复合巨系统,运用具有不同视角的三种研究方法,估算现阶段中国各区域的承载能力状况;最后在实证分析的结论之上,提出改进系统承载能力的相关对策与建议。

第 3 章是承载能力与中国区域功能规划。本章首先从资源、环境与经济的承载能力与承载压力这一视角,构建承载能力和承载压力两个一级测量指标,从环境、资源和经济三个方面相应的分别构造资源承载能力、环境承载能力、经济承载能力、资源承载压力、环境承载压力和经济承载压力六个二级指标,最终筛选 22 个指标,组成递阶多层次综合评价的评价指标体系;其次以省为主体功能区的划分单元,对我国 31 个省市自治区进行主体功能区的划分与评价,并利用 GIS(地理信息系统)对各地区的评价因素进行比较分析;最后提出相应的政策建议。

第 4 章是资源承载能力视角下的中国城乡统筹发展实证研究。本章首先对城乡统筹的理论意义进行归纳,并提出了基于资源、环境承载能力视角的城乡统筹发展理论构想;其次以全国 31 个省级行政单位为研究对象,从城乡资源、环境、经济承载因素三个角度,逐项探讨中国农村可持续发展与城市(工业)发展的具体关系,并对其因果作用方向进行判别。最后选取水资源承载能力和基础设施承载能力两个方面作为城乡统筹发展的着力点,以城乡资源承载能力的互动提升为研究视角,对中国城乡统筹发展的现实意义、目标设定与策略选择进行分析,并在实证研究的基础上提出政策建议。

第 5 章是经济系统物质流核算与中国经济增长若干问题研究。本章以经济系统的物质流核算为基础,以中国经济系统为具体研究对象,对经济增长过程中的物质代谢总量平衡核算、物质减量化、典型农村可持续发展的物质流模式、经济增长与物质代谢的动态冲击以及区域资源消耗与经济增长之间的动态关系等问题进行了系统研究,并给出相关的政策建议。

第 2 章

中国区域资源、环境、经济的人口承载能力分析与应用

21世纪,中国进入了全面建设小康社会阶段,党的"十六大"提出了全面建设小康社会的目标,而可持续发展则作为了基本的发展战略之一。可持续发展实践依赖于系统、科学、定量的研究人类经济社会与资源环境的关系,承载能力概念就是衡量人类经济社会活动与自然环境之间相互关系的科学指标,是人类可持续发展的度量和管理决策的重要依据。

虽然该理论经过了长时间的发展,但是当生态承载能力从过去的种群数量动态概念扩展到人类生态系统研究,尤其是从"资源—环境—经济"复合巨系统层面探讨资源环境承载同人口经济的可持续发展问题时,传统的承载能力理论和方法都遇到了极大的挑战。这决定了传统的资源环境承载能力评价不可能全面地反映中国社会经济的发展问题。

本章在前文对承载能力理论分析的基础上,从研究影响资源、环境、经济各系统承载能力的内部要素变量出发,按照影响因子界定——模型构建——实证分析的研究思路,以区域的人口承载水平为研究对象,以适度的人口容量为研究目标,实证分析了现阶段中国各区域的人口承载能力状况,并提出相关对策与建议,主要包括以下内容:

第一节基于自然资源系统对人口承载能力进行实证分析,通过选取几类重要的自然资源,运用适宜的方法估算各区域的资源人口承载能力。第二节通过构建相应的指标体系,考察了各区域的环境人口承载状况。第三节以经济系统为研究对象,从就业和发展两个角度判断各区域的经济人口承载能力。第四节从资源—

环境—经济的复合系统角度出发,对区域人口承载能力进行综合评价。第五节根据实证分析结论,论述系统承载能力的提升策略和优化方案。

第一节 区域自然资源人口承载能力分析

区域发展依赖于稀缺的自然资源禀赋,自然资源的数量和质量构成了区域发展的物质基础和潜在条件,因此也是衡量区域人口承载能力的首要考虑因素。本节主要以水、耕地和草地几种基本的自然资源为研究对象,估算各区域的人口承载能力水平。

一、区域水资源人口承载能力分析

(一)水资源承载能力的主要影响因子

区域水资源承载能力的承载主体是区域的水资源量,即可供区域开发利用的各种形式、各种质地的水资源,其承载对象是所有与水相关联的人类活动,包括工业业生产、商业娱乐和人类生活。虽然目前对水资源承载能力的定义各式各样,至今没有一个公认的定义,但水资源承载能力通常是指在一定的区域范围内,在确保社会发展处于良性循环条件下,以区域可利用水量为依据,能够维持工农业生产、城市规模、生活质量、生态需水的状况下,水资源所能持续的人口数量[1]。就水资源承载能力的研究思路而言,虽然各种理论和计算方法只是处于探索阶段,但一个地区的水资源状况大体可以通过以下三个方面来反映。

1. 人均水资源标准

国际人口行动(PAI)发表的《持续水:人口和可更新水的供给前景》报告将水资源紧张情况分为四种类型,即人均可更新水资源量大于 1 700 立方米/年为富水、1 000~1 700 立方米/年为水紧张、500~1 000 立方米/年为缺水、少于 500 立方米/年为严重缺水[2]。联合国教科文组织也制定了水资源丰歉标准,即人

---

[1] 冯耀龙、韩文秀等:《区域水资源承载力研究》,载《水科学进展》2003 年第 1 期。
[2] 中国社会科学院工业经济研究所:《2005 年中国工业发展报告——资源与环境约束下的中国工业发展》,经济管理出版社 2005 年版。

均年占有的水资源量大于 3 000 立方米为丰水，2 000~3 000 立方米为轻度缺水，1 000~2 000 立方米为中度缺水，500~1 000 立方米为重度缺水，小于 500 立方米为极度缺水①。联合国可持续发展委员会将人均年占有水资源量 2 000 立方米作为水资源短缺的标准。人均年占有水资源量 1 700 立方米之所以也成为一个水资源短缺的标准是因为"当人均可用水资源量低于 1 700 立方米/年时，国内粮食自给自足几乎成为不可能，这些国家必须开始进口粮食"②。根据中国国情，水利部水资源司提出了中国的水资源紧张指标即人均水资源量在 1 700~3 000 立方米/年为轻度缺水，1 000~1 700 立方米/年为中度缺水，500~1 000 立方米/年为重度缺水，小于 500 立方米/年为极度缺水。

2. 水资源开发强度

水资源开发强度是指一个地区或流域供水量或用水量与其水资源总量的比值。根据国际标准，当一个河流流域超过 40% 的可再生水资源被抽取使用时，该河流流域便被认为水资源严重紧张③。而在人口稠密区，用水量占可更新水量 30% 即已接近极限。当用水量与可更新水量比例低于 10%，为低度压力；10%~20% 为轻度压力；20%~40% 为中度压力；超过 40% 为高度压力④。

3. 水资源利用结构

由于水资源的有限性，各产业或部门间客观上存在水资源利用之间的竞争，这就要求尽可能将水资源配置到效率较高的部门，以实现水资源的优化配置和高效利用。而农业具有用水量大，附加值相对较低的特点，因此农业用水比例大小可以作为水资源利用结构合理与否以及衡量水资源压力相对大小的一个标志。

一般而言，农业用水比例随着经济的发展呈现出逐渐下降的趋势。就中国而言，1997 年，农业用水占总用水量的比例为 70.4%，而到 2005 年，这一比例则下降到 63.6%。联合国粮农组织的资料也表明了中国自 1978 年以来，农业用水比例呈现出稳定下降的趋势。尽管改革开放以来，中国的用水结构趋于合理，但是与其他国家，尤其是发达国家相比仍有很大差距。

（二）水资源承载能力的模型构建

如前所述，区域水资源承载能力主要由三个方面因素决定：①区域水资源赋

---

① 吴季松：《现代水资源管理概论》，中国水利水电出版社 2002 年版。
② [美] 彼得·H·格雷克，左强等译：《世界之水 1998~1999 年度淡水资源报告》，中国农业大学出版社 2000 年版。
③ UNEP：《全球环境展望 3》，中国环境科学出版社 2002 年版。
④ 张镜湖：《世界的资源与环境》，中国文化大学出版社 2002 年版。

存状况，一般是指可供区域利用的水资源量 W_T*；②区域水资源的开发利用能力 α_T；③区域用水结构，反映了区域的社会经济结构和用水水平。

其中，W_T* 可按水资源的赋存形式和质地表示成向量形式，即

$$\vec{W}_T^* = (W_{T1}^*, W_{T2}^*, \cdots, W_{Tn}^*) \qquad (2-1-1)$$

式中，$W_{Ti}*(i=1, 2, \cdots, n)$ 称为水资源元素，表示 T 时期区域第 i 种水资源的总量；n 为区域水资源种类数。

区域水资源开发利用程度 α_T 亦可用向量表示为

$$\vec{\alpha}_T = (\alpha_{T1}, \alpha_{T2}, \cdots, \alpha_{Tn}) \qquad (2-1-2)$$

式中，$\alpha_{Ti}(i=1, 2, \cdots, n)$ 称为水资源开发利用度因子，表示 T 时期区域对第 i 种水资源的最大可开发利用程度，$0 \leqslant \alpha_{Ti} \leqslant 1$，它受区域的社会、经济、生态环境状况及生产力、科技水平等因素制约。

假设 T 时期区域的社会经济活动中与水资源相关的共有 m 个对象（方面），则可令矩阵 $WU_{n \times m}$ 表示单位水资源量对区域各用水对象的支持能力，即

$$WU_{n \times m} = \begin{bmatrix} Wu_{11} & Wu_{12} & \cdots & Wu_{1m} \\ Wu_{21} & Wu_{22} & \cdots & Wu_{2m} \\ \vdots & \vdots & & \vdots \\ Wu_{n1} & Wu_{n2} & \cdots & Wu_{nm} \end{bmatrix} \qquad (2-1-3)$$

式中，$WU_{n \times m}$ 为 T 时期区域水资源的功效矩阵。$Wu_{ij}(i=1, 2, \cdots, n; j=1, 2, \cdots, m)$ 为水资源的功效因子，表示第 i 种水资源的单位量对第 j 种用水对象的最大支持能力，$Wu_{ij} \geqslant 0$。例如，对于生活用水，即为人均生活用水定额的倒数，人/立方米；对于农业生产，即为单位水资源的粮食产量，公斤/立方米；对于工业用水，即为单位水资源量的工业产值元/立方米。理论上讲，WU 应为单位水资源量对区域各用水对象的最大支持能力，或称潜在支持能力，它一般大于现状水平的水资源支持能力。

将式（2-1-1）与式（2-1-2）合并可得到区域可利用的水资源量为

$$\vec{W}\alpha = \vec{W}^* \times \vec{\alpha} = (W\alpha_1, W\alpha_2, \cdots, W\alpha_n) \qquad (2-1-4)$$

实际上，区域人类生活和社会经济活动是按一定结构、一定比例进行的，不可能将所有的水资源全部分配给某一个或几个方面，而是按一定比例分配给各个用水对象。

$$B_{n \times m} = \begin{bmatrix} B_{11} & B_{12} & \cdots & B_{1m} \\ B_{21} & B_{22} & \cdots & B_{2m} \\ \vdots & \vdots & & \vdots \\ B_{n1} & B_{n2} & \cdots & B_{nm} \end{bmatrix} \qquad (2-1-5)$$

式中，$B_{n \times m}$ 为水资源配置矩阵，代表区域的配水方案。矩阵元素 B_{ij} ($i = 1$, 2, $\cdots$, n; $j = 1$, 2, $\cdots$, m) 为配置系数，表示第 i 种水资源中分配给第 j 种用水对象的比例，$0 \leq B_{ij} \leq 1$，$\sum_j B_{ij} = 1$。则第 j 种用水对象从第 i 种水资源中分配得到的水资源量为

$$WB_{ij} = B_{ij} \times W\alpha_i \quad (2-1-6)$$

$$W\alpha_i = \sum_{j=1}^{m} WB_{ij} \quad (2-1-7)$$

第 j 个用水对象分配得到的水资源总量为

$$\vec{WB}_j = (WB_{1j}, WB_{2j}, \cdots, WB_{nj}) \quad (2-1-8)$$

则区域水资源对第 j 个用水对象的支持能力为

$$WZ_j = \vec{WB}_j \times \vec{WU}_j = \sum_{i=1}^{n} WB_{ij} \times Wu_{ij} \quad (2-1-9)$$

则趋于水资源对所有用水对象的支持能力为

$$\vec{WZ} = (WZ_1, WZ_2, \cdots, WZ_m) \quad (2-1-10)$$

显然，随着配水方案的不同，$\vec{WZ}$ 是变化的，即不同的配水方案的承载状况不同。在此意义下，区域水资源承载能力是指在充分节水和水资源最优（最合理）配置条件下的区域水资源承载状况。并且，在区域可供利用的水资源潜力、开发利用程度以及反映区域用水结构的功效矩阵 $WU_{n \times m}$ 已定的情况下，区域水资源承载能力客观上就是确定的。但区域水资源承载能力的表现形式不是一个具体的数值，而是一个向量。随着用水对象的变化，水资源承载能力的表现形式也会发生变化。

对于一个区域而言，水资源承载能力以数组的形式表达了水资源对各种用水对象的支持能力，但这些支撑对象的核心是为了满足人的需求，假定人的需求向量表示为

$$\vec{R} = (r_1, r_2, \cdots, r_m) \quad (2-1-11)$$

式中，r_i ($i = 1$, 2, $\cdots$, m) 为对第 i 方面的理想人均需求量，$\vec{R}$ 称为人均需求量向量。

这样，可以将各方面的用水需求转化为人口数，得到相应的水资源可承载的人口数量，这不仅直观，而且也便于分析比较。按此思路，区域水资源承载能力的求解问题就是在 W_U 及 R 的基础上，考虑如何将 W_α 予以分配以达到承载人口数量的最大化。

由于不同区域，不同时期，$WU_{n \times m}$，W_α 及 R 是变动的，W_α 是区域水资源的天然赋存与人类开发利用程度共同作用结果的体现。区域水资源的天然赋存是客观并具有随机特征，而人类对水资源的开发利用在一定限度内呈不断上升趋势，

显然，W_α 与水资源承载能力正相关。W_U 反映的是单位水资源量对区域人类活动的支持能力，它综合反映了区域该时期水资源的最高利用水平，W_U 一般随时间变化不断增大，W_U 与水资源承载能力也为正相关。R 反映的是人对与水相关联的各方面的人均需求量，R 可根据当地的具体情况而定，随着社会、经济的发展，人的消费水平在不断提高，因而 R 有增加的趋势，R 与水资源承载能力表现为负相关关系。

（三）水资源承载能力的实证分析

按照上述研究思路，以各地区为研究对象，对现状水资源承载能力进行分析。各地区多年平均水资源总量（W）数据依据历年中国统计年鉴数据计算；水资源开发利用程度（α）参照前文讨论的国际标准，以 40% 的警戒线水平为标准。

1. 水资源配置矩阵 B 的确定

水资源分配矩阵（B）分为农业用水、工业用水和生活用水三方面，理想分配比例可参照表 2-1-1 中不同收入等级的国家标准，具体类型划分为总体小康、全面小康和初步富裕。总体小康用水比例参照中等收入国家水平；全面小康用水比例参照中高等收入国家水平；初步富裕参照高收入国家水平，具体比例如表 2-1-2 所示。

表 2-1-1　　　　　中国与世界其他国家用水结构的比较　　　　　单位：%

国家	用水结构		
	农业用水	工业用水	生活用水
世界	70	20	10
低收入国家	88	5	6
中等收入国家	71	19	10
下中等收入国家	75	17	8
上中等收入国家	53	28	19
中低收入国家	78	13	8
高收入国家	43	43	15
欧盟	38	48	15
中国	68	26	7

资料来源：Worldbank, 2006 World development indicators, http://devdata.worldbank.Org/wdi2006/contents/Cover.htm. 2006.

表 2-1-2　　　　　　　　　水资源利用结构　　　　　　单位：%

类别	农业用水	工业用水	生活用水
总体小康	70	20	10
全面小康	58	30	12
初步富裕	45	40	15

2. 水资源承载能力功效矩阵的确定

考虑到水资源主要应用于生活用水、工业用水和农业用水，对此应确立三方面的用水功效系数。其中，生活用水为人均用水定额的倒数，这里按照各省级行政区城镇居民用水定额和农村居民生活用水定额，利用城乡人口比例为权重综合得到各地区的生活用水功效系数 W_u 生活。工业用水功效系数 W_u 工业为工业用水定额之倒数，其数据来自各行政区水资源利用规划，单位为元/立方米。农业用水功效系数 W_u 农业为各地区多年粮食平均产量与农业灌溉用水定额之比，各用水功效系数具体数值如表 2-1-3 所示。

表 2-1-3　　　　　　各地区水资源利用功效系数

地区	W_u农业	W_u生活	W_u工业	地区	W_u农业	W_u生活	W_u工业
全国	0.733	0.0221	109.89	河南	1.652	0.03303	144.92
北京	0.974	0.0095	204.08	湖北	0.702	0.02246	85.47
天津	1.181	0.0163	454.55	湖南	0.701	0.01749	80.00
河北	1.118	0.0291	232.56	广东	0.447	0.01294	114.94
山西	1.197	0.0400	169.49	广西	0.358	0.01505	43.85
内蒙古	0.667	0.0264	147.06	海南	0.267	0.01556	68.49
辽宁	0.744	0.0187	243.90	重庆	1.640	0.02558	62.89
吉林	0.897	0.0277	121.95	四川	0.860	0.03196	78.12
黑龙江	0.532	0.0214	30.96	贵州	0.588	0.02354	38.16
上海	1.004	0.0076	81.30	云南	0.469	0.02354	86.21
江苏	0.932	0.0169	99.01	西藏	0.893	0.01352	25.12
浙江	0.788	0.0200	238.10	陕西	0.801	0.03285	136.98
安徽	0.991	0.0381	107.53	甘肃	0.344	0.03398	60.61
福建	0.439	0.0173	104.17	青海	0.371	0.01913	48.07
江西	0.712	0.0220	40.48	宁夏	0.218	0.03841	51.28
山东	1.459	0.0360	256.41	新疆	0.533	0.01531	51.81

注：W_u 农业代表农业用水功效系数，单位为公斤/立方米；W_u 生活，单位为人/立方米；W_u 工业为工业用水功效系数，单位为元/立方米。

由于这里功效系数的计算是在现状用水水平的基础上获得的,随着社会经济发展、生活质量提高和技术的进步,农业和工业用水定额会下降,对应的农业与工业用水功效系数上升;而生活用水定额会有所增加,对应的生活用水功效系数会减少。这里以表2-1-3中的功效系数对应总体小康的水资源利用水平,分别以20%和50%的变化幅度对应全面小康和初步富裕的水资源利用水平。

3. 用水水平向量 $\vec{R}$ 的确定

利用水资源利用功效系数,可以概化反映出水资源对居民生活和经济生产各方面的承载作用,但由于这些承载对象在根本上体现的是人的需求,因此,可以通过将人类的这些需求转化表现为人口数量的形式。在水资源利用简化反映的生活、工业生产、农业生产三个方面中,人均生活用水定额表达生活用水量,可直接计算为人口数量,无须进一步变换。工业用水所能支持的经济水平,可以根据不同生活水准下平均的人均经济产值转换为人口数量,这里生活水准按照总体小康、全面小康和初步富裕三个阶段来划分,具体数值如表2-1-4所示。人均粮食占有量可将农业用水所支持的粮食产量转换为人口数量,这里根据陈百明(2002)的研究确立不同生活标准下的人均粮食占有量。

表2-1-4　　　　不同生活质量标准下的人口转换系数

指标	单位	总体小康	全面小康	初步富裕
人均GDP	元/人	8 000	24 000	50 000
人均粮食占有量	公斤/人	420	450	500

4. 水资源人口承载能力估算结果与分析

根据前述研究思路方法,应用相应参数,可计算以各地区为研究对象的不同生活状态水平下的水资源承载能力(见表2-1-5)。

表2-1-5　　各地区不同生活标准下水资源承载能力状况　　　单位:万人

地区	总体小康			全面小康			初步富裕		
	生活	农业	工业	生活	农业	工业	生活	农业	工业
北京	137.94	235.71	740.81	132.42	218.74	444.48	103.45	190.92	355.58
天津	83.45	100.78	581.82	80.12	93.52	349.09	62.59	81.63	279.27
河北	2 509.58	1 606.94	5 013.99	2 409.2	1 491.24	3 008.4	1 882.19	1 301.62	2 406.72
山西	2 108.80	1 051.76	2 233.88	2 024.45	976.03	1 340.33	1 581.6	851.93	1 072.26
内蒙古	5 132.16	2 161.08	7 147.12	4 926.87	2 005.48	4 288.27	3 849.12	1 750.47	3 430.62

续表

地区	总体小康			全面小康			初步富裕		
	生活	农业	工业	生活	农业	工业	生活	农业	工业
辽宁	2 494.58	1 654.16	8 134.07	2 394.8	1 535.06	4 880.44	1 870.94	1 339.87	3 904.35
吉林	4 178.27	2 255.06	4 598.73	4 011.14	2 092.69	2 759.24	3 133.7	1 826.6	2 207.39
黑龙江	6 454.24	2 674.19	2 334.38	6 196.07	2 481.65	1 400.63	4 840.68	2 166.09	1 120.50
上海	90.89	200.13	243.08	87.26	185.72	145.85	68.17	162.11	116.68
江苏	2 201.06	2 023.06	3 223.77	2 113.01	1 877.40	1 934.26	1 650.79	1 638.68	1 547.41
浙江	7 430.40	4 879.30	22 114.7	7 133.18	4 527.99	13 268.8	5 572.80	3 952.23	10 615.1
安徽	10 355.6	4 489.23	7 306.66	9 941.36	4 166.01	4 384.00	7 766.69	3 636.28	3 507.20
福建	8 256.25	3 491.81	12 428.5	7 926.00	3 240.40	7 457.11	6 192.19	2 828.36	5 965.69
江西	13 010.8	7 017.95	5 984.97	12 490.4	6 512.65	3 590.98	9 758.10	5 684.54	2 872.78
山东	4 464.00	3 015.27	7 948.71	4 285.44	2 798.17	4 769.23	3 348.00	2 442.37	3 815.38
河南	5 205.53	4 339.25	5 709.85	4 997.31	4 026.83	3 425.91	3 904.15	3 514.80	2 740.73
湖北	8 727.06	4 546.15	8 302.56	8 377.98	4 218.83	4 981.53	6 545.29	3 682.38	3 985.23
湖南	11 815.5	7 892.79	13 511.2	11 342.9	7 324.51	8 106.72	8 861.66	6 393.16	6 485.38
广东	9 552.31	5 499.59	21 212.2	9 170.22	5 103.62	12 727.3	7 164.23	4 454.67	10 181.8
广西	11 587.3	4 593.86	8 440.25	11 123.8	4 263.10	5 064.15	8 690.47	3 721.02	4 051.32
重庆	6 443.09	6 884.72	3 960.18	6 185.37	6 389.02	2 376.11	4 832.32	5 576.62	1 900.89
四川	31 508.7	14 130.90	19 254.2	30 248.4	13 113.5	11 552.5	23 631.5	11 446.1	9 242.03
贵州	9 943.3	4 139.52	4 029.70	9 545.56	3 841.47	2 417.82	7 457.47	3 353.01	1 934.25
云南	21 243.4	7 054.07	19 449.8	20 393.7	6 546.18	11 669.9	15 932.6	5 713.8	9 335.92
西藏	24 147.8	26 582.80	11 216.6	23 181.9	24 668.9	6 729.95	18 110.9	21 532.1	5 383.96
陕西	5 387.4	2 189.40	5 616.18	5 171.90	2 031.76	3 369.71	4 040.55	1 773.41	2 695.77
甘肃	3 516.25	593.29	1 567.98	3 375.60	550.56	940.78	2 637.19	480.56	752.63
宁夏	150.56	14.24	50.25	144.54	13.21	30.15	112.92	11.53	24.12
新疆	5 499.35	3 190.89	4 652.54	5 279.38	2 961.15	2 791.52	4 124.51	2 584.62	2 233.22

根据以上可以推算出三种不同利用方式（生活用水、工业用水和农业用水）

下的单位水资源可承载的人口数,即水资源的承载效率。按照全国平均水平计算,总体小康水平下,每万吨生活用水可承载的人口数为 209 人,效率最高;每万吨工业用水可承载的人口数为 101 人;每万吨农业用水可承载的人口数仅为 17 人,效率最低。在全面小康生活标准下,每万吨生活用水可承载的人口数为 167 人;每万吨工业用水可承载的人口数为 40 人;每万吨农业用水可承载的人口数为 19 人。在初步富裕标准下,每万吨生活用水可承载的人口数为 105 人;每万吨工业用水可承载的人口数为 24 人;每万吨农业用水可承载的人口数为 21 人。

由此可见,虽然农业用水的承载效率在不断提高,但依然是水资源承载效率最低的部门;工业用水承载效率下降很快,主要由于体现生活水准的人均 GDP 指标变动较大,但对经济发展和技术进步带来的水资源生产率提高潜力估计比较保守,尚有一定开发空间;生活用水量在不同水资源利用方式中是承载效率最高的,尽管不同生活标准下人均生活用水定额不断提高,使得生活用水的承载效率有所下降,但依然高于工业用水和农业用水的承载效率。另外,随着生活标准从总体小康到全面小康再到初步富裕的发展,用水的结构比例在不断合理化,体现在承载效率中,就是水资源配置从低承载效率的农业部门流向高承载效率的工业和生活部门。

二、区域耕地资源人口承载能力分析

土地资源是人类赖以生存和发展的且无法替代的自然资源。土地资源人口承载能力衡量了一定区域在某个时间尺度上,以预期的技术、经济发展水平及与此相适应的物质生活水准为依据,利用其自身土地资源所能持续、稳定供养的人口数量。其中,耕地资源是土地承载能力中最为基础和重要的部分。一个地区的耕地资源及其粮食生产水平,一般来说从根本上决定了一定时期、一定生活水准下该地区所能供养的人口的限度,即耕地资源的承载能力[①],它综合地反映出了区域土地、人口与粮食间的关系。

(一) 耕地资源承载能力的影响因子

通常来说,一定区域的耕地资源承载能力水平要受到以下几个参数的影响:

---

① 杨国义、钟继洪等:《广东耕地资源的人口承载力研究》,载《土壤与环境》2000 年第 9 期,第 103~105 页。

1. 人均耕地面积

中国目前实有耕地面积约为 1.33 亿公顷,约占我国国土总面积的 14%,但由于人口数量的急剧增加和建设用地的大量占用,从 20 世纪 50 年代中期以来,我国的人均耕地总面积持续下降,目前,中国人均耕地面积不到世界平均水平的一半,仅为美国的 1/10 左右。按照世界粮农组织的一般标准,人均耕地面积小于 0.08 公顷者,即为土地资源出现压力的临界值。

2. 人均食物需求量标准

人均食物需求量标准是指区域的人均粮食需求量到底达到什么样的标准,才能满足人民群众在小康或富裕等不同生活水平下的需求。人均食物需求量的确定是研究区域"耕地—粮食—人口"系统可持续发展的重要依据。目前国内已有相关部门和研究提出了各自的人均食物需求标准。这里根据陈百明(2002)的研究确立不同生活标准下的人均粮食需求量标准,即总体小康为:420 公斤/人;全面小康为:450 公斤/人;初步富裕为:500 公斤/人。

3. 耕地粮食生产能力

对耕地生产潜力的理论计算原理是依据土地的光温水肥或土地质量与光合作用机制的关系来预测土地生产潜力。它按照量子效率理论,根据土地上所能获得的太阳辐射能的数量通过绿色植物光合作用过程能形成的干物质的数量,然后经过温度、水分、土壤肥力及其他影响光合作用的土地要素性质的校正,最后得出耕地生产潜力。关于气候生产潜力的研究方法大致可分为实际测量法、数学相关法和生理生态学法。到目前为止应用比较广泛的是迈阿密模型和建立在迈阿密模型基础上的桑思韦特(Thornthwaite)纪念模型。

(1)迈阿密模型

利思根据世界各地 53 个站点的有关生物生产力的实测资料和气象资料研究植物产量与年平均气温、降水量之间的关系,得出下列公式:

$$Y_t = 3\,000/(1 + e^{1.315 - 0.119t}) \quad (2-1-12)$$

$$Y_p = 3\,000 \times (1 - e^{-0.000664p}) \quad (2-1-13)$$

式中,Y_t 表示根据年均温估算的温度生产力,单位为克/年平方米;t 为年均温,单位为℃;Y_p 为根据年降水量估算的降水生产力,单位为克/年平方米;p 为年降水量,单位为毫米。

通常,某一区域气温生产力与降水生产力为不同数值,一般按照 Liebig 定律,即最小因子限制定律,选用两个数值中较低数值,作为代表此区域的耕地气候生产潜力。按此计算的各地区粮食气候生产潜力如表 2-1-6 所示,根据估算结果,各地区气温生产潜力大于降水生产潜力,因此应以降水生产潜力作为耕地的第一性生产力。

表 2-1-6   各地区粮食气候生产力估算表

单位：千克/年公顷

地区	气温生产潜力	降水生产潜力	自然生产潜力	地区	气温生产潜力	降水生产潜力	自然生产潜力
北京	17 605.80	8 244.03	8 244.03	湖北	21 275.73	14 792.44	14 792.44
天津	17 265.47	6 839.77	6 839.77	湖南	21 446.53	13 890.20	13 890.20
河北	18 383.96	7 457.28	7 457.28	广东	24 280.54	17 922.81	17 922.81
山西	15 326.82	8 975.42	8 975.42	广西	23 423.69	14 639.20	14 639.20
内蒙古	13 149.72	4 776.89	4 776.891	海南	24 759.97	18 309.43	18 309.43
辽宁	13 208.34	10 802.31	10 802.31	重庆	21 621.28	18 462.89	18 462.89
吉林	12 027.30	8 958.67	8 958.67	四川	19 946.89	10 183.21	10 183.21
黑龙江	11 159.97	7 661.42	7 661.42	贵州	18 383.96	13 329.78	13 329.78
上海	20 984.57	17 264.77	17 264.77	云南	18 984.89	13 850.57	13 850.57
江苏	20 360.10	15 266.56	15 266.56	西藏	13 841.69	8 148.48	8 148.48
浙江	21 201.92	17 988.39	17 988.39	陕西	18 929.53	11 133.40	11 133.40
安徽	20 347.12	13 818.37	13 818.37	甘肃	15 066.56	7 117.97	7 117.97
福建	22 996.64	15 640.34	15 640.34	青海	10 712.07	8 803.01	8 803.01
江西	21 740.52	15 724.95	15 724.95	宁夏	14 397.51	3 985.95	3 985.95
山东	18 489.67	12 329.03	12 329.03	新疆	12 741.06	7 293.54	7 293.54
河南	19 246.23	9 809.99	9 809.99	—	—	—	—

注：表中数据根据 2007 年气象资料计算。

（2）桑思韦特纪念模型

考虑到植物的生长不仅只受温度和降水的影响，还受其他一些气候因子的作用，于是利思在桑思韦特研究的基础上，又提出了桑思韦特纪念模型，以实际的蒸散量计算得到植物的产量，其公式如下：

$$NPP_E = 3\,000 \times (1 - e^{-0.0009695(E-20)}) \qquad (2-1-14)$$

式中，NPP_E 为由实际蒸散量所求得的净第一性生产力，单位为克/年平方米，这里将其转换为公斤/年公顷；E 为年实际蒸散量，单位为毫米；3 000 是利思经统计得到的地球自然植物在每年每平方米土地上的最高干物质产量。按此计算的各地区粮食气候生产潜力如表 2-1-7 所示，不难发现，基于降水生产潜力的迈阿密模型与桑思韦特纪念模型的计算结果十分接近。

表 2-1-7　　　　各地区粮食气候生产力估算表

单位：千克/年公顷

地区	NPP_E	地区	NPP_E	地区	NPP_E
北京	9 779.18	安徽	14 422.41	四川	11 897.59
天津	8 443.96	福建	16 779.32	贵州	13 271.33
河北	9 200.81	江西	16 123.26	云南	13 792.97
山西	9 799.17	山东	12 818.32	西藏	8 879.41
内蒙古	5 910.52	河南	11 420.97	陕西	12 273.41
辽宁	10 034.61	湖北	15 394.83	甘肃	8 364.19
吉林	8 821.09	湖南	14 973.73	青海	8 308.89
黑龙江	7 890.40	广东	18 838.10	宁夏	5 087.44
上海	16 337.50	广西	16 377.92	新疆	8 047.25
江苏	15 139.84	海南	19 381.36		
浙江	16 748.96	重庆	17 210.92		

注：表中数据根据 2007 年气象资料计算。

通过迈阿密模型与桑思韦特纪念模型的计算结果比较，可以发现，绝大多数地区的粮食生产潜力估算结果都比较接近，可以认为根据迈阿密模型和桑思韦特纪念模型的计算得到的粮食生产潜力结果较为可信。

（二）各地区耕地资源承载能力的实证分析

理论上说，如果可以确定最小人均耕地标准，便可以通过区域现有耕地资源与最小人均耕地面积之比来获得该地域耕地资源所能承载的人口数量，因此，最小耕地面积的确定是耕地人口承载能力的关键因素。

最小人均耕地面积给出了为保障一定区域食物安全而需保护的耕地数量底线，除了世界粮农组织的人均耕地标准，最小人均耕地标准还可以通过相应的公式计算取得。根据相关研究（蔡运龙，2002），最小人均耕地面积可以理解为在一定区域范围内，一定食物自给水平和耕地综合生产能力条件下，为了满足每个人正常生活的食物消费所需的耕地面积[①]。最小人均耕地面积与食物消费水平和食物综合生产能力密切相关。一般来说，最小人均耕地面积可以根据以下公式计算：

[①] 蔡运龙、傅泽强：《区域人均最小耕地面积与耕地资源调控》，载《地理学报》2002 年第 2 期，第 127~134 页。

$$S_{\min} = \frac{G_r}{p \cdot q \cdot k} \qquad (2-1-15)$$

式中，$S_{\min}$ 表示最小人均耕地面积，单位为公顷/人；Gr 表示人均粮食需求量，单位为公斤/人；p 表示粮食单产，单位为公斤/公顷；q 表示食物播种面积占总播种面积之比，单位为%；k 表示复种指数，单位为%。

应用这种研究思路，人均食物需求量来自前面讨论的结果，分为总体小康、全面小康和初步富裕三个等级标准确定；耕地的粮食单产能力以迈阿密模型和桑思韦特纪念模型的计算结果平均值为参照依据，其他参数根据中国统计年鉴的数据整理计算得，最终得到2007年各地区的耕地资源人口承载能力，如表2-1-8所示。

表2-1-8　　　　　耕地资源人口承载能力估算结果　　　　　单位：万人

地区	承载人口			ACP			RCP		
	总体小康	全面小康	初步富裕	总体小康	全面小康	初步富裕	总体小康	全面小康	初步富裕
北京	333.50	311.27	280.14	-1 299.50	-1 321.70	-1 352.9	0.20	0.19	0.17
天津	543.21	507.00	456.30	-571.78	-608.00	-658.7	0.49	0.45	0.41
河北	8 927.67	8 332.49	7 499.24	1 984.67	1 389.49	556.23	1.29	1.20	1.08
山西	7 509.90	7 009.24	6 308.31	4 116.9	3 616.24	2 915.31	2.21	2.07	1.86
内蒙古	6 884.79	6 425.81	5 783.23	4 479.79	4 020.81	3 378.23	2.86	2.67	2.40
辽宁	8 555.84	7 985.45	7 186.9	4 257.84	3 687.45	2 888.9	1.99	1.86	1.67
吉林	10 271.8	9 587.02	8 628.32	7 541.81	6 857.02	5 898.32	3.76	3.51	3.16
黑龙江	19 931.9	18 603.1	16 742.8	16 107.9	14 779.1	12 918.8	5.21	4.86	4.38
上海	450.87	420.81	378.73	-1 407.1	-1 437.2	-1 479.3	0.24	0.23	0.20
江苏	12 141	11 331.6	10 198.5	4 516.02	3 706.61	2 573.45	1.59	1.48	1.34
浙江	3 926.77	3 664.99	3 298.49	-1 133.2	-1 395	-1 761.5	0.78	0.72	0.65
安徽	14 089.8	13 150.5	11 835.5	7 971.82	7 032.5	5 717.45	2.30	2.15	1.93
福建	2 820.11	2 632.10	2 368.89	-760.89	-948.9	-1 212.1	0.79	0.74	0.66
江西	7 203.26	6 723.04	6 050.73	2 835.26	2 355.04	1 682.73	1.65	1.54	1.39
山东	14 536.2	13 567.1	12 210.4	5 169.18	4 200.1	2 843.39	1.55	1.45	1.30
河南	13 463.6	12 566	11 309.4	4 103.59	3 206.02	1 949.42	1.44	1.34	1.21
湖北	9 491.31	8 858.56	7 972.7	3 792.31	3 159.56	2 273.7	1.67	1.55	1.40
湖南	7 982.41	7 450.25	6 705.23	1 627.41	1 095.25	350.23	1.26	1.17	1.06
广东	7 082.30	6 610.15	5 949.13	-2 366.70	-2 838.90	-3 499.9	0.75	0.70	0.63

续表

地区	承载人口			ACP			RCP		
	总体小康	全面小康	初步富裕	总体小康	全面小康	初步富裕	总体小康	全面小康	初步富裕
广西	8 301.04	7 747.64	6 972.87	3 533.04	2 979.64	2 204.87	1.74	1.62	1.46
海南	1 742.41	1 626.25	1 463.62	897.41	781.25	618.62	2.06	1.92	1.73
重庆	6 660.96	6 216.89	5 595.20	3 844.96	3 400.89	2 779.20	2.37	2.21	1.99
四川	10 873.1	10 148.3	9 133.45	2 746.15	2 021.27	1 006.45	1.34	1.25	1.12
贵州	8 982.09	8 383.28	7 544.95	5 220.09	4 621.28	3 782.95	2.39	2.23	2.01
云南	13 758.2	12 841.0	11 556.9	9 244.23	8 327.01	7 042.91	3.05	2.84	2.56
西藏	539.91	503.916	453.525	255.91	219.916	169.53	1.90	1.77	1.60
陕西	8 646.89	8 070.43	7 263.38	4 898.89	4 322.43	3 515.38	2.31	2.15	1.94
甘肃	6 139.25	5 729.96	5 156.97	3 522.25	3 112.96	2 539.97	2.35	2.19	1.97
青海	645.25	602.23	542.01	93.25	50.23	-9.99	1.17	1.09	0.98
宁夏	860.07	802.73	722.46	250.07	192.73	112.46	1.41	1.32	1.18
新疆	2 465.58	2 301.21	2 071.09	370.58	206.21	-23.91	1.18	1.10	0.99

注：ACP 表示承载力的绝对水平；RCP 表示承载力的相对水平，为比值形式。

通过与各地区耕地的粮食生产潜力比较可以发现，目前一些超载地区的粮食生产潜力其实拥有良好的光温水气候条件，如广东、浙江、上海、福建地区的 NPP 均在每年 16 000 公斤/公顷以上，而很多余载地区粮食生产的气候条件并不理想，如内蒙古、黑龙江和吉林等，每年 NPP 生产能力均在 9 000 公斤/公顷以下。这反映出虽然自然气候条件决定的粮食产出水平是衡量地区耕地资源承载力的首要考虑因素，但区域人口承载状况很大程度上更加受制于土地利用规划和人口密度等社会经济条件。需要说明的是，计算采用的是物理量的生产潜力指标，由于各地实际开发程度不同和地区内部地理条件差异的原因，得到的计算值，尤其是相对值部分仅作为理论值参考。

三、区域草地资源人口承载能力分析

草地畜牧业是以牧草为第一性生产，家畜为第二性生产的能量转化过程，第一性生产是第二性生产的基础。对天然草地生产力的估算思路是先估算第一性生产力（即牧草生产），再据此估算第二性生产（即家畜生产）的步骤求得天然草地潜在载畜量。最后在天然草地生产力估算基础上，通过一定的经济社会需求量标准将天然草地的生产力转化为草地资源的人口承载能力。

(一) 天然草地自然生产力估算

所谓"天然草地自然生产力"是指在自然状态下天然草地所具有的生产能力，实质上与生态学意义上的第一性生产力相同。第一性生产力是绿色植物利用太阳能同化二氧化碳，制造有机物的数量。

对第一性生产力的测算最早开始于19世纪80年代，特别是1963~1972年实施的国际生物学计划（IBP）对世界范围内的第一性生产力进行了一次大规模测算，取得了许多重要成果。纵观第一性生产力的研究动态，估算方法很多，这里采用比较通用和成熟的桑思韦特纪念模型计算气候影响下的天然草地生产潜力。对于植被天然生产力的估算继续采用式（2-1-14）计算，式中各项含义与前文相同，年实际蒸散量E（单位毫米）的计算公式为：

$$E = 1.05P \Big/ \sqrt{1 + \left(\frac{1.05P}{L}\right)^2} \qquad (2-1-16)$$

P为年平均降水量，L为年平均最大蒸散量，它是温度t的函数，只有当$P/L > 0.316$时，式（2-1-16）才适用；若$P/L < 0.316$，则$E = P$。

(二) 草地资源潜在载畜量的估算

通常估算理论载畜量是根据草场的可利用面积，单位面积的产草量以及草场的利用率和牲畜的日食量，放牧天数等因素求算，其计算公式如下：

载畜量 = 草场可利用面积 × 单位面积产草量 × 草场利用率/牲畜日食量 × 365

其中，天然草场在利用过程中，必须安排一定比例的草场进行休闲和备用，以使草场有缓冲和恢复的余地，国外一般安排50%~60%的草场进行利用，40%~50%的草场进行休闲和备用。根据我国科研工作者的研究成果，70%的草地利用率较为合适。单位面积产草量的确定可根据天然草地生产力的估算结果。综合考虑各种情况，牲畜日食量确定为每只羊单位日食量4公斤。

潜在载畜量的计算还可以采用奥斯特赫尔德（Oesterheld）对中国天然草地建立的年降雨量和牲畜承载能力之间的关系式[①]：

$$NPP = a_0 + a_1 P \qquad (2-1-17)$$

$$B = 101.01 \exp(1.602 \log(16.76(a_0 + a_1 P))) - 3.98 \qquad (2-1-18)$$

式中，P为年平均降水量（毫米），$a_0 (g/m^2 \cdot mm)$ $a_1 (g/m^2 \cdot mm)$是线性方程的截距和斜率，B是以牲畜生物量表示的草地牲畜承载能力（公斤/平方公里）。

[①] Oesterheld M, Dibella C M, Kerdilea H. *Relation between NOAA-AVHRR satellite data and stocking rate of rangelands.* Ecol. Appl., 1998, 8: 207-212。

（三）载畜平衡分析

2007年底，全国各类牲畜存栏量分别为：牛10 594.8万头、马702.8万头、羊28 564.7万只。为了与载畜量进行比较，可按现有研究成果将各类牲畜折算为羊单位，具体换算关系为[①]：牛4，绵羊1，马骡6，驴3，山羊0.8，幼畜按相应成畜折半。折算后得到2007年我国牲畜存栏量合计为76 151.3万只羊单位，虽然略小于按前文方法计算得到的草地载畜总量。

除了草地资源，农作物秸秆如稻草、玉米秆、蚕豆秆、麦草等也可以作为饲料。部分地区粮食产量高，秸秆资源丰富，近年来通过大力推广氨化、青贮、糖化发酵等方法，已使大部分农作物秸秆广泛用于饲养牲畜。因此，在载畜平衡分析中，还要考虑饲料载畜量的影响。

饲料载畜量以每只羊单位日食秸秆1.5公斤，1年365天计算，在充分利用的前提下，预计秸秆利用率可达50%。按现有研究将各类粮食作物产量换算为秸秆产量[②]，具体转换系数为：稻谷1.51，小麦1.03，玉米1.37，豆类1.71，薯类0.61，花生1.52，可以得到各地区农作物秸秆载畜量。

从载畜平衡来看，2007年全国总体和大部分地区处于盈余状态。如果将牲畜饲养作为承载压力的衡量，将总载畜量作为承载能力的衡量，用承压度（承载压力与承载能力之比）衡量各地区的承载状况，则出现负载的地区有云南、海南、北京、贵州、河北和辽宁；牲畜饲养与承载能力相当的地区有河南、山西、宁夏、山东和天津；承压比较为理想的地区有江苏、西藏、浙江和青海。

从秸秆载畜与牧草载畜的比较来看，虽然总量上牧草理论载畜量要大于秸秆载畜量，但从地区范围看，大多数地区的秸秆载畜能力大于其牧草载畜能力，比较明显的地区有河南、山东、江苏、黑龙江和湖南等。仅有少数地区如西藏、新疆、内蒙古、青海、甘肃、四川和陕西的牧草载畜量高于各自的秸秆载畜量，这既说明我国目前的牧草资源及其承载能力都比较有限，同时也说明我国的牧草资源分布很不均衡，不利于潜在承载能力的充分挖掘。

（四）饲草资源的人口承载能力

根据饲草载畜量计算人口承载能力，需要确定相应社会水平下的人均需求标准。根据现有的研究成果，确定我国总体小康标准下的牛羊肉年需求量为人均5

[①] 冯永忠、杨改河等：《近40年来江河源区草地生态压力动态分析》，载《生态学报》，2009年第1期。

[②] 杨伟坤：《河北省饲草产业发展的经济学分析》，中国农业出版社2007年版，第63页。

公斤；全面小康标准下的人均需求量为 7 公斤；初步富裕标准下的人均需求量为 10 公斤。每只羊单位以提供 30 公斤产出为标准。据此计算各地区饲草资源人口承载能力，结果如表 2-1-9 所示。

表 2-1-9　　　　各地区饲草资源人口承载能力　　　　单位：万人

地区	承载人口			ACP			RCP		
	总体小康	全面小康	初步富裕	总体小康	全面小康	初步富裕	总体小康	全面小康	初步富裕
全国	976 310	697 364	488 155	844 181	565 235	356 026	7.39	5.28	3.69
北京	740.35	528.82	370.18	-892.6	-1 104.2	-1 263	0.45	0.32	0.23
天津	1 022.6	730.39	511.28	-92.44	-384.6	-603.7	0.92	0.66	0.46
河北	21 773	15 552	10 886	14 830	8 608.97	3 943.4	3.14	2.24	1.57
山西	8 472.3	6 051.66	4 236.2	5 079.3	2 658.66	843.17	2.50	1.78	1.25
内蒙古	123 739	88 385.1	61 870	121 334	85 980.1	59 465	51.5	36.80	25.70
辽宁	14 698	10 498.3	7 348.8	10 400	6 200.31	3 050.8	3.42	2.44	1.71
吉林	21 436	15 311.2	10 718	18 706	12 581.2	7 987.9	7.85	5.61	3.93
黑龙江	32 298	23 070	16 149	28 474	19 246	12 325	8.45	6.03	4.22
上海	836.18	597.27	418.09	-1 022	-1 260.7	-1 440	0.45	0.32	0.23
江苏	22 740	16 243.2	11 370	15 115	8 618.19	3 745.2	2.98	2.13	1.49
浙江	5 818.2	4 155.83	2 909.1	758.16	-904.17	-2 151	1.15	0.82	0.57
安徽	21 303	15 216.2	10 651	15 185	9 098.19	4 533.3	3.48	2.49	1.74
福建	4 929.1	3 520.82	2 464.6	1 348.1	-60.18	-1 116	1.38	0.98	0.69
江西	15 800	11 286	7 900.2	11 432	6 918.05	3 532.2	3.62	2.58	1.81
山东	29 635	21 167.9	14 818	20 268	11 800.9	5 450.7	3.16	2.26	1.58
河南	36 765	26 260.6	18 382	27 405	16 900.6	9 022.4	3.93	2.81	1.96
湖北	17 121	12 229.1	8 560.4	11 422	6 530.13	2 861.4	3.00	2.15	1.50
湖南	22 229	15 878	11 115	15 874	9 523.03	4 759.6	3.50	2.50	1.75
广东	10 577	7 555.13	5 288.6	1 128.2	-1 893.9	-4 160	1.12	0.80	0.56
广西	14 784	10 560.2	7 392.2	10 016	5 792.22	2 624.6	3.10	2.21	1.55
海南	1 456.7	1 040.53	728.37	611.75	195.534	-116.6	1.72	1.23	0.86
重庆	8 603.8	6 145.55	4 301.9	5 787.8	3 329.55	1 485.9	3.06	2.18	1.53
四川	68 495	48 924.8	34 247	60 368	40 797.8	26 120	8.43	6.02	4.21
贵州	13 819	9 870.56	6 909.4	10 057	6 108.56	3 147.4	3.67	2.62	1.84
云南	13 552	9 679.72	6 775.8	9 037.5	5 165.72	2 261.8	3.00	2.14	1.50

续表

地区	承载人口			ACP			RCP		
	总体小康	全面小康	初步富裕	总体小康	全面小康	初步富裕	总体小康	全面小康	初步富裕
西藏	164 806	117 719	82 403	164 522	117 435	82 119	580.00	415.00	290.00
陕西	17 908	12 791.7	8 954.2	14 160	9 043.73	5 206.2	4.78	3.41	2.39
甘肃	34 563	24 687.7	17 281	31 946	22 070.7	14 664	13.20	9.43	6.60
青海	96 961	69 257.8	48 480	96 409	68 705.8	47 928	176.00	125.00	87.80
宁夏	5 422.9	3 873.54	2 711.5	4 812.9	3 263.54	2 101.5	8.89	6.35	4.45
新疆	124 006	88 575.8	62 003	121 911	86 480.8	59 908	59.20	42.30	29.60

注：ACP 表示承载能力的绝对水平；RCP 表示承载能力的相对水平，为比值形式。

在总体小康生活标准下，全国饲草资源总体承载状况良好，承载能力高出实际人口压力的 6 倍多，但全国仍有三个地区的饲草资源超出其自身的承载能力，其中上海超载 1 021.8 万人，北京超载 892.6 万人，天津超载 92.4 万人。

在全面小康生活标准下，饲草资源出现超载的地区扩大为六个，除上海、北京和天津外，广东超载 1 893.9 万人，浙江超载 904.2 万人，福建超载 60.2 万人。可见，人口高度密集的特大都市和东部发达地区是饲草资源出现超载的主要区域。

在初步富裕生活标准下，饲草资源出现超载的区域继续扩张，除前述六个地区的人口超载规模进一步扩大外，海南也首当其冲，以可载人口 728.4 万的承载水平超载 116.6 万人。全国平均承载能力也降低为实际人口规模的 3.7 倍。与之相反，承载情况较为理想的地区有西藏、青海、新疆和内蒙古，这些地区良好的承载条件主要来自广袤的天然草地资源和较少的人类干扰，其承载能力均在实际人口压力的 25 倍以上。

第二节 区域生态环境人口承载能力分析

目前，对环境承载能力的定义通常有两种：一种定义是指环境对污染物的容纳能力，也即通常所说的环境容量，另一种定义是指某一时期，某种环境状态下，某一区域环境对人类社会经济活动支持能力的阈值。虽然环境污染是考察环境承载能力的主要方面，但前者仅仅将环境容量与环境承载能力等同，忽略了生态环境系统的复杂性，只可作为环境承载能力的狭义概念。为更好地体现 PREE

环境子系统的承载特征,本节将基于后一种定义,即环境承载能力是指某一时期,某种环境状态下,某一区域环境对人类社会经济活动支持能力的阈值,分析各区域的环境人口承载能力规模。

一、生态环境承载能力影响参数分析

1. 生态阈值

阈值临界现象(Critical Threshold Characteristic)是普遍存在的现象,所谓临界阈值是指某一事件或过程(因变量)在影响因素或环境条件(自变量)达到一定程度(阈值)时,突然进入另一种状态的情形[1]。生态学中的临界阈值现象称为生态阈值,表示环境生态系统的某一独立变量在发生平滑和连续的变化时,生态环境系统的任意一方面特性可能在某一特定的关键值附近发生突然变化,这一关键值就是生态阈值。对于一些独立变量,环境系统一旦超越其关键值,生态环境系统将从某种稳定状态转变为另一种状态,其结果是系统原有的稳定结构被打破,生态功能发生变化[2]。在环境承载能力评价中,生态阈值是环境承载能力的重要判定依据,实际操作中体现为不同的环境质量标准。由于生态阈值是相对于研究主体而言的,环境标准的制定也离不开人为因素,因此,在不同国家和不同要求条件下,生态环境承载能力也不尽相同。

2. 人类活动方式与干扰[3]

干扰是生态环境稳定性的对立面,它使系统偏离原有的状态并有可能导致系统原有结构和功能的损害。人类在自然界中所处的地位是其他任何一种生物所不能比拟的,它不仅是自然生态系统的一个组成部分,而且可以通过自身的活动对其所处的系统产生巨大的影响力,人为干扰已经成为影响生态环境系统稳定的最主要因素。人类活动对生态环境的干扰主要产生两种影响:其一为人口和经济规模压力,表现为改变生态环境原有面貌与格局,例如农田开垦、城市兴建以及污染排放等;其二为人类对生态环境问题进行修复的响应机制,随着人类社会的不断进步,人类开始逐渐意识到,生态环境过度开发将给社会福利和经济发展带来严重制约,并开始由单一追求经济效益最大化转向追求经济效益和环境效益的平衡,表现为人类对生态环境破坏的自我修复,例如污水处理、水土流失治理等。

3. 作为弹性和多稳定存在的环境状态

稳定性是生态环境承载能力的基础,生态环境系统具有自我稳定和调节机制,

---

[1] 邬建国:《景观生态学——格局、过程、尺度与等级》,高等教育出版社2000年版。
[2] Roldan Muradian, 2001. Ecological threshold: a survey. Ecological Economics, 38: 7-24.
[3] 刘庄:《祁连山自然保护区生态承载力研究》,中国环境科学出版社2006年版。

这种机制使系统对于外来的干扰具有某种吸收和缓冲能力，通常被称作弹性力。在干扰没有超过一定限度（阈值）的情况下，系统基本保持原有的结构和功能。但生态环境系统并不是固定在一种状态而永久不变的，而是在一个中心平衡点位置波动，这种波动的力量来自两方面，一是外界干扰使其偏离原来位置；二是生态的自我恢复能力使其回复到原来的位置。系统的这种弹性力是有限度的，如果外界干扰使其偏离平衡位置过远而超过了弹性限度，那么生态环境系统将从一种状态改变为另一种状态。换言之，客观存在的生态环境都是多层次的系统，这使生态环境系统通常显示出多个稳定态，干扰会造成系统从一个稳定态过渡到另一个稳定态。通常而言，在不同稳态层次下，生态环境系统所表现出来的承载能力水平也不同。

二、生态环境人口承载能力指标体系

如前所述，对环境承载能力形成重要影响的有三个参数：生态阈值、人类活动方式与干扰和具有多稳定性的环境状态。不同标准的环境阈值区分了环境承载水平的不同状态，将前面各种指标实际值与阈值直接比较，便可得到目前环境承载能力"状态"。而人类活动方式对环境造成的干扰可以归结为两方面的影响，其一体现为人口和经济系统对环境的"压力"；其二体现为人类对自然环境恶化的"响应"。这些"压力"与"响应"程度的大小也可以用相应的指标系来衡量。

1. 生态环境承载能力指标体系的设计思路

在国内外对生态系统健康的指标体系设计中，以联合国可持续发展委员会的PSR指标体系最为著名。该指标体系将环境问题作为可持续矩阵的"行"，驱动力、状态和响应指标则作为"列"，针对每一个问题构建了"时间系列"，确定了哪些指标是近期指标，哪些是中期指标，哪些是远期（理想）指标，并对特定的生态系统或环境要素所确定的可持续性指标定义了统一的模型，即"压力（Pressure）—状态（State）—响应（Response）"模型（简称PSR模型）。

模型用压力变量（Press）描述人类活动对环境施加的影响，即环境问题产生的原因，包括人口增长、收入增加、贸易活动、能源利用等。用状态变量（State）描述由压力变量所导致的环境问题的物理可测特征，包括水质、水量、土壤侵蚀、生境的存在及其质量等。用响应变量（Response）测度社会响应环境问题的程度，包括政策、行动或投资。响应变量（R）可直接或间接地影响状态变量（S）。

PSR指标体系回答了发生了什么、为什么发生、我们将如何做三个可持续发展的基本问题，特别是它提出的所评价对象的压力—状态—响应指标与参照标准相对比的模式受到了很多学者的推崇。在实际应用中也发现，PSR模型应用于环境类指标，可以很好地反映出指标间的因果关系。

2. 生态环境承载能力指标体系的要素构成

指标体系的建立主要是指标选取及指标之间结构关系的确定。这是一个非常复杂的过程，应该采用定性分析和定量研究相结合的方法。定性分析主要是从评价的目的和原则出发，考虑评价指标的充分性、可行性、稳定性、必要性等因素。定量研究则是通过一系列检验，使指标体系更加科学和合理的过程。

在前文环境承载能力的特征中提到，对环境承载能力形成重要影响的有三个参数：阈值、干扰与稳定状态。其中，不同标准的环境阈值区分了环境承载水平的不同状态，将前面各种指标实际值与阈值直接比较，便可得到目前环境承载能力"状态"。而人类活动方式对环境造成的干扰可以归结为两方面的影响，其一体现为人口和经济系统对环境的"压力"；其二体现为人类对自然环境恶化的"响应"。环境承载能力这种内涵正好与PSR模型的逻辑相呼应，因而，这里将借鉴PSR模型思路，构建环境人口承载能力指标体系（见表2-2-1）：

表2-2-1　　　　　　　环境人口承载力指标体系

		编号	构成指标（人均值）	指标性质
环境人口承载力指标	状态指标（State）	a	地质灾害直接经济损失	逆指标
		b	环境污染直接经济损失	逆指标
		c	森林面积	正指标
		d	湿地面积	正指标
		e	自然保护区面积	正指标
		f	国土面积	正指标
	压力指标（Press）	g	工业二氧化硫排放量	逆指标
		h	工业烟尘排放量	逆指标
		i	工业粉尘排放量	逆指标
		j	工业废水中化学需氧量排放	逆指标
		k	工业废水中氨氮排放量	逆指标
		l	生活污水中化学需氧量排放量	逆指标
		m	生活污水中氨氮排放量	逆指标
		n	工业固体废物产生量	逆指标
		o	生活垃圾清运量	逆指标
	响应指标（Response）	p	工业固体废物综合利用量	正指标
		q	生活垃圾无害化处理量	正指标
		r	地质灾害防治投资	正指标

其中，正指标代表指标值越大，环境承载状态越好；相反，逆指标表示指标值越大，环境承载状态越不理想。

三、区域环境人口承载能力分析

1. 指标的预处理

由于原始指标可以反映区域环境承载能力发展的不同方面，有些指标越大越好，有些指标越小越好；有些指标具有不同的单位和不同的数量级，这些不同量级、量纲及正负指标给评价造成了困难，所以，需要对这些指标进行预处理，即评价指标的一致化和无量纲化。根绝环境承载能力指标体系构成指标的特征，这里对某个区间 $[L_{\min}, L_{\max}]$ 内的指标分数可采取以下计算方法：

对于正向指标：

$$x_{ij}^* = (x_{ij} - L_{\min})/(L_{\max} - L_{\min})$$

对于逆向指标：

$$x_{ij}^* = (L_{\max} - x_{ij})/(L_{\max} - L_{\min})$$

2. 指标标准值确定

在环境承载能力进行综合评价之前，还需要对评价指标建立相应的参照系，作为评价的依据和标准。各指标标准值的确定除了借鉴国际国内通行标准外，也参考了同类研究的结果，最终确立了四种不同状态下的环境承载能力水平区间，从1到4代表弱、中、良、优四个等级区间，数字越高，表示环境承载能力越强，具体如表2-2-2所示。

表2-2-2　　不同环境承载能力状态下指标参考值

序号	指标（人均值）	环境可持续承载能力 弱————————→强			
		1	2	3	4
1	工业二氧化硫排放量	≤0.598	(0.598, 0.729)	(0.729, 0.793)	≥0.793
2	工业烟尘排放量	≤0.630	(0.630, 0.804)	(0.804, 0.854)	≥0.854
3	工业粉尘排放量	≤0.557	(0.557, 0.765)	(0.765, 0.840)	≥0.840
4	工业废水中化学需氧量排放	≤0.733	(0.733, 0.820)	(0.820, 0.880)	≥0.880
5	工业废水中氨氮排放	≤0.482	(0.482, 0.659)	(0.659, 0.798)	≥0.798
6	生活污水中化学需氧量排放量	≤0.572	(0.572, 0.779)	(0.779, 0.906)	≥0.906
7	生活污水中氨氮排放量	≤0.545	(0.545, 0.724)	(0.724, 0.841)	≥0.841

续表

序号	指标（人均值）	环境可持续承载能力 弱————→强			
		1	2	3	4
8	工业固体废物产生量	≤0.656	(0.656, 0.752)	(0.752, 0.810)	≥0.810
9	生活垃圾清运量	≤0.664	(0.664, 0.826)	(0.826, 0.910)	≥0.910
10	地质灾害直接经济损失	≤0.893	(0.893, 0.959)	(0.959, 0.998)	≥0.998
11	环境污染直接经济损失	≤0.944	(0.944, 0.990)	(0.990, 0.996)	≥0.996
12	工业固体废物综合利用量	≤0.234	(0.234, 0.255)	(0.255, 0.392)	≥0.392
13	生活垃圾无害化处理量	≤0.056	(0.056, 0.097)	(0.097, 0.220)	≥0.220
14	森林面积	≤0.012	(0.012, 0.023)	(0.023, 0.043)	≥0.043
15	湿地面积	≤0.006	(0.006, 0.008)	(0.008, 0.021)	≥0.021
16	自然保护区面积	≤0.001	(0.001, 0.002)	(0.002, 0.007)	≥0.007
17	地质灾害防治投资	≤0.039	(0.039, 0.134)	(0.134, 0.352)	≥0.352
18	国土面积	≤8E−05	(8E−05, 2E−04)	(2E−04, 5E−04)	≥5E−04

3. 区域环境人口承载能力的估算

确定影响环境人口承载能力的指标体系后，先对指标集进行相关分析，发现指标间存在共线关系，例如地质灾害防治投资与垃圾清运量、固体废物综合利用量和垃圾无害化处理量之间的相关系数达到 0.978、0.925 和 0.963，具有高度的相关关系，可以采用降维方法提取主成分。

主成分分析是利用降维的思想，在损失很少信息的前提下把多个指标转化为几个综合指标的多元统计方法。通过对原始变量相关矩阵或协方差矩阵内部结构的研究，把原始变量转换生成的综合指标称为主成分，其中每个主成分都是原始变量的线性组合，且各个主成分之间互不相关，这就使得主成分比原始变量具有某些优越的性能。这样在研究复杂问题时只考虑少数几个主成分而不至于损失太多损失，同时使问题得到简化，提高分析效率。对相关系数矩阵分别进行 KMO 统计量与巴特利特（Bartlett）球性检验，得到 KMO（MSA）统计量值为 0.629，巴特利特检验卡方统计量为 606.566，拒绝原假设，原始变量适合进行主成分分析。

求算数据协方差矩阵的特征值与特征向量，共有五个主成分的特征值大于1，并且累计贡献率达到 85%，表明基本包含测量数据集的全部信息。根据初始因子载荷矩阵（见表 2−2−3），第一主成分主要反映了人均森林面积、人均湿地面积、人均土地面积和人均自然保护区面积四个指标的基本信息，可以看做自然保护因子；第二主成分主要反映了人均工业二氧化硫排放量、人均工业烟尘排放量、人均工业粉尘排放量等变量的基本信息，可称为工业污染因子；第三主成分主要反映了人均工业固体废物综合利用量、人均生活垃圾无害化处理量等变量的基本信息，可称为污染治理因子；第四主成分集中反映了人均工业废水中COD排放量、人均工业废水中氨氮排放量和人均生活污水中COD排放量等指标的信息，可以看做为水环境污染因子；第五主成分集中反映了人均地质灾害直接经济损失和人均环境污染直接经济损失等变量的基本信息，可以称为环境损害因子。因此概括来说，环境承载能力是通过区域的自然保护状况、环境损害状况、污染状况和环境治理状况等要素来综合体现的。

表 2-2-3　　　　　　　初始因子载荷矩阵

变量	主成分				
	1	2	3	4	5
工业二氧化硫排放量（VAR01）	0.702141	0.43252	-0.31502	0.011031	-0.22557
工业烟尘排放量（VAR02）	0.697946	0.496622	-0.4009	-0.03010	-0.04767
工业粉尘排放量（VAR03）	0.561753	0.613596	-0.09215	0.187503	0.183137
工业废水中化学需氧量排放（VAR04）	0.527502	0.380289	-0.11716	0.522747	-0.32578
工业废水中氨氮排放（VAR05）	0.487459	0.317283	0.211315	0.619211	-0.03574
生活污水中化学需氧量排放量（VAR06）	0.121317	-0.57805	-0.34841	0.314509	0.507648
生活污水中氨氮排放量（VAR07）	0.349643	-0.41331	-0.67427	0.138070	0.335885
工业固体废物产生量（VAR08）	0.652480	0.419196	-0.34854	-0.43231	0.157983
生活垃圾清运量（VAR09）	0.178988	-0.66443	-0.57592	0.028261	-0.14112
地质灾害直接经济损失（VAR10）	-0.52556	0.396576	0.086927	0.050395	0.191957
环境污染直接经济损失（VAR11）	0.066084	0.255146	0.212204	-0.64142	0.131581
工业固体废物综合利用量（VAR12）	-0.69633	-0.22703	0.362073	0.388475	-0.12407
生活垃圾无害化处理量（VAR13）	-0.04145	0.67769	0.447073	0.047180	0.113159
森林面积（VAR14）	0.756622	-0.40473	0.482118	0.021689	0.020579
湿地面积（VAR15）	0.727342	-0.40539	0.517014	-0.0685	0.040445
自然保护区面积（VAR16）	0.774298	-0.39415	0.475295	-0.06508	0.046001
地质灾害防治投资（VAR17）	0.110422	-0.37237	-0.22617	-0.21702	-0.68918
国土面积（VAR18）	0.799930	-0.35160	0.423181	-0.03747	0.033985

Extraction Method：Principal Component Analysis. 5 components extracted.

特定时间下，某一区域的环境承载能力 $EC(t)$ 除受到自然保护因子 $M(t)$、工业污染因子 $IP(t)$、污染治理因子 $G(t)$、水环境污染因子 $WP(t)$ 和环境损害因子 $L(t)$ 的影响外，还受到人口规模 $P(t)$ 的限制，可用方程表示为：

$$EC(t) = F[M(t), IP(t), G(t), WP(t), L(t), P(t)] \quad (2-2-1)$$

而各主成分因子又均受到环境承载能力各指标的影响，即：

$$M(t) = f_1[X_i(t)] \quad i=1, 2, \cdots, 18 \quad (2-2-2)$$
$$IP(t) = f_2[X_i(t)] \quad i=1, 2, \cdots, 18 \quad (2-2-3)$$
$$G(t) = f_3[X_i(t)] \quad i=1, 2, \cdots, 18 \quad (2-2-4)$$
$$WP(t) = f_4[X_i(t)] \quad i=1, 2, \cdots, 18 \quad (2-2-5)$$
$$L(t) = f_5[X_i(t)] \quad i=1, 2, \cdots, 18 \quad (2-2-6)$$

当考虑到人均指标，则（2-2-1）式转换为：

$$ec(t) = f[m(t), ip(t), g(t), wp(t), l(t)] \quad (2-2-7)$$

其中，$ec(t)$ 为环境人口承载能力，在时间和区域条件给定的情况下，人口承载能力是否处于合理水平是由构成经济承载能力各项人均量指标的实际值与理想值的差距来表达的。

对于方程（2-2-2）~（2-2-7）中的参数值，对于式（2-2-1），可根据主成分分析中的因子贡献率确定，经过计算得到方程（2-2-7）的系数值为：

$$\begin{aligned} ec(t) = & 0.307 \times m(t) + 0.203 \times ip(t) + 0.1498 \times g(t) \\ & + 0.09 \times wp(t) + 0.065 \times l(t) \end{aligned} \quad (2-2-8)$$

对于式（2-2-2）~式（2-2-6），函数方程的系数可根据因子载荷矩阵的系数同各主成分特征值的平方根比值确定，最后得到 $M(t)$、$IP(t)$、$G(t)$、$WP(t)$ 和 $L(t)$ 计算表达式，将其代入式（2-2-8）得到：

$$\begin{aligned} ec(t) = & 0.096 \times VAR1 + 0.102 \times VAR2 + 0.154 \times VAR3 \\ & + 0.116 \times VAR4 + 0.158 \times VAR5 - 0.02 \times VAR6 \\ & - 0.03 \times VAR7 + 0.077 \times VAR8 - 0.11 \times VAR9 \\ & - 0.003 \times VAR10 + 0.018 \times VAR11 - 0.06 \times VAR12 \\ & + 0.118 \times VAR13 + 0.103 \times VAR14 + 0.097 \times VAR15 \\ & + 0.101 \times VAR16 - 0.1 \times VAR17 + 0.105 \times VAR18 \end{aligned}$$

根据理想指标值进行计算，可以得出不同生活标准下的环境承载能力理想得分；根据实际指标值进行计算，可以得出不同区域的环境承载能力实际水平；二者之间的差距即为区域环境可承载人口的盈余或超载，具体结果如表 2-2-4 所示。

表 2-2-4　　　　　　　各地区环境人口承载能力

地区	RCI 总体小康	RCI 全面小康	RCI 初步富裕	可承载人口（万人）总体小康	可承载人口（万人）全面小康	可承载人口（万人）初步富裕	地区	RCI 总体小康	RCI 全面小康	RCI 初步富裕	可承载人口（万人）总体小康	可承载人口（万人）全面小康	可承载人口（万人）初步富裕
北京	2.28	1.84	1.72	3 722.3	3 011.2	2 812.3	湖北	0.97	0.78	0.73	5 523.8	4 468.5	4 173.3
天津	1.36	1.10	1.02	1 511.8	1 223.0	1 142.2	湖南	0.82	0.66	0.62	5 210.9	4 215.4	3 936.9
河北	0.77	0.63	0.58	5 365.3	4 340.3	4 053.5	广东	1.65	1.33	1.25	15 586	12 609	11 775
山西	0.16	0.13	0.12	536.9	434.3	405.6	广西	0.45	0.36	0.34	2 144.7	1 735.0	1 620.3
内蒙古	0.59	0.48	0.45	1 425.3	1 153.0	1 076.8	海南	1.79	1.45	1.36	1 515.7	1 226.1	1 145.1
辽宁	0.91	0.74	0.69	3 919.3	3 170.6	2 961.1	重庆	0.94	0.76	0.71	2 643.2	2 138.3	1 997
吉林	1.41	1.14	1.06	3 846.8	3 111.9	2 906.3	四川	1.21	0.98	0.92	9 863.1	7 978.8	7 451.6
黑龙江	1.42	1.15	1.07	5 437.8	4 399.0	4 108.3	贵州	1.17	0.95	0.88	4 404.7	3 563.3	3 327.8
上海	2.10	1.70	1.59	3 903.7	3 157.9	2 949.3	云南	1.25	1.01	0.94	5 637.5	4 560.5	4 259.2
江苏	1.33	1.08	1.01	10 156	8 215.9	7 673.1	西藏	2.93	2.37	2.21	831.1	672.4	627.9
浙江	1.04	0.84	0.79	5 274.6	4 267.0	3 985.0	陕西	1.04	0.84	0.79	3 901.8	3 156.4	2 947.8
安徽	1.08	0.88	0.82	6 632.6	5 365.5	5 011.0	甘肃	1.20	0.97	0.91	3 146.0	2 545.0	2 376.8
福建	1.17	0.95	0.88	4 192.1	3 391.2	3 167.2	青海	1.05	0.85	0.79	579.2	468.5	437.6
江西	1.12	0.91	0.85	4 909.7	3 971.5	3 709.3	宁夏	0.11	0.09	0.08	64.7	52.3	48.9
山东	1.23	0.99	0.93	11 513	9 313.4	8 698.1	新疆	1.03	0.84	0.78	2 165.3	1 751.6	1 635.9
河南	1.09	0.88	0.83	10 224	8 271.1	7 724.6	—	—	—	—	—	—	—

注：RCI 为相对人口承载能力，是可承载人口与实际承载人口之比。

RCI 表明三种生活标准下区域可承载人口与 2007 年区域实际人口的比值，RCI 大于 1，意味着区域可承载的人口数量大于区域的实际人口规模，环境承载能力处于可载状态；RCI 小于 1，则意味着区域的实际人口规模大于区域环境可忍受量，区域环境承载能力处于超载状态。

在总体小康标准下，全国共有 9 个地区的环境人口承载能力处于超载状态，宁夏、山西和广西的 RCI 值小于 0.5，区域环境可承载的人口数量不足实际人口规模的一半。内蒙古、河北、湖南、辽宁、重庆和湖北的 RCI 值也小于 1，区域环境人口承载能力也处于负载状态。除西藏、海南等地的环境人口承载状况较为理想外，北京和上海的 RCI 值也很高，虽然两地自然保护因子得分较低，人口压力也很大，但由于实施了严格的污染控制标准和较高的环境投入水平，加上较小的环境损害因素，所以环境承载能力的综合得分较高。

在全面小康标准和初步富裕标准下，全国有超过 20 个省市地区的环境人口承载能力处于超载。随着生活质量标准的逐步提高，越来越多地区的环境状况不能适应人口社会发展对环境质量的要求，环境承载能力出现失衡。

对三种标准下的各地区可承载人口进行加总，得到总体小康标准下，全国环境可承载人口数量为 14.6 亿人；全面小康标准下，环境可承载人口数量为 11.8 亿人；初步富裕标准下，全国环境可承载人口数量为 11 亿人。说明目前各地区的人均环境质量水平距离富裕标准的理想值尚有一定的差距，目前的人口规模是依靠降低人均可享受的环境质量水平为代价而实现的。

第三节 区域经济人口承载能力分析

以人口作为承载对象，以往的承载能力研究充分关注了资源要素与环境要素对人口的支持能力。在维持社会人口发展的众多需求中，除了衣食住行的基本生存需求之外，人类还有社会、教育、就业等发展需求和健康、生活质量等福利需求。在资源承载能力和环境承载能力的研究中，往往只关注到生存需求与部分的生活质量需求，对人口的发展需求和福利需求却甚少考虑。在现今这样经济水平和对外开放高度发达和繁荣的时代，研究经济发展水平对社会人口的支持能力，对区域竞争力和可持续发展能力的提升具有重要的现实意义。

一、作为承载主体的经济承载能力

经济规模与发展程度可以被看作维持社会人口发展的一种资源，具有承载主体的性质，而相应的经济承载能力也就是指一定时期、某一区域在经济社会可持续发展条件下所能承载的人口数量。与资源承载能力和环境承载能力不同，经济资源承载能力在以下方面具有自己的独特性质：

1. 对自然资本的不完全替代性

人口承载能力是可持续发展测度的手段之一，可持续发展理论对各种资本，包括自然资本和人造资本之间替代关系有着两种截然不同的认识。弱可持续性要求保持"大于或等于零的累计净储蓄（投资）总量"不小于"至少包括人造资本和自然资本的资本合计总价值"，即自然资本可以安全地减少，只要足够多的人造资本被创造出来作为补充即可。而强可持续性把自然资本看作不能与其他形式的资本相互替代的资本。

作为一种物质资本，经济资源对自然资本的替代性表现在效率提高对要素投入的节约上。西方经济学指出经济增长来源于两个方面：一是要素投入的增长，二是要素使用效率的提高。相应地，经济增长也有粗放型和集约型两种不同的方式。粗放型是靠增加生产要素投入，扩大生产规模，实现经济增长；集约型是靠提高生产要素的生产率，实现经济增长，即通过技术改进的经济范式来解决问题。

然而，经济资源对自然资源的替代是有一定限制的，要素使用效率的提高不能完全取代要素的投入，因而要实现真正的可持续发展，自然资源（至少是关键性的自然资源）的存量必须保持在一定极限水平之上。经济要素对自然资本的不完全替代反映在人口承载能力上，表现为经济对人口发展具有和资源环境相似的承载作用，但又不能全部取代资源环境的承载能力。

2. 阈值的模糊性

在对资源环境承载能力的分析中，阈值是决定区域承载能力水平的重要参数，低于阈值水平的资源环境状况，意味着承载能力出现超载，发展不可持续。经济阈值对经济承载能力的评判同样具有重要意义，但由于经济阈值在概念上的不确定性和取值上的相对性，也对经济承载能力的性质产生影响。

与不可再生的资源和能够缓慢恢复的环境相比，经济是一类特殊的资源，它的增长速度不受物理条件的限制，在总量上是可以随着时间而增加的，虽然这种增长会随着周期的波动表现出一定的不稳定性，但在不发生战争、剧烈经济动荡和危机情况下，经济资源的再生能力很强，很难界定"耗竭"的临界状态。因此，经济阈值的存在是一个模糊的概念。

当然，还有一种情况是极度贫困，这种情况下经济阈值可以最低贫困线为标准，但由于这种情况常伴随着自然资源的耗竭，因而经济承载能力又是以其他资源的可持续而可持续的。并且，包括贫困线标准在内，对于经济承载能力的其他标准，如富裕度、福利水平等也并不是具有物理意义的标准，这些标准的划定往往以规划目标，或者直接参考其他国家和地区的经济规模、人均水平制定的，具有明显的相对性。

二、区域就业人口承载能力分析

对开放条件下的区域人口承载能力进行分析认为，人口实际上是由劳动力来供养的，一个区域的劳动力需求量构成了区域人口承载能力的最重要的基础。因此，一个区域可以提供的就业岗位数量就基本决定了该区域的人口承载能力，并可按如下计算公式进行计算：

$$人口承载能力 = 就业人口需求量 \times (1 + 平均抚养系数)$$

可见，对人口承载能力进行估计需要确定两个未知变量，未来劳动力需求量和平均抚养系数。

（一）区域就业人口需求量预测

社会劳动力的需求量受多种因素的影响和制约，其中主要有国内生产总值增长率、科技进步、劳动生产率、工资率以及城市化水平等，但在对一个相对较长时期劳动力需求态势进行预测时，一个简单而且有效的方法是经济增长的就业弹性模型[①]，具体表述如下：

$$就业人口需求量预测值 = 现状就业人口 \times (1 + 就业率增长率)^N$$

其中，就业增长率 = 经济增长率 × 就业弹性系数，N 为预测的年份与现状年份的差。

1. 各地区就业弹性系数

经济增长的就业弹性是指劳动就业增长率与经济增长率之比，它是表征一个国家或地区经济增长对就业吸纳能力的最直观指标，也是就业形势预测的常用的工具。这里根据各地区 2000~2007 年经济增长率数据和相应年份的就业增长率数据计算历年就业弹性系数，并以平均值作为各地区就业弹性系数取值，计算结果如表 2-3-1 所示。

表 2-3-1　　　　　　各地区就业弹性系数

地区	就业弹性	地区	就业弹性	地区	就业弹性	地区	就业弹性
北京	0.723049	上海	0.253070	湖北	0.058381	云南	0.174447
天津	0.012989	江苏	0.121603	湖南	0.057099	西藏	0.233562
河北	0.039893	浙江	0.295709	广东	0.327092	陕西	0.119705
山西	0.075292	安徽	0.099688	广西	0.125790	甘肃	0.187351
内蒙古	0.027390	福建	0.213741	海南	0.288197	青海	0.116387
辽宁	0.118975	江西	0.082253	重庆	0.082882	宁夏	0.140824
吉林	0.103809	山东	0.096206	四川	0.053037	新疆	0.214856
黑龙江	0.103809	河南	0.129185	贵州	0.176336	—	

注：表中数据为 2000~2007 年平均值。

---

① 田成诗：《大连市沙河口区可持续发展的人口承载力预测》，载《市场与人口分析》，2007 年第 5 期。

长期而言，经济增长会促进就业的增加，即就业弹性系数为正。由于缺乏长时间段的确切数据，吉林和黑龙江地区的就业弹性系数在计算时间段内出现了负值，调整的办法是以1978～2007年全国平均就业弹性系数的平均值代替（具体值为0.103809，见表2－3－1）。

2. 各地区就业率增长率

除就业弹性系数外，预测就业就业人口需求量还需确定经济增长率的预测值。这里对各地区未来的经济增长率设定高中低三个方案，分别与各自就业弹性系数相乘，可以得到三种经济增长方案下的就业率增长率。其中，高方案设定为2000～2007年各地区经济增长率的最大值，中方案为同一时间段各地区经济增长率的平均值，低方案来自同一时间段各地区经济增长率的最小值。在计算得到各地区的就业增长率预测值之后，便可根据前述公式计算各地区在三种经济增长方案下的就业人口需求量。

（二）区域平均抚养系数

根据人口学理论，总人口可以分为从业人口和被抚养人口两种类型，这两种人口之间不仅存在一定的关系，而且二者间在较长时期内基本保持平衡[①]。因此，可以通过二者间的比例关系来计算人口就业承载能力，这一比例关系就是平均抚养系数。

平均抚养系数也称人口抚养比，人口负担系数，是指人口总体中非劳动年龄人口与劳动年龄人口之比，是从整个社会来看，每100名劳动年龄人口大致要负担的非劳动年龄人口。用于从人口角度反映人口与经济发展的基本关系。

区域理想的承载情况是，在正常的失业率范围之内（通常为5%），劳动力年龄人口完全为地区经济社会发展所能提供的就业岗位所吸收，此时人口承载能力 = 就业人口需求量/劳动力年龄人口比例。其中，劳动力年龄人口比例，指的是总人口中劳动力年龄人口所占比例，其计算公式为：劳动力年龄人口比例 = $P_{15-64}/(P_{0-14} + P_{15-64} + P_{65})$，这里包含15～19岁年龄段的人口，算入充分就业时的人口不太符合实际，因此这里按照其所占比例予以剔除。根据相关人口资料计算各地区人口有效比，结果如表2－3－2所示。

[①] 田成诗：《大连市沙河口区可持续发展的人口承载力预测》，载《市场与人口分析》，2007年第5期。

表 2-3-2　　　各地区劳动力年龄人口比例　　　单位：%

地区	有效比	地区	有效比	地区	有效比	地区	有效比
北京	0.702753	上海	0.689687	湖北	0.647078	云南	0.612592
天津	0.688474	江苏	0.654530	湖南	0.629163	西藏	0.605942
河北	0.663712	浙江	0.664487	广东	0.641450	陕西	0.640692
山西	0.644099	安徽	0.599364	广西	0.602593	甘肃	0.623083
内蒙古	0.674629	福建	0.641813	海南	0.606198	青海	0.619098
辽宁	0.683631	江西	0.584669	重庆	0.605783	宁夏	0.614204
吉林	0.700998	山东	0.666502	四川	0.602893	新疆	0.623167
黑龙江	0.694064	河南	0.625158	贵州	0.561341	—	—

注：数据来源于 2006 年全国人口变动情况抽样调查样本数据，抽样比为 0.907‰。

（三）区域就业人口承载能力估算

根据前述研究思路，利用计算得到的各地就业人口需求量预测值，通过劳动力年龄人口比例计算三种经济增长方案（平均增长率、高增长率和低增长率）下的就业人口承载能力，预测年份为 2008 年、2010 年和 2020 年，计算结果如表 2-3-3 所示。表 2-3-3 中，第 5、9、11 列的压力数值代表地区现状人口（2008 年）与各年度就业人口预测值之比，数值越高表明地区所承受的人口压力越大，以数值 1 表示承载能力的分界线，高于 1 表明人口数量超过了实际可承载的就业人口量，小于 1 表明地区人口数量尚在就业吸纳能力的可承载范围之内。其中，2010 年和 2020 年的压力数值根据平均增长率方案下的就业人口预测值计算，2008 年的压力数值根据当年真实经济增长率计算，2008 年地区人口和经济增长率数据来源于 2009 年《中国统计年鉴》。

表 2-3-3　　　各地区就业人口承载能力　　　单位：万人

地区	2008 年		2010 年				2020 年			
	真实	压力	平均	高	低	压力	平均	高	低	压力
北京	1 768.66	0.95	2 129.40	2 222.03	2 064.09	0.79	4 877.93	5 866.36	4 261.97	0.35
天津	661.38	1.78	663.52	664.04	662.74	1.77	675.50	677.79	672.07	1.74
河北	5 666.07	1.23	5 721.24	5 734.31	5 702.29	1.22	5 988.82	6 048.33	5 903.32	1.17
山西	2 542.74	1.34	2 596.63	2 614.7	2 571.62	1.31	2 843.08	2 929.83	2 726.34	1.20
内蒙古	1 691.24	1.42	1 706.19	1 716.45	1 696.57	1.41	1 784.7	1 831.68	1 741.5	1.35
辽宁	3 230.87	1.33	3 315.15	3 348.79	3 283.87	1.30	3 803.41	3 973.48	3 650.32	1.14

续表

地区	2008年		2010年				2020年			
	真实	压力	平均	高	低	压力	平均	高	低	压力
吉林	1 669.21	1.63	1 702.50	1 725.65	1 689.21	1.61	1 920.97	2 036.75	1 856.82	1.42
黑龙江	2 541.85	1.51	2 595.46	2 606.9	2 575.76	1.47	2 897.73	2 953.5	2 803.61	1.32
上海	1 367.30	1.38	1 459.55	1 484.73	1 440.58	1.29	1 967.16	2 118.55	1 858.74	0.96
江苏	6 827.32	1.12	7 054.43	7 099.01	6 980.13	1.08	8 266.58	8 495.38	7 895.87	0.93
浙江	5 883.52	0.87	6 401.73	6 490.76	6 261.74	0.80	9 356.19	9 933.26	8 501.39	0.55
安徽	6 382.31	0.96	6 508.5	6 568.16	6 459.6	0.94	7 244.99	7 537.18	7 012.06	0.85
福建	3 361.0	1.07	3 522.39	3 599.32	3 462.5	1.02	4 512.45	4 955.34	4 189.29	0.80
江西	3 984.0	1.10	4 055.58	4 072.97	4 021.4	1.08	4 454.1	4 537.43	4 293.69	0.99
山东	8 386.52	1.12	8 608.64	8 663.97	8 532.81	1.09	9 761.87	10 036.6	9 394.66	0.96
河南	9 847.27	0.95	10 151.7	10 254.7	10 039.8	0.93	11 832.3	12 361.6	11 277.3	0.79
湖北	4 518.57	1.26	4 570.59	4 598.33	4 555.34	1.25	4 873.31	5 002.75	4 803.21	1.17
湖南	6 302.95	1.01	6 374.48	6 413.93	6 353.95	1.00	6 781.45	6 965.19	6 687.32	0.94
广东	8 950.16	1.06	9 822.61	9 984.08	9 506.53	0.97	14 925.6	16 018.4	12 953.2	0.64
广西	4 885.97	0.98	5 015.39	5 087.79	4 941.75	0.96	5 771.3	6 141.1	5 413	0.83
海南	738.78	1.15	787.16	814.41	774.25	1.08	1 067.07	1 236.64	993.27	0.80
重庆	3 138.53	0.91	3 190.11	3 223.64	3 167.68	0.89	3 503.19	3 665.55	3 397.70	0.81
四川	8 364.42	0.97	8 477.21	8 511.94	8 442.24	0.96	9 014.02	9 175.17	8 854.00	0.90
贵州	4 347.29	0.87	4 515.03	4 587.52	4 468.95	0.84	5 435.93	5 824.35	5 199.55	0.69
云南	4 543.41	1.00	4 681.14	4 755.90	4 611.24	0.97	5 509.34	5 900.88	5 161.62	0.83
西藏	272.55	1.05	289.93	293.25	284.21	0.99	385.09	404.55	353.23	0.75
陕西	3 208.70	1.17	3 282.53	3 317.93	3 253.10	1.15	3 766.38	3 945.61	3 622.25	0.99
甘肃	2 359.88	1.11	2 457.63	2 479.89	2 431.27	1.07	2 995.06	3 114.41	2 858.35	0.87
青海	475.51	1.16	488.16	489.33	483.39	1.13	559.53	565.37	536.21	0.99
宁夏	538.11	1.14	554.64	557.92	551.13	1.11	649.34	666.12	631.72	0.95
新疆	1 381.26	1.54	1 439.50	1 458.29	1 421.05	1.48	1 785.73	1 888.93	1 688.66	1.19

在现有就业弹性系数水平和抚养比结构下，按照平均经济增长水平计算，2010年全国就业人口承载能力为12.4亿人，2020年全国就业人口承载能力为14.9亿人，2008年全国人口数已达到13.1亿人，说明随着经济的发展，就业人口承载能力会逐渐提高，但以现状水平而言，还存在着就业的人口超载现象。

除了受经济增长率因素影响之外，就业弹性系数是连接经济增长与人口承载能力之间的桥梁，对地区的最终人口吸纳能力起着至关重要的作用。从各地区来看，北京、广东、浙江、海南、上海地区的就业弹性系数都很高，经济发展将给地区就业带来广阔的空间。而吉林、黑龙江、天津和内蒙古地区的就业弹性系数均不足 0.03，经济增长对就业人口的促进作用十分有限。

按照就业人口压力排序，2010 年全国共有 11 个地区的就业人口压力小于 1，经济人口承载状态良好，主要地区有北京、浙江、贵州、重庆、河南等，同时有 7 个地区的就业人口压力小于 1.1，稍有超载，总体来说人口压力尚在经济发展规模可承受的范围之内。相对而言，天津、吉林、新疆、黑龙江和内蒙古地区的承载能力较弱，主要在于这些地区的就业弹性系数小，经济增长对人口的吸纳能力不足。2020 年，全国就业承载能力表现增强，共有 22 个地区实现地区人口的全部就业承载，除天津、吉林、内蒙古和黑龙江四个地区外，其他地区也基本实现承载平衡。

三、区域经济人口承载能力综合分析

就业人口承载能力以就业弹性系数为桥梁，反映了经济发展规模对人口的吸纳能力。但人口的需求是多方面的，经济发展对人口的支撑能力也不仅仅表现在就业方面，也表现在固定资产、基础设施、人力资本、社会保障等多个方面。因此，本文的进一步研究工作将基于这几方面建立经济人口承载能力的综合模型，衡量地区经济人口承载能力的平衡状况。

1. 经济人口承载能力界定及综合评价指标

除了基本的生存需求，人类的发展需求、福利需求和享乐需求等也需要通过一定的经济发展规模和水平来提供，而这些因素的满足程度直接决定了区域经济承载能力的大小。分析表明，这些要素至少可以从经济总量、基础设施建设、教育科技和医疗保障等几个方面来反映，参照相关的人文发展报告和小康社会科学指标体系等文献并考虑数据的可获得性，可确立如下 11 个指标反映各要素信息，具体包括：人均 GDP（VAR1）、卫生技术人员比例（VAR2）、人均教育经费（VAR3）、人均受教育年限（VAR4）、人均货物进出口总额（VAR5）、人均全社会固定资产投资（VAR6）、预期寿命（VAR7）、人均住宅面积（VAR8）、人均城市道路面积（VAR9）、人均公园绿地面积（VAR10）和人均专利数量（VAR11）。

原始数据根据 2008 年中国统计年鉴中的相应指标进行计算，由于指标受到量纲的影响，彼此之间差异很大，应首先对数据进行标准化，这里选用功效系数法，消除原始数据不同计量单位带来的影响。具体方法为：令 M_j 为 $\{x_{ij}\}$ 指标序列可达到的最优值，m_j 为 $\{x_{ij}\}$ 指标序列可容忍的最劣值，则各项指标得分为：

$$x_{ij}^* = (x_{ij} - m_j)/(M_j - m_j) \qquad x_{ij}^* \in [0, 1] \qquad (2-3-1)$$

选定指标并进行标准化后，对指标集进行相关分析，发现指标间存在共线关系，例如人均 GDP 和人均教育经费、人均全社会固定资产投资等的相关系数可达到 0.919、0.908，具有高度相关性，因此可以采用主成分分析方法提取主要影响因素，起到降维作用。

求算数据协方差矩阵的特征值与特征向量，共有三个主成分的特征值大于 1，并且累计贡献率达到 85%，表明基本包含测量数据集的全部信息。根据表 2-3-4，初始因子载荷矩阵的第一主成分主要反映人均 GDP、人均进出口货物总额、人均全社会固定资产投资和人均专利数量四个指标的基本信息，可称为经济驱动因子；第二主成分主要反映了人均住宅面积、人均城市道路面积、人均公园绿地面积三个指标的基本信息，可称为基础设施建设因子；第三主成分主要反映了卫生技术人员比例、预期寿命和人均受教育年限三个指标的基本信息，可称为社会人文因子。因此概括来说，经济人口承载能力是经济驱动力、基础设施保障和社会人文三方面要素综合作用的结果。

表 2-3-4　　　　　　　　　初始因子载荷矩阵

项目	主成分			项目	主成分		
	1	2	3		1	2	3
VAR1	0.984868	0.068327	-0.05208	VAR7	0.801487	0.258404	0.315903
VAR2	0.853623	-0.19351	0.24642	VAR8	0.487372	0.445106	-0.61941
VAR3	0.925781	-0.07526	-0.22935	VAR9	-0.28729	0.791698	-0.04271
VAR4	0.751406	-0.03574	0.547294	VAR10	-0.10783	0.790904	0.355327
VAR5	0.947438	-0.07173	-0.12525	VAR11	0.960698	0.045434	-0.16184
VAR6	0.888874	0.120844	-0.01023				

Extraction Method：Principal Component Analysis. 3 components extracted.

2. 经济人口承载能力综合分析模型

根据前文分析，一定时空条件下的区域经济人口承载能力主要受到基础设施建设、社会人文和经济驱动三方面要素的影响，结合赵建世（2003）[①] 对可持续发展人口承载能力的研究，可建立经济承载能力表达式为：

$$CE(t) = f[D(t), I(t), S(t)] \qquad (2-3-2)$$

[①] 赵建世、王忠静等：《可持续发展的人口承载力模型》，载《清华大学学报（自然科学版）》2003 年第 2 期。

$$D(t) = f_1[D_i(t)] \qquad (2-3-3)$$
$$I(t) = f_2[I_i(t)] \qquad (2-3-4)$$
$$S(t) = f_3[S_i(t)] \qquad (2-3-5)$$

其中，CE(t) 表示经济综合人口承载能力，D(t) 表示经济驱动因子，I(t) 表示基础设施建设因子，S(t) 表示社会人文因子，经济综合承载能力是以上三者的函数。$D_i(t)$、$I_i(t)$ 和 $S_i(t)$ 代表各主成分中的影响指标。由于构成各主成分的指标均为人均量指标，所以经济承载能力还可以表示为：

$$CE(t) = f[D\times(t)/P(t), I\times(t)/P(t), S\times(t)/P(t)] \qquad (2-3-6)$$

$D\times(t)$、$I\times(t)$ 和 $S\times(t)$ 分别表示经济驱动力、基础设施建设和社会人文因子的总量指标，P(t) 表示 t 时期的区域人口数量。人口承载能力是否处于合理水平是由构成经济承载能力的各项人均量指标与理想值的差距来表达的。对于人均量指标理想值的确定，可以通过参考相关文献、查阅小康社会评价指标体系和人文发展报告等获得。这里将生活水平设定为初步富裕、全面小康和总体小康三种状态，富裕水平下的指标理想值取自中等发达国家水平，全面小康的指标理想值取自中下等收入国家水平，总体小康的指标理想值取自同期全国平均水平，对理想值数据进行无量纲处理，结果如表 2-3-5 所示。

表 2-3-5　　　　　不同生活标准下的指标理想值

项目	VAR1	VAR2	VAR3	VAR4	VAR5	VAR6	VAR7	VAR8	VAR9	VAR10	VAR11
初步富裕	2.289	3.071	5.347	1.714	5.276	2.726	1.193	1.314	1.317	1.152	5.666
全面小康	1.099	2.457	4.010	1.257	1.055	1.817	1.053	1.127	1.054	0.98	1.133
总体小康	0.366	1.229	1.337	0.800	0.264	0.909	0.912	0.939	0.878	0.807	0.453

确立了经济人口承载能力各指标的理想值后，还需要确定 (2-3-2)~(2-3-5) 方程中的参数值。对于式 (2-3-2)，函数方程 f 的系数可根据主成分分析中的因子贡献率确定，经过计算得到函数方程为：

$$CE(t) = 0.60955 \times D(t) + 0.14437 \times I(t) + 0.09719 \times S(t) \qquad (2-3-7)$$

对于式 (2-3-3)~式 (2-3-5)，函数方程的系数可根据因子载荷矩阵的系数同各主成分特征值的平方根比值确定，得到 D(t)、I(t) 和 S(t) 的计算表达式，并将其将代入式 (2-3-7)，结果为：

$$CE(t) = 0.235 \times VAR1 + 0.202 \times VAR2 + 0.188 \times VAR3 + 0.224 \times VAR4 + 0.203$$
$$\times VAR5 + 0.222 \times VAR6 + 0.248 \times VAR7 + 0.107 \times VAR8$$
$$+ 0.019 \times VAR9 + 0.099 \times VAR10 + 0.216 \times VAR11$$

3. 区域经济人口承载能力综合估算

根据理想指标值进行计算，可以得出不同生活标准下的经济承载能力理想得分；根据实际指标值进行计算，可以得出不同区域的经济承载能力实际水平；根据总量指标的实际值和式（2-3-7），可以计算出区域的经济人口承载能力，具体如表2-3-6所示。

表2-3-6　　　　各地区经济综合人口承载能力　　　　单位：万人

地区	RCI			可承载人口			地区	RCI			可承载人口		
	初步富裕	全面小康	总体小康	初步富裕	全面小康	总体小康		初步富裕	全面小康	总体小康	初步富裕	全面小康	总体小康
北京	0.84	1.61	3.3	1 378.4	2 635.2	5 386.8	湖北	0.26	0.49	1.00	1 454.1	2 779.9	5 682.6
天津	0.59	1.14	2.32	662.06	1 265.7	2 587.3	湖南	0.23	0.44	0.90	1 464.7	2 800.1	5 723.9
河北	0.26	0.49	1.00	1 773.1	3 389.7	6 929.0	广东	0.49	0.94	1.92	4 647.5	8 884.8	18 162
山西	0.24	0.46	0.95	823.72	1 574.1	3 219.0	广西	0.21	0.40	0.82	1 005.9	1 923.9	3 930.9
内蒙古	0.30	0.57	1.16	713.47	1 364.0	2 788.2	海南	0.24	0.46	0.94	204.3	390.6	798.3
辽宁	0.36	0.69	1.41	1 552.4	2 967.8	6 066.8	重庆	0.25	0.48	0.99	709.9	1 357.1	2 774.1
吉林	0.29	0.55	1.12	781.15	1 493.4	3 052.7	四川	0.23	0.43	0.89	1 846.6	3 530.1	7 216.1
黑龙江	0.26	0.49	1.01	984.51	1 882.1	3 847.4	贵州	0.16	0.31	0.64	617.1	1 179.6	2 411.4
上海	0.95	1.82	3.71	1 764.5	3 373.2	6 895.4	云南	0.19	0.37	0.76	874.1	1 671.1	3 416.0
江苏	0.49	0.94	1.92	3 736.9	7 144.0	14 604	西藏	0.21	0.40	0.82	59.9	114.5	234.1
浙江	0.51	0.98	2.00	2 586.5	4 944.7	10 108	陕西	0.25	0.48	0.97	933.9	1 785.3	3 649.4
安徽	0.22	0.42	0.85	1 330.0	2 542.6	5 197.5	甘肃	0.19	0.37	0.76	508.4	972.4	1 987.7
福建	0.32	0.62	1.26	1 159.2	2 216.0	4 529.9	青海	0.22	0.43	0.87	123.3	235.8	481.9
江西	0.22	0.42	0.86	966.1	1 847.0	3 775.6	宁夏	0.25	0.48	0.99	153.5	294.0	601.0
山东	0.34	0.65	1.34	3 204.3	6 125.8	12 522	新疆	0.26	0.50	1.02	548.3	1 048.2	2 142.7
河南	0.24	0.45	0.92	2 208.8	4 222.7	8 631.9	—	—	—	—	—	—	—

注：RCI为相对人口承载能力，是可承载人口与实际承载人口之比。

2007年，在初步富裕标准下，上海、北京、天津、江苏和广东地区的经济承载状况处于全国领先水平，但RCI值小于1，仍处于超载状态，说明就社会人文、基础设施和经济驱动能力三个方面反映出的综合经济承载能力而言，目前各地区的人均经济水平距离富裕标准的理想值尚有一定的差距，现状承载人口是由降低人均量指标理想值来实现的。

在全面小康标准下，上海、北京和天津地区的经济人口承载能力超过了实际人口数量，承载能力处于盈余状态；而浙江、广东和江苏地区的 RCI 接近 1，经济承载能力处于平衡状态；部分地区，如贵州、云南和甘肃 RCI 值在 0.4 以下，有 60% 以上的人口处于超载状态，说明地区经济发展缓慢，欲维持现状人口规模，则人均量指标无法达到全面小康的生活标准。

在总体小康标准下，全国仅有少数地区的经济承载能力处于负载状态，最大负载的贵州 RCI 比例为 0.64，云南和甘肃的 RCI 值在 0.8 以下，经济承载能力相对理想的区域有上海、北京、天津和浙江，RCI 比例高于 2，人口承载能力相当富余，广东、江苏、辽宁、山东的 RCI 比例也超过了 1.3，人口承载状态相对宽松。就全国而言，现有经济规模和发展水平足以维持绝大多数人口的总体小康生活标准。

第四节 区域承载能力综合分析

经济人口承载能力的研究拓宽了承载能力研究的领域，但仅仅根据相互独立的资源、环境、经济系统承载能力结论依然难以判断区域总体的承载能力状态。本节将从资源—环境—经济的复合系统角度出发，应用生态足迹模型、短板效应理论和神经网络方法对中国各区域人口承载水平进行多角度的综合评价。

一、基于生态足迹的区域承载能力综合分析

（一）研究思路

对生态足迹进行计算，主要依据由马西斯·瓦克纳格尔（Mathis Wackernagel）提出的综合法进行。生态足迹是一种"消费足迹"，即在一定技术水平下，维持人们所有消费活动所需要的生产性土地总量。消费量是生产量和贸易量的加和，而消费足迹也因此是生产足迹和贸易足迹的加和。生态足迹将贸易纳入到生态足迹的计算中，实际上暗含了对发达地区通过贸易转移其生态压力的一种指责，有着强烈的公平原则倾向。但从区域生产活动对区域自身生态承载能力的利用程度和规模而言，由于贸易的存在，消费足迹不能全面真实反映区域生态资源的利用状况，生态环境的赤字可能是对外输出高密度的资源产品造成的。在国家层次上我们可以直接通过净出口生态足迹考察多少资源通过贸易的方式为其他地区所利用，在省际层次上，则需要通过生产足迹与消费足迹综合考虑。

（二）计算过程及参数说明

1. 计算过程

生态生产足迹计算步骤具体包括：

①划分产品项目类型，计算各主要产品项目的年生产（消费）量和人均生产（消费）量。

②利用平均产量数据，将各生产（消费）量转换成相应的生物生产面积。

③通过均衡因子将各类生物生产面积转化为等生产力的土地面积并汇总，且建立账户系统（包括生物资源账户系统、能源账户系统）。

④计算生态承载能力（EC），比较生态足迹需求（EF）与生态足迹供给（EC）的大小，判断生态类型（生态盈余、生态平衡、生态赤字）。

2. 参数说明

生态足迹的计算一般涉及如下几类参数：

（1）全球平均产量

为了使数据便于与其他国家和区域进行比较，生物生产面积的折算建立在各年全球平均产量的基础上。一般采用联合国粮农组织（FAO）发布的有关生物资源世界平均产量等数据（见表2-4-1和表2-4-2）。

表2-4-1　　　　生物资源全球平均产量参数　　　　单位：公斤/公顷

生物资源	全球平均产量	生物生产性土地类型	生物资源	全球平均产量	生物生产性土地类型
小麦	3 114	耕地	羊肉	33	牧草地
稻谷	3 114	耕地	禽肉	376	牧草地
玉米	3 114	耕地	鲜蛋	534	牧草地
豆类	1 865	耕地	奶类	489	牧草地
薯类	12 607	耕地	绵羊毛	15	牧草地
油料	1 856	耕地	山羊毛	15	牧草地
棉花	1 000	耕地	水产植物	16 518	水域
麻类	1 500	耕地	海水鱼	42	水域
甜菜	1 200	耕地	淡水鱼	19	水域
烟叶	1 496	耕地	虾蟹贝	80	水域
茶叶	566	耕地	白酒	7 164	耕地
水果	3 500	林地	啤酒	50 595	耕地

续表

生物资源	全球平均产量	生物生产性土地类型	生物资源	全球平均产量	生物生产性土地类型
蔬菜	18 000	耕地	蜂蜜	50	耕地
猪肉	74	牧草地	坚果	3 000	林地
牛肉	33	牧草地	木材（m³）	1.99	林地

参见 http：//faostat.fao.org/default.jsp?language=cn.

表2-4-2　　　　化石能源全球平均产量参数

化石能源	折算系数（吉焦/吨）	全球平均能源足迹（吉焦/公顷）	生物生产性土地类型
煤炭	20.934	55	化石能源用地
焦炭	28.470	55	化石能源用地
原油	41.868	93	化石能源用地
汽油	43.124	93	化石能源用地
煤油	43.124	93	化石能源用地
柴油	42.705	93	化石能源用地
燃料油	50.200	71	化石能源用地
液化石油气	50.200	71	化石能源用地
天然气	38.978	93	化石能源用地
电力	3.360	1 000	建筑用地

注：折算系数采用世界上单位化石能源土地面积的平均发热量。

(2) 均衡因子

利用全球平均产量可将产品转换为不同类型的生物生产性土地面积，但由于单位面积耕地、草地、林地、建设用地和水域等的生态生产能力差异很大，因此，在计算为生态足迹的过程中需要进一步调整。均衡因子可将不同类型的生物生产性土地面积转化为生态生产力相同的土地面积。目前有以下几种均衡因子估算（见表2-4-3）。

表2-4-3　　　　均衡因子估算值

土地类型	Chambers2000[①]	WWF2000[②]	WWF2002[③]	EU2002[④]
建设用地	2.83	3.16	2.11	3.33
水域	0.06	0.06	0.35	0.06
耕地	2.83	3.16	2.11	3.33

续表

土地类型	Chambers2000①	WWF2000②	WWF2002③	EU2002④
草地	0.44	0.39	0.47	0.37
林地	2.83	3.16	2.11	3.33
化石能源用地	2.83	3.16	2.11	3.33

资料来源：①Chambers. N. et al (2000), Sharing nature's interest. Earthscan London.
②World Wild Found for Nature (2000), Living Planet Report 2000.
③World Wild Found for Nature (2002), Living Planet Report 2002.
④EU Ecological Footprint, STOA 2002.

在此我们采用的均衡因子为：耕地、建设用地2.8，森林、化石能源用地1.1，草地0.5，水域0.2，均衡处理后的六类生态生产性土地面积即为具有全球平均生态生产力、可以相加的世界平均生物生产面积。

(3) 产量因子及其校正

由于不同国家和地区的资源禀赋不同，单位面积同类型土地的生态生产力差别很大。因此，为了满足不同国家或地区间生态足迹对比的要求，需要借助产量因子进行调整。产量因子是一个将各地区同类生物生产性土地转换成可比面积的参数，是一个地区某类土地的评价生产力与世界同类土地平均生产力的比率，它可以消除不同国家或地区某类生物生产面积所代表的平均产量与世界平均产量的差异。根据瓦克纳格尔（Wackernagel）等对中国生态足迹计算时的取值，我国采用的产量因子分别为：耕地、建设用地1.66，林地0.91，草地0.39，水域1，化石能源用地为0。

在计算各地区生态承载能力时，同样也面临着地区土地生产力与国家综合土地生产力不可比的问题。这里按照各地区历年相关产品项目的单产数据与国家相应数据之比率作为调整因子，这部分调整将在生态承载能力的计算部分进行。

(三) 2007年区域生态足迹分析

1. 生物资源账户——基于生产数据

本部分将对全国各地区2007年的生态足迹进行计算，方法仍主要依据由瓦克纳格尔提出的综合法进行，计算中的各种参数如前所述。根据生产的初级产品性质的差异，可以对产品进行简单分类，建立生物资源账户和化石能源账户。其中，生物资源账户包括谷物、豆类、薯类、油料、棉花、麻类、甘蔗、甜菜、烟叶、水果、蚕茧、茶叶、猪肉、牛羊肉、奶类、禽蛋、羊毛、羊绒、蜂蜜及各类水产品项目。为反映各地区经济发展对生态环境的真实压力状况，这里应用生产足迹进行计算,计算数据出自中国统计年鉴和各地区统计年鉴。计算结果如表2-4-4所示。

表2-4-4　　　　　　　2007年中国区域人均生物资源足迹

单位:化石能源人均足迹

地区	耕地	林地	牧草地	水域	合计	地区	耕地	林地	牧草地	水域	合计
北京	0.0586	0.0272	0.2509	0.0367	0.3734	湖北	0.4494	0.0438	0.3946	0.5505	1.4382
天津	0.1427	0.0175	0.2897	0.2712	0.721	湖南	0.4527	0.0377	0.4675	0.2817	1.2397
河北	0.4453	0.0704	0.5477	0.0939	1.1572	广东	0.4271	0.0405	0.2811	0.5125	1.2612
山西	0.2973	0.0338	0.1647	0.0092	0.505	广西	4.0621	0.0675	0.4722	0.3699	4.9718
内蒙古	0.8442	0.0314	1.1462	0.041	2.0627	海南	1.3219	0.1164	0.4404	0.9106	2.7893
辽宁	0.3973	0.0417	0.6422	0.4795	1.5608	重庆	0.3789	0.0287	0.3997	0.0693	0.8765
吉林	0.8305	0.0336	0.657	0.0585	1.5795	四川	0.4082	0.0389	0.5026	0.1179	1.0676
黑龙江	0.9609	0.037	0.4816	0.0943	1.5739	贵州	0.3493	0.0121	0.2754	0.0215	0.6584
上海	0.0575	0.019	0.1086	0.133	0.318	云南	1.1029	0.0286	0.4163	0.0552	1.603
江苏	0.4129	0.0304	0.3067	0.474	1.2239	西藏	0.3249	0.0012	0.8033	0.002	1.1314
浙江	0.1674	0.0908	0.2153	0.479	0.9525	陕西	0.2849	0.0982	0.2438	0.0141	0.641
安徽	0.5039	0.0466	0.383	0.2864	1.22	甘肃	0.3475	0.0441	0.2496	0.0046	0.6458
福建	0.2126	0.0694	0.3025	0.8129	1.3973	青海	0.2528	0.0041	0.5318	0.0029	0.7915
江西	0.4563	0.0329	0.3915	0.4354	1.3161	宁夏	0.4977	0.0812	0.4251	0.1216	1.1256
山东	0.4829	0.0884	0.5263	0.4329	1.5305	新疆	1.3078	0.1071	0.6683	0.0441	2.1272
河南	0.6142	0.0851	0.4649	0.0514	1.2156	全国	0.606	0.052	0.414	0.267	1.339

①从生物资源足迹的全国平均水平来看,耕地类资源是最主要部分,占比45%,其次为牧草地和水域资源,分别占31%和20%,林地资源较少。民以食为天,以粮食类作物为代表的耕地类资源始终都是生物资源生产和消费的主要项目。并且,由于耕地类生物资源的单产水平通常较高(例如,谷物为3 114公斤/公顷,薯类为12 607公斤/公顷),而牧草地和水域类生物资源的全球单产都相对较小,(例如,牛羊肉为33公斤/公顷,淡水鱼为19公斤/公顷),所以,在将以重量为初始单位的各种生物资源计算为生态生产性土地面积的过程中,牧草地和水域类生物资源的作用比例会大幅上升,但也正是将平均单产水平计入生态足迹核算,才反映了较低单产水平生物资源对生态生产的真实耗用程度。

②从各地区生物资源足迹的人均水平来看,人均生物资源足迹较高的省份主

要有广西、海南、新疆、内蒙古、云南和东北三省；人均生物资源足迹较低的省市地区主要有北京、上海、山西、天津、陕西、甘肃和青海。不同于一般的生态足迹分析结论，这里人均足迹比较高的地区正是经济绩效低而物产资源相对丰富的地区，而人均足迹比较低的地区却见到北京和上海这样生态资源匮乏的经济中心。这主要由于此处采用生产法进行分析，人均足迹水平并不代表各地区的实际消费量。实际上，由于各种初级资源产品和原材料有从不发达地区流向发达地区的转移特征，在这里恰恰说明了具有较高足迹的地区是生物资源的主要产地和资源输出地区，而具有较低人均足迹的省市地区也是生物资源的主要输入和消费地区。

③从各地区生物资源足迹的构成来看，广西作为人均生物资源最高的地区，耕地类资源的生产占到了人均足迹的80%以上，而其中最主要的生物生产项目是以甘蔗为代表的糖类作物的产出。海南省较高人均生物足迹的主要影响因素是水域类资源的生产，2007年海南水域类人均足迹为0.91公顷/人，是全国平均水平的3.5倍。新疆地区的耕地和林地类生物资源足迹分别领先全国平均水平两倍多，从具体的资源项目来看，棉花、甜菜和水果是构成较高人均足迹的重要因素，2007年，新疆棉花和甜菜产量分别为全国总产量的40%和51%。内蒙古地区牧草地类生物资源的人均足迹接近全国平均水平的3倍，2007年，内蒙古羊绒产量为全国总产量的36%，羊毛和奶类产量为全国总产量的1/4。云南耕地类资源人均足迹接近全国平均水平两倍，其中，烟叶和茶叶是主要的构成因素，数据显示，2007年云南烟叶的生产量为全国总产量的1/3。

对于人均生物资源较低的地区而言，上海是人均生物足迹最低的地区，不足全国平均水平的1/4，其耕地类资源足迹甚至不到全国平均水平的1%，林地、牧草地和水域的人均足迹也只分别为全国的1/3、1/4和1/2。与上海相类似，北京市生物资源总足迹为全国平均水平的28%，耕地类人均足迹不足全国平均水平10%，林地、牧草地和水域人均足迹分别为全国的53%、61%和14%。这主要由于二者作为全国性的经济与政治中心，有限的土地资源逐渐脱离农产品等初级产品的生产功能，而主要被应用于为第二和第三产业服务的建设用地上，相对紧缺的土地资源和作物生产量，再加上规模庞大的集聚人口，人均足迹水平远远落后于全国平均水平就不足为奇了。此外，甘肃、青海等地区由于受地质地理禀赋条件影响和技术水平限制，各类生物资源产出水平低下，人均资源量少，最终造成较低人均生物资源足迹的格局。

2. 化石能源账户——基于消费数据

根据化石能源的生产量，平均发热标准和世界森林平均吸收碳的能力来评估化石能源消费所需占用的"能源足迹"。计算结果如表2-4-5所示。

表 2-4-5　　　　　　　　2007 年中国各地区化石能源足迹

地区	化石能源万元 GDP 足迹（hm²/万元）			化石能源人均足迹（hm²/cap）		
	合计	建设用地	化石用地	合计	建设用地	化石用地
北京	0.418795	0.007643	0.411152	2.398728	0.043778	2.35495
天津	0.595647	0.010253	0.585394	2.697987	0.04644	2.651547
河北	1.080173	0.015924	1.064249	2.132888	0.031443	2.101444
山西	1.616197	0.025642	1.590555	2.730982	0.043329	2.687653
内蒙古	1.350963	0.021185	1.329778	3.421571	0.053655	3.367916
辽宁	0.9986	0.013434	0.985167	2.561205	0.034454	2.526751
吉林	0.890923	0.009649	0.881274	1.724634	0.018678	1.705956
黑龙江	0.793711	0.009158	0.784553	1.466414	0.01692	1.449494
上海	0.488065	0.009215	0.47885	3.201804	0.060452	3.141351
江苏	0.499718	0.012312	0.487406	1.686993	0.041564	1.645428
浙江	0.485175	0.012569	0.472606	1.800751	0.046652	1.754099
安徽	0.659949	0.011253	0.648695	0.794374	0.013546	0.780828
福建	0.513139	0.011654	0.501484	1.325353	0.030102	1.295251
江西	0.575612	0.010011	0.565601	0.724819	0.012606	0.712213
山东	0.688797	0.010769	0.678028	1.909388	0.029853	1.879536
河南	0.753205	0.013127	0.740079	1.208062	0.021054	1.187009
湖北	0.822125	0.011792	0.810334	1.331598	0.019099	1.312499
湖南	0.769514	0.010916	0.758598	1.114009	0.015803	1.098206
广东	0.437903	0.011661	0.426241	1.440569	0.038362	1.402208
广西	0.675288	0.01289	0.662399	0.843494	0.0161	0.827394
海南	0.526188	0.010085	0.516103	0.761746	0.0146	0.747146
重庆	0.781451	0.011572	0.76988	1.144013	0.016941	1.127073
四川	0.83935	0.01242	0.826931	1.084979	0.016054	1.068925
贵州	1.794797	0.026834	1.767963	1.308122	0.019558	1.288564
云南	0.961875	0.017183	0.944692	1.010312	0.018049	0.992264
陕西	0.797916	0.01351	0.784406	1.163618	0.019701	1.143916
甘肃	1.23611	0.025576	1.210534	1.276448	0.026411	1.250037
青海	1.795266	0.042065	1.753201	2.54853	0.059715	2.488815
宁夏	2.317879	0.057523	2.260357	3.378784	0.083851	3.294933
新疆	1.187954	0.012841	1.175113	1.997781	0.021595	1.976186
全国	0.727483	0.012843	0.71464	1.544824	0.027273	1.517552

注：西藏地区缺失能源数据。

根据表 2-4-5 显示，2007 年中国化石能源总足迹为 200 263 万公顷，人均能源足迹 1.544 公顷，万元 GDP 足迹 0.727 公顷。从化石能源足迹总量分布来看，山东、河北、广东、江苏、河南、辽宁几个省份的能源足迹最高，全都超过 1 亿公顷，这些省份大多是东部发达地区，工业尤其是重工业发展在国民经济中占有重要地位，因此也是中国能源消耗的主要地区。与此相应，海南、青海、宁夏、江西、甘肃等省份化石能源足迹最低，均在 4 千公顷以下。总的来说，能源足迹格局呈现出经济发达地区的能源足迹高，欠发达地区能源足迹低的特征。

由于万元 GDP 能源足迹反映了能源利用的经济效率，万元 GDP 足迹低代表区域具有较高的能源利用效率。从各省市地区的能源足迹构成来看，北京、广东、浙江、上海、江苏几个东部沿海发达地区的万元 GDP 能源足迹均不足 0.5 公顷/万元，是能源足迹生产率比较高的地区。而宁夏、青海、贵州和山西等西部地区的万元 GDP 能源足迹都超过了 1.5 公顷/万元，宁夏地区更是达到了 2.318 公顷/万元，反映出能源生产效率东部高而西部低的特征。

人均能源足迹也在一定程度上反映了经济社会发展与资源消耗的匹配程度。从 2007 年全国人均能源足迹的地区分布来看，人均足迹比较高的地区有内蒙古、宁夏、上海、山西、天津、辽宁和青海，人均能源足迹均超过 2.5 公顷/人（见图 2-4-1）。较高的人均能源足迹出现在东部主要由地区较高的能源消耗水平决定，而山西出现较高的人均足迹是因为本身是中国煤炭主要产区，其他如宁夏等西部地区出现较高的人均能源足迹则主要是人口总量水平低的缘故。人均化石能源足迹比较低的地区主要分布在西部地区，有江西、海南、安徽、广西和云南，人均足迹水平小于 1 公顷/人。总体来说，不仅在能源消耗的总量上，即使在万元 GDP 能耗和人均能耗水平上，都反映出能源利用的东高西低格局。

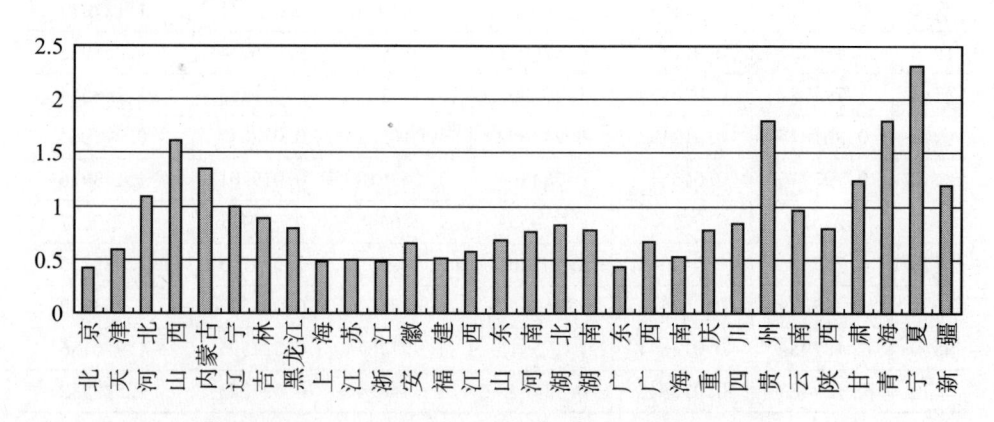

图 2-4-1 2007 年各地区万元 GDP 能源足迹

将能源足迹与生物资源足迹汇总，可以得到 2007 年中国各地区生态总足迹。其中，化石能源用地在总生态足迹中的比例为 52%，是最主要的构成部分；耕地和牧草地足迹也相对较多，比例分别为 21% 和 15%；其他依次是水域、林地和建设用地。可以看出，从生态生产的角度而言，人类对建设用地的需求并非很高。2007 年，全国平均人均生态足迹为 2.86 公顷/人，能源足迹与生物资源足迹之比为 53∶47，大体相当。

从各地区人均生态足迹水平来看，广西、内蒙古、宁夏、新疆几个省份具有相对较高的人均足迹，其中，广西和新疆较高的生态足迹主要由生物资源构成，而内蒙古和宁夏则受较高的能源足迹影响较多。陕西、甘肃、贵州和安徽等省份的人均生态足迹比较低，其中，陕西能源足迹和生物资源足迹都远低于全国平均水平；而安徽生物足迹虽与全国水平相当，但能源足迹只有全国平均水平的一半；甘肃和贵州的情况比较相似，二者的人均化石能源足迹略小于全国平均的水平，但人均生物资源足迹仅为全国平均水平的 40% 和 49%。

从化石能源足迹与生物资源足迹的比例关系来看，全国共有 19 个省市地区的人均能源足迹超过了生物资源足迹。其中，广西、海南、江西和云南属于高生物足迹、低能源足迹地区，生物足迹与能源足迹之比平均为 2∶1，反映出这些地区具有良好的环境、丰富的资源条件和较低的人口压力。与此相反，天津、山西和北京地区人均能源足迹分别是各自生物足迹的 3.7 倍、5.4 倍、6.4 倍，而上海地区更是达到了 10 倍之多，反映出这些地区高能源消耗与贫瘠的生物资源产出水平以及较高的人口承载压力。

3. 2007 年各地区生态承载能力分析

由于中国地域广阔，经纬度跨度很大，各地区土地光、热、水、土等各项自然条件的差异很大，同时，各地区对土地的资金投入、利用方式也有很大不同，从而使中国土地生产力存在巨大差异。所以，在产量因子的计算中，将根据各地历年的产量平均水平与中国平均水平的比率作为产量校正因子，计算各地区实际生态承载能力实际供给水平，结果如表 2-4-6 所示。

表 2-4-6　　　　2007 年中国各地区生态承载能力　　　　单位：万公顷

地区	耕地	林地	草地	水域	建设	合计	地区	耕地	林地	草地	水域	建设	合计
北京	103.24	109.53	0.039	1.1894	154.59	368.59	辽宁	2 273.4	694.77	6.7977	131.8	646.68	3 753.4
天津	203.28	17.087	0.012	6.3018	167.47	394.15	吉林	3 231.8	817.93	20.358	0.9608	492.78	4 563.8
河北	2 526.5	695.7	15.62	2.1098	828.23	4 068.2	黑龙江	5 350.3	2 034.6	42.921	48.446	689.25	8 165.5
山西	1 424.1	721.16	12.829	2.598	402.19	2 562.8	上海	159.08	3.4134	0	3.7706	112.9	279.16
内蒙古	3 011.1	4 415.3	1 279.7	36.744	686.79	9 429.6	江苏	2 594.5	131.84	0.0215	59.078	884.24	3 669.7

续表

地区	耕地	林地	草地	水域	建设	合计	地区	耕地	林地	草地	水域	建设	合计
浙江	1 074.4	723.3	0.0098	13	470.89	2 281.6	重庆	1 056.2	391.54	4.6293	4.614	272.28	1 729.2
安徽	2 468.7	446.82	0.5519	26.288	768.04	3 710.4	四川	2 794.2	2 340.4	267.37	16.054	737.92	6 155.9
福建	652.8	972.09	0.0507	11.744	293.38	1 930.1	贵州	1 872.8	774.73	31.169	3.0513	256.48	2 938.3
江西	1 346.8	1 073.5	0.0741	18.574	436.91	2 875.9	云南	2240.3	2 511.6	15.255	9.606	371.28	5 148.1
山东	3 908	386.26	0.663	14.841	1 156.8	5 466.6	西藏	174.11	1 659.8	1 256.6	112.13	30.677	3 233.3
河南	3 692.5	488.37	0.2808	11.346	1 012.1	5 204.6	陕西	1 336.2	1 143.4	59.785	6.84	376.16	2 922.4
湖北	2 507.6	809.43	0.8658	37.096	646.16	4 001.2	甘肃	1 388.5	766.23	245.98	3.292	451.97	2 856
湖南	2 019.3	1 221.8	2.0183	42.334	638.45	3 923.8	青海	174.7	557.58	786.81	31.996	150.87	1 702
广东	1 341	1 149	0.5304	17.218	825.9	3 333.7	宁夏	437.29	118.89	44.21	1.276	96.957	698.62
广西	1 784.3	1 421.6	13.999	11.07	438.77	3 669.7	新疆	2 260.3	645.55	996.82	23.512	573.7	4 499.9
海南	275.97	247.95	0.3783	2.5434	137.53	664.34	全国	55 683	29 491	5 106.8	711.4	15 208	106 200

（1）生态承载能力的地区分布与构成分析

2007年，中国可利用生态生产性土地面积106 200万公顷（gha）。其中，耕地占52%，林地占28%，建设用地占14%，牧草地占5%，水域占1%。由于牧草地和水域可支持的生态生产能力低（反映为均衡因子值比较小），以及产量因子调整中国牧草地的系数值比较小（仅为0.39），因此牧草地和水域面积在总生态承载能力中的比例也较低。从各类型生态承载能力的全国分布来看，耕地承载能力主要集中在黑龙江、山东、河南、吉林、内蒙古和四川，这些地区的耕地承载能力累计超过全国总承载能力的40%；林地资源承载能力比较丰富的地区主要有内蒙古、云南、四川、黑龙江和西藏，这些地区林地承载能力的累计水平达到了全国生态承载能力的45%；牧草地资源承载能力较高的省份主要有内蒙古、西藏、新疆、青海、四川和甘肃，这六个地区的牧草地承载能力累计超过全国总草地承载能力的90%，其中，仅内蒙古和西藏两个省份的牧草地承载能力之和就接近全国总量的50%，反映牧草地资源分布比较集中；建设用地主要集中在山东、河南、江苏、河北、广东、安徽和四川，累计承载能力水平达到全国的40%。

从全国生态承载能力的人均水平来看，2007年，人均生态承载能力为0.804公顷/人，耕地承载能力为0.421公顷/人，林地承载能力0.223公顷/人，建设用地承载能力0.115公顷/人，牧草地承载能力0.039公顷/人，水域承载能力为0.005公顷/人。在各类型生态承载能力的人均量分布上，耕地类人均承载能力比较丰富的地区是黑龙江、内蒙古、吉林和新疆，其人均耕地承载能力均达到了

1公顷以上,平均为全国水平的3倍;人均林地承载能力较高的省份主要有西藏、内蒙古、青海、云南和黑龙江,其人均林地承载能力均达到了0.5公顷/人,平均接近全国水平的9倍;牧草地类人均承载能力比较高的地区主要有西藏、青海、内蒙古和新疆,人均草地承载能力在0.5公顷以上,分别超过全国平均水平10倍以上,西藏地区的人均草地承载能力甚至达到了全国平均水平的115倍。

从人均生态承载能力的地区分布来看,生态承载能力人均资源比较丰富的省份有西藏、内蒙古、青海、新疆、黑龙江、吉林、宁夏、云南和甘肃,这些地区的人均承载能力水平均超过了1公顷/人,西藏地区的人均承载能力水平更是达到了11.4公顷/人。人均生态承载能力较高的省份主要集中在西部经济欠发达地区,这里地广人稀,土地利用程度较低,物产生态资源丰富,生态环境受人类活动干扰较少,因而承载能力水平较高。与此相应,全国人均生态承载能力水平比较低的省市地区主要有上海、北京、天津、广东、浙江、江苏和福建,这些地区的人均承载能力水平不足0.5公顷/人,这些人均生态承载能力低的地区主要集中在东南沿海经济发达地区,一定程度反映出经济发展带来给地区生态环境造成的极大压力和耗费的资源成本。

(2) 各地区生态承载能力与经济发展的结构偏差分析

从生态承载能力的计算结果和前面的分析可以发现,中国生态承载能力不管在总量还是人均量上,呈现出西高东低与生态占用水平截然相反的格局,可以说,中西部地区的资源承载在很大程度上支持了东部地区的经济、人口与社会发展,表现出中国目前的资源利用结构在地区上存在一定的不公平性。随着东部地区经济绩效的进一步提高,对人口的集聚作用越来越强,这种经济发展能力与生态承载能力不相匹配的状况也将会深化发展,而这显然是不能与经济环境可持续发展要求相适应的,这种不相匹配的程度可以通过经济绩效与生态承载能力的结构偏差系数来量化反映。

$$D_j = y_j / \sum y_j - R_j / \sum R_j$$

其中,D_j表示各地区经济绩效与生态承载能力的偏差程度,y_j表示地区经济绩效水平,这里用地区生产总值表示,R_j表示地区生态承载能力水平,计算后的结果如表2-4-7所示。

表2-4-7　　中国地区生态承载能力偏差系数 (2007)

地区	结构偏差	地区	结构偏差	地区	结构偏差	地区	结构偏差
北京	0.031	河北	0.011	内蒙古	-0.067	吉林	-0.024
天津	0.015	山西	-0.003	辽宁	0.005	黑龙江	-0.051

续表

地区	结构偏差	地区	结构偏差	地区	结构偏差	地区	结构偏差
上海	0.042	山东	0.043	海南	-0.002	陕西	-0.008
江苏	0.059	河南	0.006	重庆	-0.001	甘肃	-0.017
浙江	0.047	湖北	-0.004	四川	-0.020	青海	-0.013
安徽	-0.008	湖南	-0.004	贵州	-0.018	宁夏	-0.003
福建	0.015	广东	0.081	云南	-0.031	新疆	-0.030
江西	-0.007	广西	-0.013	西藏	-0.029		

数据为正，可以认为地区的资源承载能力小于经济承载能力；数据为负，则经济承载能力小于资源承载能力。可以看出，全国共有11个省市地区的经济承载能力高于自身资源承载能力，依次分别是，广东、江苏、浙江、山东、上海、北京、福建、天津、河北、河南和辽宁，进一步印证了中西部地区对东部地区经济发展的资源支撑作用。广东省和江苏省分别以3%的资源占有量承载着11%和9%的经济总量，资源环境的外部依存度很高；内蒙古和黑龙江地区分别以9%和8%的资源生产总量支持2%的经济产出水平，资源对外输出为主，自身环境压力明显。

4. 各地区生态盈余分析

按照生态足迹理论，生态承载能力相对于生态足迹的不足称为生态赤字。生态赤字代表了支持经济活动的生态基础的短缺程度，可以用来分析生态系统对经济发展的制约作用。如果存在生态赤字，说明生态系统正常提供的生态基础不能满足当前经济活动的生态需求，即生态系统不能充分提供经济所需的资源和充分净化经济排放的废物。因此，赤字的存在表明地区发展的生态不可持续，意味着生态系统对经济发展存在制约作用。

2007年，全国人均生态赤字2.13公顷，其中，化石能源赤字1.478公顷/人，占比58%，牧草地赤字0.375公顷/人，占比15%，水域赤字0.262公顷/人，占比10%（见表2-4-8）。由于世界各国现行土地利用中都没有预留一定量的土地用于吸收生产和生活中能源消费释放的二氧化碳，因而，生态足迹中占较大比例的化石能源用地面积直接作为赤字出现在生态账户中。根据EEA估计，世界化石能源消费所有碳排放中69%由陆地森林来吸收，其余则由海洋吸收或进入地球大气循环。而从目前林地的盈余量看，并不足以支持巨大的化石能源消费规模。

表 2-4-8　　　　2007年中国各地区人均生态盈余　　　　单位：公顷/人

地区	耕地	林地	牧草地	水域	化石能源	合计
北京	0.0044	0.0398	-0.2509	-0.0360	-2.3674	-2.6101
天津	0.0393	-0.0025	-0.2897	-0.2652	-2.6508	-3.1689
河北	-0.0813	0.0296	-0.5455	-0.0936	-2.0749	-2.7657
山西	0.1227	0.1792	-0.1609	-0.0084	-2.6115	-2.4789
内蒙古	0.4078	1.8046	-0.6141	-0.0260	-3.2979	-1.7256
辽宁	0.0977	0.0933	-0.6402	-0.3265	-2.5025	-3.2782
吉林	0.3535	0.2664	-0.6495	-0.0581	-1.6962	-1.7839
黑龙江	0.4381	0.4950	-0.4704	-0.0813	-1.4435	-1.0621
上海	0.0285	-0.017	-0.1086	-0.1310	-3.1515	-3.3796
江苏	-0.0729	-0.0134	-0.3067	-0.4660	-1.6516	-2.5106
浙江	0.0446	0.0522	-0.2153	-0.4760	-1.7621	-2.3566
安徽	-0.0999	0.0264	-0.3829	-0.2824	-0.7791	-1.5179
福建	-0.0306	0.2016	-0.3025	-0.8099	-1.2990	-2.2404
江西	-0.1483	0.2131	-0.3915	-0.4314	-0.7124	-1.4705
山东	-0.0659	-0.0474	-0.5262	-0.4309	-1.8743	-2.9447
河南	-0.2202	-0.0331	-0.4649	-0.0504	-1.1810	-1.9496
湖北	-0.0094	0.0982	-0.3944	-0.5435	-1.3048	-2.1539
湖南	-0.1347	0.1543	-0.4672	-0.2747	-1.0933	-1.8156
广东	-0.2851	0.0815	-0.2810	-0.5105	-1.4119	-2.407
广西	-3.6881	0.2305	-0.4693	-0.3679	-0.8249	-5.1197
海南	-0.9949	0.1766	-0.4400	-0.9076	-0.7486	-2.9145
重庆	-0.0039	0.1103	-0.3981	-0.0673	-1.1214	-1.4804
四川	-0.0642	0.2491	-0.4697	-0.1159	-1.0620	-1.4627
贵州	0.1487	0.1939	-0.2671	-0.0207	-1.2482	-1.1934
云南	-0.6069	0.5274	-0.4129	-0.0532	-0.9807	-1.5263
西藏	0.2881	5.8428	3.6214	0.3930	0	10.1453
陕西	0.0711	0.2068	-0.2278	-0.0121	-1.1368	-1.0988
甘肃	0.1835	0.2489	-0.1556	-0.0036	-1.2208	-0.9476
青海	0.0632	1.0059	0.8936	0.0551	-2.3656	-0.3478
宁夏	0.2193	0.1138	-0.3526	-0.1196	-3.0472	-3.1863
新疆	-0.2288	0.2009	-0.1925	-0.0331	-1.9540	-2.2075
全国	-0.1850	0.1710	-0.3754	-0.2620	-1.4780	-2.1294

从各地区生态盈余水平来看，全国所有省份都处在生态赤字状态（西藏由于缺失能源消费数据，暂不计入）。青海、甘肃和黑龙江赤字相对较低，在人均1公顷以下。广西、上海、宁夏、辽宁和天津的生态赤字都比较高，超出了3公顷/人。对于耕地类人均生态赤字而言，广西、海南、云南、广东、新疆与河南的人均赤字量超出全国平均水平，包括北京、上海、天津和东北地区等在内共15个省市的人均耕地足迹出现盈余。对于牧草地足迹而言，除西藏、青海少数省份外，大多数地区处于生态供给小于生态需求的赤字状态下，但分布相对均衡，各地赤字水平相差不大。对于林地足迹而言，只有山东、海南、上海、江苏和天津少数几个东部地区为生态赤字。

（四）区域生态足迹动态分析

1. 各地区生物资源足迹变化——基于生产数据

本部分继续利用生态足迹方法对全国各地区1997年和2003年的生态可持续承载状态进行计算，方法仍主要依据由马西斯·瓦克纳格尔（Mathis Wackernagel）提出的综合法进行，计算中的各种参数如前所述。根据生产的初级产品性质的差异，可以对产品进行简单分类，建立生物资源账户和化石能源账户。为反映各地区经济发展对生态环境的真实压力状况，这里应用生产足迹进行计算，计算数据出自中国统计年鉴和各地区统计年鉴。

（1）生物资源总足迹变化

将2007年生物生态足迹与1997年和2003年的数据进行比较，发现从1997~2007年的10年间，生物生态足迹总量增长27%，年均增长率2.5%，并且2003~2007年间的增长速度要快于1997~2003年的变化，说明生物生态足迹的增长有加快的趋势。从各组分的变化来看，耕地足迹变动相对缓慢，10年来增长了12%；林地、牧草地和水域足迹的增长是生物足迹变动的主要原因，10年来三种足迹的年增长率分别达到11%、3.3%和3.4%。

从各地区的变化看，西藏、广西、新疆、辽宁、河南、内蒙古和海南的生物足迹增长较快，1997~2007年来以年均4%以上的速度保持增长，2007年西藏地区的生物生产足迹是十年前的两倍，年均增长率也达到了7%。相对而言，北京和上海两地的生物生产足迹为负增长，社会的发展对土地资源的经济功能需求部分地"挤出"了生物生产需求。另有部分地区如福建、广东和浙江，十年来的生物足迹增长速度在0.5%以下，几乎没有变化。生物资源产出依赖于实际耕作的土地面积规模和投入的技术水平，资料显示作为生物生产主要资源的耕地面积在这些地区是随时间逐渐减少的，反映了东部沿海省份对生物资源的耕作技术和利用方式的有提高的趋势。

（2）生物资源人均足迹变化

全国人均生物资源足迹从1997年1.1226公顷/人增长到2003年1.2393公顷/人，再到2007年的1.339公顷/人，年均增长率1.8%。从地区变化来看，全国共有六个地区的人均生物足迹为负增长，分别是上海、北京、广东、浙江、福建和山西。同一时期，这些地区的生物资源足迹总量并未观察到显著减少的趋势，因而人均足迹的下降是有人口集聚带来的。同时，随着生活质量的提高，人均生物资源消费倾向也有增加的趋势，在于人口因素的共同作用下，这些地区生物资源的自给能力将进一步恶化，生态环境压力对外依赖有加强之势。另外，广西、西藏、河南、辽宁和内蒙古的人均生物足迹增长迅速，增长幅度也均在40%以上，虽然这些增长并非全部由本地人口吸纳，但反映了经济发展对本地生态环境造成的直接负担在不断增加。

2. 区域化石能源足迹变化——基于消费数据

从1997年到2007年的10年间，我国化石能源足迹从8亿公顷变化到2003年的11亿公顷再到2007年的20亿公顷，共增长了150%，年均增长率达到9.5%。宁夏、内蒙古、青海、山东、福建、浙江和广东的能源足迹增长较快，年均增长率超过11%；东北地区的能源足迹增长则较为缓慢。10年间，万元GDP能源足迹以每年4%的速度下降，北京地区能源强度下降最快，达到每年11.5%，吉林、天津、黑龙江、陕西、山西和上海年下降率也在5%以上。1997~2007年，全国人均能源足迹的年增长率为8.8%，内蒙古、宁夏、山东和青海的人均能源足迹增长率都在12%以上，经济增长对能源需求的压力显著增强；北京、黑龙江、上海、天津、吉林的能源足迹增长缓慢，年平均不到6%，其中，上海、北京和天津的低人均增长来自人口的快速增加，而东北地区则由于缓慢增长的总能源需求。

3. 区域生态承载能力动态分析

随着地区经济社会发展，越来越多的土地资源被用作城市建设，脱离生态生产功能。而一定时期内，地区的土地资源相对固定和有限，技术提高的作用虽然可以从产量因子中得以体现，但短时期内产量因子更多受到自然条件的制约。并且，随着人口的增长，人均生态承载能力多表现为缓慢减少的趋势。利用1997年和2003年全国各省区土地利用资料及土地生态单产资料，计算出相应年份各地区的人均生态承载能力。

1997年，全国生态承载能力较高的省份是西藏、内蒙古、青海、新疆和黑龙江地区，人均生态承载能力达到2公顷以上，而西藏地区更是达到了人均11.4公顷；人均生态承载能力相对较少的地区有上海、北京、天津、浙江、广东、江苏和福建，人均承载能力在0.5公顷以下。2003年，生态承载能力较高的省份是西藏、内蒙古、青海、新疆和黑龙江，人均值2公顷以上；承载能力较低的地区有上海、北京、天津、广东和浙江，人均值0.5公顷以下。

从人均生态承载能力的动态变化来看，从1997年到2003年再到2007年，各地区的生态承载能力变动幅度很小，这主要由于地区的土地资源相对固定，自然气候条件决定的生物生态产量变化也小，所以大多数地区的生态承载能力处于稳定状态。具体而言，四川、山西和内蒙古地区的人均生态承载能力增长较多，主要的增长来源于林地生态承载能力的增加，反映了1999年国家实行退耕还林政策以来，增加了林草植被，加快了国土绿化进程，水土流失和风沙危害强度减轻，生态环境改善成效显著。

4. 区域生态承载能力盈余变动分析

根据前述生物资源足迹、化石能源足迹及生态承载能力计算1997年和2003年各地区的人均生态盈余，结果如表2-4-9所示。化石能源用地指吸收化石燃料燃烧过程中排放出的二氧化碳所需的林地面积（此处并未包括化石燃料及其产品排放出的其他有毒气体），由于化石能源用地是人类应该留出用于吸收二氧化碳的土地，但目前事实上人类并未留出这部分土地，因此在生态承载能力的计算中，储藏化石能源的用地面积暂未考虑在内，这样造成化石能源足迹量即为能源足迹的赤字量。

从1997年到2007年，各地区的生态赤字量和人均生态赤字量都在不断攀升。宁夏、新疆、陕西和贵州十年来的人均生态赤字量以年均10%的速度增长，约为1997年的3倍；青海和内蒙古在1997年处于生态盈余状态，现今人均赤字量分别达到0.35公顷/人和1.73公顷/人。东部地区如北京、上海、广东和福建的人均赤字量十年来增加较少，增长率在5%以下。多数地区的生态赤字增长来自于化石能源消费的增加，如内蒙古、宁夏、新疆地区的化石能源足迹占用水平达到了1997年时的3倍。按照生态足迹理论的判断标准，生态赤字的存在说明区域的生态环境处于不可持续发展状态，我国目前总体处于工业化中期阶段，发展对资源的占用与需求，尤其是占生态足迹主要部分的能源需求还将进一步增加。总体而言，生态足迹理论应用生态生产理念将社会发展所需的生物资源与能源需求放到一个研究框架中进行考察，一定程度上消除了各种资源间的差异性，也使各项经济发展决策所需的判断依据更具有可比性。

二、基于短板效应的区域承载能力综合分析

生态足迹方法虽然综合测度了人类可持续发展中的众多要素，如生态生产、废物消纳等，对资源生态要素的综合承载能力也给出了准确的定义和清晰的衡量

方法，其计算结果也对区域的可持续发展规划有着重要的借鉴参考作用，但就本文所要研究的资源—环境—经济复合巨系统而言，其对经济系统的考量还不够详尽和完善。因而，接下来内容将从三系统复合承载能力的角度出发，进一步探索区域承载的综合能力。

（一）区域综合承载能力的短板效应理论

所谓"短板效应"，也称"木桶理论"，是指一个简单的生活现象：一只由诸多长短不同的木板箍成的木桶，其盛水量的大小既不取决于最长一块木板的高度，也不取决于木板的平均高度，而是取决于最短一块木板的高度。因此，要增加木桶的水容量，就必须增加短板的高度，使之与长板同样整齐。

区域承载能力是由若干部分（或因素）组成的复合巨系统，它犹如一个由生物有机体与周围的非生物物质构成的巨大开放容器，这个容器虽是开放的，但其组成部分和各种成分的含量是相对固定的，因而该容器对任何新物质的增加和原有物质的变化幅度都是有限的，也即其固有容量是有限的，这个限度是区域承载能力的阈值，而承载能力阈值的大小则由构成区域承载能力的众要素联合决定。

由于各种承载能力具有各自不同的阈值，这些承载能力要素集合在一起，构成了区域承载能力束。如果把区域承载能力的大小比作容器的容量，那么根据木桶理论的原理，在这个由若干因素组成的环环相扣的有机系统整体中，区域承载能力不是各个因素的承载能力之和，也不是各个因素承载能力中的最大值，而是由区域承载能力各个组成部分中承载能力最小的因素决定的，这个最小承载能力即为木桶理论中的短板。

影响区域综合承载能力有许多因素，根据前文分析，可以将之分为资源、环境和经济三个系统，每个系统由也各自的要素承载能力构成，如资源承载能力系统由水资源承载能力、耕地资源承载能力、草地资源承载能力和森林资源承载能力等构成；环境承载能力又可分为水环境承载能力、大气环境承载能力等；经济承载能力也有就业单因素承载能力与综合承载能力之分。这些因素都会影响区域综合承载能力，而且它们的影响力也是不同的。然而，根据木桶理论，我们只要找到众多限制性因子中最小的一个因子，就是找到了木桶的最短板，就可以计算具体区域的综合承载能力。

（二）区域承载能力短板效应分析

按照承载能力短板效应的分析思路，对各地区资源、环境和经济承载能力的分析结果进行汇总，可以得到不同生活水准下的区域最小人口容量，即短板承载能力，分析结果如表 2-4-9 所示。

表 2-4-9　　　　各地区短板承载能力分析　　　　单位：万人

地区	总体小康			全面小康			初步富裕		
	最小人口容量	RCI	短板类型	最小人口容量	RCI	短板类型	最小人口容量	RCI	短板类型
北京	333.5	0.204	资源	311.3	0.191	资源	280.1	0.172	资源
天津	543.2	0.487	资源	507.0	0.455	资源	423.0	0.379	资源
河北	5 365.3	0.773	环境	3 389.7	0.488	经济	1 773.1	0.255	经济
山西	536.9	0.158	环境	434.3	0.128	环境	405.6	0.120	环境
内蒙古	1 425.3	0.593	环境	1 153.0	0.479	环境	713.5	0.297	经济
辽宁	3 919.3	0.912	环境	2 967.9	0.691	经济	1 552.4	0.361	经济
吉林	3 052.7	1.118	可载	1 493.4	0.547	经济	781.2	0.286	经济
黑龙江	3 847.4	1.006	可载	1 882.1	0.492	经济	984.5	0.257	经济
上海	450.9	0.243	资源	419.0	0.226	资源	347.0	0.187	资源
江苏	7 448.0	0.977	资源	5 925.0	0.777	资源	3 736.9	0.490	经济
浙江	3 926.8	0.776	资源	3 664.9	0.724	资源	2 586.5	0.511	经济
安徽	5 197.5	0.850	经济	2 542.6	0.416	经济	1 330.1	0.217	经济
福建	2 820.1	0.788	资源	2 216.0	0.619	经济	1 159.2	0.324	经济
江西	3 775.6	0.864	经济	1 847.0	0.423	经济	966.1	0.221	经济
山东	11 513.0	1.229	可载	6 125.8	0.654	经济	3 204.3	0.342	经济
河南	8 631.9	0.922	经济	4 222.7	0.451	经济	2 208.8	0.236	经济
湖北	5 523.8	0.969	环境	2 779.9	0.488	经济	1 454.1	0.255	经济
湖南	5 210.9	0.820	环境	2 800.1	0.441	经济	1 464.7	0.230	经济
广东	7 082.3	0.750	资源	6 610.2	0.702	资源	4 647.5	0.492	经济
广西	2 144.7	0.450	环境	1 735.9	0.364	环境	1 005.9	0.211	经济
海南	798.3	0.945	经济	390.6	0.462	环境	204.3	0.242	经济
重庆	2 643.2	0.939	环境	1 357.1	0.482	经济	709.9	0.252	经济
四川	7 216.1	0.888	经济	3 530.1	0.434	经济	1 846.5	0.227	经济
贵州	2 411.4	0.641	经济	1 179.6	0.314	经济	617.1	0.164	经济
云南	3 416.0	0.757	经济	1 671.1	0.370	经济	874.1	0.194	经济

续表

地区	总体小康			全面小康			初步富裕		
	最小人口容量	RCI	短板类型	最小人口容量	RCI	短板类型	最小人口容量	RCI	短板类型
西藏	234.1	0.824	经济	114.5	0.403	经济	59.9	0.211	经济
陕西	3 649.4	0.974	经济	1 785.3	0.476	经济	933.9	0.249	经济
甘肃	1 987.7	0.760	经济	972.4	0.372	经济	508.6	0.194	经济
青海	481.9	0.873	经济	235.8	0.427	经济	123.3	0.223	经济
宁夏	64.7	0.106	环境	52.3	0.086	环境	48.9	0.080	环境
新疆	2 142.7	1.023	可载	1 048.2	0.501	经济	548.3	0.262	经济

注：RCI 为相对人口承载能力，是可承载人口与实际承载人口之比。

在短板效应下，全国除个别地区外，皆处于超载状态。在总体小康生活水准下（见图2-4-2），全国仅有吉林、黑龙江、山东和新疆4个地区的承载能力出现盈余，不受短板承载能力限制，地区综合承载状况良好。从短板效应的类型来看，北京、天津、上海等共7个地区的超载短板出现在资源承载能力上；河北、山西、内蒙古、辽宁等共9个地区的超载短板发生在环境承载能力上；江西、河南、海南及大部分西部地区超载的短板是由于经济发展不足。

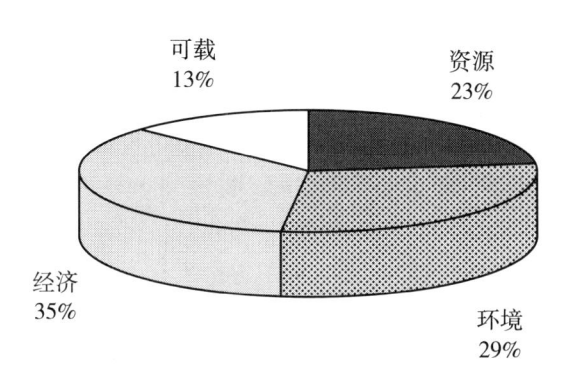

图 2-4-2　区域承载能力短板类型比例图（总体小康）

在全面小康生活水平下，各地区均为超载，从超载的短板类型来看，全国有6个地区属于资源型超载，有5个地区属于环境型超载，其余大部分地区属于经济型超载。在初步富裕生活水平下，各区域超载幅度进一步加深，超载的短板类型显示，北京、天津和上海属于资源型超载，山西、宁夏属于环境型超载，其余各地皆为经济型超载。

可见，伴随生活水准的提高，越来越多的地区承载短板类型从资源环境转向经济超载。这并不是说资源环境会在发展的过程中逐渐变为可载；相反，它们的超载程度也是在逐步加深的，只是负载的速率逐渐被经济承载能力所赶超。经济型短板在地理范围上的迅速扩张，说明了对于我国大多数地区而言，发展中处于主要矛盾地位的仍将是经济要素。

当然，我们也不可忽略对发展至关重要的资源环境因素。原因在于，首先，如果仔细分析经济超载的高速度原因，可以发现，随着生活标准的提高，代表经济类的要素，如人均收入水平、就业状况、基础设施建设和医疗卫生条件等指标的提高速度会大大高于资源环境类要素如人均粮食占有量、人均绿地面积等指标的提高幅度。也就是说，发展所要求的人均资源环境提高水平并不像所要求的经济收入增长那样快，所以，经济越来越呈现出短板效应也就在情理之中了。

其次，从资源、环境、经济三要素的性质看，其承载的"绝对性"在逐渐减弱，而"相对性"在逐渐增强。在资源—环境—经济系统中，经济要素是最具活力，也是流动性最强的要素，与资源匮乏和环境污染可能导致的营养失衡、健康损害和卫生问题等"硬约束"相比，经济超载除了在达到贫困线这样的极端水平外，对人口容量的制约作用在实质上还是一种"软约束"。因此，虽然经济超载问题会随着发展变得越来越突出，但解决承载能力矛盾的关键还在于同资源环境因素的协调。

表2-4-10给出了资源环境两要素系统下的各区域短板类型。结果显示，对于不同生活标准下的全国大多数地区而言，环境承载能力的超载问题是仅次于经济超载的第二块短板。

表2-4-10　　各地区资源环境承载能力的短板分析

地区	总体小康	全面小康	初步富裕	地区	总体小康	全面小康	初步富裕
北京	耕地	耕地	耕地	安徽	环境	环境	环境
天津	耕地	耕地	水	福建	耕地	耕地	耕地
河北	环境	环境	环境	江西	环境	环境	环境
山西	环境	环境	环境	山东	环境	环境	环境
内蒙古	环境	环境	环境	河南	环境	环境	环境
辽宁	环境	环境	环境	湖北	环境	环境	环境
吉林	环境	环境	环境	湖南	环境	环境	环境
黑龙江	环境	环境	环境	广东	耕地	耕地	草地
上海	耕地	水	水	广西	环境	环境	环境
江苏	水	水	水	海南	草地	草地	草地
浙江	耕地	耕地	草地	重庆	环境	环境	环境

续表

地区	总体小康	全面小康	初步富裕	地区	总体小康	全面小康	初步富裕
四川	环境	环境	环境	甘肃	环境	环境	环境
贵州	环境	环境	环境	青海	环境	环境	环境
云南	环境	环境	环境	宁夏	环境	环境	环境
西藏	耕地	耕地	耕地	新疆	环境	环境	环境
陕西	环境	环境	环境				

对承载各地区的不同要素，采用了不同的计算方法，既有物理量的方法（如耕地资源承载力），也有经济量的方法（如就业人口承载力）；既有绝对量的方法（如水资源承载力等），也有相对量的方法（如环境资源承载力）。因此，在综合的过程中，虽然在生活标准等社会经济因素下尽量统一，但仍无法避免不同方法给最终结果带来的偏差，导致计算结果和主观认识不一致的情形，这种偏差将作为进一步研究需要充分考虑的问题。

三、基于神经网络的区域可持续承载能力综合评价

可持续发展理论的提出体现了人类在认识自然、改造自然过程中自我认识、自我调节的能动作用，表达了追求良好生活质量的理念，也为承载能力的进一步发展带来了全新的视角，使得承载能力概念不断发展并逐渐应用到自然社会系统中，促使人们对承载能力的含义和要素作出更全面深刻的思考。

可持续理论下以区域生态系统的健康发展作为承载标准，使承载能力由单一承载要素组成的简单系统发展到"自然—经济—社会"的复合系统，在这一系统中，生态环境和社会经济互为条件，相互增益。生态环境为社会经济的发展提供生存空间和物质基础，社会经济为生态环境的发展提供人力资源、资金和技术支持，社会经济系统中包括人口素质、经济效率、社会组织和科技进步等多方面有机结合的社会发展过程是承载能力得以提升的关键因素，决定可持续承载能力的层次和发展潜力。

（一）区域可持续承载能力评价体系设计

根据区域生态经济系统的特性和共性、可持续发展理论，区域生态环境基础的发展状况（地质地貌、大气、土壤等）、资源的质量和利用状况、环境的污染和治理状况、社会经济的发展水平等都是进行可持续承载能力评价的重要内容，

也是建立评价指标体系的主要来源，据此可将指标体系划分为压力类指标、承压能力类指标和人类活动潜力类指标共 45 项指标。

可持续承载能力压力类指标见表 2-4-11。

表 2-4-11　　　　　可持续承载能力压力类指标表

资源消耗	人均日生活用水量（升）	
	万元 GDP 能耗（吨标准煤/万元）	
	万元 GDP 耗水（吨/万元）	
	水资源开发利用率（%）	
环境污染	万元工业产值废水排放量（吨）	
	万元工业产值废气排放量（万标立方米）	
	万元工业产值固体废物产生量（吨）	
	人均生活垃圾清运量（千克）	
生态脆弱性	地质灾害直接经济损失（万元）	
	农地受灾面积比例（%）	
	森林病虫鼠害发生率（%）	
人口发展	人口密度（人/平方公里）	
	人口自然增长率（‰）	
	城镇人口比例（%）	
生活质量	城镇居民可支配收入（元）	
	城市人均住宅建筑面积（平方米）	
	城镇居民家庭恩格尔系数（%）	
经济增长	总量	人均工业产值（元）
	速度	GDP 增长率（%）
	结构	第三产业比重（%）

压力类指标集中表征了人类活动对自然生态系统的负面影响，即承载对象的压力作用。体现在生态环境上为资源的利用与消耗、环境的污染及生态脆弱性增强；体现在人类活动上为承载了区域的人口发展、逐渐提高的生活质量和经济的增长。

承压类指标集中反映了资源环境生态系统对人类社会经济发展活动的支持与服务功能，即承载作用。自然生态环境的承载功能主要体现在资源禀赋水平、环境容量和生态系统功能水平三个方面（见表 2-4-12）。

表 2-4-12　　可持续承载能力承压类指标表

资源禀赋水平	人均水资源量（立方米/人）	
	人均石油储量（吨/人）	
	人均煤炭储量（吨/人）	
	人均耕地面积（公顷/人）	
	有效灌溉面积（千公顷）	
环境容量	地下水供水比例（%）	
	森林覆盖率（%）	
	化肥施用强度（kg/公顷）	
生态系统功能水平	气候	复种指数
	土壤	粮食单产（公斤/公顷）
	生物丰度	自然保护区面积占辖区面积比重（%）
		湿地面积比重（%）

人类活动潜力指标包括环境保护与治理、文化教育、安全保障和社会经济效率四个方面的指标，它反映了人类在利用自然、改造自然过程中的能动作用，是"可持续"理念的集中体现。从可持续承载的要素上看，它既属于承载的对象，又对承载主体的功能起至关重要的作用，因此给予单独考察。

可持续承载能力人类活动潜力类指标见表 2-4-13。

表 2-4-13　　可持续承载能力人类活动潜力类指标表

环境保护与治理	工业废水排放达标率（%）	
	工业固体废弃物综合利用率（%）	
	生活垃圾无害化处理率（%）	
	生活垃圾无害化处理能力（吨/日）	
文化教育	每万人口高等学校在校学生数（人）	
	人均受教育年限（年）	
安全保障	万人卫生技术人员数（人）	
	城镇登记失业率（%）	
社会经济效率	基础设施	人均公园绿地面积（平方米）
		人均城市道路面积（平方米）
	科技水平	科技教育投入占 GDP 比（%）
		专利授权数（件）
	系统交流	货物进出口总额（万美元）

衡量可持续承载能力的指标多、关系复杂、特性差异大，考虑到各区域人口、经济、社会、生态环境状况的差异以及本文所采用的评价测度方法的特殊性，要求

各指标最好能够进行各区域横向可比,因此各指标也尽量采用百分率、增长率和单位均值表示。文中原始数据主要来源于 2008 年《中国统计年鉴》、《中国环境统计年鉴》及各地区统计年鉴。根据各指标定义及计算公式整理出各项指标实际值。

(二) 可持续承载能力的评价方法

利用指标体系对承载能力能力进行综合评价,有多种方法可以选择,比较常见的方法有层次分析法、模糊综合评价方法、多元统计分析、状态空间向量和人工神经网络分析。其中,层次分析法和模糊综合评价法属于主观赋权,评价过程中较多依赖专家的知识和经验;状态空间向量法的权重设置过程中没有特殊指定的方法,通常与其他赋权方法如层次分析、熵值法结合使用;多元统计分析和人工神经网络方法同属于客观权数法,前者通过将多维指标抽象为低维指标进行综合评定,具有一定的主导性,但不能还原指标全貌,低维空间指标的物理意义也不利于理解和使用。

1. BP 神经网络的基本原理

人工神经网络方法是基于模仿大脑神经网络结构和功能而建立的一种信息处理系统,它实际上是由大量简单元件相互连接而成的复杂网络,具有高度的非线性,能够进行复杂的逻辑操作。从可持续承载能力的内涵来看,系统内部有多个稳态层次,要素反馈作用复杂,且具有非线性特征。因此,本文选择客观赋权基础上的具有非线性适应性信息处理能力的人工神经网络模型进行可持续承载能力评价。BP 神经网络是在反向传播算法的基础上发展起来的一种误差逆向传播的多层次反馈型网络,所使用的是导师学习算法,由输入层节点、隐含层节点和输出层节点构成,网络结构如图 2-4-3 所示。同层节点间无关联,异层节点间前向连接。

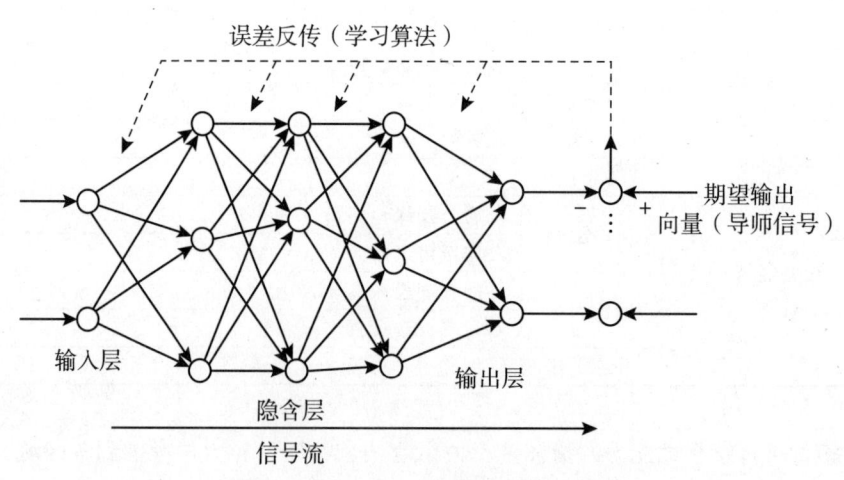

图 2-4-3 BP 神经网络结构图

对于输入信号，要向前传播到隐含层节点，经作用函数变换后，再把隐含层节点的输入信号传播到输出层节点，节点作用函数一般为 S（sigmoid）模型函数。

2. BP 神经网络训练样本的确定

文中模型的输入层为可持续承载能力的指标标准化值，输出层为可持续承载能力的状态值。对 BP 网络进行训练时，要提供一组训练样本，每个样本由输入样本和理想输出对组成。根据可持续承载能力的实际要求和不同指标的特征，可以为每个指标确定相应的优劣等级标准，以不同等级下的数值作为神经网络评价的训练样本。本文根据国际公认的标准值、国家生态省（生态市、生态县）建设标准、国家规划纲要和《全国人民生活小康水平的基本标准》，综合参考近年来各地区生态经济系统的平均水平和实际状况，将各指标按照健康程度的强弱划分成优、良、中、弱的四个等级，并分别用数字 1、2、3、4 表示，同时以等级 5 和等级 0 分别表示可持续承载能力处于病态或极度未开发这两个相对的极端值。

（三）实证研究

运用前述指标体系和设计好的网络训练样本，当网络的所有实际输出与理想输出一致时，表明训练结束；否则，通过修改权值使网络的理想输出和实际输出一致。计算结果如表 2-4-14 所示。

表 2-4-14　区域可持续承载能力评价结果（2007 年）

地区	承载力输出值	地区	承载力输出值	地区	承载力输出值
北京	2.1272	浙江	1.2668	海南	1.9675
天津	2.7592	安徽	2.7372	重庆	3.3472
河北	2.5730	福建	2.7814	四川	3.0184
山西	3.5989	江西	1.5743	云南	2.6146
内蒙古	2.7512	山东	1.2084	西藏	0.3097
辽宁	1.4809	河南	2.5879	陕西	3.2376
吉林	2.0055	湖北	3.7363	甘肃	1.7296
黑龙江	1.0123	湖南	3.4759	青海	2.6319
上海	2.7456	广东	1.5478	宁夏	4.0880
江苏	1.8307	广西	3.8342	新疆	0.9383

2007 年，以分值"3"作为界线，全国有 23 个省份地区达到可持续承载能力的中级标准。其中，可持续承载能力状况比较好的地区主要有新疆、黑龙江、山东、浙江、辽宁、广东、江西。其中，山东和浙江处于东部沿海地区，地理条

件优越，自然资源丰富，又有良好的经济基础，作为我国生态省建设的首批试点省份，经过近年来可持续发展战略的强化实施，可持续承载能力更上一层楼。新疆地区物产资源丰富而人口密度小，人均资源水平相对较高，污染系数低，长期以来，社会经济系统对自然环境系统的压力很弱，表现出极强的可持续承载能力。

在31个省市地区中可持续承载状况处于次优的地区主要包括甘肃、江苏、海南、吉林、北京。评价等级同为良，但这类地区却在不同系统要素中表现各有偏重，北京显示出生态系统功能低、社会经济压强大条件下的人类活动潜力高、资源集约利用特征，海南则是生态环境基础好，经济系统压力小但人均资源消费量大，资源消费模式有待改进。全国有13个省份地区可持续承载能力的评定结果介于2.5~3.5之间，这些地区以中部地区为主，也包括重庆、四川等少数西部省份。这些地区（不包括上海）资源环境生态系统与社会人口经济系统矛盾关系相对协调，可持续承载能力有进一步提高的空间。

可持续承载评价处于较低等级的地区主要有贵州、宁夏、广西、湖北和山西。这些地区地势以高原山地为主，并有沙漠分布，生态条件恶劣、水资源缺乏。在经济上以内陆欠发达地区为主，处于资源生态系统和社会经济系统双劣势状况，人口社会和自然环境矛盾突出，人类活动潜力不高，可持续承载状况堪忧。最后需要一提的是西藏，在全国31个地区中，西藏的可持续承载能力分值最低，接近于零，这虽然说明了该地区具有优良的资源禀赋和鲜受人类活动侵扰的生态环境，同时也暴露出该地区生产资源不发达，生活质量现代化水平较低的现实，综合考虑二者作用强度，可以将该地区的评价结果视为开发程度较弱类。

将可持续理念引入生态承载能力研究，可衡量一定社会经济条件下，自然生态系统维持其服务功能和自身健康的潜在能力，可以缓解人类活动与生态环境间矛盾关系，有助于对承载能力内部要素间的相互作用形成正确、客观认识，便于探索资源、环境、人口与经济协调发展的可持续之路，对于因地制宜引导地区发展方向具有一定借鉴意义。

可持续承载能力的测度结果表明，在生态环境因子成为区域承载系统能力提高的重要抑制因素情况下，社会经济发展中人类在环境治理、科技创新活动中的能动作用为生态承载能力的提高做出了很大贡献，但人类活动带来的资源消耗仍是系统熵值减弱的主要障碍因素。

在可持续承载能力的测度过程中，尽管应用客观赋权和参照遵循了相应的准则及科学依据，但评价指标的筛选和评价标准值的确定都无法避免人们的价值取向和经验判断，依赖于标准值确定的训练样本也给网络分类识别的结果带来一定影响，进一步计算同指标体系下的全国综合评价时序值可以给研究结果提供更好的参照。

第五节　环境—资源—经济系统承载能力优化对策

区域的自然资源、生态环境和社会经济要素相互联系、相互依存，组成一个完整的区域承载能力系统，改变其中一项或几项子系统的要素，将导致整个承载系统的连锁反应。这就要求在制定区域发展战略时，一定要从承载能力系统的性质和特点出发，通过统一规划、综合治理，确保整个承载能力系统结构的完整和功能的正常发挥。

一、资源系统承载能力提升对策

（一）水资源子系统优化方案

1. 构建与水资源承载能力相协调的经济结构体系

这要求产业结构的调整和产业布局的优化要考虑到区域水资源条件、开发利用状况及相关的生态环境状况。首先，在农业方面，一方面由于我国农业用水效率低下，节水尚存在较大潜力，可以通过以大中型灌区为改造重点，推进末级渠系的改造，加强水利基础设施建设；另一方面，目前我国农业用水所占比重较大，应当通过实施农产品的水足迹进口替代战略，节约农业用水。其次，在工业方面，应当限制高耗水、高污染的化工、冶炼、造纸等行业的盲目发展，从推行清洁生产工艺入手，全面降耗减污。

2. 开展绩效评估，推进节水型社会建设

开展节水型社会的绩效评估是推动我国节水型社会建设走向规范化、制度化的重要途径。今后需要着力开展以下几个方面的工作：一是开发科学的绩效评估方法，保证结果的客观性、合理性和准确性；二是根据不同地区节水型社会建设所处的阶段，区分不同的实施要求和标准；三是建立有效的评估结果反馈机制，将评估结果及时反馈给政策制定者，以为其决策做参考，逐渐将节水型社会建设绩效评估纳入部门、岗位、干部考核的重要阐释标准。

3. 明确水权，推进水管理制度建设

水权制度建设可以促使市场机制在水资源配置中发挥更大的作用，为水资源的优化配置确立一整套制度框架。首先，水权的分配应根据地区或流域水资源承载能力，协调好上下游及行政区之间的关系，合理分配生态、生产和生活用水；

其次，区域用水应强化总量控制，地方要根据水资源总量约束重新审视发展战略和调整经济布局，真正实现"量水而行"；最后，根据区域内人口、耕地、牲畜以及其他产业发展状况，通过建立定额管理指标体系，进行水权细化分配，公民和单位只能在所分配的水权范围内用水。

（二）耕地子系统优化方案

目前，以东部地区为主，我国部分地区的耕地资源人口压力已经超过其承载能力，可持续发展能力受到威胁，提高耕地承载能力，实现区域土地资源的可持续发展，可以从以下几方面着手：

1. 加强耕地资源的管理与保护，改善粮食生产条件

耕地是粮食生产稳定发展的基础，是农民最基本的生产资料，也是农民最可靠的生活保障，为此尽最大努力采取各种有效措施，确保耕地"红线"不被突破。不仅要加强土地利用规划约束和用途管制，还要严格控制征地规模，维持粮食播种面积的最低限度，并改进土地征用补偿方式，调整土地收入的分配结构，保障农民在土地征用过程中的权益不受侵犯。此外，还应增加对土地的投资，提高耕地质量，改善粮食生产所需的基本条件。

2. 科学规划，合理调整土地利用结构

结合区域发展对土地资源需求，既要优先保障国家水利、交通等建设用地，也要合理调整农业用地结构；既强调耕地动态平衡，还要确保耕地资源质量；既要提高土地资源的经济效益，又要强调生态效益和社会效益。切实将土地资源的开发利用与保护结合起来，开发未利用的土地和后备耕地资源要贯彻合理和适度的原则，保障土地资源的可持续利用，走资源节约型集约经营道路。

3. 深化土地使用体制改革，提高土地利用效率

土地资源的配置是协调区域经济发展的重要杠杆，也是保护、改善区域生态环境的重要手段。因此，要做好土地总体利用规划，对有限土地资源结构配置和合理利用进行科学论证，增加城市空间的利用率，保护耕地，合理布局农业；保障城乡需求，增强生态效益；严格控制各类开发区、工业区等的用地规模，协调城市绿地、住宅、交通、商业等的用地比重，在城市范围内推进生产要素的流动重组和产业结构的调整，是从整体上优化土地利用的重要措施。

（三）草地子系统优化方案

从载畜平衡来看，虽然目前全国大部分地区处于盈余状态，但仍有部分地区出现负载，例如云南、海南、贵州、河北和辽宁等。确保畜牧业的可持续发展，最重要的任务是保护和合理利用草地生态系统，对此可以在以下方面加强草地生态系统管理。

1. 以草定畜，发展季节畜牧业

饲草生产能力是决定草场牲畜承载能力的前提条件，因此，合理利用草地资源的中心环节是以草定畜。对于处于明显的超载状态的地区，牲畜的数量应建立在草场载畜量的基础上，不能超越客观条件。另外，由于饲草生产具有明显的季节性，而家畜营养的需要相对稳定，这就存在畜草平衡问题。对此可发展季节性畜牧业，在冷季提倡保持最低数量的牲畜，以减轻牧场压力，暖季又以新生幼畜充分利用生长旺季的牧草快速转化为畜产品，缩短生产周期，提高草场的次级生产力。

2. 种植优良牧草，加强草场管理和保护

草场的利用开发要依靠科学技术改善草场的生产条件，对草场进行改良，大力推广优良牧草的栽培和管理技术，提高草场质量，培育耐盐耐碱的牧草新品种，引进国外优良牧草品种，建立牧草种子繁育基地，完善牧草种子供应体系。在草地生态系统的管理上，可以结合畜群的承包责任制，进行草场划管，固定草场使用权，落实使用、保护和建设三结合；对草、林、路、渠进行综合开发，实行草场封育和补播相结合，防止乱垦滥牧，保护原始生态环境；建立草场监测与评议制度，对有退化征兆的草场，及时采取措施进行整治。

3. 支持大企业进入草业领域，提升产业竞争力

草业建设和发展任务繁重，而且政府投入能力非常有限，因此，如何鼓励和引导企业，特别是大企业进入草业领域，应成为政府优先考虑的政策选择。大企业内联基地，外联市场，具有引导生产、深化加工、搞活流通、提供服务的综合功能，其运作水平和牵动能力，决定着草产业的规模和成效。可以选择一批规模大、有经济实力、有志参与的大企业集团进入草产业领域，同时政府给予积极扶持，在资金、技术服务、税收、社会义务方面提供优惠政策，刺激草产业的启动和发展。

（四）能源子系统优化方案

科学客观的能源政策可以正确引导全社会的能源消费行为，消费结构、产业结构和技术进步，结合我国能源利用现状，可以从以下几方面完善能源政策，促进能源可持续利用。

1. 实行进口渠道多样化，广泛开展区域性能源合作

目前我国石油进口主要来自于中东、西非、东南亚等国家，远低于美国从60多个国家进口石油的多元化政策①，为降低我国能源供应安全的风险，在制定和实施能源进口战略时，要重视发展同新生石油出口国的合作关系，通过市场和

---

① 吴刚、刘兰翠等：《能源安全政策的国际比较》，载《中国能源》2004年第12期，第36~41页。

外交手段规避进口风险，尽可能增加进口来源的数量，降低海上运输比重，有针对性地减少一些地区如中东地区的石油进口份额。同时加强开展区域性的能源合作，利用周边国家的加工能力，共同生产成品油，分担原油进口风险，实现互利双赢。

2. 建立能源供应安全预警机制，加快石油储备体系建设

建立战略石油储备是保证石油进口国能源供应安全的最有效的措施之一。我国正式通过建立国家石油战略储备的决议的时间较短，完善国家战略能源储备体系，应结合本国的实际和特点，积极借鉴国外能源战略储备的经验，建立海洋和陆地油气田的战略储备，以及已投入生产的油气井的战略储备，加大商业战略储备，提高国家能源战略储备规模。同时，我国应启动成品油市场监测、供应预警、应急措施、联动机制和应急预案的机制建设，形成完善的能源供应安全预警体系，将石油供应短缺危机控制在萌芽阶段，最大限度地降低油价波动对国民经济的影响。

3. 鼓励节能降耗技术开发，充分利用可再生能源

我国能源强度比发达国家平均高出一到两倍，节能降耗尚有潜力。首先，政府要抓紧制定专项规划，明确各行业节能降耗标准、目标和政策措施，例如对工业企业高能耗、高物耗设备和产品实行强制淘汰制度，抓好重点行业的节能降耗工作。其次，要不断优化终端能源结构，我国煤炭资源十分丰富，煤炭占能源消费的65%左右，因此，应着力发展清洁煤技术，把煤炭转化为电力以及较洁净的水煤浆、液化气等终端能源，提高煤炭的利用效率，并充分利用水电、风电、生物质能、太阳能等可再生能源，保证国家能源安全。

二、环境系统承载能力提升对策

1. 将环境承载能力优化与区域规划相结合

中共中央"十一五"规划建议书与国务院《关于编制全国主体功能区规划的意见》（国发［2007］21号文）提出"优化开发、重点开发、限制开发和禁止开发"（区域）的范畴，以资源和生态环境承载能力作为基本依据划分主体功能区，把生态保护建设纳入到国民经济和社会发展规划大局中，进而督促落实到国家总体及地方区域发展战略中，这是充分体现科学发展观的战略举措。以此为契机，可结合当前主体功能区规划方案的实施，加强落实资源和环境保护的政策，促进区域的生态工程建设，创新完善地方生态补偿机制，实现统筹环境保护、生态建设与区域协调发展的新突破。

2. 将环境承载能力优化与控制人口增长相结合

人口快速增长，单位面积上的人口数量过多已经成为部分地区生态恶化的主要原因。人口超过该区域社会经济以及资源、环境的承载能力，将增大对该区社会经济、资源环境的压力，在资源有限的条件下，为了生存，将会加大对自然资源开发利用的频度和强度，造成掠夺式生态破坏。因此，优化区域环境承载能力需要同控制人口增长，提高人口素质相结合。首先应科学地确定区域社会经济、资源与环境对人口的承载能力，如土地承载能力、环境承载能力等，并在此基础上根据社会、经济、资源与环境之间协调发展的原则，做出较为合理的人口规划目标，严格控制生态脆弱区的人口数量。

3. 将环境承载能力优化与扶贫战略相结合

贫困既是环境脆弱的表现又是环境恶化的推动力。贫困限制了人们选择的机会，迫使他们过度地开发和利用有限的资源，从而导致环境的进一步恶化。环境的恶化又会使越来越多的人陷入贫困，最终造成贫困与环境退化之间的恶性循环。因此，生态环境尤其是脆弱生态环境的综合整治必须同消除贫困相结合。扶贫不应仅仅只是简单的救济，而且还应为环境整治工作的开展打下良好的经济基础。在环境整治和扶贫工作上，要以市场经济为导向，变单向纯防护性环境整治为开发性环境治理，变救济式扶贫为开发性扶贫，将宏观的、长远的生态效益与微观的短期的经济效益融为一体，提高生态环境整治的效率和效果。

三、资源环境持续约束的经济发展模式选择

1. 推广清洁生产工艺，发展循环经济

循环经济模式是可持续经济发展模式的典型，它倡导的是一种与环境和谐的经济发展模式，利用生态系统的物质循环、能量流动和信息传递等运行规律，遵循"减量化、再利用、再循环"评价原则，以实现"资源消耗的减量化、污染排放最小化、废物再生资源化和无害化"。发展循环经济，政府一方面要下大力气培育适合中国现阶段资源环境特点的绿色技术研发体系，形成一系列自主创新的技术工艺。另一方面，应通过积极吸纳发达国家的环境援助和技术转让广泛开展环境领域的国际合作，逐步建立起有利于循环经济发展的体制和政策环境。此外，在制定国民经济和社会发展规划中，也要将发展循环经济放在突出位置。

2. 发展高新技术产业，建立科技创新机制

高新技术产业附加值高，代表着未来产业的发展方向，而对综合承载能力系统而言，高新技术产业发展的重点在于信息、生物、新材料、新能源等产业。信息产业应大力发展集成电路、软件等核心产业，推进信息技术普及和应用。新能

源要积极推广生物质能、地下热能、太阳能、风能等的综合利用。发展高新技术产业的着力点在于提升自主创新能力，培育科技创新体制。一方面应确立企业在自主创新中的主体地位，运用财税、金融、政府采购等政策，鼓励企业建立符合市场经济要求的技术创新机制，引导企业增加研发投入。另一方面要完善科技中介服务体系，加快推进科技中介服务业发展，引导科技服务机构向专业化、规模化和规范化方向发展，形成资本服务、技术服务。

3. 采取多元化投资渠道，加强基础设施建设

优化基础设施环境，一方面要继续加强交通、能源、水利、信息等基础设施建设，增强对国民经济发展的支持保障能力；另一方面，采取政府与非政府方式，完善基础设施投融资渠道。对于前者，可通过推广热电联产和应用清洁能源，实行区域连片集中供热，加强垃圾和污水处理等设施的建设，合理扩大城市绿地面积，着力改善城市环境。对于后者，凡是涉及国家安全与社会稳定的公益性基础设施仍然需要政府财政拨款，未来发展基础设施建设可以采取的市场化投融资渠道包括：社会集资、债权融资、股权融资、BOT模式、PFI融资等。在基础设施的运行上，应建立和完善以市场形成价格为主的管理体制和价格形成机制，使市场价格信号能够正确引导资源的配置，进而使基础设施产业提高资金筹措能力，形成自我积累、自我完善的良性循环机制。

除了上述优化方案外，实现资源—环境—经济综合系统承载能力的可持续提升，更在于人口的全方位发展。人口不仅是实施可持续发展战略的最具有能动性的因素，也是制约可持续经济发展的终极因素，是保证可持续经济发展的基本条件。对此，应采取全方位的人口调控措施，充分体现人口可持续发展观，如运用市场机制实现人口资源优化配置；实施人才开发工程，建立人才培养开发系统；关注弱势群体，大力发展社会保障体系；优化人口区域分布，适当地实行人口环境移民等，更好地实现综合系统承载能力提升与人口可持续发展。

第 3 章

承载能力与中国区域功能规划

对各个地区进行主体功能区的划分与评价,是我国实施"十一五"期间区域功能规划发展战略的一个根本问题。本章将从资源、环境与经济的承载能力与承载压力这一视角,以省为主体功能区的划分单元,对我国 31 个省市自治区(不包含港、澳、台三个地区)进行主体功能区的划分与评价,并利用 GIS(地理信息系统)对各地区的评价因素进行比较分析,最后提出相应的政策建议。本章共分为四节:第一节,首先简单介绍了区域功能规划的理论基础,其次在对国外区域功能规划进行比较分析的基础上,对我国的区域功能规划发展历史进行了回顾和分析。第二节,从承载能力的视角,选取相应的划分指标,对我国的区域功能规划进行了实证分析。第三节,根据上一节的计算结论,利用 GIS,分析并比较我国各省区域功能规划的评价因素的异同。第四节,从财政、税收以及金融等方面,对各种功能类型的区域提出相应的政策建议。

第一节 区域功能规划国内外比较及其理论基础

本小节首先对区域功能规划的基本概念以及相关基本理论进行了简单介绍;在此基础上,以荷兰、日本等国为例对国外的区域(国土)规划进行了简单比较;最后,对我国的区域规划的发展历史以及主体功能区的提出进行了简单分析。

一、区域规划的理论基础

狭义的区域规划主要是指一定地区范围内与国土开发整治有关的建设布局总体规划；广义的区域规划是指对未来一定时间和空间范围内经济社会发展和建设所做的总体部署，包括区际规划和区内规划。广义区域规划的性质与内容和国土规划十分接近，都是属于以资源开发利用和生产力合理布局为核心的地域性综合规划，国外对二者概念并无严格区分。区域规划涉及的理论很多，跨越了经济学、地理学、环境科学、资源科学等诸多学科。

（一）区域规划的相关概念

1. 区域的概念

区域是一个抽象的、理论上的空间概念，往往没有严格的范围和边界以及确切的方位，地球表面的任何一个部分、一个村庄、一个城镇、一个地区、一个国家乃至几个国家均可构成一个区域。但区域又不纯粹是一个空洞的概念。区域有其内部结构和外部环境，是由地形、地貌、资源、环境、人口、经济、社会和政治等诸要素构成的综合体，区域内外始终进行着物质、能量、资金、劳动、技术和信息的交流[1]。

不同的学科对区域的定义有着不同的回答：地理学把区域定义为地球表面的一个范围，认为区域是地球表面各种空间范围的泛称或抽象。政治学则将区域看做是国家实施行政管理的行政单元。社会学视区域为具有相同语言、相同文化、相同信仰和民族特征的人类聚居社区。经济学中关于区域概念影响最大的一种定义是美国著名区域经济学家艾德加·胡佛（Edgar M. Hoover）于1970年给出的。他认为"区域是基于描述、分析、管理、计划或制定政策等目的而作为一个应用性整体加以考察的一片地区"[2]。胡佛进一步指出，按区域内部的同质性和功能一体化原则可把区域划分成两种不同的类型：同质区域和功能区域。

2. 国土的概念

国土有广义和狭义之分。狭义国土属于空间的范畴，是指一个主权国家管辖下的地域空间，包括领土、领空、领海和根据《国际海洋公约》规定的专属经济区海域的总称。广义国土还包括国家所拥有的一切国土资源，主要指一国主权管辖范围内的全部自然资源（如土地、水、生物、矿产、海洋、气候和风景资

---

[1] 高国力：《区域经济不平衡发展论》，经济科学出版社2008年版。
[2] ［美］艾德加·胡佛：《区域经济学导论》第三版（中译本），上海远东出版社1992年版。

源等），还包括社会资源（如人力资源、文化资源等）和经济资源。

3. 区域规划的概念

狭义的区域规划主要是指一定地区范围内与国土开发整治有关的建设布局总体规划。广义的区域规划是指对未来一定时间和空间范围内经济社会发展和建设所做的总体部署，包括区际规划和区内规划[①]。广义区域规划的性质与内容和国土规划十分接近，都是属于以资源开发利用和生产力合理布局为核心的地域性综合规划，区域规划实质就是区域性国土规划。国外对二者概念并无严格区分，如美国、英国、德国、匈牙利、古巴称为区域规划，而日本、韩国、法国则称为国土规划［梁（Lerng），1999；李（Lee），1995］。严格地说，国土规划比区域规划更多地从全国角度考虑，国土规划与区域规划的关系是整体与局部的关系，区域规划是国土规划的组成部分。如果在全国经济区划的基础上，对每一个经济区都进行了区域规划，也就可以使各经济区的区域规划协调统一成有机的整体，构成全国性的国土规划。

4. 国土规划的概念

对国土规划含义的理解，国内外学者并不一致。美国、英国、德国、匈牙利、古巴称区域规划（regional planning），法国称国土规划（territorial planning）。从内容而言，国土规划在不同国家也有所不同。如美国由于是市场机制在经济发展中占有较重要的地位，规划更多地体现房地产、能源、就业、投资、教育等内容，日本和韩国的国土规划更强调空间发展方向和功能区域的划分与控制。

国土规划通常有两层含义：一是目标确定。国土规划是人们根据现在的认识对未来国土开发整治目标和发展状态的构想。二是行为决策。国土规划是为实现未来国土开发整治目标或达到未来发展状态的行动顺序和步骤决策。更具体地说，国土规划就是根据国土开发利用和整治保护系统自身的功能和外部环境条件确定规划的目标和任务，在此基础上研制为实现目标可能采取的途径和政策措施，同时分析各种政策、措施可能造成的各种国土开发整治后果，从而编制不同时期、不同政策背景下形成的各种国土开发整治状态的比较或模拟方案。然后，按照从目标和任务引申出的准则对各种方案进行比较和评价，以便产生被推荐的策略性规划方案。

（二）区域规划的理论基础

区域规划涉及的理论很多，跨越了经济学、地理学、环境科学、资源科学等诸多学科。总体来看，与区域规划最为直接相关的理论是区位理论、区域分工理

---

① 胡序威：《区域与城市研究》，科学出版社1998年版，第83～105页。

论、劳动地域分工理论、人地系统共生理论、可持续发展理论。

1. 区位理论

区位理论是关于人类活动的空间分布及其空间中的相互关系的学说。具体地讲是研究人类经济行为的空间区位选择及空间区内经济活动优化组合的理论。自19世纪初至20世纪40年代,先后形成了四个代表性区位理论:农业区位理论、工业区位理论、中心地理论、市场区位理论。它们所追求的目标不同,但假设前提条件、研究方法基本类似,即研究的区域是"孤立国"和"均质区域"。它们从不同的角度对区域发展做出了贡献。

2. 区域分工理论

区域分工理论一直被认为是西方经济学中的国际贸易理论在区域经济范畴的嫁接。古典贸易理论论证了具有绝对生产优势和比较优势的不同区域之间的分工与合作依据,新古典贸易理论则说明了生产要素禀赋不同区域之间的分工,新贸易理论以不完全竞争、规模经济、产品差异和外部性为动因解释了在具有相同要素禀赋的区域间进行相似产品的产业内贸易问题。区域分工理论的基本前提是区域资源差异。所谓区域资源差异,是指不同区域之间的自然资源与环境和其他生产要素的禀赋的不同。

3. 劳动地域分工理论

劳动地域分工理论是在古典经济学派亚当·斯密(A. Smith)的"地域分工"学说的基础上,吸取了20世纪20~30年代俄林(B. Ohlin)提出的"域际分工"学说而形成的。劳动地域分工理论的基本观点可以归纳为地域分工发展论、地域分工竞争论、地域分工层次论、地域分工合作论和地域分工效益论①,它们分别从不同侧面对区域规划起重要指导作用。其中分工发展论强调地域分工的目的在于最大限度地发挥区域比较优势,并以此为基础进行合理的区域分工,这是编制区域规划的主要依据。分工竞争论以市场为导向,以政策引导公平竞争为前提,通过引进市场竞争机制,编制与此相适应的弹性规划。地域分工协调论以协调区域人口、资源、环境和经济发展(PRED)为目标,使之与区域分工、产业结构和空间结构相适应,是编制持续协调规划的重要依据。

4. 人地系统共生理论

人地关系即人类及其活动与地理环境之间的关系。它在不同的历史阶段,具有不同的占主导地位的形式。人类是地理环境演化的产物。第一阶段,农牧业产生以前的阶段,人类社会与地理环境是原始共生关系。第二阶段,原始畜牧及小农经济阶段,是人类对地理环境的顺应。第三阶段,产业革命阶段,是人类对地

---

① 方创琳:《区域发展规划论》,科学出版社2000年版,第10~14页。

理环境的大改造。产业革命产出的工业文明，多是以牺牲良好的生存环境为代价。第四阶段，建设理想环境的过渡阶段，是人类和地理环境共生的探索。大改造的结果造成人与地理环境之间的空前矛盾，人们开始觉醒。消除现有的地理环境弊端，建设一个理想的地理环境，是人类自身最重要的任务，并应成为人类的伟大使命。

地理学家对人类与地理环境关系问题进行了长期而深入的研究，在理论上形成了"人地关系"的许多学说。19世纪到20世纪初，地理学开始转向以归纳逻辑建立系统的解释性的理论探索阶段。地理学家也开始了对人地关系的系统研究，普遍认为人地关系是一种因果关系，且形成不同的理论。德国地理学家拉采尔（Friedrich Ratzei）的地理环境决定论和法国地理学家白兰士（Paui Vidal Delabiache）的"或然论"等有深远影响的理论基本上形成于这个时期。20世纪20年代，美国地理学家巴罗斯（H. H. Barrows）等强调人类对自然环境的适应超过环境对人类的影响。这便是"生态论"或"适应论"。这个理论在当时没有得到发展，但对后来人地关系的探索具有深远的影响。产业革命对地理环境产生了较大的影响。地理学家已较清楚地认识到地理环境的人为变化的事实，开始探讨人类活动对地理环境的影响。美国地理学家马什（George Perkins Marsh）根据自己的考察和读到的文献写了《人和自然：或被人类行动改变了的自然地理》一书，指出人类对自然的开发与利用必须谨慎，以保持自然的和谐与平衡。于是，"协调论"成为人与地理环境关系中的重要理论之一，有待于深入的研究。

5. 可持续发展理论

可持续发展理论的形成经历了相当长的历史过程。被国际社会普遍接受的可持续发展的定义是"可持续发展是指既满足当代人的需要，又不损害后代人满足需要的能力的发展"。可持续发展的内涵包括共同发展、协调发展、公平发展、高效发展和多维发展等方面内容。而可持续发展的主要内容则涉及可持续经济、可持续生态和可持续社会三方面的协调统一，要求人类在发展中讲究经济效率、关注生态和谐和追求社会公平，最终达到人的全面发展。可持续发展的核心理论，尚处于探索和形成之中。目前已具雏形的流派大致可分为以下几种：资源永续利用理论、外部性理论、财富代际公平分配理论、三种生产理论。

二、国外区域规划的比较分析

20世纪60~80年代，随着世界人口急剧增长、工业化和城市化的步伐加快、城市环境日益恶化，许多国家和地区越来越重视国土规划工作。20世纪90年代以来，为解决日益突出的全球性人口、资源、环境与经济社会发展

（PRED）问题，联合国环境与发展会议于 1992 年颁布了《21 世纪议程》，将可持续发展作为核心内容形成国际共识。这使得全球范围内诸多国家的国土规划在指导思想、内容、范围、理论、方法和技术等方面均发生了巨大的变化。目前，可持续发展的思想已经成为世界各国开展国土规划的重要指导思想；社会文化因素与生态环境因素越来越成为国土规划的主要因素；国土规划的内容已不再是单纯解决城市病及地区经济发展问题，而是开始解决社会生态环境问题，并将社会发展和生态环境保护视为规划的重要目标之一①。

（一）欧盟的空间发展战略

1999 年 5 月，基于《京都议定书》为欧盟设立的温室气体减排目标以及欧盟内部存在的严重经济不平衡、高失业率、不断整合和贸易往来对区域居住和交通设施带来的压力，欧洲委员会于波茨坦发布欧盟空间发展战略（European Spatial Development Perspective，ESDP）。由于单纯考虑欧盟内部平衡的政策可能会削弱经济上相对较强地区的发展，并且进一步拉大区域间的差距；而对空间结构保护的过分强调也可能带来发展停滞的危险，因此，根据地方自身的情况来确定这些目标各自应得到的重视程度，以及协调它们之间的相互关系，是实现欧盟内部平衡和可持续发展的唯一可能的途径。欧盟空间发展战略（ESDP）的基本政策目标包括经济和社会协调、自然资源和文化遗产保护、欧洲地域范围内更加平衡的竞争力分布。旨在保证区域多样性的前提下循序渐进地发展，协调欧盟内部的发展、平衡和保护，使欧盟从一个经济联盟迈向环境联盟和社会联盟。欧盟空间发展战略不是一个具有法律约束力的文件，而是一个比较原则性的发展战略，其中除对生态和环境保护有比较明确的划区外，没有其他的区域划分。

欧盟空间发展战略中的主要政策包括：面向欧盟多中心与均衡空间发展目标的政策等共计十项政策。其中与承载能力相关的政策主要包括：

①面向动态的、富有吸引力和竞争力的城市与城市化区域目标的政策。该政策中与资源、环境、人口承载能力相关的包括：提高城市化地区和"门户城市"的战略地位，特别关注欧盟边缘地区的发展；完善城市的经济结构、环境和市政服务基础设施，特别是经济不受关注地区的城市，以增强对流动资本的吸引力；倡导有利于社会和功能多样化的城市综合发展策略；倡导对城市生态系统的精细管理；采取有效手段控制无节制的城市扩张，降低人口稠密地区居民点的压力。

②面向本土化、多样化与高效发展的乡村地区目标的政策。该政策中与资

---

① 一般来说，国土规划的目标体系可由经济目标、社会目标、建设目标和生态目标四大类组成每类之下又可分许多次一级的类别，形成一个战略目标系统。

源、环境、人口承载能力相关的包括：促进农业土地利用的多种经营；发挥城乡地区可再生能源的潜力；挖掘环境友好型旅游的发展潜力。

③面向城乡合作伙伴关系目标的政策。该政策中与资源、环境、人口承载能力相关的包括：保证乡村地区的中小城镇得到基本的社会福利和公共交通服务；以强化区域功能为目标，倡导城乡之间的合作；整合大城市周围的乡村，关注城市周边的生活质量。

④面向自然遗产保护与开发目标的政策。该政策中与资源、环境、人口承载能力相关的包括：发展欧洲生态网络，包括在自然生态区和保护区之间建立联系通道；按照生物多样性战略的要求，将生物多样性保护与产业政策相结合；对保护区、环境敏感区以及沿海、山地、湿地等具有生物多样性的地区制定整体性的空间发展战略；鼓励节约能源，通过居民点结构布局减少交通量，编制能源综合规划，增加可再生能源的利用，减少二氧化碳排放量；通过减少侵蚀、土壤毁坏和开敞空间的过度利用，保护土壤；在区域和国际层面制定灾害易发地区抗风险战略。

⑤面向水资源管理目标的政策。该政策中与资源、环境、人口承载能力相关的包括：改善水资源供需的平衡关系，特别是在易干旱地区；鼓励跨国家和地区的合作，实施水资源综合管理战略，包括易旱涝地区尤其是沿海地区地表水储存等大型项目；保留并恢复大型湿地；协同管理海域；对所有大型水资源项目进行环境影响和地域影响评估。

⑥面向富于创造性的文化景观管理目标的政策。该政策中与资源、环境、人口承载能力相关的包括：保留和创造性地建设具有特定历史意义、美学意义和生态意义的文化景观；在空间发展整体战略的框架内提升文化景观的价值；更好地协调对自然景观有影响的开发措施；创造性地恢复遭到人类干扰的自然景观。

⑦面向富于创造性的文化遗产管理目标的政策。该政策中与资源、环境、人口承载能力相关的包括：制定濒危或衰败文化遗产保护的整体战略，包括建立评估风险因素和控制危机扩大的手段；对值得保护的城市整体进行维护和创造性再设计；提升建筑价格高的当代建筑；提高城市和空间发展政策对文化遗产重要性的认识。

（二）荷兰的空间规划

荷兰地势非常平坦，仅在东部和南部有几座山丘。在西部和北部，许多区域低于海平面，其面积约占全荷兰总面积的1/4，而60%的人口居住在这些低洼地区。为积极主动地应对先天上的限制和环境上的威胁，虽然作为市场经济发达国家，各种经济活动受市场引导，政府不能强行控制，但荷兰政府在空间规划中对环境因素进行了刚性空间控制,以有效保障生态环境安全。从1966年提出的第二次国家空间规划开始,荷兰逐渐在空间规划中考虑生态环境恶化问题,并成功地创造了大都市区、"绿色心脏"、城市间绿色缓冲区、城市发展中心等。1991年完成的第四次国家空间规划及其后的补充文件则是荷兰空间规划的转折。荷兰第四次国家空间规划把"可持续发展"作为其基本的出发点之一,目标之一也清晰地确定为:一方面要加快经济增长;另一方面要考虑消除经济增长带来的副作用,既要努力保持经济增长与空间和环境质量的平衡。

荷兰的空间规划遵循环境保护和可持续发展的原则,采取生态隔离带、连接体系和以水为先导的城市开放空间建设等措施,将开放空间生态系统有机地融于城市规划中,注重开放空间的系统化、网络化建设和生态性建设,以实现城市开放空间环境的优化与可持续发展。

为解决因水产生的种种问题,如水污染、生物多样性减少、部分地区因降水增多而带来的生态环境脆弱性等问题,荷兰在空间规划和布局设计上,给水以足够的空间,坚持以河流为中心。荷兰的空间规划指出:为确保水的质量,保证淡水供应,空间规划的制定和实施要防治污染地下水和地表水,不降低地下水位;不同海拔层次的河流地区的政策要相互配套、协调一致;要从保水、储水和排水三方面考虑水的空间规划,保证水的质量。荷兰的空间规划特别强调要为未来及可能出现的水安全问题预留出充分的空间。在遵循这些原则下,规划从农业、自然保护、休闲、饮用水、交通等方面进行了细化。

荷兰的空间规划还用红线标出城市与乡村地区,用绿线标出景观区、自然保护区和历史文化遗产区,红绿线之间则为过渡地带。随着城市网的发展,城市扩展趋势对城市间的开放空间提出更大需求,但也对景观的多样性、自然保护及历史文化遗产造成一定的损害。同时,社会对环境的多样性需求也在增大,特别是对有吸引力又安全的城市空间和对有特色的景观及娱乐休闲空间的需求,荷兰的空间规划强调要在保证社会公平的前提下,保持城市和乡村之间、城市与城市之间、乡村与乡村之间的空间差异性,提高空间质量。

(三) 日本的国土规划

日本历来对国土规划工作十分重视,自1962年制定了第一个国土综合开发规划以后,平均9年左右出台一个新一轮的国土规划。在二战后的混乱时期结束之后,从抵御多发的自然灾难、保护国民的生命财产,以及促进国民生活安定和产业发展的角度出发,日本国土规划的重点首先放在了治山治水、增加粮食生产和能源供给等方面。在随后的经济复兴和经济高速增长的过程之中,由于人口和各类活动急速向大城市集中,地区间差距成为日本国土规划面临的首要问题,国土规划的重点转到了促进产业向地方分散，以及在全国构筑铁路、公路、港口等干线交通网。当日本经济从高速增长转为平稳增长之后，改善狭小的居住空间、慢性交通拥堵等生活环境的问题受到重视，日本国土规划的重点又转到根据各地区的不同需要对道路、住宅、下水道、公园绿地、城市铁路等生活环境的建设上。但是，目前日本的国土利用仍然面临着土壤与水体严重污染、垃圾非法弃置、人与自然的关系失衡等问题。

2002年11月，面对着内外环境发生的巨大变化，日本开始了对新型的、能够适应时代变化的国土规划体系和制度的新一轮探索。日本国土审议会的基本政策部会提交了其研究报告，提出国土规划改革的基本方向应是：向国土的利用、开发和维护的综合规划转变，强化规划的指导作用，明确中央与地方的职能分工。2003年6月，国土审议会设立了"调查改革部会"，负责对国土的总体现状和国土利用、开发与保护面临的问题进行调查和审议。2004年5月，该会完成了一份题为《国土的综合审视——朝向新的国土形态》的研究报告（草案）。

《国土的综合审视——朝向新的国土形态》认为，日本过去的经济活动大量地消耗国内外资源，给国内外的环境带来了很大的负荷。今后日本应对资源高消耗型的社会经济活动方式进行重新审阅，力争实现循环型、自然共生型的国土利用形态。该草案还指出了日本目前在国土与国土资源治理方面存在的四个方面的问题，即：第一，在水资源方面，大城市及其郊区缺水的发生频率较高，土地开发造成水源的枯竭和河流流量的减少，封闭性水域及自来水水源存在水质问题；第二，由于林业生产活动的停滞，森林的治理水平下降，木材的自给率也降到了20%以下；第三，海岸的环境劣化有所发展，一方面自然海岸在减少；另一方面仅存的自然海岸也大多受到侵蚀；第四，在粮食自给率下降的同时，耕地撂荒增加，农地的治理水平下降。与此同时，该草案还指出了要形成可持续的美丽国土，必须在以下几个方面进行努力：一是依据《景观法》制定与国土规划相协调的景观规划，以期形成良好的景观；二是以流域圈为单位，综合推进健全的水循环体系的维护和恢复、国土资源的治理、水网与绿网的形成等工作；三是通过加强治理，发挥森林与农地的多方面功能；四是推进对海洋和海岸带的综合治理；五是对国土利用的宏观平衡（全国及各地区的森林、农地、居住用地等的面积比例）进行重新审阅，促进城市土地利用的秩序化和集约化；六是综合运用"防止"、"回避"、"减轻"等方面的对策，尽量减少自然灾难给国土带来的损失；七是通过形成紧凑型城市结构、推进资源高效利用型的地区发展等手段，达到减少资源使用量和废弃物排出量、减少环境负荷的目标。

（四）韩国的国土规划

始于20世纪60年代的韩国经济开发，其重点放在了生产性较高的工业部门，形成了以汉城和釜山为中心的工业化和城市化，引致了城市与农村之间极为深刻的地区差异。考虑上述背景，韩国在第一次国土综合开发规划中，确定了以下四个规划目标：第一，保持经济持续增长，提高国土利用管理的效率化；第二，扩充国土开发的社会基础设施，为经济增长提供后盾；第三，开发国土资源，保护自然资源；第四，改善国民生活环境。通过第一次国土综合开发规划，一方面，迅速提高了韩国的国力和工业化水平；另一方面，又使得汉城为中心的首都圈的人口和产业更加集中，地域间不均衡现象更加深化，并出现了土地投机、环境污染加重等倾向。为了消除上述问题以及适应20世纪80年代国内外环境的急剧变化，韩国第二次国土综合开发规划的目标是：诱导人口向地方定居，全范围地扩大国土开发的可能性，提高国民福利水平和保护国土自然环境。

第二次国土综合开发规划使韩国经济得到了持续增长、国民生活环境得到了改善。但是，以地域生活圈为基本成长据点目的的法律因政治上的原因未能制定。因此，地方城市未能取得积极的开发，而投资继续集中在连接汉城—釜山的极轴上，首都圈的集中和地域间的不均衡仍在继续。为此，韩国进行了第三次国土综合开发规划，其目标是：形成地方分散型国土格局，构筑生产型和资源集约型国土利用体系，提高国民福利和保护国土环境以及创造与南北朝鲜相统一的国土基础。

从1972年开始推进的三次国土综合开发规划，构筑了韩国经济增长的基础，大幅度改善了国民生活环境。虽然以地方城市生长为目的进行了较多的投资，但收效不大，慢性土地问题还在继续，特别是汉城—釜山极轴与首都圈的人口和产业的集中还在加剧，如2000年，在占全国国土面积11.6%的首都圈集中着全国46.5%的人口、55%的制造业企业、70%的尖端企业、88%的大企业以及84%的国家公共机构[①]。因此，韩国第四次国土综合规划的目标是：第一，形成更加富饶的"均衡国土"，这是指在全国每个地方都创造平衡的国土条件，其目的为地域间的统合；第二，形成与自然相协调的"绿色国土"，这是以开发与环境相协调为目标，为构建环境共同体，指向开发与环境的统合；第三，形成向地球村开放的"开放国土"，构筑基础设施和世界化设施完备的国土为目标，指向与东北亚以至世界的统合；第四，形成民族会合的"统一国土"，通过南北朝鲜积极的交流协作，形成协调的统一，指向南北朝鲜协调的统合。

韩国在第一次国土规划末期，即20世纪80年代初，意识到生态环境破坏问

---

① Ministry of Construction and Transportation, Korea Research Institute for Human Settlements. The Fourth Comprehensive National Territorial Plan in Korea. Publication of Ministry of Construction and Transportation in Korea, 2000.

题的严重性。在以后的三次规划中，韩国将生态环境保护问题提到战略的高度。韩国四次国土规划的主要内容都包括有关开发、利用和保护土地、水和其他自然资源及防止其灾害的事项等，以积极保护生态环境；并于第四次国土规划中，提出了"绿色国土"战略。因为开发必然造成对环境的破坏，开发范式（Development Paradigm）与环境保护不相协调，韩国将前三次国土规划的名称"国土综合开发计划"改为"国土综合计划"。更重要的是，环境保护得到了在韩国国土规划中的法律地位。《国土基本法》第五条明确表达同环境和谐的国土管理：第一项规定为国家和地方自治组织在编制或执行关于国土的计划及事业时首先考虑对自然环境和生活环境造成的影响，应当尽量减少对环境造成的恶劣影响；第二项为国家和地方自治组织为了预防国土的无秩序的开发和充分提供国民生活需要的土地，首先制定有关土地利用的综合性计划，而且对国土空间按此计划进行系统性管理。第三项为国家和地方自治组织对山林、江河、湖泊、沿海、海洋等的自然生态系统进行综合管理及保存，而且推进已破坏的自然生态系统恢复的综合措施，以便形成人类与自然共同和谐的良好环境。

（五）国外区域/国土规划的趋势

从欧盟空间发展战略、荷兰空间规划、韩国和日本的国土规划以及其他国家的区域/国土规划可以看出：不同国家在不同时期编制的空间规划，由于所面临的条件和所要解决的问题不同，空间规划的目标和理念也随之发生变化。但总体上讲，空间规划的目标有一个从主要促进经济增长和就业向促进增长、扩大就业、保护环境、疏散人口、平衡区域发展、保护文化的多样性以及促进可持续发展等综合性和战略性目标转变的过程。目前，随着社会经济技术的发展，世界政治格局的演变，以及国际间经济文化交流的频繁，虽然在国土面积、人口规模、自然地理条件和社会经济环境等多方面都存在着巨大的差异，但随着可持续发展理念日益深入人心，各国普遍重视国土资源的可持续利用，协调资源、环境、人口和经济之间的关系正在成为各国区域/国土规划的重点，社会文化与生态环境问题越来越成为区域/国土规划的主题。除欧盟、荷兰、日本、韩国外，1997年，德国在修改基本法《联邦空间发展法》时，增加了"对下一代负责的可持续发展"的国土开发理念。在奥地利国土规划管理过程中，重视环境保护、关注发展的可持续性是中央和地方的一致选择。环境与生态保护得到特别重视，与国土资源整治管理工作日趋融合，并成为国土规划的一项重要内容。苏联则一直把生态环境保护当作一条红线始终贯穿在国土发展规划中，《西伯利亚的综合开发与环境保护规划》涉及的30多个课题中的18个与环保有关。从各国区域/国土规划的经验可以看出：

①国土规划是协调资源、环境、人口和经济之间关系的重要措施。由于所处的地理位置、开发利用历史等不同，各地区资源的种类、数量、质量等都有明显的地域性；而各行各业在生产、消费的过程中又需要占用不同的资源，各国的区域/国土规划需要按照实际情况，采取最适宜的方式开发利用配置本国各地区的资源，协调控制不同部门占用资源的结构与规模，发挥地区优势，促进社会效益、经济效益、生态效益协调统一。如果没有科学的国土规划，无视资源的地域差异，任意开发利用资源，不仅会降低资源的利用率，还会造成生态环境的失调，引起一系列的环境问题。

②协调资源、环境、人口和经济之间的关系是进行国土规划的重要指导思想。进入20世纪70年代以后，全球范围的环境问题日益突出，表现为森林面积不断减少、生物多样性锐减、水土流失逐年加重、温室气体含量增多、全球气候变化日趋明显、臭氧层耗竭不断加剧、土地沙化日益严重、人口数量居高不下等。这一系列的环境问题使人类意识到发展不能以资源的耗竭与生态环境的破坏为代价，必须以可持续发展的思想指导一切工作的开展。新时期的区域/国土规划必须将可持续发展作为其指导思想，高度重视环境保护和改善，人口、资源、环境与经济社会发展相协调。

③资源、环境、人口和经济之间的协调是国土规划追求的重要目标。对单一的经济目标的追求会出现人口、资源、环境与经济社会发展关系的严重失调，并由此带来一系列重大问题。因此，各国区域/国土规划的内容已不再是单纯解决城市病及地区经济发展问题，而是开始解决社会生态环境问题。新时期的区域/国土规划应以地区经济和社会同人、资源、环境之间保持和谐、高效、优化、有序的持续协调发展为目标，通过国土空间资源环境的合理供给和优化配置，使区域实现最大经济、社会、生态效益，确保可持续发展。

三、我国区域规划的发展历史与主体功能区的提出

我国区域规划开始于20世纪50年代中期，是在学习前苏联以城市为中心的区域规划基础上发展起来的，其后由于"文革"和极"左"思潮的干扰停顿了20年左右。20世纪80年代初，随着改革开放的不断深入和经济社会的快速增长，区域规划获得蓬勃发展，并改为国土规划。进入20世纪90年代后，为了使国土规划工作更加贴近国民经济和社会发展的实际，我国开展和组织了西南、华南部分地区、长江三角洲及长江沿江地区、西北地区、环渤海地区等区域经济规划，把国土规划工作推向了新的深度和广度。20世纪90年代末期，国土规划职能被划到国土资源部后，国土资源部从多方面着手准备，积极酝酿适时推动新一

轮国土规划。2006年,《中华人民共和国国民经济和社会发展第十一个五年规划纲要》提出"根据资源环境承载能力、现有开发密度和发展潜力,统筹考虑未来我国人口分布、经济布局、国土利用和城镇化格局,将国土空间划分为优化开发、重点开发、限制开发和禁止开发四类主体功能区"。继国家"十一五"规划纲要之后,党的十七大报告进一步明确提出,到2020年,要基本形成主体功能区布局。

(一) 我国区域规划的发展历史

无论是古代还是近代,中国都做过大量类似区域/国土规划的工作,但真正现代意义上的区域/国土规划在中国的出现则是在1949年中华人民共和国成立以后。1949年以来,中国区域/国土规划经历了以下三个比较明显的发展阶段。

1. 1948~1977年的区域规划

中华人民共和国成立以后,第一届全国人民代表大会第二次会议通过的中华人民共和国国民经济发展第一个五年计划,明确要求在全国各地适当地分布工业生产力,使工业接近原料、燃料产区,并适合于巩固国防的条件,以逐步地改变生产力布局的不合理状态,提高落后地区的经济水平。"一五"计划期间(1953~1957年),我国在茂名、昆明、个旧、兰州、包头、湘中、大冶等地开展了区域规划;"二五"计划期间(1958~1962年),我国在四川、贵州、朝阳、郑州、徐州等地进行了区域规划,掀起了中国国土规划的第一个高潮。

1961年,我国恢复成立了华北、东北、华东、中南、西南和西北等六个党的中央局,以加强对建立比较完整的区域性经济体系工作的领导,从而把1958年成立的七大经济协作区调整为华北、东北、华东、中南、西南和西北等六大经济协作区,后因"文化大革命",经济协作区被撤消。此后,虽然在1970年编制的"四五"规划以大军区为依托,将全国划分为西南区、西北区、中原区、华南区、华北区、东北区、华东区、闽赣区、山东区、新疆区等十个经济协作区,我国的区域规划工作基本处于停顿状态。由于缺少国土规划在全国层面的统筹考虑,"三五(1966~1970年)"、"四五(1971~1975年)"计划时期基于备战和追求建设速度的考虑,投资上千亿并耗时十几年进行"三线"建设,按照"山、散、洞"布局原则把国防工业作为重点发展产业,并将中西部作为各项建设的重点地区。

2. 1978~1997年的国土规划

20世纪80年代初期,中国总结了1949年以来国土资源开发利用正反两方面的经验教训,并参考借鉴了日本、德国、法国等发达国家在国土资源开发整治方面的成功经验,开始全面部署和开展国土规划和国土整治工作。1987年8月,在国土规划试点的基础上，国家计委印发了《国土规划编制办法》，后又参照国外经验，组织编制了《全国国土总体规划纲要（草案）》，并在其后进行了修订，提出了以沿海地带和横贯东西的长江、黄河沿岸地带为主轴线，以其他交通干线为二级轴线的我国国土开发与生产力布局总体框架，确定未来综合开发的19个重点地区，被称为我国最高层次的国土规划。在开展全国级、省区级国土与区域规划工作的同时，国家计划委员会会同中国科学院和地方政府从区域联合的长远利益出发，又先后开展了京津唐地区、沪宁杭地区、攀西—六盘水地区、乌江干流沿岸地区、金沙江下游地区等多跨省（区、市）国土规划。全国范围内出现了编制国土规划的高潮。根据不完全统计，截至1993年，中国已有30个省（区、市）、223个市以及640个县先后编制了相应的国土规划，分别占当时全国省、市及县总数的100%、67%和30%[①]。

虽然由于种种原因，20世纪70年代末期～20世纪90年代早期编制的国土规划往往被束之高阁没能得到充分实施，而且中国的国土规划工作在1993年后开始走下坡路。1993年后直至1998年之前，中国国土规划进入了低谷阶段，各级国土规划管理机构先后被撤销或名存实亡，人员被精简改行，经费也被大幅削减，规划编制工作处于停顿或半停顿状态。但是，20世纪80年代至90年代初的中国国土规划仍然取得一些显著的成就，如：获得了大量的国土资源基础信息、对经济社会发展空间布局起到了一定的导向作用、培养和锻炼了一批专业人才、为今后开展国土规划工作奠定了基础等。

3. 1998年后的国土规划

1998年国务院政府机构进行了相应调整，国家计委改为国家发改委，国土规划职能被划给了当时新成立的国土资源部。这一时期，我国国土规划工作的重点是推出了一系列的区域协调发展战略。1999年，根据邓小平同志关于"两个大局"的构想，中央提出了西部大开发战略。"十五"规划将全国分成东部、中部和西部地区，并分别提出了发展重点。2003年，中央提出了振兴东北地区等老工业基地战略。2004年，温家宝总理作的政府工作报告首次提出了东部、中部、西部、东北四大板块。2005年，中央提出促进中部地区崛起战略。2005年4月下旬，为探讨开展新一轮国土规划的必要性和可行性，以及为编制《全国国土规划纲要》提供智力支持和决策参考，在国土资源部的组织领导下，从2005年起开展了有中国科学院地理科学与资源研究所、中国国土资源经济研究院、国土资源部信息中心等单位30多位研究人员参加的全国国土规划前期研究，并设立了专门的组织机构、工作机构和课题组顾问。经过两年多的研究论证，2007年9

[①] 曹清华、杜海娥：《我国国土规划的回顾与前瞻》，载《国土资源》2005年第11期。

月"全国国土总体规划纲要前期研究"课题顺利结题,提交的前期研究成果包括总报告和12个专题研究报告,为接下来适时推进新一轮国土规划工作奠定了坚实基础。2006年,国土资源部在发布的《国土资源"十一五(2006~2010年)"规划纲要》中以专门章节强调要"加快编制全国国土规划纲要"。2007年中国中央政府明确提出要"加强国土规划",并将其作为推动区域协调发展、优化国土开发格局和实现基本公共服务均等化的重要手段。

此外,为落实我国政府对国土规划工作要求和履行国务院赋予的国土规划职能,国土资源部从2001年开始相继选取深圳市(2001年8月)、天津市(2001年8月)、新疆维吾尔自治区(2003年6月)、辽宁省(2003年6月)和广东省(2005年12月)等省、区、市进行国土规划试点,2004年底,国家发改委组织了对长三角、京津冀等重点区域的规划。目的是通过编制试点地区的国土规划来积累经验,探索市场经济体制下开展国土规划工作的新路子,以进一步推进和搞好新一轮国土规划。

(二)我国主体功能区发展规划的提出

新中国成立特别是改革开放以来,我国国土规划取得了巨大成就,但也积累了一些矛盾和问题。其中,最为突出的问题是空间开发失序、资源和要素空间配置效率低下、人和自然和谐相处的关系遭到一定程度的破坏。目前,我国以历史上最脆弱的生态环境承载着历史上最多的人口,担负着巨大资源消耗,面临着空前的环境和可持续发展的挑战。鉴此,2006年,《中华人民共和国国民经济和社会发展第十一个五年规划纲要》(以下简称国家"十一五"规划纲要)提出"根据资源环境承载能力、现有开发密度和发展潜力,统筹考虑未来我国人口分布、经济布局、国土利用和城镇化格局,将国土空间划分为优化开发、重点开发、限制开发和禁止开发四类主体功能区"。继国家"十一五"规划纲要之后,党的十七大报告进一步明确提出,到2020年,要基本形成主体功能区布局。这表明随着环境恶化、资源枯竭、生态失衡的状况越来越严重,现阶段进行区域规划,除了考虑经济因素,还必须考虑资源、环境的承载能力。

主体功能区是国家"十一五"规划纲要率先提出的一个新概念。其中,优化开发区域是指国土开发密度已经较高、资源环境承载能力开始减弱的区域。要改变依靠大量占用土地、大量消耗资源和大量排放污染实现经济较快增长的模式,把提高增长质量和效益放在首位,提升参与全球分工与竞争的层次,继续成为带动全国经济社会发展的龙头和我国参与经济全球化的主体区域。重点开发区域是指资源环境承载能力较强、经济和人口集聚条件较好的区域。要充实基础设施,改善投资创业环境,促进产业集群发展,壮大经济规模,加快工业化和城镇化，承接优化开发区域的产业转移，承接限制开发区域和禁止开发区域的人口转移，逐步成为支撑全国经济发展和人口集聚的重要载体。限制开发区域是指资源环境承载能力较弱、大规模集聚经济和人口条件不够好并关系到全国或较大区域范围生态安全的区域。要坚持保护优先、适度开发、点状发展，因地制宜发展资源环境可承载的特色产业，加强生态修复和环境保护，引导超载人口逐步有序转移，逐步成为全国或区域性的重要生态功能区。禁止开发区域是指依法设立的各类自然保护区域。要依据法律法规规定和相关规划实行强制性保护，控制人为因素对自然生态的干扰，严禁不符合主体功能定位的开发活动①。

主体功能区的概念是借鉴国际经验并结合我国实际情况提出来的，符合当今世界区域/国土规划协调资源、环境、人口和经济之间关系的趋势。主体功能区的划分以自然生态系统的承载能力为基础，尊重自然发展规律，对国土资源进行科学规划，在空间格局上使经济布局、人口分布与资源环境相适应，协调社会经济系统与自然生态系统在时空上的耦合。因此，主体功能区的划分将有利于促进人与自然的和谐发展，将成为我国今后空间布局和区域发展的指导方针。推进形成主体功能区战略，依托于资源禀赋结构不同、发展功能各异的空间，借助于分类管理的区域政策，服务于合理的空间开发结构的构造，既是对我国区域经济发展环境和条件变化的响应，也是对既有的区域发展战略的丰富和深化。

（三）主体功能区与协调资源、环境、人口和经济之间的关系

国土规划是协调资源、环境、人口和经济之间关系的重要措施，是国土资源合理开发利用与保护的有效途径；而协调资源、环境、人口和经济之间的关系是国土规划的重要指导思想，是国土规划追求的重要目标。当前，我国国土规划中存在的诸多问题，例如规划的刚性、地域性、时间上的有限性、侧重于经济效益和缺乏规划调控手段等，都不同程度地影响着我国资源环境保护目标的实现和资源、环境、人口和经济之间关系的协调。因此，进行国土规划必须注重生态效益，加强国土规划对资源、环境、人口和经济之间关系的协调。

①规划的刚性影响了资源环境保护。现行的国土规划还主要停留在对规划结果的描述上，缺乏对规划实施过程的调控和反馈。而资源环境是处在动态发展过程中的，两者之间的矛盾使得规划很难随着资源环境状况的变化不断地调整和修改，规划也就难以真正的协调人口、资源、环境、经济与社会的关系，造成资源破坏，从而不利于资源环境的保护。

②规划的地域性限制了资源环境保护。以往的国土规划大多按行政区进行，

---

① 中华人民共和国国民经济和社会发展第十一个五年规划纲要。

强调区内资源的优化组合和合理配置,只在少数几个经济联系密切的地区进行跨行政区的规划。地域之间的资源、环境、经济联系不会因为行政区界而中断,而且还会随着市场经济的发展不断地发生变化。但行政区的界限却要求有一定的稳定性,用其指导社会经济的发展有可能不但起不到优化资源配置的作用,还会严重破坏区域内的生态平衡,导致环境恶化。

③规划时间上的有限性影响了资源环境保护。国土规划是一项时间跨度很长的规划,其期限一般都在 20 年以上,但在实际实施过程中由于近期目标更为明确具体,所以更为侧重于近期的资源开发、生产力布局。而资源环境保护是一项长期工作,资源环境效益又具有明显的滞后性。国土规划的资源环境目标在规划期内难以实现。

④规划因侧重经济效益而忽视了资源环境保护。由于经济增长在短期内即可实现,且对民众物质生活质量的提高发挥着巨大的作用,而生态社会效益具有潜在性和滞后性。因此,某些现行的国土规划常常将经济效益作为主导目标,无视资源环境对经济的制约和促进作用。

⑤国土规划调控手段的缺乏影响了资源环境保护。在传统的计划经济体制下,规划的实施主要依靠行政指令和投资分配等措施。改革开放后,随着市场在资源配置中的作用越来越大,不确定因素越来越多,规划的实施应综合运用经济、技术、立法和行政管理等多种手段,在规划基础上制定相应的政策和法规。但直到目前为止,我国的国土规划还缺乏与有关政策的配套协调,有关的法规也不健全,管理机构还不完善,有的政府部门对规划的重要性和严肃性缺乏认识。从而使国土规划往往不能得以有效的实施。

总之,为协调资源、环境、人口和经济之间的关系,编制主体功能区规划时需要打破行政区界限,改变完全按行政区制定区域政策和绩效评价的方法,同时,主体功能区规划的实施,也需要依托一定层级的行政区。

第二节　我国区域功能规划的实证研究

——基于承载能力视角

本小节从承载能力的视角,以省为区域规划的基本单元,对我国进行了主体功能区划分的实证分析与评价,主要包含以下几个方面的内容:首先,介绍了主体功能区的划分方法。其次,对承载能力的测定方法进行简单介绍。再其次,在前面两部分内容的基础上,选取主体功能区的划分指标,并对数据进行预处理;

然后，利用综合评价的方法，对我国主体功能区的划分进行实证分析。最后对实证分析的结论进行总结与评价。

一、主体功能区的划分方法

面对资源短缺、环境恶化等严峻的形势，国家"十一五"规划纲要明确提出"根据资源环境承载能力、现有开发密度和发展潜力，统筹考虑未来我国人口分布、经济布局、国土利用和城镇化格局，将国土空间划分为优化开发、重点开发、限制开发和禁止开发四类主体功能区。"对于各类主体功能区"十一五"规划中也明确给出了界定："优化开发区域是指国土开发密度已经较高、资源环境承载能力开始减弱的区域。重点开发区域是指资源环境承载能力较强、经济和人口集聚条件较好的区域。限制开发区域是指环境资源承载能力较弱、大规模集聚经济和人口条件不够好并关系到全国或较大区域范围生态安全的区域。禁止开发区域是指依法设立的各类自然保护区域。"

显然，我国主体功能区划的界定综合了自然区划、生态区划、经济区划、区域发展战略布局等多种空间界线原则，因此主体功能区划分的方法应该与自然区划、生态区划以及经济区划等具有明显的不同。在具体划分时，既要考虑由于地域差异而导致的资源环境不同，又要考虑由经济和社会联系而产生的辐射功能差别，还要充分体现国家和地方宏观发展战略的需要。一般来讲，主体功能区划分的流程包括：空间划分单元和属性因子的确定、评价指标的赋值与量化、评价指标的归并与转换、主体功能区类型的判别以及主体功能区划分最终方案的确定。

（一）划分单元的确定

主体功能区划是科学的系统工程，基本空间分析单位的选择将直接决定其区划的成效。从理论上讲，任何一级拥有一定国土空间范围、一定经济管理权限和政策实施手段的政府或经济主体都应贯彻和实施区域功能区划的战略理念。我国共有五级行政政府，最小的政府单位到乡镇，所以具体来说，划分单元的选择有以下几种可能的情况：第一种，国家一级主体功能区以省和直辖市为基本单元和边界，省一级主体功能区以地级单位（333个）为划分的基本单元和边界；第二种，国家一级主体功能区以地级单位（333个）作为基本单元和边界，省一级主体功能区以县级单位（2 862个）作为基本单元和边界；第三种，国家一级主体功能区以县级单位作为基本单元和边界，省一级主体功能区以乡镇级单位（41 636个）作为基本单元和边界；第四种，国家一级和省一级主体功能区均以地级市作为基本单元和边界；第五种国家一级和省一级主体功能区均以县级单位作为基本单元和边界;第六种,国家一级和省一级主体功能区均以乡镇级单位作为基本单元和边界。一般来说评价划分单元越小,方案精度会越高,但基本数据资料的采集、报送与管理,以及评价和具体实施的难度也将会越复杂。由于我国县级行政区内通常就存在较大的差异,因此单从理论上讲,应该选择第三种方案会比较好,即国际一级主体功能区以县级单位作为基本单元和边界,而省一级主体功能区以乡镇级单位作为基本单元和边界。

但是从现实层面看,我国五级政府拥有的权限、职能、手段各不相同。特别是省级以下政府在辖区范围、立法权限、经济管理手段等方面非常有限,同时,省级以上的其他分析单位则是人为的地缘结合的产物,分析的现实意义有限。从实践上看,空间分析基本单元过大,如以省为基本单元,区域的主体功能难以准确确定。因为一个大的空间单元内部可能存在多种主体功能区,很难用一类主体功能来概括。空间分析基本单元过小,如以乡镇为基本单元,区域的主体功能相对容易确定,但是空间单元的数量较多,数据收集和整理的工作量和难度都很大。因此,区域功能区划从政策实施有效性和可操作性方面看,应主要以中央和省两级政府为主构建国家和省两个层次区域功能区划体系。两个层次区域功能区划体系中,国家层次区域功能区划体系的空间分析基本单元是省份,省份层次区域功能区划体系的空间分析基本单元是地级市。我们的研究思路正是从这一现实出发,基于指标和相关数据的可获得性,设想从省和地级市两个层面对我国主体功能区进行评价与划分。

(二) 评价指标体系的建立与权重的确定方法

构建评价划分主体功能区的指标体系,并确定各因子、因素、指标之间的权重关系,同时对评价因子进行赋值量化,这些是主体功能区评价与划分工作的核心与基础。其中,因素因子的选择及权重的确定是否合理将直接关系到整个功能区划分方案的客观性和可操作性。

指标体系的选择和构建通常需要遵循一些基本的原则。联合国可持续发展委员会"可持续发展指标工作计划"(1995~2000年)确定的可持续发展指标的选择原则是:第一,指标在尺度和范围上是国家级的;第二,与评价目标相关;第三,可以理解的、清楚的、简单的、含义明确的;第四,在国家政府可发展的能力范围内;第五,概念上是合理的;第六,数量上是有限的,但应保持开放并可根据未来的需要进行修订;第七,具有国际一致的代表性的;第八,基于已知质量和恰当建档的现有数据,或者以合理成本可获得的数据,并能定期更新等原则。OECD(1998,2001)提出了可持续发展指标的选择所应该遵循的三条基本原则:第一,与政策的相关性,即指标要提供环境状况、环境压力或社会响应的代表性图景，指标要简单易于解释并能够揭示随时间的变化趋势，指标要对环境和相关人类活动的变化敏感，指标要能提供国际比较的基础，指标最好具有一个可与之相比较的阀值或参考值；第二，分析的合理性，即指标在理论上应当是用技术或科学术语严格定义的，指标应该是基于国际标准和国际共识的基础上的，指标可以与经济模型、预测、信息系统相联系的；第三，指标的可测量性，即指标所对应的数据应当是已具备或者能够以合理的成本取得，指标数据应当进行适当的建档并知道其质量，指标数据应该可以依据可靠的程序定期更新。

根据上述指导原则，考虑到各种类型的主体功能的定位，我们从资源、环境、经济、人口四个方面初步选取并构建指标体系，具体如表3-2-1所示。

表3-2-1　　　　　　　　　初步选定的指标体系表

因素层	因子层
资源	地区国土面积 13种矿产资源数量 活立木总蓄积量 水资源总量 耕地面积 粮食作物播种面积
环境	工业废水排放总量 生活污水排放量 工业与生活SO_2和烟尘以及工业粉尘排放量 工业固体废物产生量 生活垃圾清运量 "三废"综合利用产品产值 城市绿地面积 工业污染治理完成投资额
经济	地区生产总值 二三产比例 财政支出基本建设费 交通运输里程数（含铁路营业、内河航道和公路里程） 外资投资总额 教育经费合计总额 专利申请授权件数
人口	地区总人口数

注意，上述指标体系表只是从评价角度并根据数据的可获得性，所初选出来的指标，并没有把承载能力的因素考虑进去，后面我们在实证研究部分，将会将上述指标从承载能力的视角出发，重新构建评价的指标体系。

确定好评价的指标后，我们需要根据各指标对评估总目标作用的大小及影响的重要程度进行赋权。确定权重的方法有两大类，主观赋权法和客观赋权法。其中主观赋权法在赋权时主要依靠专家对指标的重要性的判断来对指标进行赋权，如德尔菲（Delphi）法、比较评分法等，这种权重的确定方法带有相当程度的主观性，随意性较大；而客观赋权法则是通过数理的运算来获得指标的信息权重，如均方差法、相关系数法、主成分法、变异系数法等，这种方法避免了人为因素和主观因素的影响，但赋权结果没有考虑到指标在实际中的重要程度，有时候会出现赋权结果与客观实际存在一定差距的情况。所以在选择指标的赋权方法时需要慎重，往往采用单一方法定权，会受赋权方法的影响而容易造成偏倚，一般建议采用组合赋权的方法，即把主观赋权和客观赋权的结果进行综合考虑，给出最终的权重。

本书中采用比较评分法中的两两互补式评分法来确定各指标层中的主观权重，而用标准差法来确定各指标层中的客观权重，没有采用主成分法来确定客观权重的原因在于，本书中各指标层的指标数量不多，做出的结果显示降维的效果不大明显。最后根据所得到的主观权重和客观权重，采用连乘归一化的方法来进行组合赋权。

（三）评价指标的量化与归并

本书中，在采用线性插值法计算公式的基础上，通过比较和试算，最后确定采用改进的功效系数法作为各个最终评价指标的无量纲化的计算方法，在我们的研究中，由于以省作为国家级的划分单元，所选择的指标数据没有明显的短板因素，限制性较弱，所以我们进行归并时直接采用了加权求和的归并方法。

在将各个因子进行归并计算之后，可以继续沿用归并的思路将各个因素进行归并，得到一个最后总的分值，但这样做存在的问题是分界值不好确定，所以常用的做法是对因素层的各因素进行综合分析，用叠置分析的方法或者矩阵判别的方法，最终确定各个评价单元主体功能区的类型。我们的研究引入承载能力和承载压力的概念，并根据承载能力和承载压力构建承压度作为最终的主体功能区的评价划分指标，如果承压度大于1，则表示该单元存在过度开发的情况，可以作为优化开发区，反之如果承压度小于1，则可以作为优化开发区。下面将简单介绍承载能力的一些测定方法。

(四) 基于承载能力视角的主体功能区划研究思路

"十一五"规划纲要中明确提出:"根据资源环境承载能力、现有开发密度和发展潜力以及其他综合因素,将国土空间划分为优化开发、重点开发、限制开发和禁止开发四类主体功能区。"因此,目前我国关于主体功能区的划分基本上都是从资源环境承载能力、现有开发密度和发展潜力三个角度出发来选取和构建指标体系。这种做法无疑需要在后续分析中选取相应的阀值作为判断标准,同时需要叠置分析或矩阵判别这类的方法进行功能区的最终判别分析。

我们的研究将从承载能力的视角出发,依据现有承载能力的测定方法,构建承载能力和承载压力两个一级测量指标,从环境、资源和经济三个方面相应的分别构造资源承载能力、环境承载能力、经济承载能力、资源承载压力、环境承载压力和经济承载压力六个二级指标。这里需要说明的是,我们定义的承载能力是指单位国土面积上所拥有的资源(环境或经济)的量,拥有的量越大则相应的承载能力也越大;而承载压力这里指的是人均拥有的资源(环境或经济)的量,拥有的量越少则相应的承载压力越大。基于这样的理念,我们选用资源承载能力、环境承载能力两个二级指标与"十一五"纲要中的资源环境承载能力相对应,选用资源承载压力、环境承载压力两个二级指标与纲要中的现有开发密度相对应,而把经济承载能力和经济的承载压力看成是与纲要中的发展潜力对应,这样我们就将"十一五"规划纲要中的三个一级指标转换基于承载能力视角的六个二级指标。表3-2-2反映了这种对应的关系。

表3-2-2 承载能力视角中的指标与"十一五"中的指标的对应关系表

一级指标	二级指标	对应关系	"十一五"指标
承载能力	资源承载能力		资源环境承载能力
	环境承载能力		
承载压力	经济承载能力		现有开发密度
	资源承载压力		
	环境承载压力		发展潜力
	经济承载压力		

在后面的研究中，我们将根据这种对应关系，通过表 3-1-1 中所选取的各个因子来构造三级指标体系，同时根据承载能力和承载压力构造承压度这一指标，最终实现对我国主体功能区评价与划分的定量分析。

由于目前我国对主体功能区的划分与评价研究中存在着很多意见不一的地方，如对于划分评价单元的选择，对于评价指标体系的构建等方面，都存在很大的争议。并且现有的文献研究中基本上没有从实证角度全面对我国现有国土进行评价和划分，所以我们的研究无论从划分单元的选择、评价指标体系的建立、评价方法的选择，还是承载能力概念的定义、最终实证结论的给出等等，仅仅只能算是一个大胆的尝试，期待以后做出更多更深入更有成效的研究。

我们的研究思路图 3-2-1 所示。首先，确定评价划分单元，这里我们选定国家层面的划分单元为省级行政单位，而在省级层面选定的划分单元为地级市。其次，确定一级指标体系为承载能力和承载压力，并根据一级指标构建主体功能区划分指数"承压度"，承压度＝承载压力/承载能力，如果承压度大于1，则表明应该进行优化开发，如果承压度小于1则应该进行重点开发，而对于限制开发区和禁止开发区国家已经明确规定，所以在我们的功能区划评价分析中不给予考虑。再其次，在一级指标的基础上，我们从环境、资源和经济的角度，构架六个二级指标，并将它们与"十一五"中的一级评价指标建立对应关系。最后，利用所选择的评价因子，构建三级评价指标体系，选取合适的综合评价方法进行功能区划的评价。

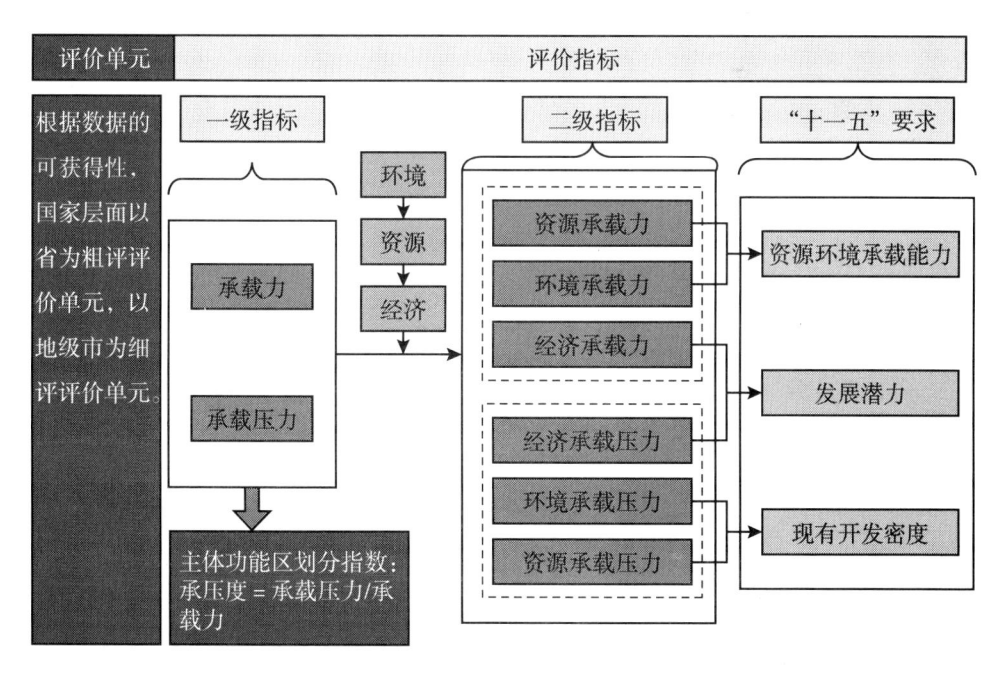

图 3-2-1 基于承载能力视角的主体功能区划研究思路

二、承载能力的测定方法

承载能力是承载主体可承受的承载对象的活动规模。现有的研究中,通常把资源和环境作为承载的主体,把人口作为承载的对象,而对于经济,则有的把它作为承载的主体,有的把它作为承载的对象。在本部分的研究中,我们把经济视同与资源和环境一样,作为承载的主体来看待。关于承载能力的评价与测定,目前多采用定量评价的方法,主要分为单因素承载能力测定和综合承载能力测定。

(一) 单一承载能力的测定

单一承载能力最早开始于对土地承载能力的研究,而目前水资源承载能力的测定方法却最为丰富,另外基于相对资源承载能力的测定方法使用也比较多。这部分内容在第一章中有较为详细的介绍,这里不再赘述。

(二) 综合承载能力的测定

关于综合承载能力的测定,目前国内外学者们仍在不断研究和修订,主要利用人类对地球生态系统所产生的影响和压力的测度方法,直接或间接地来度量承载能力。在这些承载能力的研究及应用中,确立所采用的评价方法一直是研究的重点,现有的比较成熟的评价模型主要有自然植被净第一生产力估测法、ECCO (Enhancement of Carrying Capacity Options) 模型法、递阶多层次综合评价法、状态空间法、生态足迹法等。这些方法的共同之处在于均需要设计相应的评价指标体系。由于各种方法所应用的领域不同,因此在应用来测定承载能力时存在着各种不同的理解和约束条件,使得这些测定承载能力的方法带有各领域的特点。这部分内容在第一章中有较为详细的介绍,这里不再赘述。

三、划分指标的选取与数据处理

(一) 指标体系的构建

根据相关的评价指标选取原则,同时考虑到数据的可获得性,我们采用表3-2-1中所选取的评价因子,在定义承载能力表示单位国土面积上所拥有的资源(环境或经济)量,而承载压力表示人均拥有的资源(环境或经济)量的前提下,把承载压力和承载能力作为两个一级指标,从环境、资源和经济三个方面构造资源承载能力、环境承载能力、经济承载能力、资源承载压力、环境承载压力和经济承载压力六个二级指标。把单位国土 13 种矿产资源数量等 5 个三级指标作为资源承载能力的分解指标；把单位国土工业废水排放总量等 8 个三级指标作为环境承载能力的分解指标；把单位国土地区生产总值等 7 个三级指标作为经济承载能力的分解指标；把人均 13 种矿产资源数量等 5 个三级指标作为资源承载压力的分解指标；把人均工业废水排放总量等 8 个三级指标作为环境承载压力的分解指标；把人均地区生产总值等 7 个三级指标作为经济承载压力的分解指标，这样共有三级指标 40 个。整个指标体系如表 3-2-3 所示。

表 3-2-3　　　　　　主体功能区评价指标体系表

一级指标	二级指标	三级指标	指标类型
承载能力 X	资源承载能力 AX	单位国土 13 种矿产资源数量（吨/平方公里）AX1	正指标
		单位国土活立木总蓄积量（立方米/平方公里）AX2	正指标
		单位国土水资源总量（立方米/平方公里）AX3	正指标
		单位国土耕地面积（公顷/平方公里）AX4	正指标
		单位国土粮食作物播种面积（公顷/平方公里）AX5	正指标
	环境承载能力 BX	单位国土工业废水排放总量（吨/平方公里）BX1	逆指标
		单位国土生活污水排放量（吨/平方公里）BX2	逆指标
		单位国土工业与生活 SO_2 和烟尘以及工业粉尘排放量（吨/平方公里）BX3	逆指标
		单位国土工业固体废物产生量（吨/平方公里）BX4	逆指标
		单位国土生活垃圾清运量（吨/平方公里）BX5	逆指标
		单位国土"三废"综合利用产品产值（元/平方公里）BX6	正指标
		单位国土城市绿地面积（公顷/平方公里）BX7	正指标
		单位国土工业污染治理完成投资额（元/平方公里）BX8	正指标
	经济承载能力 CX	单位国土地区生产总值（万元/平方公里）CX1	正指标
		二三产比例 CX2	正指标
		单位国土财政支出基本建设费（元/平方公里）CX3	正指标
		单位国土交通运输里程数（含铁路营业、内河航道和公路里程）（公里/平方公里）CX4	正指标
		单位国土外资投资总额（万美元/平方公里）CX5	正指标
		单位国土教育经费合计总额（万元/平方公里）CX6	正指标
		单位国土专利申请授权件数（件/平方公里）CX7	正指标

续表

一级指标	二级指标	三级指标	指标类型
承载压力 Y	资源承载压力 AY	人均13种矿产资源数量（吨/人）AY1	逆指标
		人均活立木总蓄积量（立方米/人）AY2	逆指标
		人均水资源总量（立方米/人）AY3	逆指标
		人均耕地面积（公顷/人）AY4	逆指标
		人均粮食作物播种面积（公顷/人）AY5	逆指标
	环境承载压力 BY	人均工业废水排放总量（吨/人）BY1	正指标
		人均生活污水排放量（吨/人）BY2	正指标
		人均工业与生活SO_2和烟尘以及工业粉尘排放量（吨/人）BY3	正指标
		人均工业固体废物产生量（吨/人）BY4	正指标
		人均生活垃圾清运量（吨/人）BY5	正指标
		人均"三废"综合利用产品产值（元/人）BY6	逆指标
		人均城市绿地面积（公顷/人）BY7	逆指标
		人均工业污染治理完成投资额（元/人）BY8	逆指标
	经济承载压力 CY	人均地区生产总值（元/人）CY1	逆指标
		二三产比例 CY2	逆指标
		人均财政支出基本建设费（元/人）CY3	逆指标
		人均交通运输里程数（含铁路营业、内河航道和公路里程）（km/人）CY4	逆指标
		人均外资投资总额（美元/人）CY5	逆指标
		人均教育经费合计总额（元/人）CY6	逆指标
		人均专利申请授权件数（件/万人）CY7	逆指标

注：① X 表示承载能力；Y 表示承载压力。② A 表示资源；B 表示环境；C 表示经济。③ AX 表示资源承载能力；BX 表示环境承载能力；CX 表示经济承载能力；AY 表示资源承载压力；BY 表示环境承载压力；CY 表示经济承载压力。

在40个三级指标中，我们同时标注和区分了正指标和逆指标。在承载能力中，正指标数值越大则相应的承载能力也就越大，逆指标则是数值越大承载能力反而越小；在承载压力中，正指标数值越大则相应的承载压力越大，逆指标则是数值越大承载压力越小。

(二) 数据预处理

省级主体功能区评价划分所用的原始数据来源于《2007年中国统计年鉴》，其中耕地面积这一指标年鉴上只给出了重庆市与四川省的总值，我们根据《2006年中国区域经济统计年鉴》中两个地区的值，用等比插补的方法计算出2006年重庆市与四川省各自耕地面积数。根据各个原始指标的数值，计算各三级指标的数值。其中，承载能力的各项三级指标值是根据各原始指标数据值除以各省相应的土地面积计算得到，承载压力的各项三级指标值是根据各原始指标数据值除以各省相应的人口数计算得到。

在计算完三级指标的数值后，对于表3-2-3中的逆指标，通过取倒数的方法将逆指标转换为正向指标。然后对于每个正向指标（含逆转后的）进行异常值的检测，采用均值加减3倍的标准差的方法，甄别出各个指标的异常值，如表3-2-4所示。

表3-2-4　　　　　　　　三级指标中的异常值表

指标	异常值	指标	异常值
单位国土13种矿产资源数量AX1	辽宁	人均13种矿产资源数量AY1	天津、上海、宁夏
单位国土活立木总蓄积量AX2	无	人均活立木总蓄积量AY2	上海
单位国土水资源总量AX3	无	人均水资源总量AY3	天津
单位国土耕地面积AX4	无	人均耕地面积AY4	上海
单位国土粮食作物播种面积AX5	无	人均粮食作物播种面积AY5	上海
单位国土工业废水排放总量BX1	西藏	人均工业废水排放总量BY1	无
单位国土生活污水排放量BX2	西藏	人均生活污水排放量BY2	上海
单位国土工业与生活SO_2和烟尘以及工业粉尘排放量BX3	西藏	人均工业与生活SO_2和烟尘以及工业粉尘排放量BY3	无
单位国土工业固体废物产生量BX4	西藏	人均工业固体废物产生量BY4	无
单位国土生活垃圾清运量BX5	青海	人均生活垃圾清运量BY5	西藏
单位国土"三废"综合利用产品产值BX6	无	人均"三废"综合利用产品产值BY6	西藏

续表

指标	异常值	指标	异常值
单位国土城市绿地面积 BX7	北京、上海	人均城市绿地面积 BY7	云南
单位国土工业污染治理完成投资额 BX8	天津	人均工业污染治理完成投资额 BY8	西藏
单位国土地区生产总值 CX1	上海	人均地区生产总值 CY1	无
二三产比例 CX2	无	二三产比例 CY2	海南
单位国土财政支出基本建设费 CX3	上海	人均财政支出基本建设费 CY3	无
单位国土交通运输里程数（含铁路营业、内河航道和公路里程）CX4	无	人均交通运输里程数（含铁路营业、内河航道和公路里程）CY4	上海
单位国土外资投资总额 CX5	上海	人均外资投资总额 CY5	贵州
单位国土教育经费合计总额 CX6	上海	人均教育经费合计总额 CY6	无
单位国土专利申请授权件数 CX7	上海	人均专利申请授权件数 CY7	青海

从表 3-2-4 中可以看出，辽宁省单位国土面积上 13 种矿产资源的数量远远超过其他省市；西藏在单位国土工业废水排放量、单位国土生活污水排放量、单位国土工业与生活 SO_2 和烟尘以及工业粉尘排放量、单位国土工业固体废物产生量四个指标上的数值远远低于其他省市，而在人均生活垃圾清运量上却远远高于其他省市，同时在人均"三废"综合利用产品产值以及人均工业污染治理完成投资额两项指标上也远远低于其他省市；北京、上海在单位国土城市绿地面积该项指标上远远高于其他城市；天津、宁夏、上海三个城市在人均 13 种矿产资源数量该项指标上要远远少于其他城市；同时上海在单位国土地区生产总值、单位国土财政支出基本建设费、单位国土外资投资总额、单位国土教育经费合计总额、单位国土专利申请授权件数、人均生活污水排放量这六项指标上远远高出其他省市，而在人均活立木总蓄积量、人均耕地面积、人均粮食作物播种面积和人均交通运输里程数（含铁路营业、内河航道和公路里程）这四项指标上却要远远低于其他省市；青海在单位国土生活垃圾清运量和人均专利申请授权件数这两项指标上远低于全国其他省市；另外，天津的人均水资源总量在全国处于最小；云南的人均城市绿地面积在全国处于最小；海南的二三产业占总产值的比例在全国处于最小；贵州的人均外资投资总额在全国处于最小。将上述检测出的异常值

的结论列表归纳如表 3-2-5 所示。

表 3-2-5　　　　　　　　异常值所得结论表

异常值省市	异常值指标所反映的问题
辽宁	单位国土面积上 13 种矿产资源的数量远高于其他省市
北京	单位国土城市绿地面积远远高于其他省市
天津	人均 13 种矿产资源的数量远低于其他省市；人均水资源总量全国最小；单位国土工业污染治理完成投资额全国最大
青海	单位国土生活垃圾清运量、人均专利申请授权件数远低于全国其他省市
宁夏	人均 13 种矿产资源的数量远远低于其他城市
云南	人均城市绿地面积在全国处于最小
海南	二三产业占总产值的比例在全国处于最小
贵州	人均外资投资总额在全国处于最小
上海	单位国土城市绿地面积、单位国土地区生产总值、单位国土财政支出基本建设费、单位国土外资投资总额、单位国土教育经费合计总额、单位国土专利申请授权件数、人均生活污水排放量这 7 项指标上远远高出其他省市 在人均活立木总蓄积量、人均耕地面积、人均粮食作物播种面积和人均交通运输里程数（含铁路营业、内河航道和公路里程）、人均 13 种矿产资源的数量这 5 项却远远低于其他省市
西藏	单位国土工业废水排放量、生活污水排放量、工业与生活 SO_2 和烟尘以及工业粉尘排放量、工业固体废物产生量、人均三废综合利用产品产值、人均工业污染治理完成投资额这 6 项远远低于其他省市；在人均生活垃圾清运量上远远高于其他省市

对于异常值，如果不进行处理，我们在试算过程中发现，会严重地影响到我们最终的无量纲化结果，进而影响到最终的评价结果。所以这里我们对异常值将采取剔除，并用出现异常值的指标的次大值（或次小值）替代方法进行插补。

四、我国主体功能区划分的实证分析

（一）无量纲化与权重的确定

经过上述预处理后的三级指标数据，需要进行无量纲化处理，经过比较和试算，我们最终采用改进的功效系数法对数据进行无量纲化处理，计算公式如下：

$$z_{ij} = \frac{y_{ij} - y_{ijmin}}{y_{ijmax} - y_{ijmin}} \times 40 + 60 (i = 1, \cdots, n; j = 1, \cdots, 31) \quad (3-2-1)$$

其中 i 从 1 到 20，表示三级指标，j 从 1 到 31，表示各个省市，z_{ij} 表示经过预处理后的第 i 个三级指标在第 j 个省的取值的无量纲化后的指标值，y_{ijmax}，y_{ijmin} 则分别为预处理后的第 i 个三级指标中 $y_{ij}(j = 1, 2, \cdots, 31)$ 的最大值和最小值。

在数据进行无量纲化处理后，我们根据主客观结合的组合赋权法对三级指标进行加权，得到承载能力的三个二级指标数值和承载压力的三个二级指标数值。其中客观赋权法为均方差法，即均方差较大，指标的离散程度较大的我们相对给予较大的权重。主观赋权则采用比较评分法，即将各组三级指标在各组内进行比较，并参照专家的意见，给出各三级指标的相对重要程度，最高分值记为 10 分，通过计算相对得分来确定主观权重，主观赋权的结果如表 3-2-6 所示。然后将客观权重乘主观权重，通过加权求和法归一化后即可得最终权数，结果如表 3-2-7 所示。二级指标权数的确定方法同三级指标权数的确定方法相似，具体结果如表 3-2-8 所示。

表 3-2-6　　　　　　三级指标比较评分法赋权结果表

三级指标	重要性分数	归一化权数	三级指标	重要性分数	归一化权数
AX1	6	0.1667	AY1	6	0.1667
AX2	8	0.2223	AY2	8	0.2223
AX3	10	0.2778	AY3	10	0.2778
AX4	10	0.2778	AY4	10	0.2778
AX5	2	0.0556	AY5	2	0.0556
BX1	7	0.1374	BY1	7	0.1374
BX2	6	0.1176	BY2	6	0.1176
BX3	10	0.1961	BY3	10	0.1961
BX4	8	0.1569	BY4	8	0.1569
BX5	6	0.1176	BY5	6	0.1176
BX6	4	0.0784	BY6	4	0.0784
BX7	6	0.1176	BY7	6	0.1176
BX8	4	0.0784	BY8	4	0.0784
CX1	10	0.1563	CY1	10	0.1563
CX2	10	0.1563	CY2	10	0.1563
CX3	8	0.125	CY3	8	0.125

续表

三级指标	重要性分数	归一化权数	三级指标	重要性分数	归一化权数
CX4	8	0.125	CY4	8	0.125
CX5	8	0.125	CY5	8	0.125
CX6	10	0.1563	CY6	10	0.1563
CX7	10	0.1563	CY7	10	0.1563

注：① 重要性分数最高值为 10；② 各指标的重要性是与该指标所在组的其他指标的重要性相比较；③ 承载能力和承载压力各相对应的指标的重要性取为相同。

表 3-2-7　三级指标主客观赋权结合的最终赋权结果

指标	客观权重	主观权重	综合权重	指标	客观权重	主观权重	综合权重
AX1	0.2121	0.1667	0.1739	AY1	0.2396	0.1667	0.1965
AX2	0.2055	0.2223	0.2248	AY2	0.1790	0.2223	0.1957
AX3	0.2033	0.2778	0.2779	AY3	0.2342	0.2778	0.3200
AX4	0.2009	0.2778	0.2746	AY4	0.1765	0.2778	0.2411
AX5	0.1783	0.0556	0.0488	AY5	0.1707	0.0556	0.0467
BX1	0.1238	0.1374	0.1375	BY1	0.1336	0.1374	0.1480
BX2	0.1205	0.1176	0.1146	BY2	0.1223	0.1176	0.1160
BX3	0.1160	0.1961	0.1839	BY3	0.1149	0.1961	0.1817
BX4	0.1194	0.1569	0.1514	BY4	0.1163	0.1569	0.1471
BX5	0.1170	0.1176	0.1112	BY5	0.1386	0.1176	0.1315
BX6	0.1339	0.0784	0.0849	BY6	0.1216	0.0784	0.0769
BX7	0.1444	0.1176	0.1373	BY7	0.1237	0.1176	0.1173
BX8	0.1251	0.0784	0.0793	BY8	0.1291	0.0784	0.0816
CX1	0.1479	0.1563	0.1630	CY1	0.1152	0.1563	0.1258
CX2	0.1105	0.1563	0.1218	CY2	0.1462	0.1563	0.1597
CX3	0.1503	0.125	0.1324	CY3	0.1512	0.125	0.1321
CX4	0.1583	0.125	0.1395	CY4	0.1223	0.125	0.1068
CX5	0.1536	0.125	0.1354	CY5	0.1483	0.125	0.1296
CX6	0.1347	0.1563	0.1485	CY6	0.1367	0.1563	0.1493
CX7	0.1446	0.1563	0.1594	CY7	0.1801	0.1563	0.1967

表 3-2-8　　二级指标主客观赋权结合的最终赋权结果

二级指标	客观权重	主观权重	综合权重	二级指标	客观权重	主观权重	综合权重
AX	0.2768	0.4545	0.4164	AY	0.4952	0.4545	0.6951
BX	0.3040	0.4545	0.4573	BY	0.1452	0.4545	0.2039
CX	0.4192	0.0910	0.1263	CY	0.3596	0.0910	0.1010

（二）主体功能区划分指数的计算

利用各组三级指标的最终权数，对各组指标无量纲化后的指标值进行加权，分别计算得到各省的资源承载能力、环境承载能力和经济承载能力以及资源承载压力、环境承载压力和经济承载压力。然后利用各组二级指标的最终权数，对各组二级指标的计算值进行加权，分别计算得到各省的承载能力和承载压力，进而得到一级指标的分值。最后构建主体功能区的划分指数——承压度，其定义公式为：

$$承压度 = \frac{承载压力}{承载力} \quad (3-2-2)$$

若某个地区承压度大于1，则表示该地区承载超负荷，应该进行优化开发，进而理论上应该将该地区列入优化开发区，承压度越大表明承载超负荷越严重；若某个地区承压度小于1，则表示该地区承载低负荷，应该进行重点开发，进而理论上应该将该地区列入重点开发区。

根据上述计算原理，计算各省市资源承载能力（AX）、环境承载能力（BX）、经济承载能力（CX）、资源承载压力（AY）、环境承载压力（BY）、经济承载压力（CY）以及总的承载能力（X）、总的承载压力（Y）和承压度，计算结果如表3-2-9所示。

表 3-2-9　　各二级指标、一级指标及承压度的计算结果

地区	AX	BX	CX	X	AY	BY	CY	Y	承压度
北京	67.47	70.11	96.95	72.40	94.46	73.31	64.27	87.10	1.2031
天津	70.82	71.78	89.39	73.61	93.68	71.76	66.89	86.51	1.1752
河北	70.88	62.69	67.35	66.69	74.76	73.54	81.69	75.21	1.1278
山西	70.22	62.60	67.69	66.42	68.79	79.38	77.80	71.86	1.0820
内蒙古	64.22	69.06	63.33	66.32	61.10	79.54	76.44	66.41	1.0013
辽宁	77.77	64.15	68.71	70.40	65.20	77.02	70.87	68.18	0.9685

续表

地区	AX	BX	CX	X	AY	BY	CY	Y	承压度
吉林	77.92	62.53	65.09	69.26	62.01	73.31	75.45	65.67	0.9482
黑龙江	74.36	63.50	64.70	68.17	62.45	73.73	75.85	66.10	0.9697
上海	72.43	71.45	100.00	75.46	98.97	79.90	64.59	91.61	1.2139
江苏	76.34	70.12	78.76	73.80	69.79	73.04	69.08	70.38	0.9536
浙江	75.09	67.04	75.22	71.42	67.17	73.17	67.86	68.47	0.9586
安徽	81.08	63.11	68.04	71.21	64.49	70.69	85.46	67.87	0.9530
福建	83.27	62.80	68.40	72.03	66.02	73.88	72.76	68.30	0.9483
江西	79.73	62.23	66.26	70.02	63.49	72.63	85.21	67.55	0.9646
山东	77.68	66.35	72.55	71.85	73.42	69.23	76.20	72.85	1.0139
河南	79.95	62.88	70.13	70.90	68.53	71.27	83.74	70.63	0.9961
湖北	71.80	62.85	67.81	67.20	64.41	71.04	79.62	67.30	1.0014
湖南	76.32	62.42	66.68	68.75	64.20	71.47	81.12	67.39	0.9802
广东	85.23	66.69	75.70	75.55	67.81	72.64	68.07	68.82	0.9109
广西	78.20	62.78	63.90	69.34	62.66	72.90	89.27	67.43	0.9725
海南	76.12	65.49	63.12	69.62	63.06	69.79	84.21	66.57	0.9562
重庆	75.77	62.13	69.99	68.81	63.93	75.88	74.09	67.39	0.9794
四川	75.88	62.83	64.18	68.44	63.15	69.97	82.69	66.51	0.9719
贵州	76.33	62.98	65.30	68.83	62.40	70.35	92.82	67.09	0.9748
云南	76.63	64.26	64.36	69.42	61.61	70.80	85.31	65.88	0.9490
西藏	66.59	87.95	62.44	75.83	61.46	74.29	80.91	66.04	0.8709
陕西	70.49	62.19	66.21	66.15	63.91	73.34	76.56	67.11	1.0145
甘肃	64.09	65.78	63.72	64.82	63.60	71.68	87.39	67.65	1.0437
青海	60.68	86.58	63.48	72.88	62.07	77.71	79.28	66.99	0.9193
宁夏	66.04	62.44	65.65	64.34	80.71	78.09	75.60	79.66	1.2380
新疆	61.09	81.40	62.66	70.58	61.45	72.73	78.74	65.49	0.9279

为了便于解释与比较，下面我们将上述结果用线形图来加以表示。按上表中各省的排列顺序，记"北京 = 1，天津 = 2，…，新疆 = 31"；将承压度简记为CYD。则承压度（CYD）与总的承载能力（X）、总的承载压力（Y）的结果线形图如图 3 - 2 - 2 所示。从图中可以看出，总体上全国各省市的总的承载压力在75 以下，除了北京（87.10）、天津（86.51）、河北（75.21）、上海（91.61）、

宁夏（79.66）五个省市之外；而各省市总的承载能力基本上都在 70 左右，相差不大；总的承载压力的变动如果用全距来衡量，其值 d_1 为：

$$d_1 = 91.61（上海）- 65.49（新疆）= 26.12, \quad (3-2-3)$$

总的承载能力的变动如果用全距来衡量，其值 d_2 为：

$$d_2 = 75.83（西藏）- 64.34（宁夏）= 11.49 \quad (3-2-4)$$

显然，总的承载压力的变动要比总的承载能力的变动大得多。

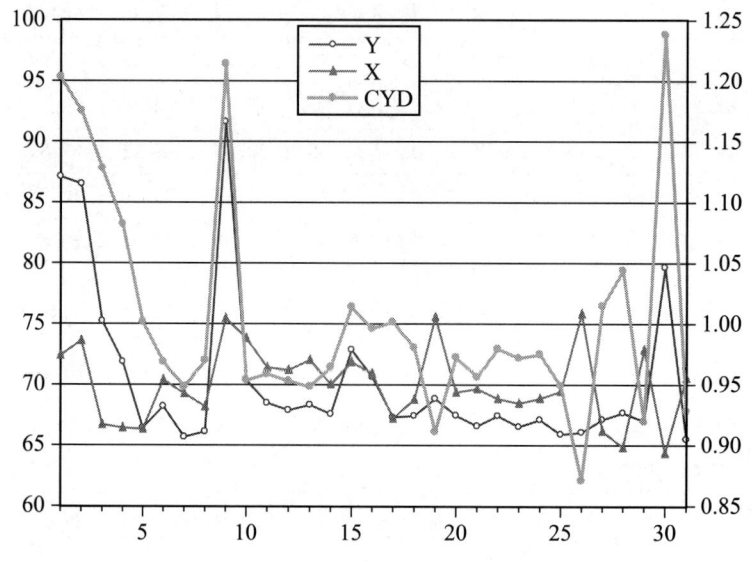

图 3-2-2 承压度与总的承载能力与总的承载压力关系

各省市总的承载能力（X）与其资源承载能力（AX）、环境承载能力（BX）、经济承载能力（CX）的结果线形图如图 3-2-3 所示。从图中可以看出：第一，资源、环境与经济三者的承载能力的整体比较结果是，大部分省市资源承载能力高于经济承载能力，经济承载能力高于环境承载能力；第二，资源承载能力大部分省市的值都在 70 以上，除了北京（67.47）、内蒙古（64.22）、西藏（66.59）、甘肃（64.09）、青海（60.68）、宁夏（66.04）、新疆（61.09）七个省市自治区外；第三，环境承载能力大部分省市自治区都在 70 以下，除了北京（70.11）、天津（71.78）、上海（71.45）、江苏（70.12）、西藏（87.95）、青海（86.58）、新疆（81.40）七个省市自治区外；第四，经济承载能力大部分省市自治区在 70 以下，除了北京（96.95）、天津（89.39）、上海（100.00）、江苏（78.76）、浙江（75.22）、山东（72.55）、河南（70.13）、广东（75.70）八个省市之外。

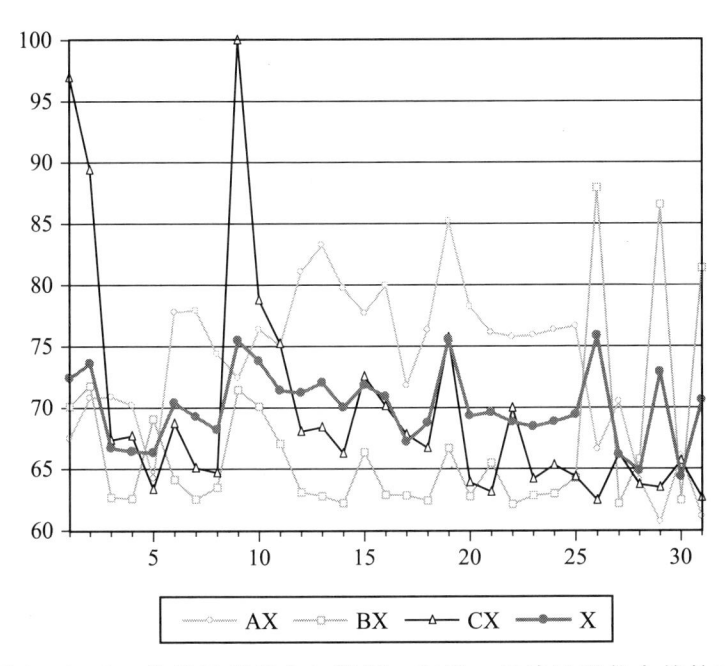

图 3-2-3　总的承载能力与资源、环境、经济承载能力的关系

各省市总的承载压力（Y）与其资源承载压力（AY）、环境承载压力（BY）、经济承载压力（CY）的结果线形图如图 3-2-4 所示。从图中可以看出：第一，总的来看，大部分省市自治区经济的承载压力要大于环境的承载压力，而环境的

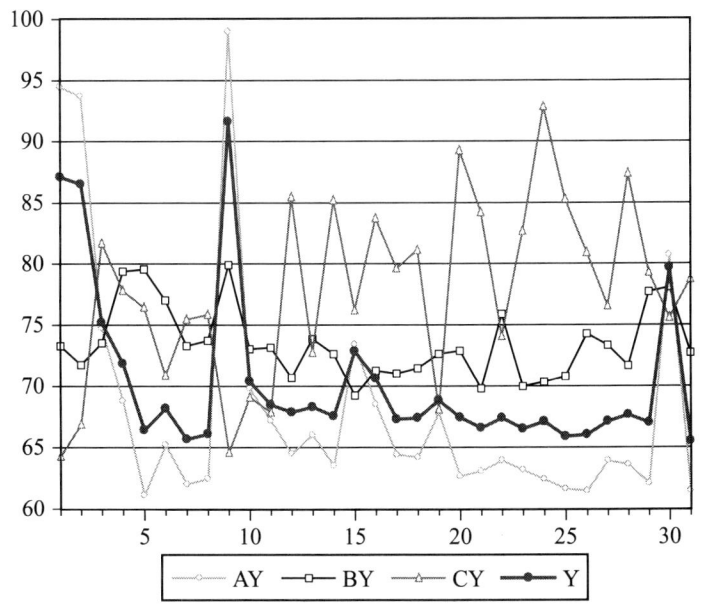

图 3-2-4　总的承载压力与资源、环境、经济承载压力的关系

承载压力又普遍高于资源的承载压力;第二,各省市自治区资源承载压力总的来看,基本上都在 70 以下,除了北京(94.46)、天津(93.68)、河北(74.76)、上海(98.97)、山东(73.42)、宁夏(80.71)六个省市自治区之外;第三,各省市自治区环境承载压力总的来看基本上都在 70 以上,除了山东(69.23)、海南(69.79)、四川(69.97)三个省之外;第四,各省市自治区经济承载压力总的来看都比较高,甚至大部分都高于 75,而绝大部分都高于 70,低于 70 的省市很少,除了北京(64.27)、天津(66.89)、上海(64.59)、江苏(69.08)、浙江(67.86)、广东(68.07)六个省市之外。

需要补充说明的是:本研究中最终所采用的权重确定方法、无量纲化方法、综合评价方法均是在经过尝试不同替代方法后,进行比较试算,根据结果的最优选定而进行最终确定的。

五、实证分析结论与评价

①实证结果建议上海、北京、天津、河北、宁夏应该作为优化开发区。从上述结果可以看出上海、北京、天津、河北这四个省市承压度较高,显然应该作为优化开发区,这与发改委宏观经济研究院课题组去年完成的报告——《我国主体功能区划分及其分类政策研究》中的结论一致。而宁夏的承压度在所有省市自治区中是最高的,这可能出乎意料,但仔细分析一下我们不难发现,宁夏回族自治区的面积较小而人口相对较多(其土地面积只有青海省的 2/3 强一点,但人口却比青海多出 50 多万),其水、矿、活力木等资源从数据上看显得非常匮乏,而环境污染方面的指标值却相对较高,整体经济水平也不高。因此,相对而言其承载能力较小,而压力却较高,特别是资源的承载压力高达 80.71,仅次于上海、北京、天津,所以从宁夏回族自治区的整体承载能力而言,我们认为宁夏地区承载超负荷。

②实证结果建议广东、浙江、福建、江苏等省市应该作为重点开发区。对于广东、浙江、福建、江苏这几个省,我们的测定结果显示其承压度小于 1,属于重点开发区,这与发改委宏观经济研究院课题组完成的报告中的结论不同。我们做出如下解释:

第一,我们测定的结果是以省为主体功能区的划分单元,划分单元显得过大,计算结果只能是从环境、资源与经济三个角度测定一个省的整体状况,而对于省内的不同地区显然应该给予区别对待。

第二,广东、福建、浙江等的经济承载压力相对承载能力而言还较小,表明在经济发展上还有提升的空间;而在环境方面,这些省的环境承载压力却都明显高于环境承载能力，其中浙江、广东高出近 6 个点，而福建竟高出 11 个点，可见这些地区的经济快速发展是以环境的承载超负荷为代价的；在资源方面，计算结果显示这些省的资源承载能力都明显大于资源的承载压力，说明资源的利用还有继续发挥的空间，综合三方面的结果我们可以看出，这里承压度测定的仅仅是三个方面的综合表现。

第三，我国各地区在"后天"的发展过程中存在较为严重的不均衡现象。全国各省市承载压力的变动（用全距衡量为 26.12）相对于承载能力的变动（用全距衡量为 11.49）要大得多，前者几乎是后者的 2.3 倍。所以，如果从资源、环境与经济三个方面的综合评价来看，我国各地区所拥有的"天然"的承载能力的分布是较为均衡的，而人为造成的"后天"的各地区承载压力的差别却在发展过程中被扩大。其政策启示意义也不言而喻，我们需要在今后的发展中充分考虑资源、环境、经济与社会发展的可持续性，注意各地区之间的均衡发展、地区内资源环境与经济的协调发展。特别是对上海、宁夏、京、津、冀这五个地区，其承压度都在 1.1 以上，相对于其自有的承载能力而言，这些地区在发展过程中显得过快，发展中对资源环境的保护程度不够，资源、环境与经济的承载压力较大。

第四，我国的环境问题较为严峻，各省市自治区的环境承载能力较弱，而环境承载压力却普遍较大。大部分省市自治区的环境承载能力都在 70 以下，明显超过 70 的只有西藏（87.95）、青海（86.58）、新疆（81.40）三个省市自治区，这说明在发展过程中，对于单位国土面积而言，我国大部分地区排放的污染物较多，环境保护与环境治理工作重视不够。另外，从人均的各项环境指标来说，结果显示我国的环境承载压力较大，几乎所有省市自治区的环境承载压力都超过 70，小于 70 的三个省山东（69.23）、海南（69.79）、四川（69.97）的数值也接近 70，考虑到我国人口较多的因素，我国的人均污染物的排放量就尤为显得较大，这足以说明我国在社会与经济发展过程中，模式过于粗放，环境恶化较为严重。即使对于环境承载能力较高的西藏、青海、新疆三个地区，它们的环境承载压力也分别达到了 74.29、77.71 和 72.73。深入探寻一下数据背后的原因，不难发现，三个地区环境承载压力相对环境承载能力要小的最主要原因不是环境破坏较小，而是由于三个地区的人口密度相对较小所引起的。

第五，我国的资源分布不均，资源承载能力各省市自治区间的差异较大，但总的来说，我国资源承载能力较大，而资源的承载压力相对较小。从 13 种矿产资源数量、活立木总蓄积量、水资源总量、耕地面积以及粮食作物播种面积五个方面综合评级的结果来看，北京、内蒙古、西藏、甘肃、青海、宁夏、新疆七个地区的单位国土面积的资源量较小，资源承载能力相对较小（小于 70），而其他省市的资源承载能力则都在 70 以上；大部分省市的人均资源量相对较为丰富，资源承载压力较小（小于 70），而北京、天津、河北、上海、山东、宁夏六个地区的人均资源量却相对较小，面临的资源承载压力较大，特别是天津、北京和上海三个城市，资源承载压力高达 93 以上，这在我国以后的城市规划发展中应该给予关注。

  第六，从经济方面看，我国目前整体经济水平仍然比较落后，单位国土面积上的经济水平与人均经济水平存在"双低"的现象，经济发展存在显著的地区不均衡性。从生产总值、产业结构、财政支出基本建设费、交通运输里程数、外资投资总额、教育经费合计总额七个方面进行综合评价的结果显示，我国大部分地区的单位国土面积上的经济水平较低，经济承载能力较小（小于 70），而北京和上海两个城市的经济承载能力非常大（大于 96），天津、浙江、江苏、广东四个地区的经济承载能力较大（大于 75）；另外，我国大部分地区的人均经济水平也较低，经济承载压力较大（大于 75），只有北京、上海两个城市的经济承载压力相对较小（小于 65），天津、江苏、浙江、广东四个地区的经济承载压力虽然小于 70，但都在 66 以上。

  需要说明的是，在主体功能区的具体划分时，我们应该依据资源、环境、经济三方面对各地区各自的相对重要程度，同时结合其他因素进行综合考虑。这里的承压度仅仅是为划分一个参考，不管结果与人们的经验判断符合还是不符合，我们都应该深入探寻其中的原因，为科学的决策提供坚实的基础。本研究的最大价值在于为人们从承载能力和承载压力两个方面，从环境、资源、经济三个角度，从 13 种矿产资源、工业废水排放量、地区生产总值等二十个微观视角为这种原因的探寻提供可能。

  归纳一下我们的研究，可以看出，我们基于承载能力的视角，构建了我国主体功能区划分的指标体系，并利用地区承载能力和承载压力两个一级指标构建承压度作为主体功能区的划分指数，选定省级单元为主体功能区的划分单元，对我国 31 个省市自治区进行了主体功能区的划分与评价。评价得出的结果与人们经验上的判断基本一致，并且通过对二级指标体系和三级指标体系的指标计算值的分析，我们对最终的评价结果可以给出更为深入、合理的解释。当然，认真分析可以知道，我们需要继续的研究工作还有以下几个方面：一是将主体功能区的划分单元从省级单元细化到地市级或者县级，收集相关的数据，调整评价指标体系，对我国主体功能区的评价与划分细化、精准化；二是收集相关指标的时间序列数据，从动态的角度对我国主体功能区进行评价与划分；三是进一步征集各方专家的意见，对各级评价指标的主观赋权进行修正与调整。

第三节 推进形成区域功能的财税金融政策

推进形成主体功能区是一项需要多方配合的复杂系统工程，需要国家一揽子综合政策的支持。但其中，财政和金融政策，特别是具有导向功能、协调功能、控制功能和稳定功能的财税政策的选择、制定和调整，对于主体功能区的形成，具有特殊的重要影响和作用。《国务院关于编制全国主体功能区规划的意见》要求，实现主体功能区定位，需要完善财政政策：以实现基本公共服务均等化为目标，完善中央和省以下财政转移支付制度，重点增加对限制开发和禁止开发区域用于公共服务和生态环境补偿的财政转移支付。

本小节主要从财政、税收以及金融政策等角度，提出推进我国主体功能区建设的相关政策建议。本节的主要内容包括：首先，从财政以及税收政策的角度，探讨了推进主体功能区建设的相关政策建议；其次，根据四类主体功能区的特征，探讨并设计了适合四类主体功能区各自发展需要的相应财税政策；最后，从金融政策的角度，提出了推行我国主体功能区建设的相关金融政策建议。

一、推进主体功能区建设的财税政策建议

结合主体功能区划要求和财税政策职能特征，推进形成主体功能区的财税政策目标，主要包括以下三个方面：一是，确保四类功能区享有均等化的基本公共服务；二是引导资源要素合理向目标功能区流动；三是，完善市场化财税工具，引导和调节市场主体和居民行为，推进资源节约、环境保护与可持续发展。

（一）完善转移支付制度，促进功能区基本公共服务均等化

转移支付制度是解决一些功能区财政困难和地区不均衡最直接、最有效的方法。要完善转移支付制度，调整转移支付结构，扩大均等化转移支付占比，完善计算方法，增强其缩小地区间差异的作用力度；控制专项转移支付的规模，建立严格的项目准入机制，强化监管，提高效率。

第一，增加对限制开发区和禁止开发区的一般性转移支付规模，优化转移支付结构。根据"十一五"规划要求和主体功能区规划的设想，主体功能区划分为国家和省两个级次。与此相对应，对限制和禁止开发区的转移支付应该由中央和省两级在分工的基础上共同负责，中央财政负有对国家级限制和禁止开发区

提供主要转移支付的责任，省级财政负有对省级限制和禁止开发区提供主要转移支付的责任。中央财政新增财力要安排一定数额用于加大一般性转移支付力度，重点帮助国家级限制开发区和禁止开发区所处的中西部地区解决财力不足问题，以使这两类地区能够享受到与国家级优化开发区、重点开发区大致相同的公共服务。在一般性转移支付总额不能完全满足弥补各地标准财政收支总缺口的要求时，考虑主体功能区的因素，适当提高限制开发区和禁止开发区的转移支付系数，降低重点开发区的转移支付系数，以体现财政对放弃开发权的地区的倾斜，并通过纵向转移支付的形式体现横向转移支付的目标。另外，应以基本公共服务支出标准因素为核心，修订现行转移支付制度中的标准支出项目，在一般性转移支付资金分配计算方法中，增设体现主体功能区的因素，并逐步增加专门用于限制开发和禁止开发区域的一般性转移支付规模，保障省级限制开发和禁止开发区域的人均基本公共服务支出与全省平均水平大体相当，不断提高其财力保障程度。

第二，设置主体功能区政策性转移支付，促进限制开发和禁止开发区域的生态建设。针对主体功能区战略，首先，整合现行部分财力性转移支付项目，除保留少数民族地区转移支付和农村义务教育转移支付以外，将工资转移支付、农村税费改革转移支付、县乡奖补转移支付和其他财力性转移支付合并，形成针对限制开发区和禁止开发区的转移支付，覆盖范围应扩大到全国。其次，参照农村税费改革转移支付和调整工资转移支付，在现有的退耕还林、退牧还草等生态方面的转移支付基础上，设立生态建设转移支付，针对限制开发和禁止开发区域的生态建设和维护活动，对推进主体功能区形成造成的增支减收按照一定的系数予以补偿，降低主体功能区形成对地方财力造成的影响。最后，加大对民族地区、边疆地区、革命老区等的转移支付力度。配合西部大开发战略和主体功能区建设，要加大对上述地区中矿产资源开发、生态保护任务较重区域的转移支付，进一步增强地方政府财力，督促地方政府切实履行环境保护职责，并积极引导在经济发达地区和市场基础较好的地区率先建立市场化的污染防治和生态建设投入机制。

第三，实行激励和补偿相结合的财政转移支付。根据各功能区经济社会发展状况和财力保障程度的不同，进行分类比较，按照主观努力程度及效果，将一定比重的资金作为激励性转移支付，成为财政的可用财力，统筹安排使用，结合主体功能区的政策鼓励方向，对符合主体功能区发展导向与目标的行为予以奖励、补偿，促进各功能区按照规划的安排进行开发和建设。在补偿政策实施年限上，不仅要区分还草、还林，还要区分各地不同的自然条件和经济社会发展特征，并充分考虑当地生产活动的转移、生态移民等所需要的时间。在补偿政策实施方式上，要实行多元化的补助形式，改变目前单一粮食和现金的补助方式。上级财政提出和实施的项目，上级财政就承担相关费用，取消地方配套资金，避免补偿政策造成地方财政负担。

（二）以履行公共财政的职能为落脚点，不断增强各功能区的财政实力

第一，科学确定各功能区的发展龙头产业，促进财政收入的快速增长。实行集约资金投入，充分发挥财政杠杆作用，引导各种生产要素向优化和重点开发功能区集中。发挥财政政策优势，千方百计吸引资金和项目，实现互惠互利。通过外引内联，并辅之以市场准入、权益保护、要素供给、公共服务上的宽松政策，迅速壮大产业实力，突出企业的规模化、专业化、技术化，全面加快产业集聚升级进程，实现利税大比例增长。科学确定龙头企业，重点培育骨干企业，促进中小企业集聚发展，强化工业对财政增收的支撑作用。用好各项财政扶持资金，包括企业扶持资金、信息化建设等资金，通过奖励、无偿补助、注入资本金等方式，大力扶持支柱产业发展，支持高科技含量产业的发展，延伸产业链，向科技进步要效益。综合运用多种政策手段，增强工业发展的内在动力，促进经济稳定增长，财政收入的快速增长。

第二，培育新的经济增长点，增强财政发展后劲。抓好后续财源建设，强化发展的观念和全局的观念，自觉运用科学发展观来指导财源建设。处理好财源建设同开拓市场的关系，要研究市场、开拓市场，以市场为导向。要处理好财源建设中的财源结构与产业结构的关系。认真分析有关产业和主导产品对财政收入的实际贡献，选择重点，加大支持力度。处理好财源建设和可持续发展的关系。引入循环经济理念，以资源的高效利用和循环利用为核心，逐步树立可持续发展的经济增长模式，彻底改变片面追求经济增长，忽视资源和环境保护的短期行为。加强对潜力企业的扶持和培育，促使企业上规模上档次，成为拓展财源的重中之重。建立健全支持中小企业发展的财税政策体系，完善鼓励企业自主创新的财税政策体系，出台引进人才的财政奖励补助政策，建设科技创新型企业，推动经济增长方式转变，还要发展服务、旅游业等，提高第三产业对财政的贡献率。

第三，培育财政收入的自身增长机制。主体功能区建设对四种功能区的财政收入增长能力都是一种考验，优化开发、重点开发区域，保证财政收入的增长，要在转变经济增长方式、提高经济发展质量和效益上下工夫。限制开发和禁止开发区域，财政收入规模小，财政自给率低，财政的依赖性将进一步加剧。应该加大财政收入自身增长机制建设的力度，发挥财政支持和促进经济发展的积极作用，努力做大本地区经济"蛋糕"，在不断壮大财政实力的基础上，逐步实现基本依靠或主要依靠自身财政投入增长机制保障地区经济社会实现全面协调可持续

发展的目标。

(三) 实施财力差异调控，完善生态补偿的财税政策，引导资源合理流动

实行差异化的财政政策，引导资源合理流动。各类功能区之间及各功能区内部财力均衡问题，是影响主体功能区建设的瓶颈。中央财政在促进四类功能区协调发展过程中，实行差异化的财政政策，采取解困向均衡转变、济弱与扶强并举的新模式，使各类功能区政府间财政关系渐趋横向均衡、地区间财力差异逐步缩小，可以引导人口、资本、劳动力和技术从限制开发功能区和禁止开发功能区向优化开发功能区、重点开发功能区流动，提高经济效益和效率。此外，在维护主体功能区规划的同时，在限制开发区和禁止开发区的内部也实行差异化的财税政策，设立若干区域中心城市和核心区域，借鉴重点开发功能区的目标、模式和管理方法进行建设和发展，使其承担部分聚集要素、发展区域经济、吸纳周边地区人口的功能，并担负引领区域保护生态环境的任务。

完善现行税收手段在引导资源合理流动方面的作用。从人口流动角度看，要加快限制开发和禁止开发区生态移民和剩余农业劳动力转移，整合现有生态移民、水库搬迁等方面的资金，设立人口流动补偿资金，一方面通过就业培训增强人口流动能力，另一方面增强接受移民地区的基本公共服务能力，重点是基本居住、教育、医疗等。从生产资料要素流动角度看，要细化现有税收政策的空间单元，对发展特色经济、特色产业的限制开发区给予一定的税收优惠政策；对促进基础设施建设，促进产业集聚发展，承接优化开发区域产业转移结合起来的重点开发区给予一定的税收减免等优惠政策；对于发展占用土地少、资源消耗低、污染排放少的产业发展联系起来的优化开发区给予一定的税收优惠，以鼓励参与全球分工与竞争的产业向这类区域集中。

完善生态补偿的财税政策，推进限制开发区和禁止开发区发展。实现限制开发区和禁止开发区的保护和发展的根本出路在于探索建立跨地区和跨领域的生态补偿机制，把生态修复和环保所面临的补偿问题完全统筹起来。首先，在中央和省级政府设立环境转移支付专项资金并列入财政预算，地方财政加大对生态补偿和生态环保的支持力度。资金的使用应着重向欠发达地区、重要生态功能区、水系源头地区和自然保护区倾斜，优先支持生态环境保护作用明显的区域性、流域性重点环保项目，加大对区域性、流域性污染防治及污染防治新技术、新工艺开发和应用的资金支持力度。其次，完善保护环境的相关税收政策。应把生态环境重点保护地区的生态移民和替代产业、替代能源发展，纳入生态环境保护与建设投入的重点支持范畴。抓紧建立统一的生态环境补偿税，消除部门交叉、重叠收

费现象。再其次，进一步加大排污收费改革力度，抓紧推行排污总量收费、补偿空气环境的二氧化硫收费、汽油消费税及提高城市垃圾收费，并逐步实行费改税，促进循环经济和环保产业的发展。开征新的环境税，调整和完善现行资源税，将资源税的征收对象扩大到矿藏资源和非矿藏资源。开征森林资源税和草场资源税，将现行资源税按应税资源产品销售量计税改为按实际产量计税，对非再生性、稀缺性资源课以重税。通过税收杠杆把资源开采同促进生态环保结合起来，提高资源的开发率。最后，发挥政府主导作用，积极探索生态环境补偿的市场化模式。通过科学的环境定价和资源定价，推进环境排污权交易和培育资源市场，促进资源和生态环境的资本化、市场化，使这些要素的价格真正反映它们的稀缺程度，以达到节约资源和减少污染的双重效应。积极探索资源使用权、排污权交易等市场化的补偿模式。完善水资源合理配置和有偿使用制度，加快建立水资源取用权出让、转让和租赁的交易机制。探索建立区域内污染物排放指标有偿分配机制，逐步推行政府管制下的排污权交易，运用市场机制降低治污成本，提高治污效率。鼓励生态环境保护者和受益者之间通过自愿协商实现合理的生态补偿。

二、四类主体功能区的财税政策研究

（一）主要针对优化开发区的财税政策及实施要点

优化开发区经济发展水平较高，已形成较强的工业化、城镇化基础，自身财源比较丰富，自我财政汲取能力较强，是向其他类功能区提供财力转移的主要财源。由于优化开发区的国土开发密度已较高、资源环境承载能力已开始减弱，当前发展的关键是转变增长方式，以自主创新实现产业升级。相对应的财税政策的重点在于引导其产业升级和技术进步，加大新能源、新材料和新技术的使用，建立起严格和相对完备的资源环境标准和政策体系。

第一，增加循环经济预算投入。根据国家和优化功能区发展循环经济的要求，调整现有的财政支出结构，增加对发展循环经济的预算投入，设立优化功能区发展循环经济专项资金，并确保循环经济预算投入增长幅度高于财政收入增长幅度。公共预算资金在循环经济领域中不可能"均匀"使用，设立优化功能区发展循环经济专项资金时，应坚持择优支持、突出重点、效率优先、公正透明原则，下设节能、清洁生产、开发新能源、环保、资源综合利用等子科目。循环经济专项资金结合现有的自主知识产权创新应用专项资金、科技研究开发机构自主创新专项资金、技术创新专项资金等专项资金，重点支持发展循环经济共性和关键技术的科研攻关，组织实施循环经济示范工程等。具体来说，主要支持节约降耗、清洁生产、环保产业、资源综合利用、新能源和可再生能源开发利用领域。

第二，实施财政补贴。优化功能区只能对发展循环经济的"重中之重"实施财政补贴，并应在财政补贴的过程中，采取公开招标、公平竞争的机制。只有这样才可能取得扩大生产规模，又降低成本的双重效应。首先对企业节能、清洁生产、环保、资源综合利用以及新能源和可再生能源开发利用方面的重大新技术、重大新产品的研发、推广和技术改造项目，按照实际投资总额给予一定比例的专项补助。其次对企业采用合同能源管理模式推广的相关项目，按照其项目生产后的实际节能效益给予补助，补助资金不超过项目固定资产投资总额的一定比例。其中，补助资金的一定比例补助给合同能源管理服务机构，补助资金的一定比例补助给服务接受单位。最后对发展循环经济和生态工业园区建设必需的重大基础设施项目给予一定的资金补贴支持。

第三，推行政府绿色采购。首先尽快发布强制性、指导性绿色采购清单以及禁止采购清单。绿色采购标准的制定和绿色采购清单的编制是实施政府绿色采购的核心，政府采购人员只有依据标准和清单才可能进行科学、合理的采购。绿色清单应该分为强制性清单和指导性清单。强制性清单是政府采购相关产品时，必须遵行的清单和标准；指导性清单则主要是起指导性作用，要求政府采购人员在发生与节能环保相关的产品或服务采购时，应该优先考虑的清单或标准，指导性清单并不具有强制性。此外，还应出台禁止采购清单，政府通过监测和考察，将一些明显阻碍循环经济发展的产品，纳入政府禁止采购清单。禁止采购清单将对避免政府采购不符合社会公众利益与环境要求的产品具有极为重要的作用。其次，强化政府绿色采购规模，主要采取集中采购模式。政府绿色采购必须达到一定的规模，才能体现其示范作用和乘数作用。因此，政府绿色采购清单上的循环经济类产品的种类和绿色采购占全部政府采购的比例都需要逐步扩大，并在此基础上强化循环经济类产品的法定购买比例。政府采购既有集中采购模式，又有分散采购模式，两种模式各有特点。政府绿色采购应采取集中采购和分散采购相结合，但以集中采购为主的模式。因为集中采购是依照法律，依照采购清单运作，在实现政府绿色采购的深层次目标，即实现政府绿色采购对发展循环经济的引导和示范作用方面是不可替代的。最后，建立绿色采购信息网络，制定政府绿色采购绩效考评办法。建立绿色采购信息网络可为采购方和供应商了解和搜集绿色信息提供方便，拓宽政府采购信息流通渠道。同时，还可以增加政府绿色采购的透明度，便于相关部门的监督和管理，提高政府绿色采购效率。此外，在政府绿色采购逐步形成规模以后，建立相应的绩效考评办法，将政府绿色采购绩效纳入政府的年度考核是公共财政框架下提高财政资金使用的有效性，确保政府绿色采购有效发挥作用，同时提高政府行政效率的重要管理措施。制定政府绿色采购绩效评估需要制定政府绿色采购的绩效目标，设计出衡量政府绿色采购绩效的指标和衡量标准，运用适当的方法对政府绿色采购目标的实现程度和财政资金的使用效益进行分析、评估、评价和报告。

第四，税收减免。针对节能领域的税收减免政策既包括针对节能产品生产者的税收减免政策，也包括针对节能技术推广者和节能产品消费者的税收减免政策。针对节能产品消费者的税收减免政策又包括针对企业消费者和针对个人消费者的税收减免政策。针对节能产品生产者的税收减免政策，一是参照高新技术企业和资源综合利用企业的税收优惠政策，对节能产品生产企业给予一定的所得税优惠；对专门从事节能产品生产的企业，减半征收企业所得税；对非专门从事节能产品生产的企业，就其生产经营节能产品取得的所得，减半征收企业所得税，但要求企业分别核算节能产品生产经营所得，没有分别核算或核算不清的不能享受税收优惠。二是利用增值税政策对关键性的、节能效益异常显著且受价格等因素制约其推广的重大节能设备和产品，在一定期限内实行一定的增值税减免优惠政策。三是企业为开发节能产品而发生的研究开发费，未形成无形资产的，研究开发费可以按实际发生额的一定比例在计算企业所得税时扣除；形成无形资产的，研究开发费可以按实际发生额的一定比例计入无形资产原值，按照有关规定摊销。四是专门从事节能产品生产的企业支付给职工的工资，可按实际发放的工资总额，在计算应纳税所得额时全额扣除。对非专门从事节能产品生产的企业，可按其生产节能产品所实现的销售收入占企业当期全部产品销售收入的比例，计算可予以全额扣除的工资金额，企业的工会经费、福利费和教育经费支出可按准予税前扣除的工资总额，依照规定的标准计算扣除。五是符合一定标准的节能生产企业，在城镇土地使用税、房产税方面也可适当给予一定的减税或免税优惠。针对节能技术推广者的税收减免政策，企业通过生产节能产品服务的技术转让、技术培训、技术咨询、技术服务、技术承包所取得的技术性服务收入，予以免征企业所得税；企业为生产节能产品而购买的技术服务支出，可按照一定比例加计扣除；企业外购节能产品生产技术形成无形资产，可在现行规定摊销年限的基础上，按照一定比例缩短摊销年限。针对节能产品消费者的税收减免政策，企业为达到国家规定的能耗标准进行节能改造而购置的节能产品，按其产品投资（购置）额的一定比例从企业应纳所得税额中抵免，当年不足抵免的，可用以后年度应纳所得税额延续抵免。在推广节能产品的过程中，还应该充分重视个人所起的作用，比如通过减免购房契税，鼓励用户选购节能住宅。给予购买超标节能型住宅的用户一定比例的减免购房契税优惠，以鼓励用户选购高效的节能住宅，间接鼓励了开发商建造超前节能住宅。这种措施虽然激励资金的额度并不是非常大，但是可以提高广大消费者对节能型住宅的关注程度，从而促进节能型住宅市场的发展。

清洁生产领域的税收减免政策。对清洁生产中的资源综合利用、节能降耗等项目和利用"三废"生产的产品，按照国家有关规定给予税收优惠。对符合国家资源综合利用税收优惠政策规定条件的，经市有关部门认定后，税务部门予以办理减免税；实施清洁生产技术开发和技术转让所得收入可按国家有关规定享受减免税收优惠；对技改项目中国内不能生产而直接用于清洁生产的进口设备、仪器和技术资料，可以享受给予进口关税、进口环节增值税优惠。

环保产业领域的税收减免政策。一是从废水中提炼、加工产品或原料的工业企业、污水处理厂，在一定时期内，可对其综合利用污水资源所得及企业或个人的相关专利减免所得税，对污水资源综合利用产品减免增值税，对特许使用权、对外转让专利技术等所获取的收入免征或减少征收营业税。二是对生产经营过程中使用无污染或减少污染机器设备（如无公害的生产设备、特定基础材料产业结构改善用设备等）的企业实行加速折旧制度，这样不但可以扼制污染产生的可能性，还可以鼓励企业积极开发先进技术，加速设备的更新换代。三是企业对治污领域里的科技研究与开发费用，未形成无形资产的可以按实际发生额的一定比例在计算企业所得税时扣除；形成无形资产的可以按实际发生额的一定比例计入无形资产原值，按照有关规定摊销。

资源综合利用领域的税收减免政策。一是加大对再生资源回收利用技术研发费用的税前扣除比例；二是对生产再生资源回收利用设备的企业和回收利用再生资源的企业可以实行加速折旧法计提折旧，并免征相关所得税；三是对生产在《资源综合利用》范围内的再生资源产品的企业予以免征相关所得税；四是对收集、运输和处理再生资源的企业给予税收返还；五是对企业以资源综合利用目录内的资源作为主要原材料，生产符合国家产业政策规定产品所取得的收入，可以给予一定的税收减免。

（二）主要针对重点开发区的财税政策及实施要点

重点开发区通常具有一定的城镇化和工业化基础，是今后工业化和城镇化的重点区域，也是承接限制开发和禁止开发区域的人口转移，支撑经济发展和人口集聚的重要空间载体。由于重点开发区资源环境承载能力较强，集聚经济和人口条件较好，当前的发展重点是较快形成新增长极。相对应的财税政策的重点在于引导、激励和约束当地政府和企业加快经济发展。

第一，全面实施增值税由生产型转为消费型。经国务院批准，自2009年1月1日起，在全国所有地区、所有行业推行增值税转型改革，实行消费型增值税。增值税转型改革，将消除我国当前生产型增值税制产生的重复征税因素，可以理解为一种结构性减税安排。重点开发区应全面实施增值税由生产型转为消费型，促进企业技术进步、扩大生产范围、产业结构调整，推动重点开发区内的企业成为市场长期投资主体。

第二，加大国债投资项目对重点项目建设和基础设施建设的投入。国债资金的投入可以有效缓解重点开发区基础设施建设资金的紧张状况，加快重点开发区基础设施建设的进程。而且，国债资金的投入还能够增加重点开发区建设项目的资本金，使项目的融资能力显著提高。此外，国债资金的投入能够调动地方政府积极性、增强地方配套能力。

第三，发行真正市场化的地方债，为重点开发区的发展提供更为灵活的资金来源。为了支持地方政府的发展，我国计划 2009 年由财政部代理发行 2 000 亿元的地方债券。然而这个债券市场的新品种却由于利率低、流动性不高遭到了市场的冷遇。在重点开发区建设的过程中，应加强地方债发行的真正市场化，让其利率与相应地区、相应资金用途的风险真正挂钩，用合适的投资收益率来吸引投资者，为重点开发区的发展提供更为灵活的资金来源。

第四，鼓励中小企业和民营企业发展，并择优提供政府信用担保和财政贴息等政策支持。一是增加中小企业专项资金，重点扶持重点开发区内的中小企业技术改造和技术创新贷款贴息或补助，奖励为中小企业贷款担保成绩显著的担保机构，支持中小企业公共服务平台建设。二是进一步完善中小企业担保体系建设，为重点基础设施建设和中小企业贷款提供信用担保、再担保业务。

（三）主要针对限制开发区的财税政策及实施要点

限制开发区是仅有一小部分的开发空间，重点在加强生态修复和环境保护的区域。财税政策应当对这类区域加大财政转移支付力度，并发展生态补偿机制。对限制开发区要加大建设资金投资力度，优先安排包括水利、公路、铁路、机场、管道、电信等基础设施的建设项目，大力改善投资软环境，并大力发展特色旅游业。财政拨款主要用于提升限制开发区的公共服务水平，增加对生态环境补偿的转移支付，逐步使居民享有均等化的基本公共服务。减免税收主要用于发展限制开发区的特色产业。设立专门的生态效益补偿基金，用于限制开发区域的生态修复和维护。对于直接受益主体收取适当费用来充实相应生态补偿基金，开征按照生态环境资源开发利用量而征收的生态环境补偿费。进一步增加对限制开发区域用于生态环境建设的专项转移支付，并探索建立健全省以下财政转移支付机制。逐步提高生态移民的补助标准，完善职业技术培训机制，建立培训网络大环境，通过高质量的培训提高限制开发区域劳动力的就业能力。继续加强义务教育发展，不断提高劳动力基本素质和职业技能扩大资源税征收范围，调整资源税征收模式，实行以储量与价格计征，同时适当提高矿产资源赔偿费的征收标准，使资源开发的生态环境成本尽可能内部化。实行税收优惠政策，对为保护生态环境，退耕还生态林、草产出的农业特产品收入，在税收上给予较高的优惠。

（四）主要针对禁止开发区的财税政策及实施要点

禁止开发区是依法设立的各类自然保护区，必须杜绝各种开发活动，经济上可以发展旅游业，在保证生态环境不被破坏的前提下，以旅游收入增加当地财政。对此类区域，财税政策的定位是以转移支付等保障地方政府的运转和基本公共服务，同时加大生态补偿的力度。

因禁止开发区是自然保护区，具有很高的观赏价值，所以税收上可以旅游业营业税为主要税收来源，但由于禁止开发，人的介入有影响环境、破坏生态的嫌疑，所以对这类行为可以实行高税率或予以高额罚款，从经济上抑制破坏生态环境行为的发生。财政拨款主要用于保障公共服务和生态环境补偿的转移支付，加强生态修复，逐步实施必要的生态移民和使当地居民享有均等化的基本公共服务；加快完善禁止开发区中各类自然保护区和国家公园等管理体制，有关管理费用和人员经费要设立专门的财政预算科目，保证其稳定的资金投入；加强省级政府对省及省以下自然保护区的垂直管理，其人员工资和运转费用纳入省级财政预算，同时中央财政对中西部地区的自然保护区予以补助，补偿对因保护重要野生动植物资源和自然遗产而千万的农牧业生产损失和收入减少；包括对国家级自然保护区的人口搬迁提供经费支持，在搬迁人口的房屋修建、生产转型、就业培训等方面提供专项资金，在税收、土地和社会保障方面出台配套政策；鼓励社会各界广泛参与移民搬迁各项工程，使其成为弥补国家投入不足的有效途径；加大对保护区内不需要搬迁居民社会保障、文化教育、医疗卫生、信息、技术等基本公共服务的支持。

三、推进主体功能区建设的金融政策建议

对于限制开发区和禁止开发区，基础设施建设、教育事业和社会公共服务等方面主要依靠财政给予倾斜和扶持，并建立相关利益补偿机制。但对于优化开发、重点开发区域，为保证其财政收入的大幅度地增长，还需要通过资本市场将财政政策的引导和示范行为显性化，提高优化开发区和重点开发区财政行为金融化的深度。

（一）引导商业银行支持优化开发区的循环经济

我国金融服务业内部结构不均衡，银行业居于绝对主导地位，据统计，我国企业融资的90%以上来自银行。因此，优化开发区和重点开发区应通过给予财政资助、补贴、担保等方式引导商业银行（特别是划归地方政府管理的地方股份制商业银行）支持经济发展。

商业银行在政府的引导下，在信贷审核和决策过程中，应把发展循环经济、保护自然环境和维护生态平衡作为发放贷款的重要参考指标之一。对有利于发展循环经济、保护自然环境和维护生态平衡的客户给予降低利息率、延长信贷年限、加大贷款额度，放宽还贷条件等优惠政策；并严格监督客户信贷资金使用过程，对于客户无视保护自然环境和维护生态平衡的随意投资行为，应该通过提高利息率、要求提前还款等较严厉的措施要求客户加以改进。

商业银行对循环经济高新技术项目和发展循环经济的试点单位，应根据国家投资政策及信贷政策规定，积极给予信贷优惠；商业银行对有效益、有还贷能力的循环经济项目所需流动资金贷款要根据信贷原则优先安排、重点支持，对资信好的循环经济企业可核定一定的授信额度，在授信额度内，根据信贷、结算管理要求，及时提供多种金融服务。

（二）发挥证券市场对优化开发区的循环经济的支持作用

经过十几年的发展，我国的证券市场已初具规模并以较快的速度发展。证券市场的最基本功能是以市场化手段合理配置资源。充分利用证券市场的这一功能，将会对发展循环经济提供有力支持。一是，优先支持符合要求发展循环经济要求的企业上市融资。为了鼓励发展循环经济，支持在节约降耗、清洁生产、资源综合利用以及开发减量化、再利用和资源化技术设备方面有优势或有切实可行措施的公司优先上市。对高能耗、高污染、低效率公司的上市则予以限制。二是，尝试发行绿色金融债券和企业债券。金融债券流动性强，筹资量大，效率较高。发行绿色金融债券可以吸收相对稳定的中长期资金，再以贷款方式投入到需要动用大量资金、但社会效益较好的循环经济项目中。对于经济效益比较好的循环经济类企业，优先核准他们发行企业债券，以满足这些企业对资金的需要。三是，制定政策措施优先鼓励和支持循环经济类企业发行资产支持证券筹集资金，做大做强。在企业资产证券化的有关政策法规和业务规则中，充分体现鼓励和支持大力发展循环经济的精神，优先鼓励符合发展循环经济要求的企业和项目通过资产证券化筹集资金，鼓励证券机构开发和培育有利于发展循环经济的资产证券化项目，鼓励各级地方政府通过资产证券化筹集资金用于支持和促进本地区循环经济的发展。

（三）搭建中小企业融资服务平台，改善对重点开发区的中小企业的金融服务

协调银行、担保机构和中介服务机构共同搭建中小企业融资服务平台。中小企业融资服务平台在面向全社会公开征集贷款项目并推荐给银行和担保机构时，以及担保机构提供贷款担保和银行为符合放贷条件的项目提供贷款时，应对重点开发区的中小企业给予一定程度的倾斜，帮助重点开发区的中小企业优先通过融资服务平台获得发展所需资金。

（四）进一步完善项目融资方式

项目融资（以 BOT 为主）是当前基础设施市场化过程中，引进各类社会资本的重要手段之一，如北京经济技术开发区污水处理厂、卢沟桥污水处理厂项目一期工程，阿苏卫城市生活垃圾综合处理厂等都是采用的 BOT 模式融资。重点开发区的地方政府应进一步完善角色地位，推动项目融资方式在基础设施建设中发挥更大的作用。一是，做好基础设施建设的总体规划。由于充足水平的基础设施与发展经济之间存在着紧密的正相关关系，重点开发区的地方政府应站在战略性的高度，承担起基础设施的总体规划责任，进行基础设施的未来需求预测和总体布局规划，并制定基础设施建设的中长期计划，消除市场盲目性，并给私人资本及外资以正确的引导。二是，成为项目融资中的理性信用担保者。在基础设施项目融资中，为防范政治和管理环境变动、国有企业违约、费用超支、需求不足，或者汇率和利率变动等带来的风险，在双方的利益诉求下，地方政府在项目融资风险分担的信用保证环节中出现具有必要性。但是重点开发区的地方政府要正确把握好担保尺度，承担自己能够控制的风险，规避不应承担的风险。这样，投资者才会有更大动力谨慎地选择项目、更有效地经营项目。三是，实行严格的全过程监控。由于基础设施建设事关公共利益和经济发展，政府有义务建立一整套科学、实用的评价指标，对经济类建设项目的开发进行全过程监控。监控的主要内容包括：审核设计方案，看其是否符合规划标准和招标时提出的具体要求；检查工程项目所选购原材料、设备的质量；会同项目投资者严格监理工程质量，做好项目的竣工验收工作；项目投入使用后监控其日常营运。

（五）积极加入 CDM 等新型国际合作机制

清洁发展机制（Clean Development Mechanism，CDM）是《京都议定书》发

达国家缔约方为实现部分温室气体的减排义务,与发展中国家缔约方进行项目合作的机制。由于温室气体是流动的,通过灵活的履约机制,发达国家可向没有减排义务的发展中国家提供资金和相关技术,并购买由此产生的减排额度。在现有的国际政治经济条件下,CDM 是一种发达国家和发展中国家都有所获得的"双赢"新型国际合作机制,发达国家可以实现减少温室气体排放的承诺,发展中国家可以从发达国家获得资金和技术支持,将原先直接排放的废气进行处理,减少污染的同时获取收益。近期亚行将向我国提供 60 万美元赠款,支持我国建立清洁发展基金。

优化开发区和重点开发区具有大量成本较低的符合 CDM 要求的潜在项目,分布在节能、有机废弃物处理、新能源和可再生能源开发利用等多个领域。利用优化开发区和重点开发区地方政府的信用资源,引导潜在项目参加 CDM 等新型国际合作机制,可以带给优化开发区和重点开发区循环经济类企业额外的经济收益,并促进这些企业循环经济技术的提高。

(六) 争取设立循环经济引导基金

积极争取建立循环经济引导基金,政府以污染费、罚款等参股,吸引国家拨款、外国和国际组织的环保赠款贷款、商业银行资金等各种资金加入。基金按照"政府引导、市场参与、专家管理、规范运作"的原则,加大对发展循环经济和维护生态平衡的投资。循环经济引导基金重点支持以水资源、能源及废弃物循环利用为重点的地方循环经济基础设施体系建设及节约降耗、资源综合利用、可再生能源开发等领域的重点项目。

基金的运行机制为三位一体、各司其职、相互制约。所谓三位一体、各司其职、相互制约的机制是指政府相关部门负责用于基金环境税费的确定,优先项目的提出,基金支出领域的资金配置,项目选择标准(硬的和软的),基金客户类型的确定,审批项目等。基金负责准备申请表格,申请表格和项目选择标准的公布,准备具体项目申请,用硬标准检查申请,根据硬的和软的标准对项目进行排名,根据基金额度安排项目,对项目执行情况进行检查等;专家负责所有项目的评审或评估,中介机构与政府一起对基金评估监管。

(七) 推动循环经济产业投资基金的建立

产业投资基金是指以"集合投资、专家管理"的模式,将在一定范围内募集的资金投资于实业的一个投资基金品种,在国外也叫做"未上市股权投资基金",主要投资于未上市企业,对未上市企业提供资本支持。随着国务院目前批准天津渤海高新技术开发区产业投资基金设立,产业投资基金试点工作宣告开始，我国的产业投资基金即将进入快速发展的时期。在这样的大背景下，优化开发区应针对推进循环经济的现实需要，争取设立循环经济产业投资基金，并制定相关的优惠政策，引导对循环经济有投资意愿的特定投资者，促进循环经济产业投资基金的发展和壮大，使其业务领域更符合循环经济发展目标。（循环经济产业投资基金和循环经济引导基金的区别在于：产业投资基金一定要靠市场机制运作，主要吸收保险等非政府资金；引导基金主要是发挥政府资金的作用，撬动其他资金进入）。

由于循环经济产业投资基金的投资者是以利润最大化为经营目标，有关部门应当制定相应的政策措施，当投资者的投资达到一定要求或比例后，给予奖励或补贴等，对其支持和促进循环经济发展的投资行为进行鼓励。

第 4 章

承载能力视角下的中国城乡统筹发展实证研究

中国在综合国力持续增强的同时，仍面临着城乡发展不平衡的问题。在城乡经济社会协调发展的过程中，城乡承载能力的互动提升是推进城乡统筹发展的实质和关键。但传统的城乡统筹发展研究对承载能力问题着墨较少。本章正是基于资源、环境承载能力视角对中国城乡统筹发展中的若干重要问题开展实证研究，为中国城乡发展研究提供新的视角和理论平台。

本章以中国 31 个省级行政单位为研究对象，为城乡统筹发展的理论分析提供了更加微观、深入的经验数据支持。通过采用异质面板数据协整检验、面板格兰杰因果检验等方法，对中国各地区农村与城市资源、环境与可持续发展变量进行关联性检验；并采用主成分综合评价法对重点地区（北京市）的水资源和基础设施资源承载能力进行了定量测度，从而为减少新农村建设和城市化发展中的宏观成本，解决"三农"问题和统筹城乡发展提供政策建议。

第一节 研究内容

作为发展中国家，当前中国具有典型的特殊"双层刚性二元经济结构"，即一方面存在着以城市工业为代表的现代经济部门，另一方面是以手工劳动为特征的传统农业部门，形成了城乡工业化的二元性、城乡劳动力市场和就业结构的二元性以及城乡市场体系的二元性。由于二元经济结构的存在，造成了工业化、市场化、城市化和社会化程度低，阻碍了中国的现代化进程。

我国城乡分割的"二元"结构体制是造成城乡差距扩大和城乡关系失衡的主要根源，是制约中国经济现代化的关键性障碍。城乡二元结构是造成城乡差异、城乡资源与环境承载能力下降的体制性原因，而城市与农村的资源、环境和经济承载能力弱化的恶性循环互动，是二元经济结构下城乡差异的最根本体现。要纠正我国目前存在的城乡失衡，促进城乡经济社会协调发展，实现二元经济结构向现代经济结构的转变，必须综合、协调提升城市与农村的资源、环境和经济承载能力，实施统筹城乡发展战略。

一、研究背景

（一）中国城乡差距持续扩大

作为一个发展中国家，中国在综合国力持续增强的同时，仍面临着城乡发展不平衡的问题。比如，城市经济以现代化的大工业生产为主，而农村经济以典型的小农经济为主；城市的道路、通信、卫生和教育等基础设施发达，而农村的基础设施落后；城市的人均消费水平远远高于农村；相对于城市，农村人口众多等。

城乡居民收入差距是衡量城乡差距的重要指标，近年来，城乡收入差距呈现逐渐扩大并日益严重的趋势。如图 4-1-1 所示，2007 年更达到了历史最高峰。而根据农业部 2009 年初提供给全国政协提案委员会的最新材料称，2008 年城乡居民收入比由上年的 3.33:1 扩大为 3.36:1，绝对差距首次超过 1 万元。

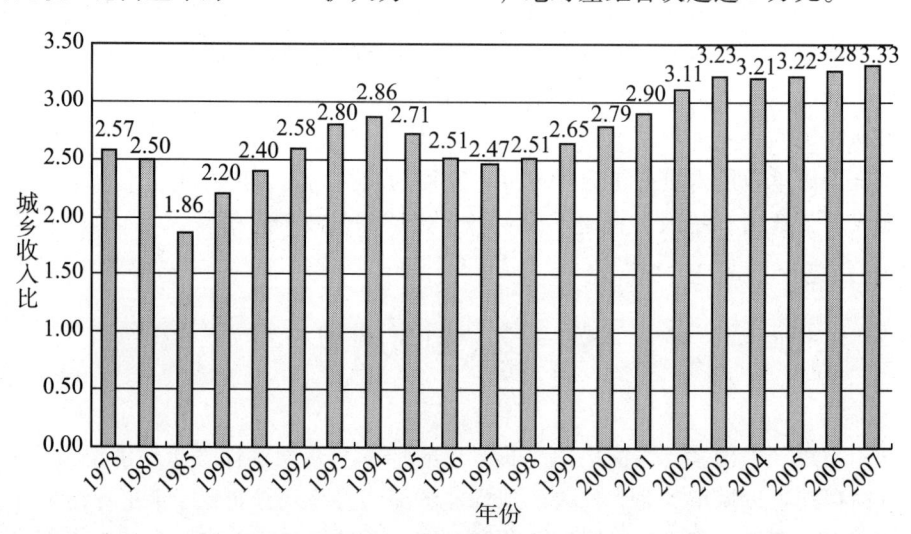

注：城乡收入比系根据城镇居民家庭人均可支配收入与农村居民家庭人均纯收入的比值测算。
资料来源：《中国统计年鉴（2008）》，中国统计出版社 2008 年版。

图 4-1-1 中国历年城乡收入比（1978~2007 年）

城乡差距的不断拉大，城乡发展会陷入失衡的非良性互动状态。一方面阻碍资金、市场、技术、劳动力等生产要素在城乡之间流动，无法形成统一开放的市场机制，严重制约经济的可持续发展；另一方面，造成工农、贫富之间的矛盾，成为严重影响社会安定的主要因素。无疑，城乡差距对于中国全面建设小康社会造成巨大障碍，严重阻碍了中国的现代化进程及社会经济的可持续发展。

（二）城乡二元经济结构的弊端显现

国内多数学者认为，城乡二元经济结构是中国社会经济发展过程中的显著特征，而这种城乡分割的"二元"结构体制正是造成城乡差距扩大和城乡关系失衡的主要根源。中国存在典型的城乡二元经济结构，即一方面存在着以城市工业为代表的现代经济部门，劳动生产率较高，人数较少，工资较高；另一方面是以手工劳动为特征的传统农业部门，劳动生产率很低，其边际劳动生产率接近于零甚至是负数，剩余劳动力比较多，报酬极低。在中国目前的经济结构中，传统农业经济依然占有相当的比重。这种结构形成了城乡工业化的二元性、城乡劳动力市场和就业结构的二元性以及城乡市场体系的二元性。

城乡二元结构是新中国成立以来政府通过制定一系列城乡有别的制度和政策而逐渐形成的，是由当时的经济基础所决定的，有其存在的客观必然性。这种城乡二元结构在特殊的历史背景下曾发挥过重要作用，促进了我国的工业化发展。但中国在城乡不平衡增长的基础上，是以农村和农业的巨大牺牲为代价来推动城市工业经济的突飞猛进，其增长路径是城乡差距带动经济增长，经济增长进一步带来经济差距的拉大。

随着经济体制的变革和社会经济结构的调整，城乡二元经济结构越来越显示出其固有的弊端：

①我国城乡二元经济结构，将工业和农业割裂开来发展，落后的传统农业部门和先进的现代经济部门并存，无法形成社会经济发展的统一体系，并影响整个国民经济的协调发展。

②在城乡二元经济结构形成初期，我国在很长的一段时间内实行"重工轻农"的政策，分配给工业和农业自然资源和社会资源不平等，城乡交换不平等，导致城乡差距越来越大。农业的停滞和农民的贫困反过来又制约了工业和城市的发展。

③城乡二元经济结构使农村大量过剩劳动力无法转移，农民在非农产业的就业率不高，城镇化进程明显落后，工业化和城市化脱轨，导致城市化发展滞后于工业化的发展，社会经济结构失衡。

④城乡二元经济结构使得农村产品市场难以扩张，农民的收入增加受到严重

影响，城乡居民收入水平与消费水平的差距不断拉大。农村经济落后，农村人口收入增长缓慢，导致有效需求不足，农民收入低、购买力严重不足是经济发展的严重障碍。我国近全国人口70%的农村人口总消费远低于仅占全国人口约30%的城市人口总消费，人均消费水平则更低。2007年，各地区农村居民家庭平均每人生活消费支出为3 223.85元，而同期各地区城镇居民家庭平均每人全年消费性支出为9 997.47元，相差3.1倍。

⑤城乡二元经济结构还造成一系列其他社会问题。如贫富差距扩大、地区发展不平衡、城乡文化素质差距扩大；还导致农村医疗卫生、农村义务教育、社会保障等社会公共事业发展严重滞后。

城乡二元结构已成为目前我国面临的重大社会政策问题，它的持续存在，将激化农业和工业的矛盾、公平与效率的矛盾，是中国目前城乡差距持续扩大的体制性原因，并成为影响和制约中国国民经济现代化发展的关键性障碍。

（三）城乡承载能力失衡

我国城乡分割的"二元"结构体制是造成城乡差距扩大和城乡关系失衡的主要根源，更是造成城乡差异、城乡资源与环境承载能力下降的体制性原因。而城市与农村的资源、环境和经济承载能力弱化的恶性循环互动，则是二元经济结构下城乡差异的最根本体现。

1. 资源承载能力失衡

由于城乡二元经济结构的存在，使得城乡资源承载能力出现失衡，城乡资源占有量存在巨大的差异、资源配置失衡，城乡资源流动仍存在着诸多矛盾和问题。城乡资源承载能力失衡，主要体现在：

（1）城乡资源竞争激烈

在城乡资源配置中，由于土地、矿产、水等资源的稀缺性或不可再生性，导致城市与农村相互争夺短缺资源，而中国城乡二元结构的存在，一方面注重工业发展的策略使得城市优先得到较多资源；另一方面城乡的贸易阻碍使得资源无法在城乡之间、工农之间得到有效利用。近年来大量呈现的耕地荒芜、农业用水大量稀缺就是例证。

（2）城乡资源流向不对称

中国广大的农村拥有丰富的资源，这些资源不断地向城市流动，但农村却无法吸引城市资源。以人才资源为例，由于农村生活艰苦、工作环境差、待遇低等方面的原因，不仅农村科技人才向城市流动已成为普遍现象，而且农村精壮劳动力也离开农村到城市打工，导致农村人才缺乏。农民整体素质偏低，95%以上仍属于体力型和传统经验型农民，现代农业技术的推广存在障碍。

（3）城乡公共资源分配不均衡

由于城乡二元经济结构的存在，城乡资源分配存在明显的不均衡性。政府对资源的分配，向来是对城市投入多，对农村投入少。以社会公共资源为例，我国农村人口占70%，城市人口占30%，但是，国家对教育的投入，用在农村的仅占23%；国家对卫生资源的投入，用在农村的仅占30%，这是一种典型的"倒三角"模式。这种状况造成了城乡之间极大的不公平和城乡之间发展的不平衡。

2. 城乡环境承载能力失衡

改革开放以来，我国快速的工业发展不仅造成了能源和资源的过度消耗，更引发了一系列或隐性的或显性的环境问题，对生态环境造成了极大的压力，使生态恶化的范围扩大、程度加深，生态环境整体功能下降。就城乡环境进行比较，由于城乡环境政策存在设计缺陷、环境保护投入不均以及工农业环境权益不公、城乡环境保护意识差距等方面的问题，造成了当前我国城市资源、环境承载能力有所改善但农村环境却持续恶化。

但是，生态环境是人类共同的生存栖息之所，具有不可分割性，城乡环境作为一个整体相互影响，二者均无法独善其身。

（1）城乡之间、工农之间承担的环境利用成本不公

以工农业的生产过程为例，城市在工业生产的过程中消耗了大量的自然资源，并释放出大量的污染物质，通过空气、河流、降雨等形式广泛传播，对广大农村的生态环境造成巨大的破坏，造成农村更多地被动承担工业生产的环境成本。而农业生产过程中，一般的农业污染物能够通过光解和生物自然降解。农村不仅为城市提供原材料，而且还要承担城市的污染物，城乡为工农业发展承担的环境成本存在极大不公平。

（2）城市污染物向农村转移

由于城乡居民的收入差距导致了城乡消费水平的巨大差异，城市人均资源的消费量远远高于农村居民，排出的污染物数量明显高于农村人均污染物排放量。由于城市环境容量有限，大量的城市和工业污染物（如工业二氧化硫、废气、废水以及生活垃圾）自然而然地通过各种途径从城市转移到农村，对农业和农村的可持续发展产生了负面影响。

（3）污染重的工业向农村搬迁

劳动密集型工业在城市逐渐失去优势，在城市经济升级换代过程中，便不断将那些不具有竞争优势、能耗高、污染大、技术含量低的产业和产品生产企业向农村搬迁，意味着城市污染向农村转嫁，加剧了农村生态环境恶化的趋势。

因此，应当统筹城乡环境建设，促进城乡环境保护的一致性不仅需要调整环境政策，建立生态补偿制度转移环境保护支付，更要加大农村环境保护投入，加

大农村环境教育，提高农民环境保护意识。

综上所述，中国城乡之间、工农之间仍存在巨大的差距，而造成这种差距的原因是中国特色的城乡二元经济结构，而城乡承载能力失衡是这种二元结构最根本的体现。要纠正我国目前存在的城乡失衡，逐步实现城乡经济一体化发展实现二元经济结构向现代经济结构的转变，完善社会主义市场经济体制和全面建设小康社会必须综合、协调提升城市与农村的资源、环境和经济承载能力，进一步提高工农业能源利用效率，实施统筹城乡发展战略。

二、研究目的及意义

本章从资源、环境承载能力角度，针对中国城乡统筹发展问题开展实证研究，并提出未来实现中国城乡统筹发展的若干模式与相关策略。在从承载能力角度研究中国农村和城市发展的基本约束的基础上，指出城乡承载能力互动提升是城乡统筹发展的实质和关键，然后给出不同承载能力短边约束下城乡统筹发展的若干实现模式，为引导超载人口、资源、资金等因素的有序转移，减少新农村建设和城市化发展中的宏观成本，从根本上解决"三农"问题和统筹城乡发展提供可操作性方案及政策建议。

研究意义体现在：

第一，当前国内关于城乡统筹方面的理论著作较多，但传统的城乡统筹发展理论没有过多关注承载能力的视角，本研究从资源、环境承载能力的角度，综合考虑城乡统筹可持续发展，尝试为我国城乡发展研究提供了新的视角和理论平台。

第二，从研究视角看，本章将实证分析的角度从全国或某个地区层面，拓展到了中国 31 个省级行政单位，为城乡统筹的理论分析提供了更加微观、深入的经验数据支持。

第三，从实证方法看，本章采用了基于佩德罗尼（Pedroni）（1997）方法的异质面板数据的协整检验、面板格兰杰因果检验等较为前沿的方法，对中国各地区农村与城市资源、环境与可持续发展变量进行关联性检验；同时结合传统的基于主成分分析的综合评价方法，将其应用于相对资源承载能力评价方法，对中国重点地区的水资源和基础设施资源的承载能力进行了精确测度。

三、研究思路及主要内容

本章首先对城乡统筹的理论意义进行归纳，并提出了基于资源、环境承载能力视角的城乡统筹发展理论构想；随后，转入实证研究阶段，分两个层面进行：

第一，以全国 31 个省级行政单位为研究对象，从城乡资源、环境、经济承载因素三个角度，逐项探讨中国农村可持续发展与城市（工业）发展的具体关系，并对其因果作用方向进行判别。

第二，在全国分省研究的基础上，选取水资源承载能力和基础设施承载能力两个方面作为城乡统筹发展的着力点，以城乡资源承载能力的互动提升为研究视角，对中国城乡统筹发展的现实意义、目标设定与策略选择进行分析，并在实证研究的基础上提出政策建议。

由此，除第一节导论外，本章后续各节安排如下：

第二节给出城乡统筹领域的文献综述及基于资源、环境承载能力视角的城乡统筹发展理论构想；

第三节为城乡资源、环境承载因素对农村可持续发展的影响力分析。农村和农业的发展，离不开城乡资源、环境要素的正向推动，也离不开城市和工业体系在经济、科技、人力资本等方面的推动；从资源、环境承载能力的反向约束条件看，农村和农业的发展，直接或间接地受到城乡资源环境要素的制约。本章从三个方面，逐项探讨中国城乡资源、环境、经济承载因素对农村可持续发展的具体影响。

第四节关注城乡基础设施承载能力指数与承载状态实证研究。基础设施是为经济、社会和文化发展提供公共服务的各种要素的总和，它是经济、社会、文化发展的重要基础。随着经济与社会的发展，基础设施对促进经济增长、保障社会平稳运行起到越来越重要的支撑作用，更对城乡统筹发展起到关键性的支撑作用。但是目前对基础设施的研究多集中在基础设施与投资和经济增长的关系上，而从基础设施角度开展城乡统筹发展的测度研究当前还较少看到。本节借鉴相对资源承载能力测度法，构建了北京市基础设施承载能力指数，对北京市基础设施承载能力状态进行了判别，在此基础上，进入相对微观的 18 个区县层面，进行了基础设施承载能力聚类分析，给出了相应的政策建议。

第五节为城乡水资源承载能力指数与承载状态对比研究。作为最重要的自然资源之一，水资源不仅维持生态系统的功能完整和良性循环，决定人民生命健康和整个生态系统的稳定，同时也影响一国经济发展的规模、速度，是国家综合国力的重要组成部分。保证水资源的安全、提高水资源的承载能力，从而合理调配、使用水资源，是实现城乡统筹发展的关键一环。本节构建了水资源承载能力测度指标体系，测度了中国水资源承载能力指数，并以此为参照，并采用相对资源承载能力比较法对北京市近年来水资源承载状态进行了综合比较和动态分析，从水资源视角为城乡统筹发展提供政策建议。

第六节为全文总结，归纳了中国城乡统筹发展的路径，提出了实现城乡统筹发展的基本思路与策略分析。

第二节 基于资源、环境承载能力的城乡统筹发展理论构想

城乡统筹,是指政府从国民经济和社会发展的角度,统一规划城乡关系及其经济社会发展,打破城乡分割,缩小城乡差距,促进城乡二元结构的转变,实现城乡良性互动和发展。2003年,党的十六届三中全会对科学发展观的理论内容和思想内涵第一次进行了科学表述,首次提出了五个统筹的构想(统筹城乡发展、统筹区域发展、统筹经济社会发展、统筹人和自然和谐发展、统筹国内发展和对外开放),使得"城乡统筹"成为目前政策制定和理论研究的热点问题,涌现了大量研究成果。

一、国外相关研究

国外统筹城乡发展理论研究轨迹可以总结为"三观"之变[①]:从20世纪50年代前期的朴素城乡整体观发展到后来的城乡分割发展观,随后发展到20世纪80年代以来注重城乡联系的城乡融合发展观。

(一) 城乡统筹理论萌芽

西方城乡统筹发展理论最早可以见诸于空想社会主义思想家头脑中,如圣西门的城乡社会平等观、傅立叶的"法郎吉"与"和谐社会"、欧文的"理性的社会制度"与"共产主义新村"都体现了对城乡协调发展的思考。

早期城市规划理论研究者也注意到城乡统筹发展的必要。城市规划理论的重要奠基者霍华德提出了"田园城市"思想;美国著名城市学家芒福德从保护人居系统中的自然环境出发提出城乡关联发展的重要性;赖特的"区域统一体"(Regional Entities)和"广亩城",都主张城乡发展应采取整体的、有机的、协调的发展模式。

恩格斯是最早提出"城乡融合"概念的人。他在论述未来的共产主义联合体时指出:"城市和乡村之间的对立也将消失。从事农业和工业的将是同一些人,而不再是两个不同的阶级,……乡村农业人口的分散和大城市工业人口的集

---

① 柳思维等:《国外统筹城乡发展理论研究述评》,载《财经理论与实践》2007年第6期。

中，仅仅适应于工农业发展水平还不够高的阶段，这种状态是一切进一步发展的障碍，……通过消除旧的分工，通过产业教育、变换工种、所有人共同享受大家创造出来的福利，通过城乡的融合，使社会全体成员的才能得到全面发展；——这就是废除私有制的主要结果。"[①] 列宁和斯大林也曾总结和阐述了社会主义条件下的新型城乡关系城市与乡村有同等的生活条件，而非城乡差别的消灭。

（二）城乡统筹的核心模型——二元经济模型的提出及发展

发展经济学家刘易斯（Lewis, A.）较早提出发展中国家的经济结构一般具有二元特征，他将国民经济划分为现代工业部门和传统农业部门，传统的农业部门中存在着大量边际生产率为零的剩余劳动力，可以通过调节收入分配实现资本积累的方式，由工业部门不断吸收劳动力，实现农村剩余劳动力的非农化转移。由此，工农业趋向均衡发展，城乡差别逐渐消失，促使二元经济结构逐渐转化。刘易斯应该说这是西方经济学最早开始探讨经济发展中工农业互动关系的理论，其中包含了工业反哺农业、工农协调发展的思想。

自经典的刘易斯二元经济模型提出后，循着这一思路经济文献中又出现了若干模型。费景汉（John C. H. Fei）和拉尼斯（G. Ranis）对刘易斯二元结构模型作了补充和修正，形成了刘易斯—拉尼斯—费景汉模型。费景汉和拉尼斯认为二元经济的实质是商业化经济和非商业化经济，并详细论述了在经济结构转换中就业结构转换的条件和阶段，提出部门间平衡发展的思想，而且强调农业的重要地位和作用。费景汉、拉尼斯比刘易斯更加详细地论述了在经济结构转换中就业结构转换的条件和阶段，重视人口增长因素，并把农业剩余劳动力转移过程的实现由一种无阻碍过程变为一种有可能受阻的三阶段发展过程，进一步丰富了农业剩余劳动力理论的内容。有的发展经济学家甚至认为经过补充修订的"刘易斯—费—拉模型"是描述发展中国家工农业关系的杰出理论，是十分完善的发展模式。

迈克尔·托达罗（Michael Todaro）提出农村—城市人口流动模型，也是以二元经济模型为基础的，其不同之处在于引进了"期望收入"的概念来取代城市的实际收入，从而较好地解释了当时在发展中国家普遍存在的农村人口向城市大规模迁移与城市高失业率持续并存的现象。托氏模型的核心思想在于：农村劳动力的城市转移取决于在城市里获得较高收入的概率和对相当长时间内成为失业者风险之间的利弊权衡；发展中国家二元经济结构决定了较大的城乡收入差距，而这又导致了农村人口源源不断的涌入城市，造成城市劳动力市场严重失衡，使失业问题日益严重；注重农业和农村自身的发展，鼓励农村综合开发，增加农村就业

[①] 恩格斯：《共产主义原理》，见《马克思恩格斯选集》（第1卷），人民出版社1995年版，第243页。

机会,缓解城市人口就业压力。认为农村劳动力向城市转移关键取决于在城市里获得较高收入的概率和在相当长时间内成为失业者的风险之间进行权衡。因此,应该注重农业和农村自身的经济发展,增加农村就业机会,以缓解城市就业压力。

(三) 新古典特色的研究

乔根森(Dale Jorgenson)则把二元经济发展分为三个阶段,并分析了三个发展阶段上人口增长率和部门劳动力增长率的变动规律,论证了农业是二元经济发展的决定因素。乔根森认为人均高收入与工业人口的高比率有关,而人均低收入与农业就业的高比率相联系,因此经济发展问题应该作为人均收入增长来研究。与刘易斯、拉尼斯、费景汉、托达罗等不同,乔根森的研究则带有较强的新古典特色,这是因为他受到新古典主义发展理论的两大理论基础的影响:渐进的、和谐的和乐观的发展过程论和市场均衡理论。他的二元经济理论主要贡献在于其将人口增长和家庭人口供给的决策内生化,并强调工业是一个不断进步的部门。从此可见,经济结构转变的动态思想已经在他的发现中初见端倪。

而迪克西特(Dixit)则主张通过推进农业技术进步和农业资本积累来提高边际劳动生产率和增加农村就业水平。由于他以长期内技术不断进步和农业劳动生产率不断提高为前提,迪克西特导出了工业资本加速积累、因资本产出比和人均资本拥有量不断下降而引起资本边际产出水平上升这两个中间推论。基于此,从新古典二元经济模型中推导出的结论与古典二元经济理论在劳动剩余阶段时推导出的结论是一致的。由此可见,迪克西特从新古典的研究视角出发,调和了古典二元经济理论和新古典二元经济理论的主要观点。

(四) 增长极理论

布德维尔、缪尔达尔、赫希曼和弗里德曼等学者共同创造了增长极理论。该理论倡导发展中国家可以通过加大对大城市中心或者地区中心的资本密集型工业的投资力度来刺激当地经济的增长,并且它对整个社会福利是一种改进,并预期这种增长会通过"涓滴效应"扩散到乡村地区。

(五) 20世纪80年代后各学术流派之争

统筹城乡发展思想出现了根本性的分化,各种理论流派也纷纷涌出。施特尔和泰勒提出了"选择性空间封闭"发展理论,他们反对"自上而下"的发展模式,而提倡"自下而上"发展模式,即以基本需求和减低贫困为目标,发展劳动密集的、小规模的、以区域内部资源为基础的、以农业为中心的产业,重视适当的而不是最高技术产业的发展。

朗迪勒里提出了"次级城市发展战略"。他认为城市的规模等级是决定发展政策成功与否的关键，因此需要建立一个次级城市体系，以支持经济活动和行政功能在城乡间进行必不可少的传播，同时，强调城乡联系作为平衡发展的推动力量。因此，他认为发展中国家政府要获得社会和区域两方面的全面发展，必须分散投资，建立一个完整、分散的次级城市体系，加强城乡联系，特别是"农村和小城市间的联系，较小城市和较大城市间的联系"。

1980 年代后期，恩维（Unwin）强调研究城乡相互作用的重要性，他提出"城乡间的相互作用、联系、流"的分析框架，试图从城乡联系角度探寻影响城乡均衡发展的规律。

20 世纪末期，麦基在研究亚洲的许多核心城市边缘及其间的交通走廊地带时发现，这种"城市与乡村界限日渐模糊，农业活动与非农业活动紧密联系，城市用地与乡村用地相互混杂的"空间形态代表了一种特殊的城市化类型，他称为"desakota"模式。麦基是从城乡联系与城乡要素流动的角度，研究社会与经济变迁对区域发展的影响，其着重点不在于城乡差别，而在于空间经济的相互作用及其对聚居形式和经济行为的影响。

道格拉斯从城乡相互依赖角度提出了区域网络发展模型，认为"网络（network）"概念是基于许多聚落的簇群（clustering），每一个都有它自己的特征和地方化的内部关联，而不是努力为一个巨大的地区选定单个的大城市作为综合性中心。

进入 21 世纪，与过去城乡分割的发展理论不同，新的发展理论更加关注"网络"和"流"，关于城乡间的"联系"和"流"的城乡相互作用理论探讨也因此发展起来。新的理论更注重城乡之间的联系，而非差距。

二、国内相关研究

就国内而言，大部分学者认为，城乡统筹，是指政府从国民经济和社会发展的角度，统一规划城乡关系及其经济社会发展，打破城乡分割，缩小城乡差距，促进城乡二元结构的转变，实现城乡良性互动和发展。国内对于城乡协调发展的研究在 20 世纪 90 年代后逐渐增多，为中国二元经济向一元经济的转变、工农业互动协调发展等出谋划策。国内的城乡统筹研究多以哲学、社会学、经济学为研究平台，对城乡统筹的内涵、理论机制和政策建议进行了大量探索。

国内对于二元经济结构的研究一般以易斯—拉尼斯—费景汉模型为依据，强调工业化就是农村剩余劳动力向城市工业部门不断转移的过程。改革开放以来，尽管我国的产业结构变化已经出现了新的态势，但是城乡关系仍然处于失衡状态，农村发展落后于城市地区，农业和农村在新时期的经济发展中又付出了太大的牺牲。更重要的是，我国农村的确存在着大量生产率水平极低的剩余劳动力，这点和刘—费—拉模型极其吻合。城乡居民收入差距的拉大不仅证实了二元经济结构的存在性，而且也说明我国的二元经济结构具有"高强度和超稳态的特征"。针对这种情况，大量研究提出多项促进工农产业和城乡经济协调发展的政策建议。例如，调整农业产业结构，加快农业发展速度；疏通城乡资源流动，提高资源配置效率；推进城乡体制改革，协调城乡社会关系；等等。客观地说，这种观点是在整体上把握我国产业结构和城乡结构的现状，并在一个较长的时期中探索二元经济结构的转化方案，这种努力对于人们在宏观上认识经济结构问题是有益的。但是此观点直接运用发展经济学中经典的二元经济理论，没有区别我国经济发展与刘—费—拉模型的不同之处，这样就影响到这种观点对于我国经济结构现状的解释力。

从经济学界对城乡统筹的研究来看，目前国内研究多基于发展经济学的研究范式，通过金融支持、财税政策、教育投入等角度，对城市与农村的经济社会协调发展进行理论与政策分析。但在已有研究中，基于资源、环境与经济承载能力对城乡差距、工农业协调发展的关注较少，从承载能力角度对城乡统筹的直接研究更是凤毛麟角。

城乡差距的成因，发展经济学给出了诸多解释，其中，比较有代表性的解释有：中国工农业产品价格的"剪刀差"、财政对农业的投入低下、土地征用和出让价格上的城市偏向、城乡劳动者就业权利不平等、城乡税制不统一等原因。这些现象，其实是长期二元经济结构在制度性、结构性、体制性矛盾的尖锐体现。这些因素，最终造成了巨额物质和人力资本、各类自然资源由农村、农业向城市和工业源源不断的单向汇集；同时，随着工业化和城市化的发展，其排放的各类废弃物和污染物，又由城市、工业向农村和农业进行不间断的流动。由此，农村的资源、环境和经济承载能力在不断地恶化，反过来也会影响城市的生态环境和资源、经济承载能力。因此，城乡二元结构是造成城乡差异、城乡承载能力下降的体制性原因，而城市与农村的资源、环境和经济承载能力弱化的恶性循环互动，是二元经济结构下城乡差异的最根本体现。

基于此，我们认为有必要从资源、环境和经济承载能力（以下简称"承载能力"）的角度，重新阐述城乡统筹思想的理论内涵。

三、承载能力与城乡统筹发展的相关分析

（一）资源承载能力与城乡统筹的关系

一般认为，资源承载能力是指在一定时间、空间内某种自然资源所能支撑的

一定物质生活水平下的人口规模。资源承载能力研究目的在于揭示资源的合理配置，实现资源可持续利用。

社会经济增长主要依赖两方面的因素：一是要有足够的市场容量，能够吸纳所创造的财富；二是要有足够的资源，能够支撑较快的增长速度。故资源是发展的物质基础。一般情况下，资源的丰裕程度，资源投入的多寡，资源的流动组合状况，直接决定一国一地发展的快慢。对我国城乡统筹发展来说，道理也是一样的。资源有静态和动态之分，一个城市和一个乡村资源的拥有量，一方面取决于自身固有的客观存在的自然资源或者说静态资源，如土地资源、矿产资源等，另一方面又取决于组织、吸引、聚集资源的能力，如通过各种手段和办法，吸引、聚集各方的人才、资金、技术等具有动态性的资源为己所有、为己所用，从而扩大资源的拥有量，为自身发展奠定基础。因此，保持稳定、充裕的资源与环境承载能力，是决定城乡经济可持续协调发展的关键要素。充分利用自身拥有的资源，千方百计在市场上吸引、聚集自己短缺的资源，这是城乡政府、城乡经济主体在推动和实现自身发展中的一项重大任务。

统筹城乡经济社会发展是党的十六大提出的一个战略思想，是落实科学发展观的一个根本要求，也是全面建设小康社会的一个必然选择。推动城乡统筹发展，一个题中应有之义，就是要做好城乡资源的合理配置和整合文章。近年来，为什么城乡差距非但没有缩小且有扩大的趋势？究其根源则在于城乡各自所拥有的、所能吸引和支配资源的数量和质量不同。可以说，城乡差距扩大的核心问题在于城乡发展速度问题，城乡发展速度的核心问题在于城乡资源投入问题。多年来对城市发展的资源投入，其规模和数量明显多于农村，质量高于农村，这是个不争的事实。我们认为，城乡资源分割和配置失衡，农村资源严重匮乏，这是导致城乡二元结构的症结所在。要加快农村发展，让城乡求得一个合理的发展速度，必须调节好、有效地解决城乡资源配置问题。

（二）环境承载能力与城乡统筹分析

环境是人类赖以生存和发展的基本条件和物质基础，失去了环境，人类就无法生存下去，更不要说生产和发展。2002年《中国大百科全书·环境科学》中正式给出了环境承载能力的定义："在维持环境系统功能与结构不发生变化的前提下，整个地球生物圈或某一区域所能承受的人类作用在规模、强度和速度上的上限值。"

改革开放以来，我国经济持续高速增长，综合国力与人们生活水平有了大幅提高，然而，不容忽视的是环境状况不断恶化，并日益成为制约经济发展和影响人们生活质量的重要因素。

伴随着经济增长和收入水平上升，我国农村环境不断恶化，农村居民的生产生活受到威胁。农村环境治理是统筹城乡发展、建设社会主义新农村的重要内容。农村环境是相对城市环境而言的，是指以农民聚居地为中心的一定范围内的自然及社会条件的总和。

农村环境所具有的公共产品特性、强外部性、地域性及公共产权属性，决定了环境治理是一项涉及面很广的社会系统工程。在我国农村环境治理中，普遍存在着治理主体缺失、治理资金投入不足等一系列问题。

我国一直以来实施重城市轻农村的二元化环境治理政策，长期以来把环保工作的重点放在大城市、大工业和大工程上，在城乡环境权益的分配上，存在着严重的"剪刀差"现象。一方面，农村作为原材料和自然资源的输出地，消耗了农村环境资源，城市作为受益者并未向农村按"谁受益、谁支付"的原则进行支付；另一方面，由于城乡产业结构不同，城市排放的废物远远大于农村，并不断向农村扩散和转移，导致农村环境不断恶化，而由此造成的损失，城市并未向农村按"谁污染、谁治理"原则支付治理补偿费，或者补偿措施不到位。此外，我国"排污收费"制度中，对于污染物主要滞留地的农村却不包括在治理范围之列，并且对于农村小水体、水源地、耕地等的治理和保护也未加考虑。作为一种补偿的排污费被主要用来治理城市环境，改善城市居民生活环境，却把我国最大区域的农村和占人口最大比例的农民忽视了。显然，这种二元化的环境治理政策是不健全的。

（三）经济承载能力与城乡统筹分析

经济承载能力是指在当前的技术水平和生产条件下，在确保生态环境良性循环的前提下，一个区域的经济资源总量对该空间内人口的基本生存和发展的支撑力。经济承载能力最直接的体现就是该区域在一定时期内经济活动所能吸纳的就业人口和其供养的最优人口数量，所以说，经济承载能力是就业岗位的承载能力，没有就业岗位就没有现实的承载能力。因此，经济承载能力是以人为本的承载能力，是可持续发展的重要体现，充实了科学发展观的内涵。

当前，农村劳动力转移的基本趋势表现为，本乡内非农就业比例下降，流向城市就业的农村转移劳动力比例上升，县级城市和小城镇吸纳农村转移劳动力的能力有较大增强，农村劳动力跨省就业的趋势明显。在就业人口与岗位方面，劳动力供求总量矛盾和就业结构性矛盾交织在一起，城乡结构矛盾明显，主要表现在：

第一，在我国工业化和城镇化进程中，城市住房和非农业用地的需求增加，大量的农业土地转化为城市用地，导致农民失去土地，成为典型的"三无"人群：种田无地、就业无岗、社保无份，转化为城市贫民。

第二，乡镇企业吸纳农村劳动力就业的能力继续减弱，以乡镇企业吸纳农村劳动力为主的农村劳动力转移模式逐渐被外出务工和农村个体私营经济就业方式所取代。外出务工人员就业主要集中在第三产业，农村劳动力外出就业稳定性增强，劳务输出组织化程度明显提高。

第三，城乡二元户籍制度及由此衍生的城乡居民身份差异给农村劳动力的自由迁移增加了成本和风险，影响了人力资源的合理配置。劳动力市场的城乡分割、市场准入条件不平等、社会保障不充分等等构成了城市对农村劳动力的歧视和排斥。

第四，随着城市失业数量的增加，农村劳动力与城市劳动者在就业市场中的竞争愈加激烈，过高的城市失业率会加大农村劳动力在城市寻找工作的机会成本。

四、基于承载能力的城乡统筹理论构想

第一，农村承载能力的弱化，是城乡分割的二元经济体制的必然结果。我国城乡二元结构是在特定的历史条件下形成的。多年来，由于我国长期实行城乡差别发展战略，农业为工业、农村为城市和农民为国家提供积累，重要生产要素配置向城市倾斜，导致城乡发展严重失衡，农业、农村和农民成为弱势产业、区域和群体，农村自我恢复、积累和发展的能力极其微弱。

第二，城市与农村承载能力，存在着互相弱化的恶性循环作用机制。二元经济体制不断削弱农村的承载能力，这最终会传递到城市，削弱城市的资源承载能力；而城市资源承载能力的弱化，又反过来对农村的资源、能源提出更多的吸纳要求、向农村输送更多的废弃物，进一步弱化农村的承载能力，从而形成一个恶性循环机制，城乡承载能力都在弱化、城乡差别也在不断扩大。

第三，促进可持续发展，协调提升城乡承载能力，是统筹城乡发展的关键。可持续发展是科学发展观的基本原则。坚持可持续发展，就是要在发展中正确处理经济发展与人口、资源、环境的关系，走生产发展、生活富裕、生态良好的文明发展道路。过去，我们虽然也重视对资源、环境的保护，但从总体上看，我国人口众多、资源相对不足、生态环境承载能力弱的基本国情没有改变。随着经济快速增长和人口不断增加，资源不足的矛盾越来越尖锐，特别是在城乡分割的体制下，传统农业发展模式与人多地少的人口压力，农村资源与环境的压力不断增加，而乡村的散乱布局，又使许多地方的生态环境进一步恶化。

因此，必须进一步树立节约资源、保护环境的意识，大力推进农村科技进步和产业结构调整，加快发展循环经济，增强可持续发展能力，形成有利于节约资源、减少污染的生产模式和消费方式，建设资源节约型和生态保护型农村社会。

第四，统筹城乡发展，就是要把城市与农村作为生态系统的有机整体，转变经

济增长方式,同步推进城乡产业结构和布局调整,推进城乡生态建设和污染治理,着力形成农村支撑城市、城市促进农村的生态环境优化机制,促进城乡经济社会的可持续发展。因此,树立和落实科学发展观,必须把城乡统筹发展作为可持续发展的有效载体和有力抓手,以城乡统筹水平的不断提高来促进经济社会可持续发展。

综上所述,资源与环境承载能力作为一个有机整体决定了城乡统筹发展的规模、速度和质量。从资源、环境和经济承载能力的角度,重新界定城乡统筹思想的理论内涵是:城市与农村承载能力的弱化,是城乡分割的二元经济体制的必然结果;城市与农村承载能力,存在着互相弱化的恶性循环作用机制;承载能力的恶化,是推动城乡差异扩大的重要原因;比较分析城乡的承载能力差异,是测度城乡差异的重要一环。因此,缩小城乡差异、实现城乡统筹的各项政策,其基本立足点应为综合、协调地提升城市和农村的资源、环境和经济承载能力。

第三节 城乡资源、环境承载因素对农村可持续发展的影响力分析

农村和农业的发展,离不开城乡资源、环境因素的正向推动,也离不开城市和工业体系在经济、科技、人力资本等方面的推动;从资源、环境承载能力的反向约束条件看,农村和农业的发展,直接或间接地受到城乡资源环境要素的制约。本节从三个方面,逐项探讨中国城乡资源、环境、经济承载因素对农村可持续发展的具体影响。

本节选取中国大陆地区 31 个省级行政单位在 1985～2007 年间的城乡资源、环境与经济发展类变量,通过构建面板数据模型进行实证研究[①]。

一、农村可持续发展与城乡资源要素关系

(一) 相关分析

1. 第一产业人均 GDP (RG) 与工农业用水量、人均水资源量的相关系数 (2003～2007 年)

通过分析表 4-3-1 发现:

[①] 由于数据获取难度较大,部分变量的时段为 1995～2007 年或 2003～2007 年。下文若无特殊注明,均为 1985～2007 年数据。

表 4 – 3 – 1　　城乡可持续发展与城乡水资源要素相关分析

Probability	RG	IW	AW	WR
RG	1.000000			
	—			
	—			
IW	0.210170	1.000000		
	2.659048	—		
	0.0087	—		
AW	0.184312	0.402815	1.000000	
	2.319556	5.443728	—	
	0.0217	0.0000	—	
WR	-0.148588	-0.186443	-0.162144	1.000000
	-1.858559	-2.347337	-2.032508	—
	0.0650	0.0202	0.0438	—

注：表中每个单元格第一个数字为相关系数，第二个数字为对相关系数进行 t 检验的统计量值，第三个数字为 t 检验的 P 值。下同。

①第一产业人均 GDP（RG）与 AW、IW（工农业用水量）均存在统计意义显著的正相关关系，但相关系数取值较低。

相关系数皆在统计意义上显著（t 检验的 P 值相当低）为正，说明城乡水资源利用状况与农业发展之间存在正向联系。该项事实可能暗示城乡水资源利用状况在推动农业发展中起到显著正向推动作用。农业用水量增加，通过增加农业产量、提升农产品品质、调整农业种植结构，直接推动了农业的发展；而工业用水量的增加，反映出工业对于水资源日益增长的需求，IW 与 RG 体现为正的相关系数，从一个侧面说明工业发展对于农业的间接正向推动作用，因此，相关分析没有发现工业用水增加可能对农业发展产生挤出效应的证据。

当然，需引起注意的是，相关分析仅能给出两组变量之间的变化趋势，尚不能直接指出这种相关性的因果方向。其具体因果联系，尚需使用后续的面板格兰杰因果检验进行判别。

②上述变量之间的正相关系数取值并不高。

出现这种现象的原因，一方面说明这种正向关联力度还相对微弱；另一方面的原因在于相关分析数据取自 31 个省份在 2003~2007 年间的面板数据，而不同省份之间存在的个体异质性，在一定程度上削弱了相关分析的效力，这需要进行更为深入的面板数据分析，这将在下文中得到具体体现。

③第一产业人均 GDP（RG）与 WR（人均水资源拥有量）为负相关关系。

这体现了中国农业发展伴随着人均水资源逐渐降低的事实。本节将在后文进行面板格兰杰因果检验，判断这两个变量之间的因果方向。

2. 第一产业人均 GDP（RG）与有效灌溉面积 IA、农村用电量 RE 的相关系数（1985~2007 年）

由表 4-3-2 发现：农业发展与有效灌溉面积 IA、农村用电量 RE 均为显著正相关关系；其中，农业用电量与农业发展的相关性更强（相关系数值更高）。

表 4-3-2　　农业发展与有效灌溉面积、农村用电量相关分析

Probability		RG	IA	RE
RG		1.000000	—	—
		—	—	—
		—	—	—
IA		0.143403	1.000000	—
		3.863725	—	—
		0.0001	—	—
RE		0.379685	0.348352	1.000000
		10.94366	9.909342	—
		0.0000	0.0000	—

有效灌溉面积是反映我国耕地抗旱能力的一个重要指标，它是拥有灌溉工程设施基本配套，有水源供应保证，土地较为平整，一般年景下当年可进行正常灌溉的耕地面积。在一般情况下，有效灌溉面积应等于灌溉工程或设备已经配备，能够进行正常灌溉的水田和水浇地面积之和。RG 与 RE 相关系数值很高，说明两者之间有较强的关联性。

农业用电在农业生产中的作用更是毋庸置疑。在农业生产和村镇居民生活领域内，经济、安全、合理地应用电能，是实现农业电气化的重要方面。农业用电可节约物质和能源消耗，创造更多的社会财富。根据的"电动机应用"、"电热应用"、"电磁辐射能应用"以及"电子技术和电子计算机应用"等分类方式，

电能在农业上应用的项目约有 500 多种①。

(二) 面板单位根检验

使用四种面板单位根检验方法（LLC、IPS、ADF – Fisher χ^2 和 PP-Fisher χ^2 检验法）对 IW、AW、WR、IA、RG、RE 进行面板单位根检验，结果见附表，结论如下：

第一，IW、AW、WR 为平稳时间序列。

第二，IA，RG，RE 存在单位根；经检验发现，三个变量皆为同阶单整 I(1)。

(三) 散点图分析

1. 第一产业人均 GDP (RG) 与有效灌溉面积 IA

如图 4 – 3 – 1 和图 4 – 3 – 2 显示：

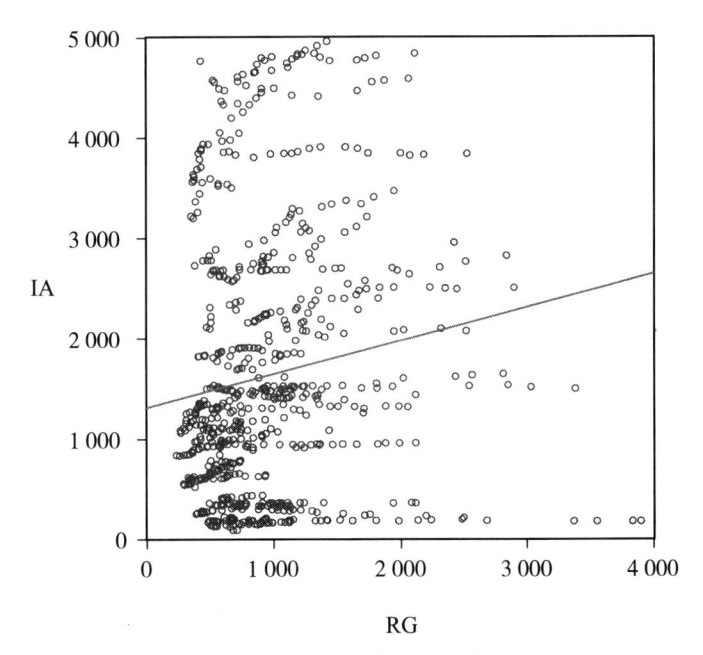

注：图中直线为对全部数据进行回归分析后得到的拟合直线，后续各图同理。

图 4 – 3 – 1　RG 与 IA 散点图

---

① http://www.chinabaike.com/article/baike/1000/2008/200805111455829_2.html.

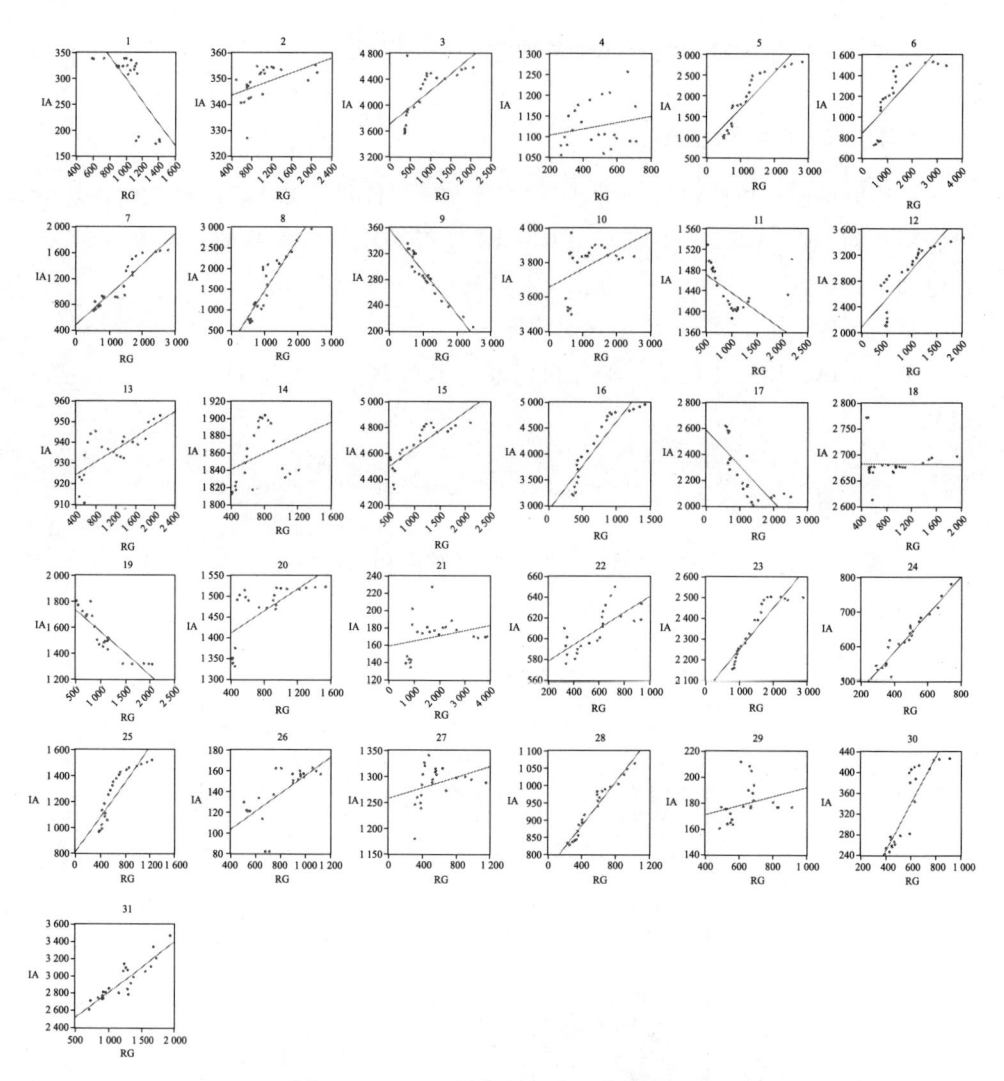

图 4-3-2 各省 RG 与 IA 散点图

首先，全部数据的综合散点图给出了较为明显的正向关系；31 个省级横截面散点图显示，26 个省的农业发展与有效灌溉面积 IA 存在较为明显的正向关联，从直观角度证实了前文相关分析的结果。

其次，省级横截面散点图显示，这两个变量间另有 5 个省份不存在明显的正向关联，甚至从散点图中体现出了一定负相关趋势。这 5 个省份分别是：北京（图中编号为 1）、上海（图中编号为 9）、浙江（图中编号为 11）、湖北（图中编号为 17）、广东（图中编号为 19）。值得注意的是，北京、上海、广东、浙江均为沿海经济发达地区，这种现象的出现值得我们深思。

2. 第一产业人均 GDP（RG）与农村用电量 RE（1985～2007 年）

由图 4-3-3、图 4-3-4 发现：全部数据的综合散点图给出了较为明显的正向关系。31 个省级横截面散点图也同样显示，农业发展与农业用电量均存在较为明显的正向关联，从直观角度证实了前文相关分析的结果。

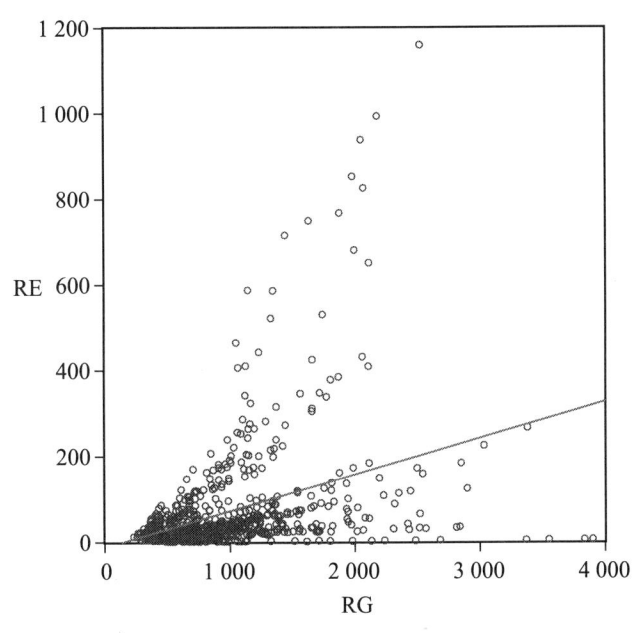

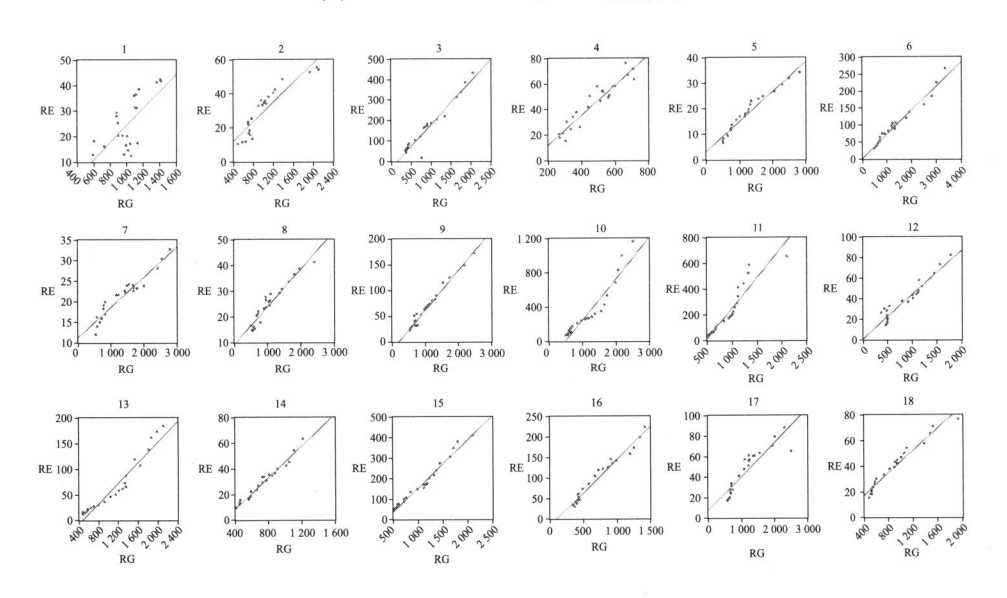

图 4-3-3　RG 与 RE 散点图

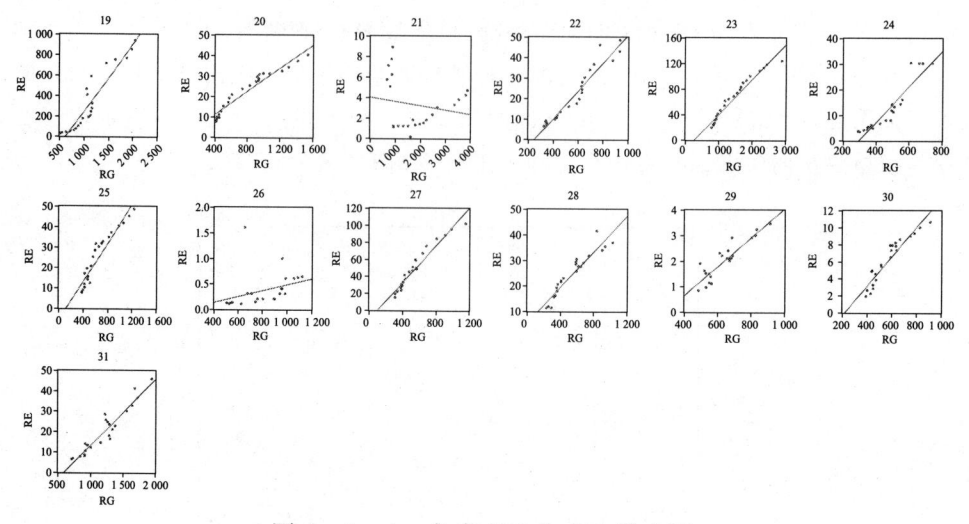

图 4-3-4　各省 RG 与 RE 散点图

3. 第一产业人均 GDP 与工业用水量 IW（2003~2007 年）

由于第一产业人均 GDP（RG）为 I（1）非平稳时间序列，对其进行一阶差分（dRG），经面板单位根检验证实为平稳序列。

由图 4-3-5 发现：全部数据的综合散点图给出了较为明显的正向关系，说明大多数省份的农业发展与工业用水量均存在较为明显的正向关联，从直观角度证实了前文相关分析的结果。

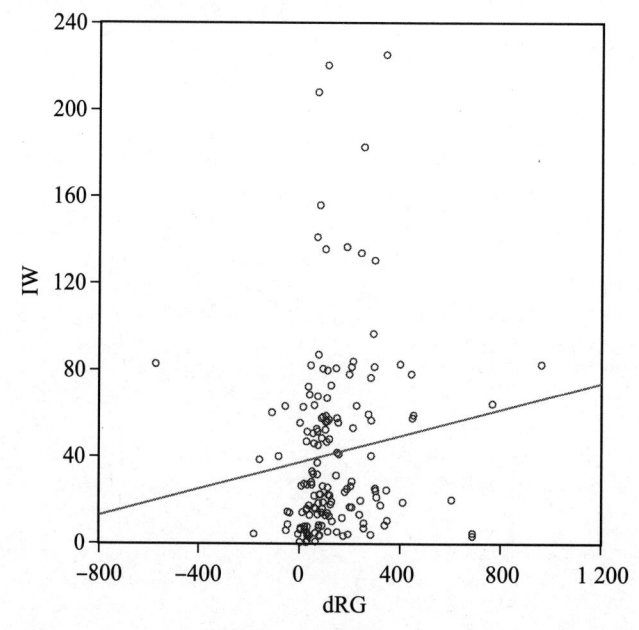

图 4-3-5　第一产业人均 GDP 与工业用水量散点图

4. 第一产业人均 GDP 与农业用水量 AW（2003~2007 年）

由图 4-3-6 发现：全部数据的综合散点图给出了较为明显的正向关系，说明大多数省份的农业发展与农业用水量均存在较为明显的正向关联，从直观角度证实了前文相关分析的结果。

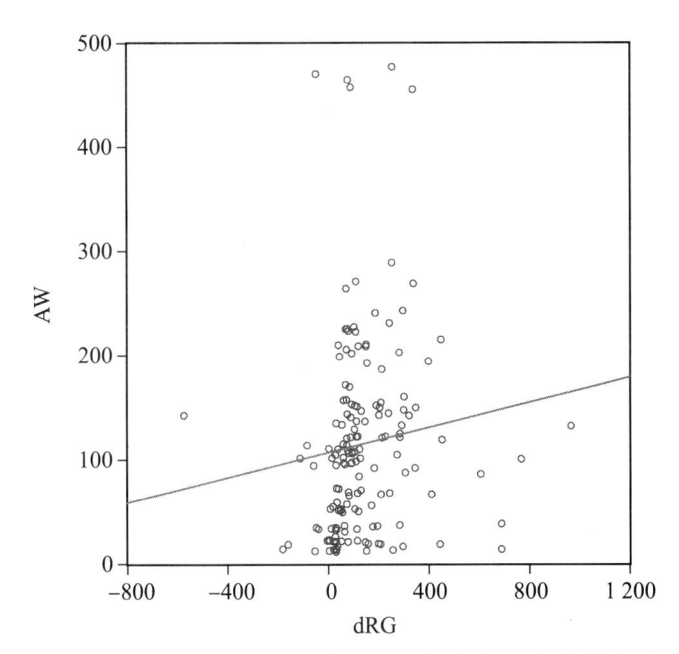

图 4-3-6 第一产业人均 GDP 与农业用水量散点图

5. 第一产业人均 GDP 与人均水资源拥有量 WR（2003~2007 年）

由图 4-3-7 发现：综合散点图给出了负向关系，说明大多数省份的农业发展与人均水资源量均存在较为明显的负向关联，从直观角度证实了前文相关分析的结果。

（四）面板协整检验以及面板格兰杰因果检验

1. 第一产业人均 GDP（RG）与有效灌溉面积 IA（1985~2007 年）

尽管前文的相关分析给出了两个变量之间存在正相关性的结论，但是，Pedroni 面板协整检验（具体结果见附表）显示，RG 与 IA 之间并不存在面板协整关系。也即，中国各地区农业发展与有效灌溉面积之间，并不存在长期、稳定的联系！

表 4-3-3 给出了面板格兰杰因果检验结果。结果显示，RG 与 IA 之间，同样不存在任何方向的格兰杰因果关系！这再次印证了面板协整检验的结论，说明中国农业发展并没有从有效灌溉面积的扩张中得到明显推动。

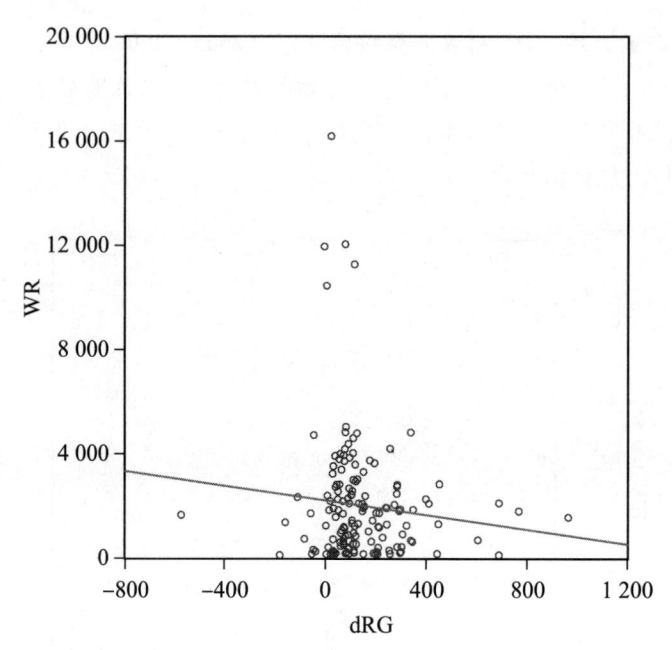

注：数据来源于中宏统计数据库，其中西藏 WR 数据超出其他省份数 10 倍，为了能更清晰显示其余 30 个省市农业发展与人均水资源量的相关关系，我们在图中剔除了西藏数据。

图 4-3-7　第一产业人均 GDP 与人均水资源拥有量散点图

表 4-3-3　农村可持续发展与城乡资源要素的面板格兰杰因果检验

时间	滞后期数	观测值	原假设	F 统计量	P 值
1985~2007	滞后 2 期	651	IA 不是 RG 的格兰杰原因	1.88339	0.1529
			RG 不是 IA 的格兰杰原因	0.20449	0.8151
1985~2007	滞后 2 期	651	RE 不是 RG 的格兰杰原因	3.09244	0.0461
			RG 不是 RE 的格兰杰原因	0.63718	0.5291
2003~2007	滞后 2 期	620	IW 不是 dRG 的格兰杰原因	37.9001	3E-16
			dRG 不是 IW 的格兰杰原因	1.82367	0.1623
2003~2007	滞后 2 期	155	AW 不是 dRG 的格兰杰原因	4.02865	0.0198
			dRG 不是 AW 的格兰杰原因	0.84651	0.4309
2003~2007	滞后 2 期	155	WR 不是 dRG 的格兰杰原因	0.63988	0.5288
			dRG 不是 WR 的格兰杰原因	1.06644	0.3468

该项事实具有明显的政策含义：尽管新中国成立 60 年来中国农村在农田水利、灌溉条件等方面取得了长足进展，但是农业水资源的改善并没有对中国农业发展贡献应有的份额，两者之间并不存在长期稳定的关系。这就要求我们应继续

在农田水利设施建设、建设高效节水农业、提高农业用水效率等方面继续扩大投入,从而不断提升农业发展与农村水利建设的良性互动。

2. 第一产业人均 GDP (RG) 与农村用电量 RE (1985~2007 年)

佩德罗尼 (Pedroni) 面板协整检验 (具体结果见附表) 显示,RG 与 RE 之间存在面板协整关系。进而,面板格兰杰因果检验发现,RE 是 RG 的单向格兰杰原因。

该项事实说明:能源建设,特别是电力工业建设,有力地推动了中国各地区农业发展的步伐。农业能源需求存在"需求量大、季节性强"的特点,农业现代化要求转变传统生产方式,使用更多农业机械以提高效率,从而消耗大量柴油及电力作为动力来源,因此日益增长的农村能源需求在农业现代化过程中扮演了极为重要的角色。

此外,除了粮食生产过程,农业能源消费增长还体现于运输过程中。城市化进程使大量人口从作为粮食供给方的农村脱离而集中到城市,运输系统的建设和使用都将导致大量能源消费。大规模粮食运输系统因而成为推进城市化进程的必要支撑,城市化进程的加速,又对农业和农村发展提出了更高的需求,从而推动农业得以不断发展[①]。因此,能源消费量的增加,最终推动农业不断发展。

3. dRG 与工业用水量 IW (2003~2007 年)

Pedroni 面板协整检验 (具体结果见附表) 显示,农业发展与工业用水量之间存在面板协整关系。进而,面板格兰杰因果检验发现,工业用水量 IW 是 dRG 的单向格兰杰原因。

4. dRG 与农业用水量 AW (2003~2007 年)

Pedroni 面板协整检验 (具体结果见附表) 显示,农业发展与农业用水量之间存在面板协整关系。进而,面板格兰杰因果检验发现,农业用水量 AW 是 dRG 的单向格兰杰原因。这与前文相关分析的结论相一致。

5. dRG 与人均水资源拥有量 WR (2003~2007 年)

Pedroni 面板协整检验 (具体结果见附表) 显示,农业发展与人均水资源拥有量之间存在面板协整关系,这基本印证了前文的相关分析。但是,后续的面板格兰杰因果检验却发现,两者间不存在任何方向的格兰杰原因。这说明,中国农业的发展,并不是同时期人均水资源日趋紧张的原因;中国农业的发展,并不是以牺牲水资源承载能力为代价而换来的。

[①] 何晓萍、刘希颖、林艳苹:《中国城市化进程中的电力需求预测》,载《经济研究》2009 年第 1 期。

二、农村可持续发展与城市（工业）环境要素关系[①]

本节构建8个城市（工业）污染物排放类面板数据变量，用于分析城市（工业）化导致的环境类变化因素对于农村（农业）发展的影响。这8个变量可以分成两类：一类是现代化（或称工业化或城市化）进程所产生的环境退化因素，包括4个变量：工业二氧化硫排放量（ISDQ）、工业废水排放总量（IWWD）、工业废水非达标排放量（IWWU）和工业废气排放总量（IWS）表示；另一类是在现代化过程中对环境进行治理的成果，我们不妨将其定义为环境治理因素，由工业二氧化硫去除量（ISDR）、工业二氧化硫去除率（ISRR）、工业废水排放达标量（IWWS）、工业废水排放达标率（IWWR）等4个变量表示。

（一）相关系数分析

计算1995~2007年第一产业人均GDP（RG）与工业二氧化硫排放量（ISDQ）、工业二氧化硫去除量（ISDR）、工业废气排放总量（IWS）、工业废水排放达标量（IWWS）、工业二氧化硫去除率（ISRR）、工业废水排放总量（IWWD）、工业废水排放达标率（IWWR）和工业废水非达标排放量（IWWU）等8个城市（工业）环境类变量的相关系数，结果如表4-3-4所示。

表4-3-4　中国1995~2007年各地区环境与经济发展变量相关系数表

项目	RG	ISDQ	ISDR	ISRR	IWS	IWWS	IWWD	IWWU	IWWR
RG	1.000000								
	—								
	—								
ISDQ	0.130801	1.000000							
	2.612172	—							
	0.0093	—							
ISDR	0.218690	0.493808	1.000000						
	4.437255	11.24337	—						
	0.0000	0.0000							

[①] 本小节内容部分发表于《城市发展研究》2010年第3期。

续表

项目		RG	ISDQ	ISDR	ISRR	IWS	IWWS	IWWD	IWWU	IWWR
ISRR		0.049457	0.022525	0.765660	1.000000					
		0.980398	0.446078	23.56691	—					
		0.3275	0.6558	0.0000						
IWS		0.401045	0.755139	0.653703	0.165047	1.000000				
		8.667881	22.80631	17.10295	3.313200	—				
		0.0000	0.0000	0.0000	0.0010					
IWWS		0.304500	0.626499	0.479966	0.115621	0.641464	1.000000			
		6.329357	15.91443	10.83209	2.304627	16.55517	—			
		0.0000	0.0000	0.0000	0.0217	0.0000				
IWWD		0.224495	0.641758	0.432465	0.091023	0.572939	0.961282	1.000000		
		4.561194	16.56806	9.496329	1.809668	13.84045	69.06690	—		
		0.0000	0.0000	0.0000	0.0711	0.0000	0.0000			
IWWU		-0.179916	0.268704	-0.004387	-0.047783	-0.023770	0.204865	0.466653	1.000000	
		-3.621253	5.523197	-0.086868	-0.947147	-0.470749	4.144010	10.44645	—	
		0.0003	0.0000	0.9308	0.3441	0.6381	0.0000	0.0000		
IWWR		0.445098	0.263720	0.352203	0.221567	0.446989	0.491381	0.327494	-0.413874	1.000000
		9.841066	5.413021	7.450682	4.498609	9.893294	11.17045	6.862493	-9.001408	—
		0.0000	0.0000	0.0000	0.0000	0.0000	0.0000	0.0000	0.0000	

注：表中每个单元格第一个数字为相关系数，第二个数字为对相关系数进行 t 检验的统计量值，第三个数字为 t 检验的 P 值。下同。

由相关系数表可以看出：

①第一产业人均 GDP（RG）与工业二氧化硫排放量（ISDQ）、工业二氧化硫去除量（ISDR）、工业废气排放总量（IWS）、工业废水排放达标量（IWWS）、工业废水排放总量（IWWD）、工业废水排放达标率（IWWR）等 6 个城市（工业）环境类变量呈现显著正相关关系。

上述事实说明农业发展与城市（工业）发展所产生资源废弃物的动态变化之间存在密切关联。

第一，环境退化因素，即工业二氧化硫、废水、废气总量（分别由变量 ISDQ、IWWD 和 IWS 表示）与农业发展存在正向关系的事实，这或许暗示中国工业化进程中的环境损耗以及由此导致的环境退化,尚没有对中国各地区农业发展产生根本性的负向影响。当然,这其中的作用机制和因果关系作用方向尚不能通过相关分析体现,有待于下文的面板数据分析来深入发掘。

第二,在现代化进程中,环境治理因素(由 ISDR、IWWS 和 IWWR 3 个变量体现)确实与农业发展呈现出显著的正向关联。这体现出对于废气、废水等环境污染因素的治理对于促进经济社会发展的重要作用。

②比较这六组相关系数的具体取值可以看出,6 个正相关的关系中,相关性最高的是工业废水排放达标率(IWWR,取值为 0.445),其次是工业废气排放总量(IWS,取值为 0.401)、工业废水排放达标量(IWWS,取值为 0.304)、工业二氧化硫去除量(ISDR,取值为 0.219)。从相关程度来看,环境治理因素与农业的正向关联程度,高于环境退化因素与农业的正向关联程度。这从一个角度说明环境治理对于农业发展的重要作用。

③第一产业人均 GDP(RG)与工业二氧化硫去除率(ISRR)不相关。工业二氧化硫去除率,为工业二氧化硫去除量与全部工业二氧化硫排放量的比值,它显然属于本研究定义的"环境治理因素"范畴。相关分析发现它与 RG 的相关系数取值极低(0.049)且没有通过显著性检验(P 值 = 0.328)。暗示我国对于工业二氧化硫污染的治理效率相对低下,并没有对农业发展产生足够显著的影响。

④RG 与工业废水非达标排放量 IWWU 为显著负相关(-0.18)。显示环境退化因素与农业发展的负向关联。这有必要在下文通过面板数据分析继续揭示两个变量间因果作用的方向,从而判断环境退化因素对于农业的作用机理。

(二)面板单位根检验

对上述 8 个变量进行面板单位根检验,结果见附表所示,结论如下:

第一,ISDQ、IWWS、IWWD、IWWU、IWWR 为平稳序列。

第二,RG、ISDR、ISRR、IWS 存在单位根,经检验发现,4 个变量皆为同阶单整 I(1)序列。

(三)散点图分析

1. 第一产业人均 GDP 的一阶差分项(dRG)与工业二氧化硫排放量(ISDQ)

dRG 为第一产业人均 GDP(RG)进行一阶差分后的变量,经面板单位根检验证实为平稳序列。

散点图 4-3-8、图 4-3-9 显示:

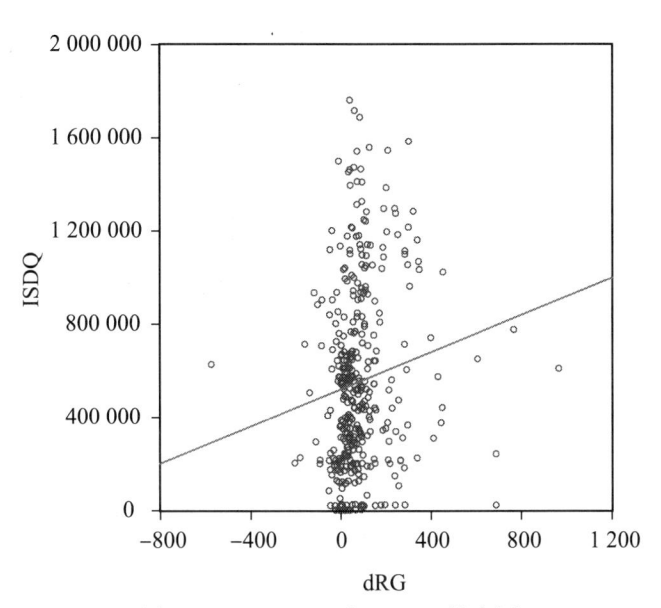

图 4-3-8 dRG 与 ISDQ 散点图

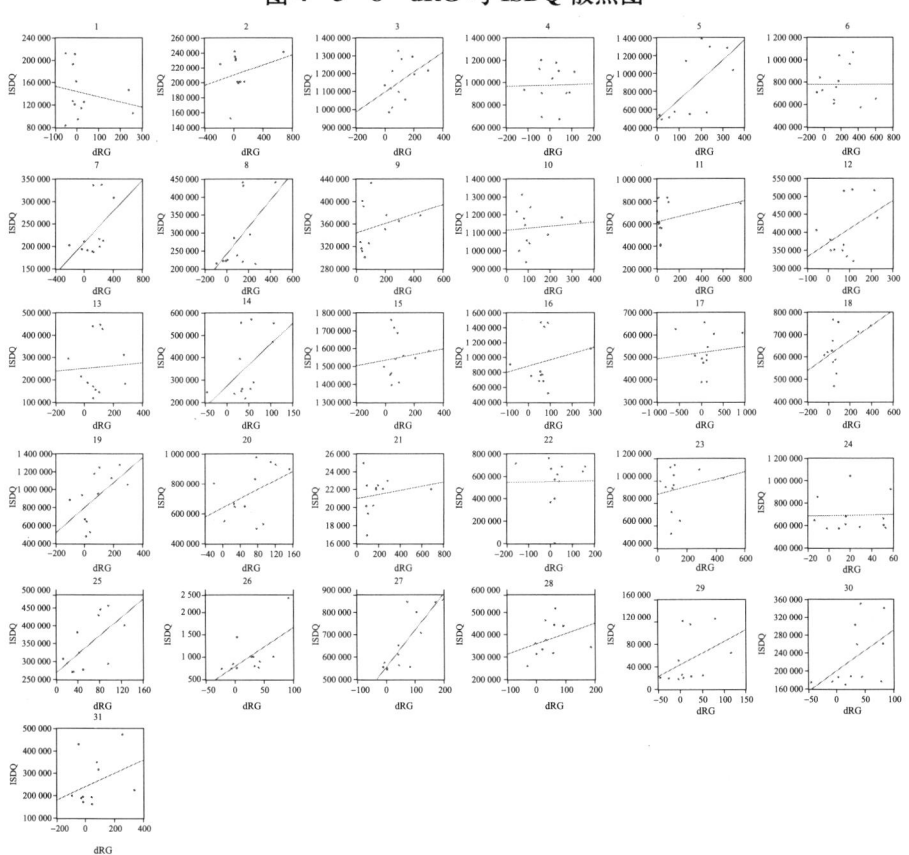

图 4-3-9 各省 dRG 与 ISDQ 的散点图

首先，全部数据的综合散点图给出了较为明显的正向关系。31个省级横截面散点图也显示，大部分省份的农业发展变量 dRG 与工业二氧化硫排放量（ISDQ）存在较为明显的正向关联，从直观角度证实了上文相关分析的结果，也即暗示中国工业化进程中的环境损耗以及由此导致的环境退化，尚没有对中国各地区农业发展产生根本性的负向影响。

其次，省级横截面散点图显示，这两个变量间有 5 个省份不存在明显的正相关关系。这 5 个省份分别是：北京（图中编号为 1）、山西（图中编号为 4）、辽宁（图中编号为 6）、重庆（图中编号为 22）、贵州（图中编号为 24），其中北京甚至从散点图中体现出了一定负相关趋势。说明农业与二氧化硫排放量的关系，在上述省份出现了不同于其他大多数省份的特殊现象。

2. 第一产业人均 GDP（RG）与工业二氧化硫去除量（ISDR）

图 4−3−10、图 4−3−11 显示，全部数据的综合散点图和 31 个省级横截面散点图均给出了较为明显的正向关系；大部分省份的农业发展变量 RG 与工业二氧化硫去除量（ISDR）存在非常明显的正向关联，从直观角度证实了上文关于农业发展与环境治理因素正相关分析的结果。

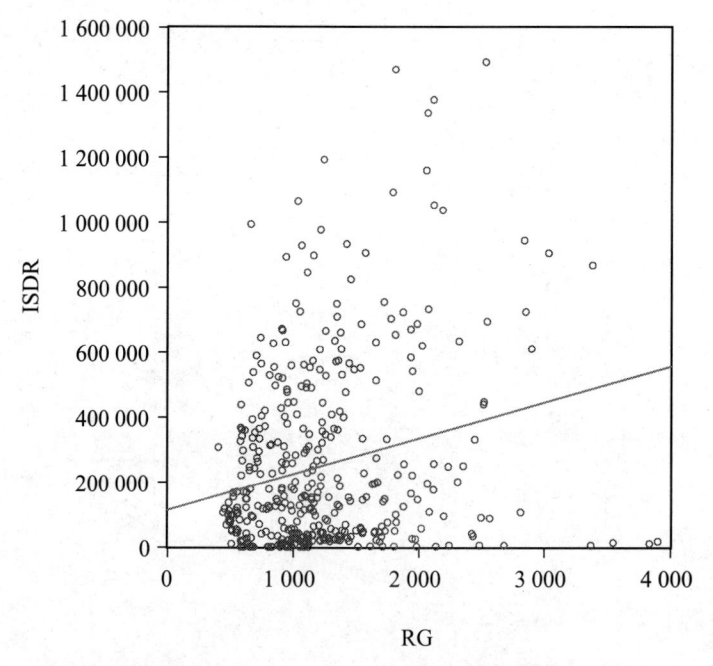

图 4−3−10 RG 与 ISDR 散点图

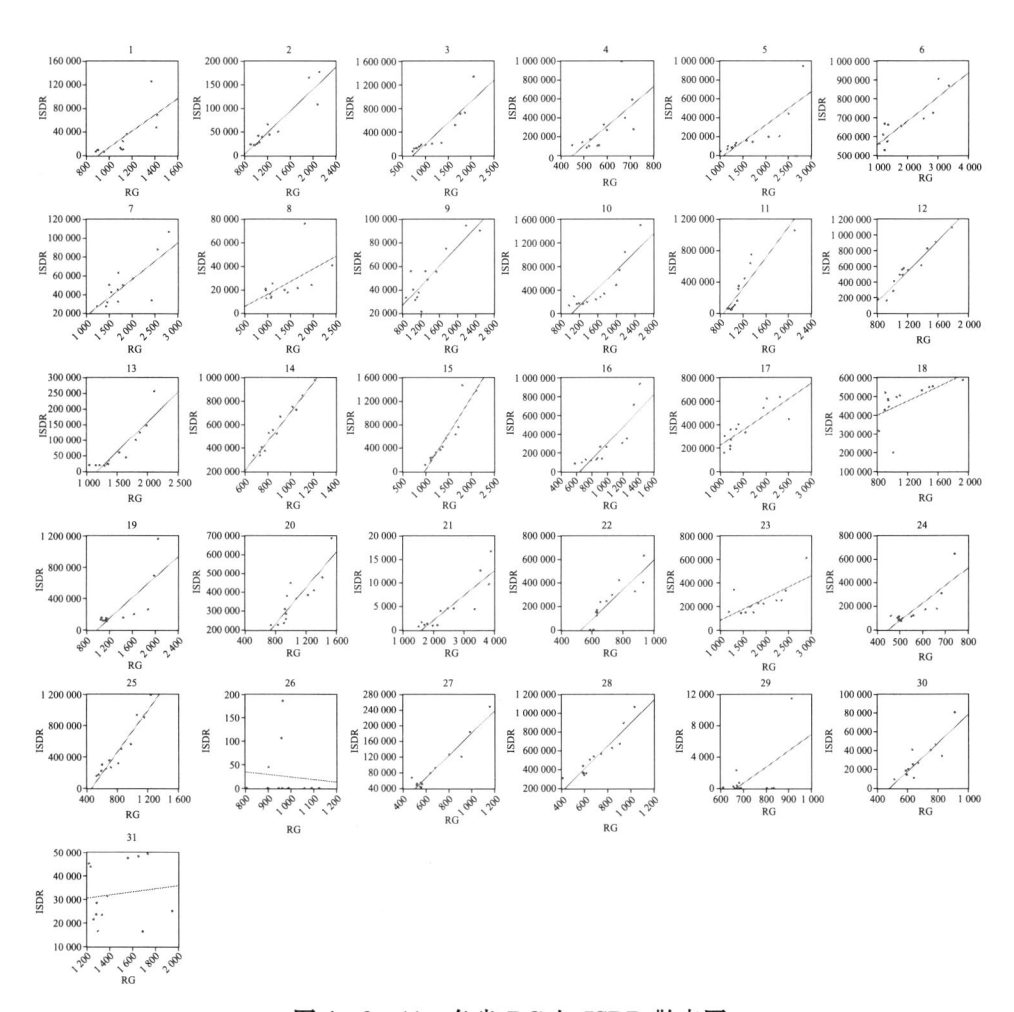

图 4-3-11 各省 RG 与 ISDR 散点图

3. 第一产业人均 GDP（RG）与工业二氧化硫去除率（ISRR）

图 4-3-12 表明：全部数据的综合散点图显示，第一产业人均 GDP（RG）与工业二氧化硫去除率（ISRR）之间的线性相关程度较低，印证了前文的观点，暗示我国对于工业二氧化硫污染的治理效率相对低下，并没有对农业发展产生足够显著的影响。

4. 第一产业人均 GDP（RG）与工业废气排放总量（IWS）

散点图 4-3-13、图 4-3-14 显示，全部数据的综合散点图和 31 个省级横截面散点图均给出了较为明显的正向关系；大部分省份的农业发展变量 RG 与工业废气排放总量（IWS）存在非常明显的正向关联，从直观角度证实了上文关于农业发展与环境退化因素正相关分析的结果。

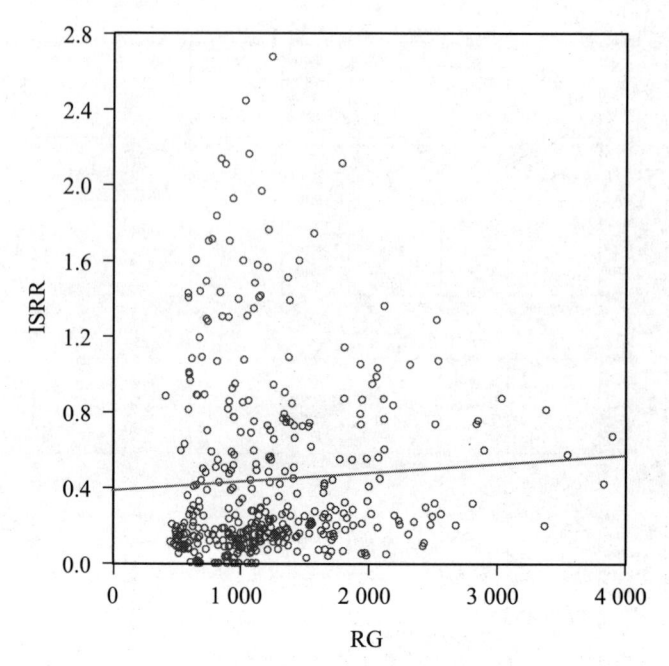

图 4–3–12　RG 与 ISRR 散点图

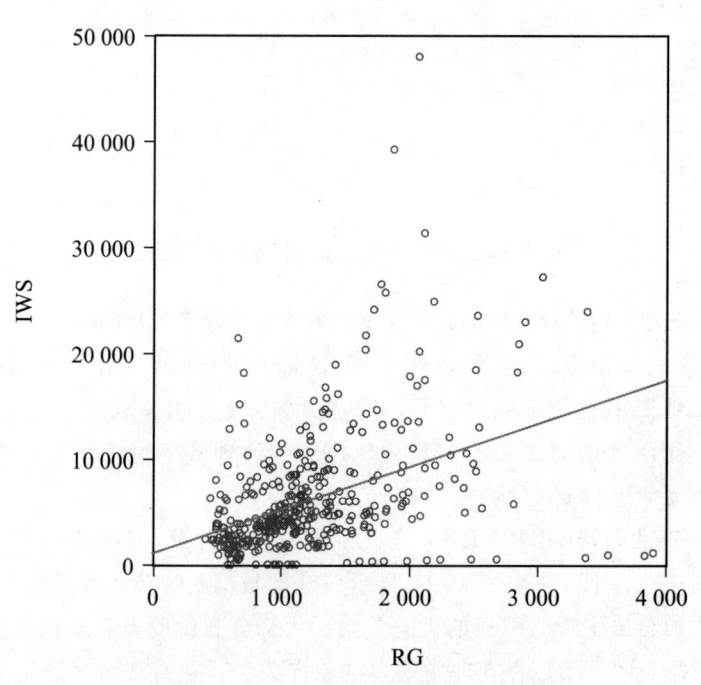

图 4–3–13　RG 与 IWS 散点图

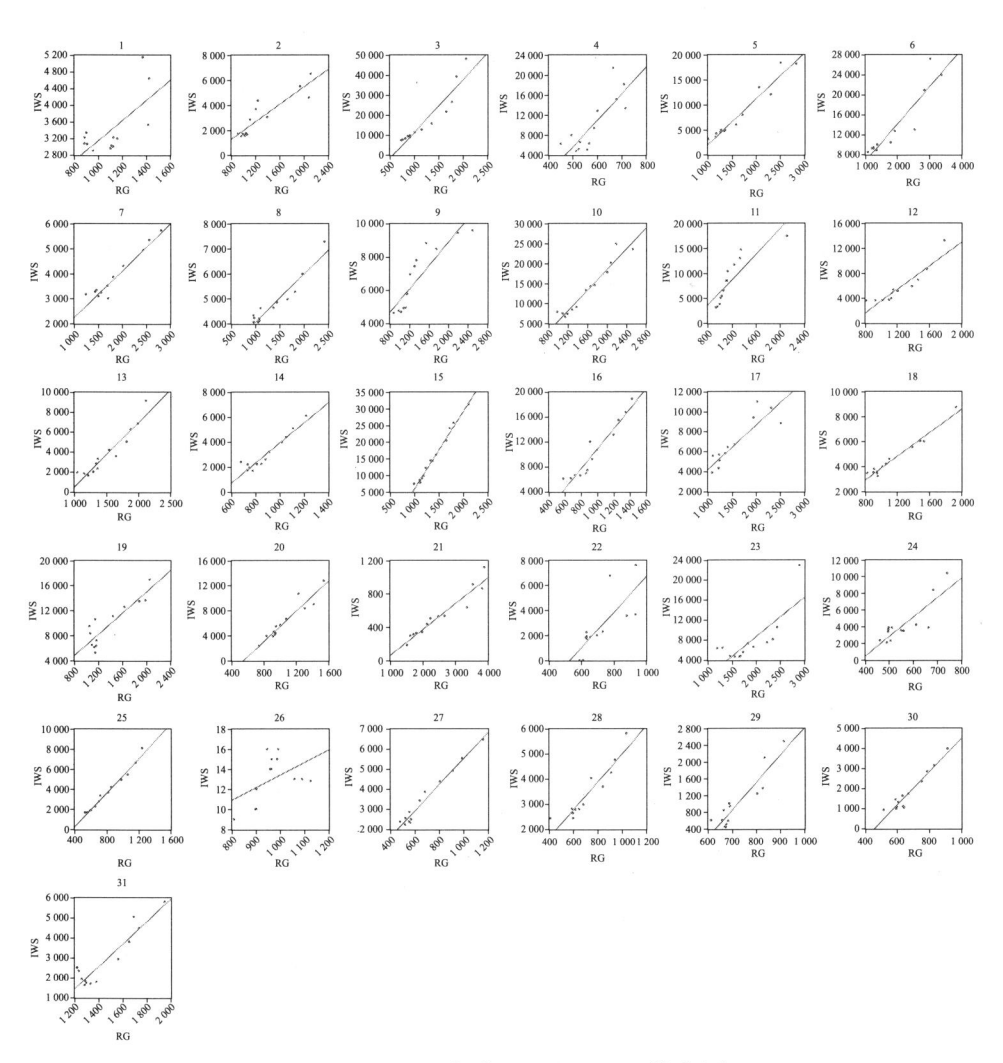

图 4-3-14　各省 RG 与 IWS 散点图

5. 第一产业人均 GDP 的一阶差分项（dRG）与工业废水排放达标量（IWWS）

图 4-3-15 表明：全部数据的综合散点图给出了较为明显的正向关系；省级横截面散点图也显示，大部分省份第一产业人均 GDP 的一阶差分项（dRG）与工业废水排放达标量（IWWS）存在较为明显的正向关联，从直观角度证实了上文相关分析的结果。

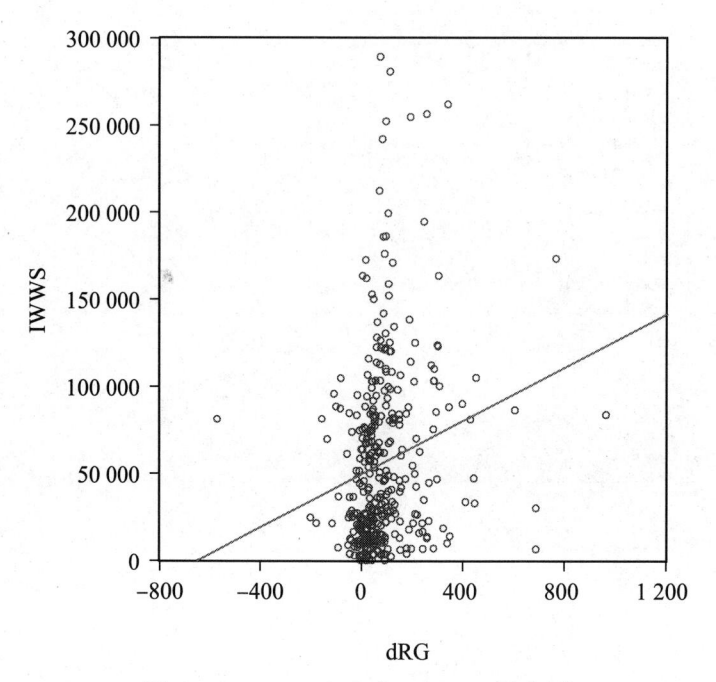

图 4 - 3 - 15 dRG 与 IWWS 散点图

6. 第一产业人均 GDP 的一阶差分项（dRG）与工业废水排放总量（IWWD）

图 4 - 3 - 16、图 4 - 3 - 17 显示：

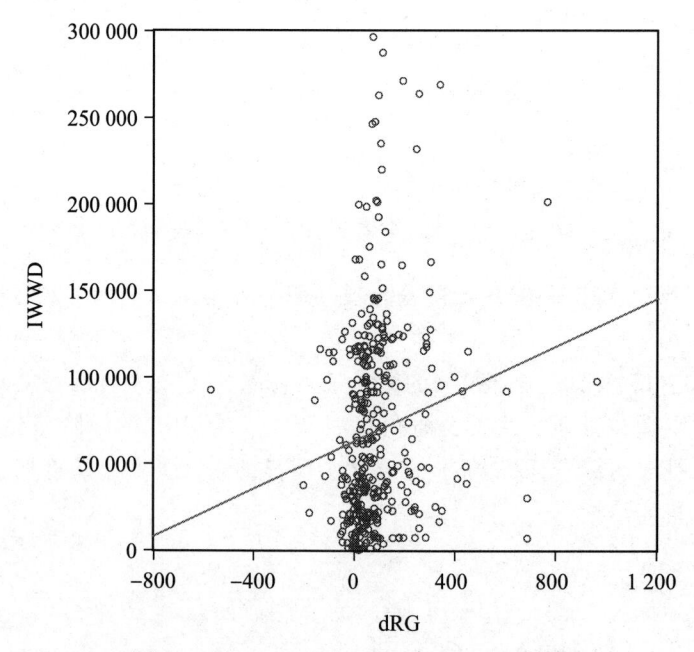

图 4 - 3 - 16 dRG 与 IWWD 散点图

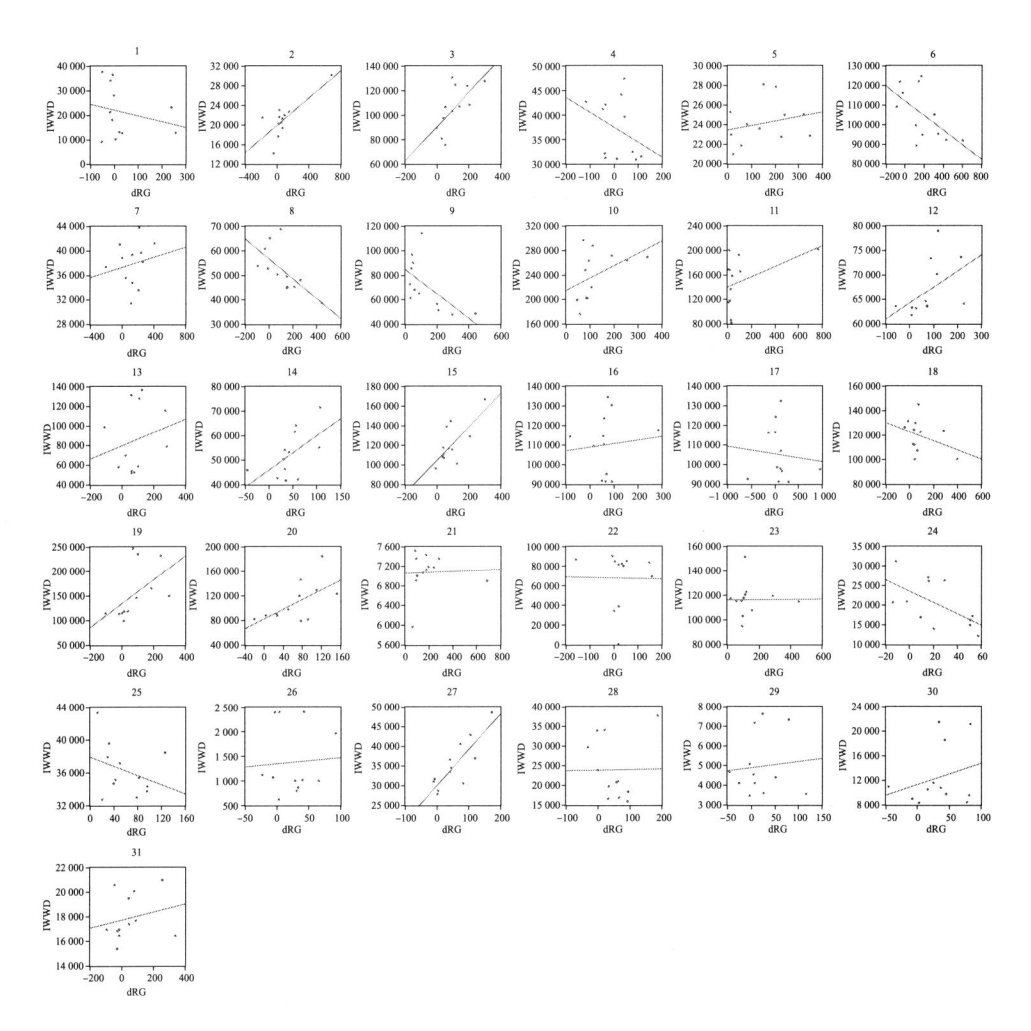

图 4 - 3 - 17　各省 dRG 与 IWWD 散点图

全部数据的综合散点图显示第一产业人均 GDP 的一阶差分项（dRG）与工业废水排放总量（IWWD）存在较为明显的正向关联，从直观角度证实了上文相关分析的结果，即环境退化因素与农业发展存在正向关系，暗示中国工业化进程中的环境损耗以及由此导致的环境退化，尚没有对中国大多数地区农业发展产生根本性的负向影响。

但是需要引起注意到是，省级横截面散点图却显示，相当多的省份（13 个）不存在明显的正相关关系，甚至出现了较为明显的负向关联趋势。这些省份分别是：北京（图中编号为 1）、山西（图中编号为 4）、辽宁（图中编号为 6）、黑龙江（图中编号为 8）、上海（图中编号为 9）、湖北（图中编号为 17）、湖南（图中编号为 18）、海南（图中编号为 21）、重庆（图中编号为 22）、四川（图中编号为

23)、贵州（图中编号为24）、云南（图中编号为25）、甘肃（图中编号为28），涵盖了经济较为发达的东部沿海地区和经济欠发达的中西部地区。上述省份农业与工业废水排放量的关系不同于其他大多数省份，暗示这些地区农业发展可能受到以工业废水污染为代表的环境退化因素的影响。

7. 第一产业人均 GDP 的一阶差分项（dRG）与工业废水非达标排放量（IWWU）

图 4-3-18、图 4-3-19 显示：全部数据的综合散点图给出了较为明显的负相关关系；省级横截面散点图也显示，绝大部分省份第一产业人均 GDP 的一阶差分项（dRG）与工业废水非达标排放量（IWWU）存在较为明显的负向关联，从直观角度证实了上文相关分析的结论。

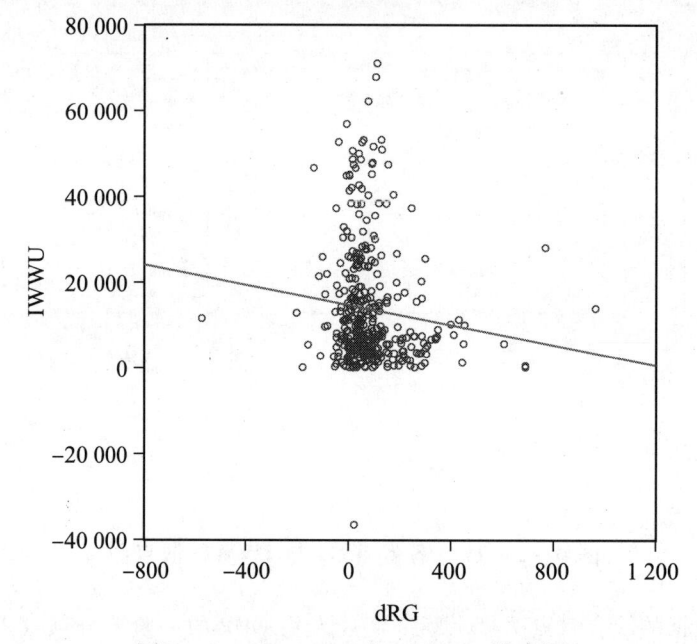

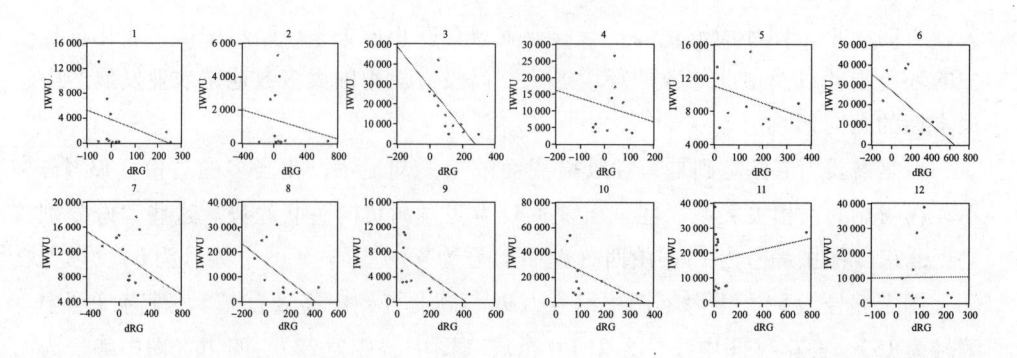

图 4-3-18 dRG 与 IWWU 散点图

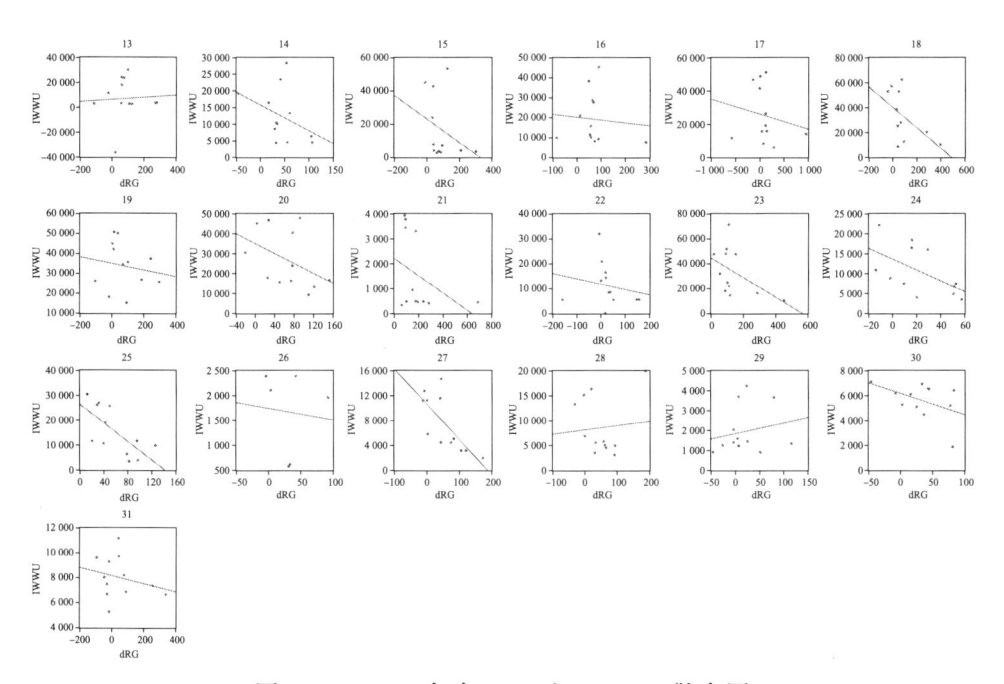

图 4-3-19　各省 dRG 与 IWWU 散点图

8. 第一产业人均 GDP 的一阶差分项（dRG）与工业废水排放达标率（IWWR）

图 4-3-20、图 4-3-21 显示：全部数据的综合散点图给出了较为明显的

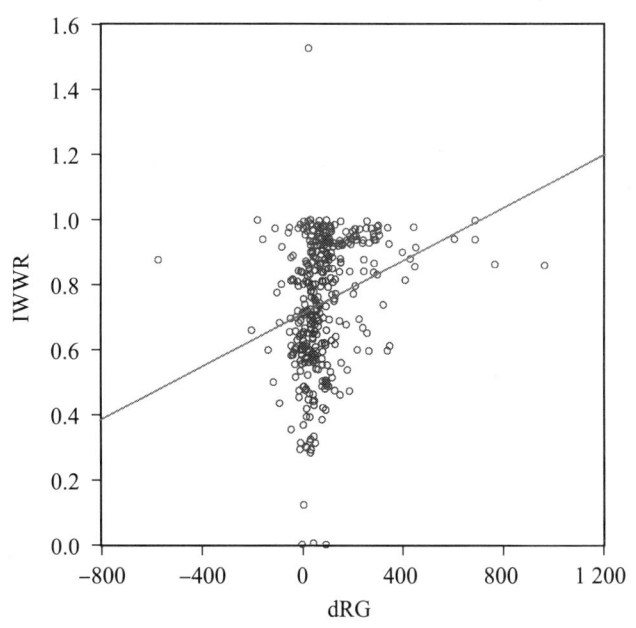

图 4-3-20　dRG 与 IWWR 散点图

正向关系；省级横截面散点图也显示，大部分省份第一产业人均 GDP 的一阶差分项（dRG）与工业废水排放达标率（IWWR）存在较为明显的正向关联，这从直观角度证实了前文关于农业发展与环境治理因素正向关联的相关分析结论。

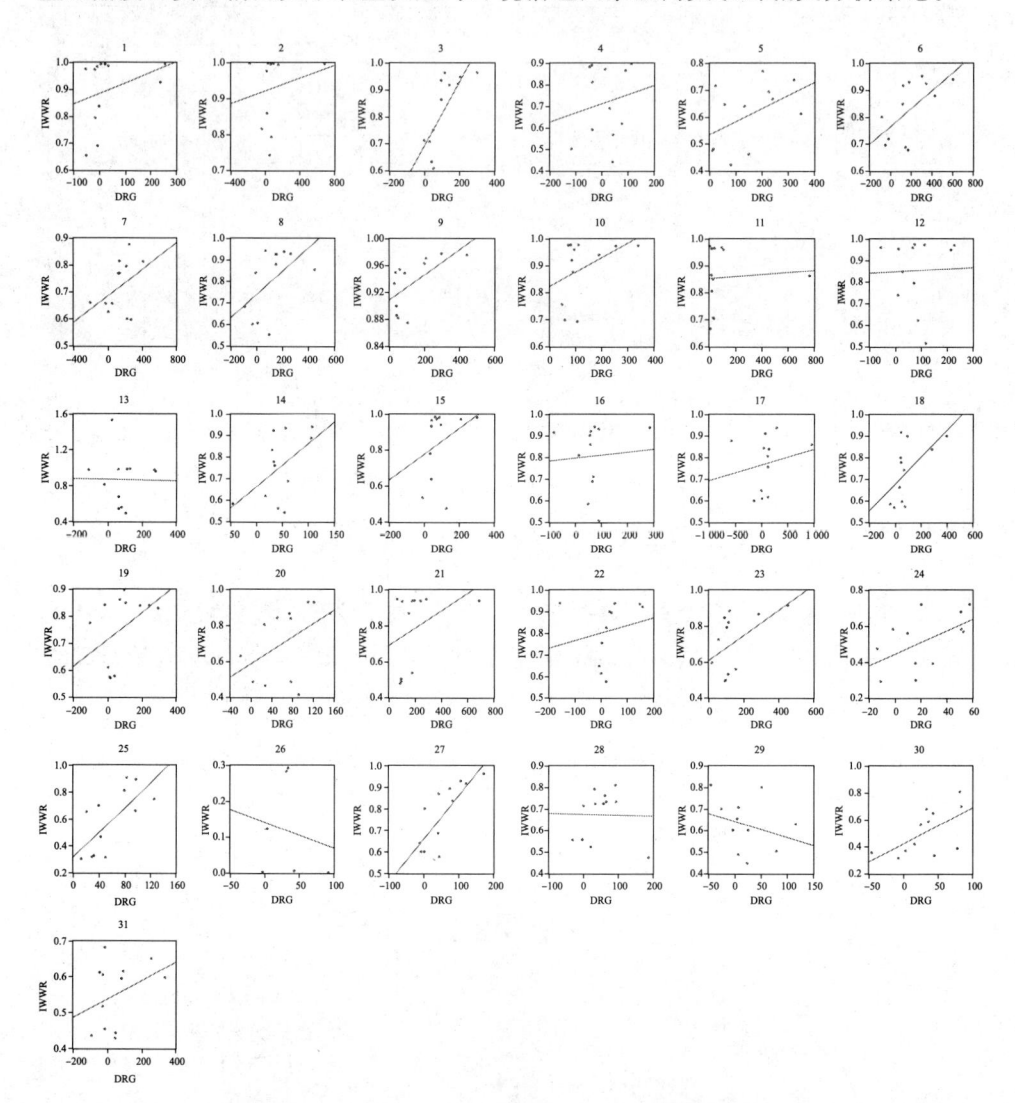

图 4-3-21　各省 dRG 与 IWWR 散点图

（四）面板协整检验以及面板格兰杰因果检验

1. 第一产业人均 GDP 的一阶差分项（dRG）与工业二氧化硫排放量（ISDQ）

Pedroni 面板协整检验（具体结果见附表）显示，第一产业人均 GDP 的一阶差分项（dRG）与工业二氧化硫排放量（ISDQ）之间存在面板协整关系。进而，面板格兰杰因果检验发现，取滞后期为1~4期，两个变量之间均存在双向格兰杰因果关系（见表4-3-5）。

表4-3-5　农村可持续发展与城市（工业）环境要素的面板格兰杰因果检验

时间	滞后期数	观测值	原假设	F统计量	P值
1996~2007	滞后2期	372	ISDQ 不是 dRG 的格兰杰原因	2.59478	0.076
			dRG 不是 ISDQ 的格兰杰原因	3.82902	0.0226
1995~2007	滞后1期	403	ISDR 不是 RG 的格兰杰原因	3.88367	0.0494
			RG 不是 ISDR 的格兰杰原因	1.46096	0.2275
1995~2007	滞后2期	399	ISRR 不是 RG 的格兰杰原因	0.47361	0.6231
			RG 不是 ISRR 的格兰杰原因	0.52188	0.5938

计算结果说明，一方面，中国各地区农业的发展，是以二氧化硫排放量为代表的中国各地区环境退化因素的形成根源之一。中国农业的飞速发展，对电力、农业机械、化肥农药等工业产品在数量和质量上提出了更高需求，从而推动了中国的工业化进程；而伴随着各地区的工业化进程，由于环境保护工作的局限性，同时期出现了空气质量恶化、水资源污染、土地功能退化等环境恶化现象。此处的面板计量分析发现，农业发展，构成了工业二氧化硫排放量增长的重要原因。

另一方面，工业二氧化硫排放量的增长，在某种意义上实际是各地区工业化进程不断深化的"标志"，而后者则推动了农业的发展，为各地区农村及农业发展提供了工业物质基础。

前文的相关和散点图分析暗示中国工业化进程中的环境损耗以及由此导致的环境退化，尚没有对中国各地区农业发展产生根本性的负向影响。此处的面板计量研究同样证实了这一观点：伴随着中国工业化进程而产生的二氧化硫排放量激增，尚没有对中国各地区农业发展产生普遍意义上的负向影响。

2. 第一产业人均GDP（RG）与工业二氧化硫去除量（ISDR）

Pedroni面板协整检验（具体结果见附表）显示，第一产业人均GDP（RG）与工业二氧化硫去除量（ISDR）之间存在面板协整关系。进而，面板格兰杰因果检验发现，当滞后期为1期时，ISDR为RG的单向格兰杰原因；其他滞后期（2~4期）时，双向均不存在格兰杰因果关系。

计算结果说明：

第一，中国各地区农业发展与以工业二氧化硫去除量（ISDR）为代表的环境治理因素之间，存在长期稳定的（正向）联系。

第二，（以工业二氧化硫去除量为代表的）环境治理因素的不断提升，是推动中国各地区农业发展的重要原因。

第三，从工业二氧化硫的环境治理效果来看，它可以在较短时间内对农业发展产生积极作用（发生因果作用的滞后期为仅为 1 年）。

3. 第一产业人均 GDP（RG）与工业二氧化硫去除率（ISRR）

Pedroni 面板协整检验（具体结果见附表）显示，第一产业人均 GDP（RG）与工业二氧化硫去除率（ISRR）之间不存在面板协整关系。而且，无论取滞后为 1~4 期时，两个变量间均不存在格兰杰因果关系。

该项计算结果印证了前文相关分析的结论：各地区工业二氧化硫污染的治理效率相对低下，并没有对农业发展产生足够显著的影响。

4. 第一产业人均 GDP（RG）与工业废气排放总量（IWS）

Pedroni 面板协整检验（具体结果见附表）显示，两个变量之间存在面板协整关系；随后的面板格兰杰因果检验发现，当滞后期为 1 期时，IWS 为 RG 的单向格兰杰原因；其他滞后期（2~3 期）时，存在双向格兰杰因果关系（见表 4-3-6）。

表 4-3-6　　　　　RG 与 IWS 面板格兰杰因果检验结果

滞后期数	原假设	F 统计量	P 值
滞后 1 期	IWS 不是 RG 的格兰杰原因	5.87550	0.0158
	RG 不是 IWS 的格兰杰原因	0.00278	0.958
滞后 2 期	IWS 不是 RG 的格兰杰原因	2.89684	0.0564
	RG 不是 IWS 的格兰杰原因	4.16932	0.0161
滞后 3 期	IWS 不是 RG 的格兰杰原因	2.78614	0.0405
	RG 不是 IWS 的格兰杰原因	3.97774	0.0082

注：原始数据时间段为 1995~2007 年。

IWS 与 ISDQ 同属环境退化因素，故此此处计算结果得到的结论，类似于前文对 RG 与 ISDQ 之间协整关系的分析结论：

第一，在较短滞后期内（滞后期取 1 年时），IWS 为 RG 的单向格兰杰原因，说明工业废气排放量的增长，在某种意义上是各地区工业化进程不断深化的"标志"，它为各地区农村及农业发展提供了工业物质基础，从而推动了农业的发展。

第二，在较长滞后期内（滞后期取 2~3 年时），IWS 与 RG 互为因果，相互促进：

一方面，中国各地区农业的发展，是以工业废气排放总量为代表的中国各地区环境退化因素的形成根源之一。中国农业的飞速发展，推动了中国的工业化进程，也相伴出现了工业废气排放量激增的环境退化现象。另一方面，工业废气排放量的增长，作为各地区工业化进程不断深化的"标志"，也为各地区农村及农业发展提供了工业物质基础。

前文相关和散点图分析暗示中国工业化进程中以工业废气排放为代表的环境损耗,尚没有对中国各地区农业发展产生根本性的负向影响。此处的面板计量研究同样证实了这一观点:伴随着中国工业化进程而产生的工业废气排放量激增,尚没有对中国各地区农业发展产生普遍意义上的负向影响。

5. 第一产业人均 GDP 的一阶差分项（dRG）与工业废水排放达标量（IWWS）

Pedroni 面板协整检验（具体结果见附表）显示,第一产业人均 GDP（RG）与工业废水排放达标量（IWWS）之间存在面板协整关系。进而,面板格兰杰因果检验发现,当滞后期为 1~4 期时,IWWS 均为 DRG 的单向格兰杰原因（见表 4-3-7）。

表 4-3-7　　　　DRG 与 IWWS 面板格兰杰因果检验结果

滞后期数	原假设	F 统计量	P 值
滞后 1 期	IWWS 不是 DRG 的格兰杰原因	13.0948	0.0003
	DRG 不是 IWWS 的格兰杰原因	0.78851	0.3751
滞后 2 期	IWWS 不是 DRG 的格兰杰原因	5.81126	0.0033
	DRG 不是 IWWS 的格兰杰原因	1.62672	0.198
滞后 3 期	IWWS 不是 DRG 的格兰杰原因	4.78762	0.0028
	DRG 不是 IWWS 的格兰杰原因	1.19135	0.3129
滞后 4 期	IWWS 不是 DRG 的格兰杰原因	4.34650	0.0019
	DRG 不是 IWWS 的格兰杰原因	0.95279	0.4336

注：原始数据时间段为 1996~2007 年。

IWWS 与前文的工业二氧化硫去除量（ISDR）同属本研究定义的环境治理因素,因此得到的结论也较为相似:

第一,中国各地区农业发展与以工业废水排放达标量为代表的环境治理因素之间,存在长期稳定的（正向）联系。

第二,（以工业废水排放达标量为代表的）环境治理因素的不断提升,是推动中国各地区农业发展的重要原因。

第三,从工业废水排放的环境治理效果来看,它无论在较短时间内,还是在较长时间内,均对农业发展产生积极作用（发生因果作用的滞后期为 1~4 年）。

6. 第一产业人均 GDP 的一阶差分项（dRG）与工业废水排放总量（IWWD）

Pedroni 面板协整检验（具体结果见附表）显示,两个变量之间存在面板协整关系。进而,面板格兰杰因果检验发现,当滞后期为 1~4 期时,IWWD 均为

DRG 的单向格兰杰原因（见表 4-3-8）。

表 4-3-8　DRG 与 IWWD 面板格兰杰因果检验结果

滞后期数	原假设	F 统计量	P 值
滞后 1 期	IWWD 不是 DRG 的格兰杰原因	6.91436	0.0089
	DRG 不是 IWWD 的格兰杰原因	0.22777	0.6335
滞后 2 期	IWWD 不是 DRG 的格兰杰原因	2.94833	0.0537
	DRG 不是 IWWD 的格兰杰原因	0.33016	0.719
滞后 3 期	IWWD 不是 DRG 的格兰杰原因	2.98065	0.0314
	DRG 不是 IWWD 的格兰杰原因	0.30438	0.8222
滞后 4 期	IWWD 不是 DRG 的格兰杰原因	3.64871	0.0063
	DRG 不是 IWWD 的格兰杰原因	1.03392	0.3895

注：原始数据时间段为 1996~2007 年。

工业废水排放总量（IWWD）与 IWS、ISDQ 等变量同属环境退化因素，故此此处计算结果得到的结论，类似于前义对 IWS、ISDQ 的分析结论，不再赘述。

7. 第一产业人均 GDP 的一阶差分项（dRG）与工业废水非达标排放量（IWWU）

Pedroni 面板协整检验（具体结果见附表）显示，两个变量之间存在面板协整关系。进而，面板格兰杰因果检验发现，当滞后期为 1~4 期时，IWWU 均为 DRG 的单向格兰杰原因（见表 4-3-9）。

表 4-3-9　DRG 与 IWWU 面板格兰杰因果检验结果

滞后期数	原假设	F 统计量	P 值
滞后 1 期	IWWU 不是 DRG 的格兰杰原因	6.16143	0.0135
	DRG 不是 IWWU 的格兰杰原因	0.94656	0.3312
滞后 2 期	IWWU 不是 DRG 的格兰杰原因	3.74246	0.0246
	DRG 不是 IWWU 的格兰杰原因	1.11890	0.3278
滞后 3 期	IWWU 不是 DRG 的格兰杰原因	3.24136	0.0222
	DRG 不是 IWWU 的格兰杰原因	0.96427	0.4097
滞后 4 期	IWWU 不是 DRG 的格兰杰原因	3.34305	0.0105
	DRG 不是 IWWU 的格兰杰原因	0.55957	0.6922

注：原始数据时间段为 1996~2007 年。

工业废水非达标排放量（IWWU）与 IWWD、IWS、ISDQ 等变量同属环境退化因素，故此此处计算结果得到的结论，类似于前文对 IWWD、IWS、ISDQ 的分析结论，不再赘述。

8. 第一产业人均 GDP 的一阶差分项（dRG）与工业废水排放达标率（IWWR）

Pedroni 面板协整检验（具体结果见附表）显示，两个变量之间存在面板协整关系。进而，面板格兰杰因果检验发现，当滞后期为 1 ~ 4 期时，IWWR 均为 DRG 的单向格兰杰原因（见表 4 - 3 - 10）。

表 4 - 3 - 10　　DRG 与 IWWR 面板格兰杰因果检验结果

滞后期数	原假设	F 统计量	P 值
滞后 1 期	IWWR 不是 DRG 的格兰杰原因	36.9245	3E - 09
	DRG 不是 IWWR 的格兰杰原因	0.86680	0.3525
滞后 2 期	IWWR 不是 DRG 的格兰杰原因	16.7028	0.0000001
	DRG 不是 IWWR 的格兰杰原因	0.69539	0.4996
滞后 3 期	IWWR 不是 DRG 的格兰杰原因	12.2369	0.0000001
	DRG 不是 IWWR 的格兰杰原因	0.61109	0.6082
滞后 4 期	IWWR 不是 DRG 的格兰杰原因	9.14651	0.0000005
	DRG 不是 IWWR 的格兰杰原因	0.80910	0.52

注：原始数据时间段为 1996 ~ 2007 年。

工业废水排放达标率与前文的 IWWS、ISDR 同属本研究定义的环境治理因素，因此得到的结论也较为相似：

第一，中国各地区农业发展与以工业废水排放达标率为代表的环境治理因素之间，存在长期稳定的（正向）联系。

第二，（以工业废水排放达标率为代表的）环境治理因素的不断提升，是推动中国各地区农业发展的重要原因。

第三，从工业废水排放达标率的环境治理效果来看，它无论在较短时间内，还是在较长时间内，均对农业发展产生积极作用（发生因果作用的滞后期为 1 ~ 4 年）。

三、农村可持续发展与城市经济因素关系

基于城乡可持续发展经济理论，从城乡居民消费、工农业产品流动等宏观经济视角来看，城市经济与农村经济应是一个双向互动发展的过程。

首先，从城市（和工业）发展角度看，农村经济繁荣和农业的可持续发展，从供给和需求两个方面为城市（和工业）发展提供了契机：农村为城市和工业发展提供了充足高质量的劳动力、自然资源以及工业生产所需各类初级原材料；同时农村又是城市工业产品的重要消费市场，旺盛的农村居民消费自然会带动城市（和工业）发展。

其次，城市和工业的繁荣又会带动农村和农业的发展，这同样基于供给和需求两方面：城市的繁荣，自然拉动农村/农业对于各类农产品和初级加工产品的生产，同时也实现农村各类自然资源和人力资本的有序流动和优化配置；而城市（和工业）发展所源源不断提供的工业产品和终端消费类产品，又不断回馈农村，提高农业的生产水平、改善农民生活，从而推动农村的可持续发展。

基于上述理论判断，本节对城市经济因素对于农村可持续发展的影响进行实证分析。选择第一产业人均GDP（RG）表示农村（农业）的发展水平；选择第二、三产业人均GDP（CG）、城镇居民消费水平（CC）、城镇居民家庭平均每人全年可支配收入（CI）三个变量，分别代表城市（和工业）的经济总体容量、消费实力和实际生活水平，定义为城市经济因素。

其中，CC变量涉及时段为1985~2006年；CG、RG、CI变量涉及时段为1985~2007年。全部涉及价格因素的变量，均已调整至1990年不变价格。

（一）相关系数分析

相关分析发现，第一产业人均GDP（RG）与第二、三产业人均GDP（CG）、城镇居民家庭平均每人全年可支配收入（CI）和城镇居民消费水平（CC）均存在统计意义显著的正相关关系，且相关系数值较高（见表4-3-11）。

表4-3-11　　农业发展与城市经济因素相关分析表

	RG	CG	CI	CC
RG	1			
	—			
	—			
CG	0.580908	1.000000		
	18.97620	—		
	0.0000	—		
CI	0.657133	0.808403	1.000000	
	23.18041	36.51710	—	

续表

	RG	CG	CI	CC
CI	0.0000	0.0000	—	
CC	0.627715	0.827536	0.9277	1.000000
	20.95014	38.29633	64.56108	—
	0.0000	0.0000	0.0000	—

注：RG、CG 和 CI 之间两两计算的相关系数，样本时段为 1985~2007 年；CC 分别与 RG、CG、CI 的相关系数，样本时段为 1985~2006 年。

（二）面板单位根检验

对 RG、CG、CI、CC 等变量进行面板单位根检验，结果见附表所示，发现全部序列皆为非平稳 I（1）系列。对上述变量进行一阶差分，分别得到 DRG、DCG、DCI、DCC 变量，面板单位根检验证实后者均为平稳序列。

（三）散点图分析

1. 第一产业人均 GDP（RG）与第二、三产业人均 GDP（CG）

第一产业人均 GDP（RG）与第二、三产业人均 GDP（CG）分析见图 4-3-22 和图 4-3-23。

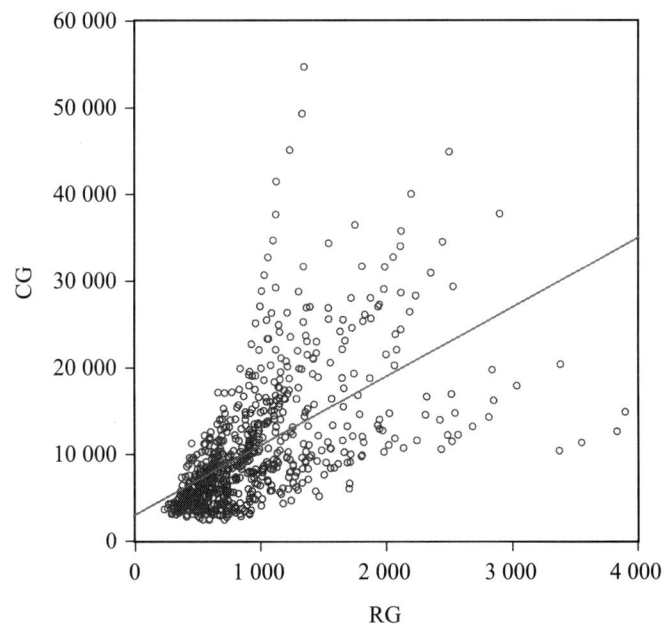

图 4-3-22 RG 与 CG 散点图

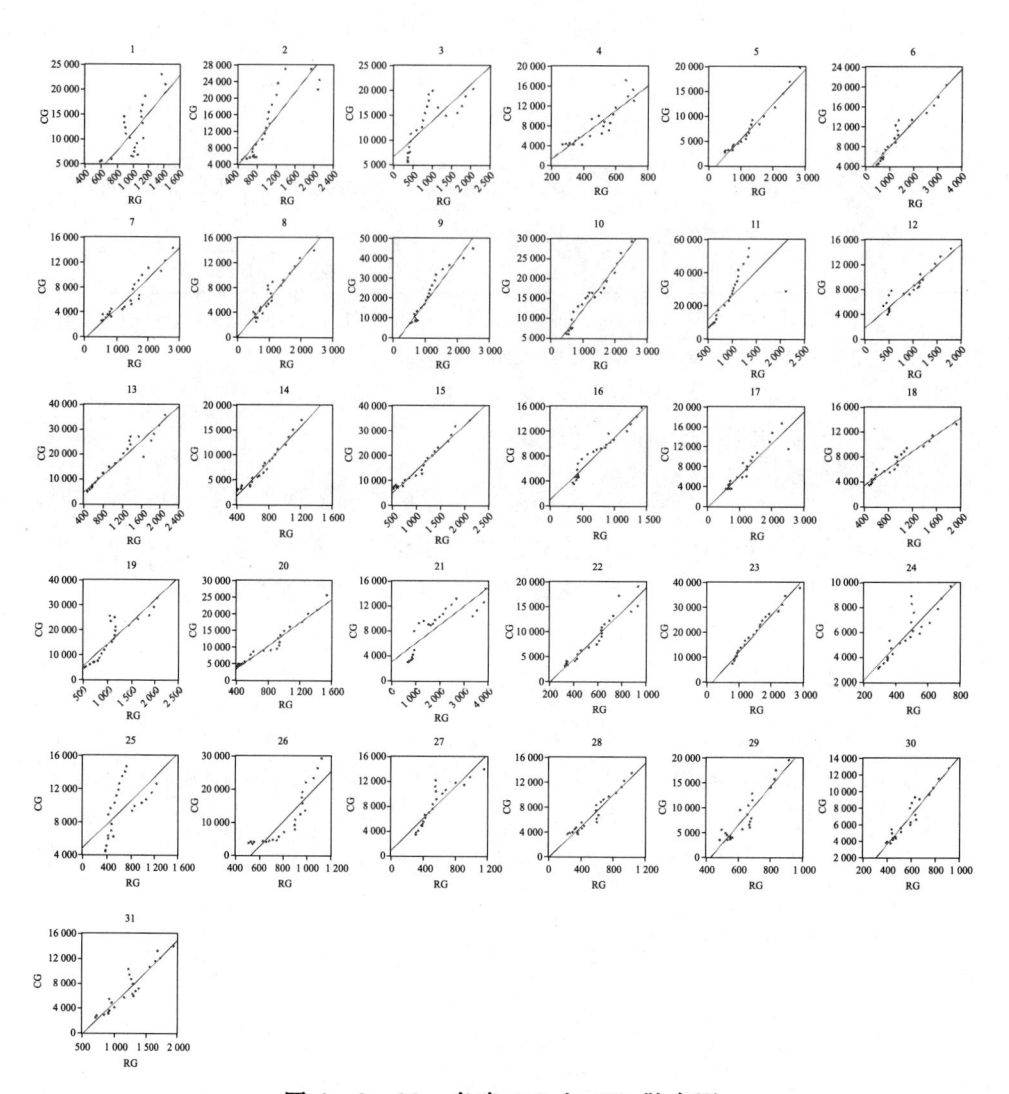

图 4-3-23 各省 RG 与 CG 散点图

2. 第一产业人均 GDP（RG）与城镇居民消费水平（CC）（1985~2006年）

第一产业人均 GDP（RG）与城镇居民消费水平（CC）分析见图 4-3-24 和图 4-3-25。

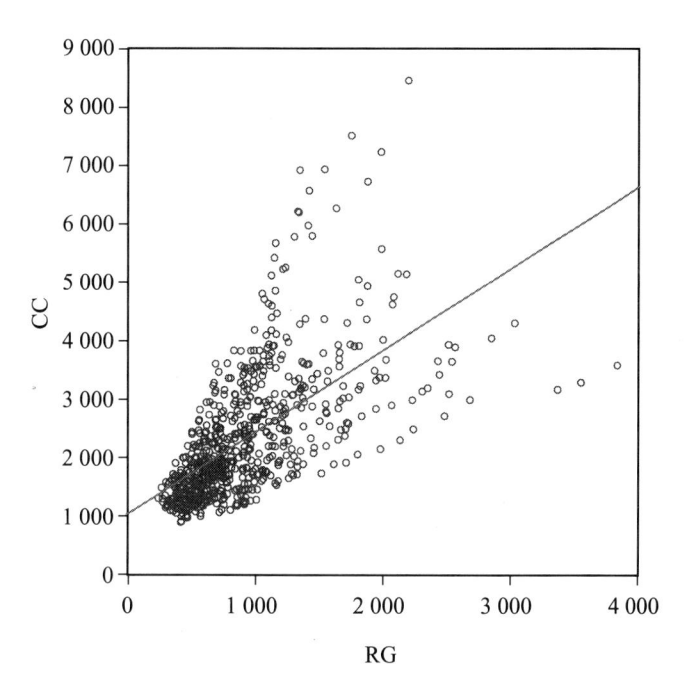

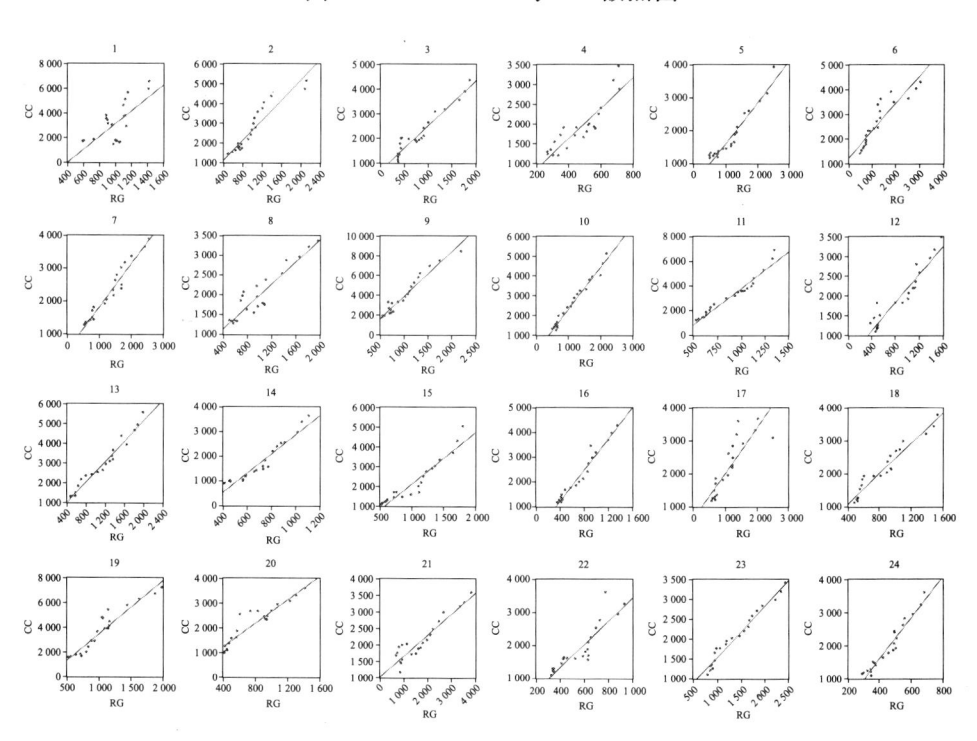

图 4-3-24 RG 与 CC 散点图

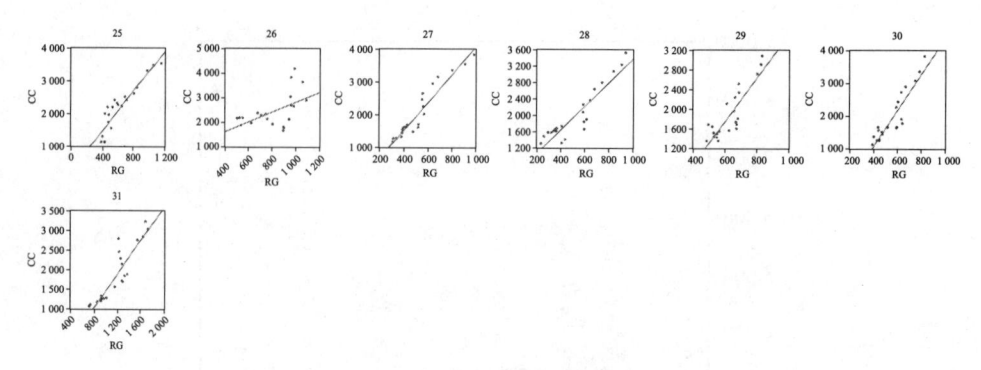

图 4-3-25　各省 RG 与 CC 散点图

3. 第一产业人均 GDP（RG）与城镇居民家庭平均每人全年可支配收入（CI）（1985~2007 年）

第一产业人均 GDP（RG）与城镇居民家庭平均每人全年可支配收入（CI）分析见图 4-3-26 和图 4-3-27。

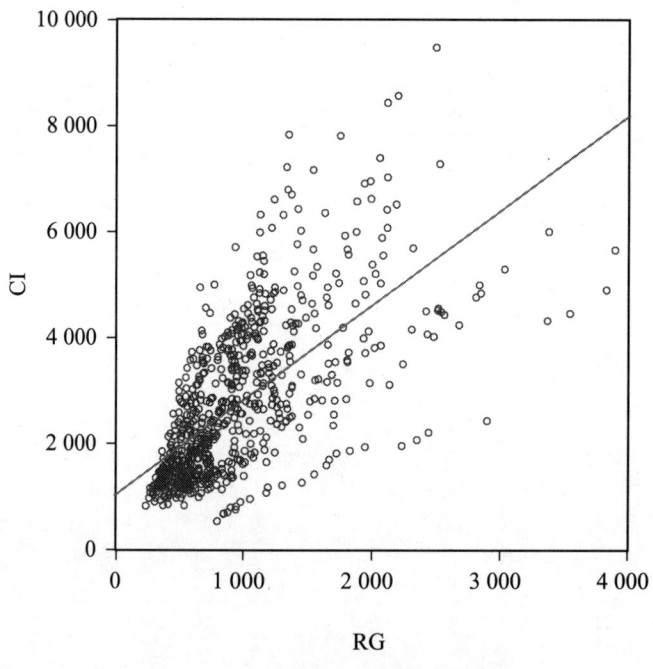

图 4-3-26　RG 与 CI 散点图

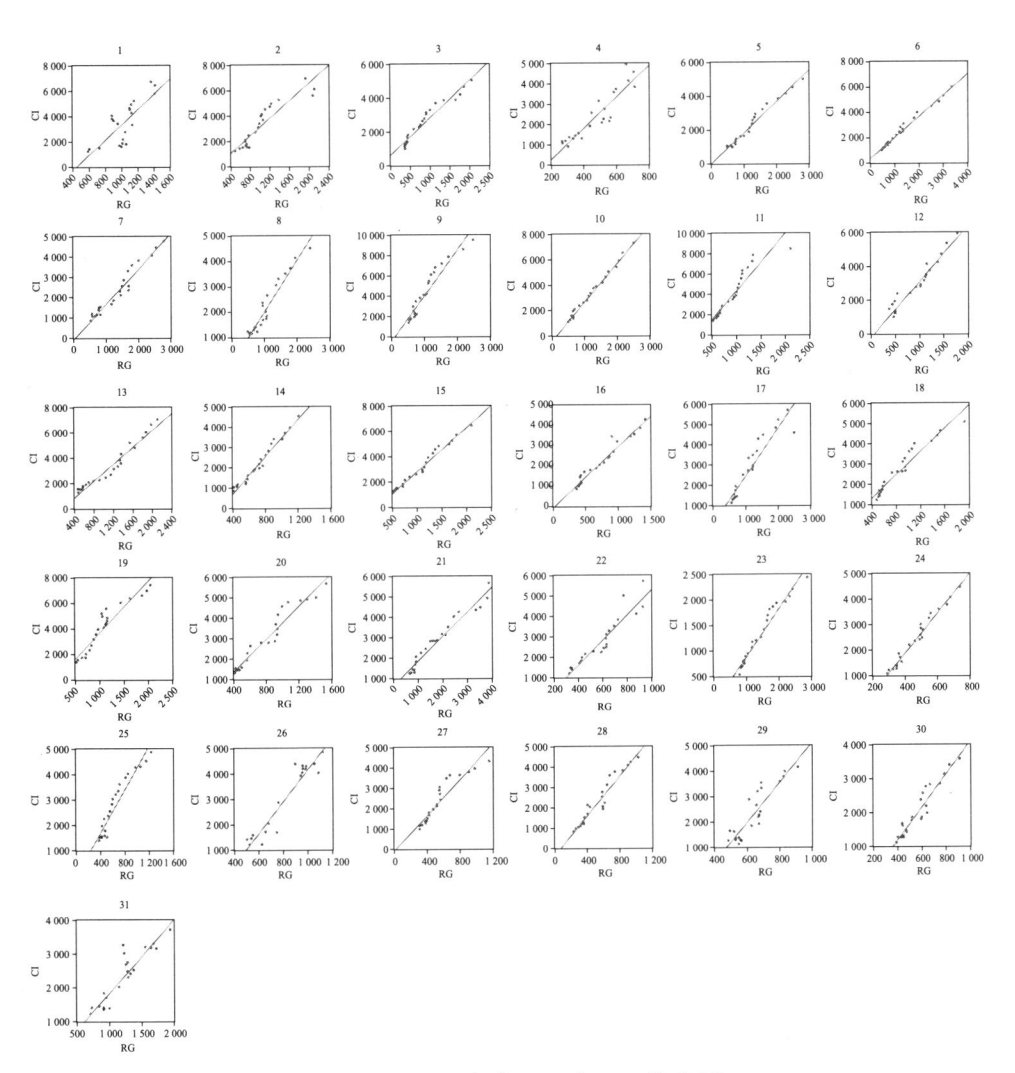

图 4-3-27 各省 RG 与 CI 散点图

上述 RG-CG、RG-CI 和 RG-CC 三种组合得到的散点图显示：

全部数据的综合散点图均给出了较为明显的正向关系；31 个省级横截面散点图也显示，全部省份的农业发展变量 RG 与城市经济因素存在较为明显的正向关联，从直观角度证实了上文相关分析的结果。

（四）面板协整检验以及面板格兰杰因果检验

1. 第一产业人均 GDP（RG）与第二、三产业人均 GDP（CG）

Pedroni 面板协整检验（具体结果见附表）显示，RG 与 CG 存在面板协整关系。随后的面板格兰杰因果检验证实，在滞后 1~4 期内，两变量间均存在双向格兰杰因果关系（见表4-3-12）。

表4-3-12　农村可持续发展与城市经济因素的面板格兰杰因果检验

时间	滞后期数	观测值	原假设	F统计量	P值
1985~2007	滞后2期	651	CG不是RG的格兰杰原因	7.79024	0.0005
			RG不是CG的格兰杰原因	8.03158	0.0004
1985~2006	滞后2期	617	CC不是RG的格兰杰原因	10.5991	0.00003
			RG不是CC的格兰杰原因	3.14697	0.0437
1985~2007	滞后2期	643	CI不是RG的格兰杰原因	7.91439	0.0004
			RG不是CI的格兰杰原因	5.23623	0.0056

注：为节省篇幅，其他滞后期的检验结果略。

2. 第一产业人均GDP（RG）与城镇居民消费水平（CC）（1985~2006年）

Pedroni面板协整检验（具体结果见附表）显示，RG与CC存在面板协整关系。随后的面板格兰杰因果检验证实，在滞后2~3期内，两变量间均存在双向格兰杰因果关系。

3. 第一产业人均GDP（RG）与城镇居民家庭平均每人全年可支配收入（CI）（1985~2007年）

Pedroni面板协整检验（具体结果见附表）显示，RG与CI存在面板协整关系。随后的面板格兰杰因果检验证实，在滞后1~4期内，两变量间均存在双向格兰杰因果关系。

上述三对变量的Pedroni面板协整检验及面板格兰杰因果检验证实了本节开始的理论判断，中国各地区农业发展与城市经济因素，在相当长的作用时段内（1~4年），存在着互为因果、相互促进、共同发展的互动关系。

四、结论

本节从资源要素、环境要素和经济要素三个角度分析了中国省级层面各地区农村（农业）可持续发展与城市（工业）发展的互动关系，得到结论如下：

（一）针对资源要素与农业发展之间关系的实证分析发现

①中国城乡水资源利用状况与农业发展之间存在正向联系，城乡水资源利用状况在推动农业发展中起到显著正向推动作用。工业用水、农业用水，均是推动

农业发展的重要原因。同时，相关分析没有发现工业用水增加可能对农业发展产生挤出效应的明显证据。

②中国农业的发展，并不是同时期人均水资源日趋紧张的原因；中国农业的发展，并不是以牺牲水资源承载能力为代价而换来的。但是，第一产业人均GDP（RG）与WR（人均水资源拥有量）为负相关关系，这体现了中国农业发展伴随着人均水资源逐渐降低的事实。

③中国农业发展并没有从有效灌溉面积的扩张中得到明显推动。尽管新中国成立60年来中国农村在农田水利、灌溉条件等方面取得了长足进展，但是农业水资源建设并没有对中国农业发展贡献应有的份额，两者之间并不存在长期稳定的关系。各地区应继续加大农田水利设施建设力度，在提高农业用水效率等方面继续扩大投入，努力建设高效节水型农业，从而不断提升农业发展与农村水利建设的良性互动。

④农村能源建设，特别是农村电力工业建设，有力地推动了中国各地区农业发展的步伐。日益增长的农村能源需求在农业现代化过程中扮演了极为重要的角色。

（二）针对环境要素与农业发展之间关系的实证分析发现

①农村（农业）发展与城市（工业）发展所产生资源废弃物的动态变化之间存在密切关联。具体而言，本节将中国各地区影响农村发展的环境要素分成环境退化因素和环境治理因素两大类，研究发现，上述两大环境类要素均与农村（农业）发展存在密切联系。

②中国工业化进程中的环境损耗以及由此导致的环境退化，尚没有对中国各地区农业发展产生根本性的负向影响。环境退化因素与农业发展存在一定正向关系的事实说明：一方面，中国各地区农业的发展，是中国各地区环境退化因素的形成根源之一。中国农业的飞速发展，对电力、农业机械、化肥农药等工业产品在数量和质量上提出了更高需求，从而推动了中国的工业化进程；而伴随着各地区的工业化进程，由于环境保护工作的局限性，同时期出现了空气质量恶化、水资源污染、土地功能退化等环境恶化现象。面板计量分析发现，农业发展，是构成工业二氧化硫排放量增长的重要原因。

另一方面，环境退化因素的扩张，在某种意义上实际是各地区工业化进程不断深化的"标志"，而后者则推动了农业的发展，为各地区农村及农业发展提供了工业物质基础。

相关和散点图分析以及面板计量分析均暗示中国工业化进程中的环境损耗以及由此导致的环境退化，尚没有对中国各地区农业发展产生普遍意义上的负向影响。

③但是需要引起充分注意的是，环境退化因素与农业发展在一定范围内仍存在负向关联，这集中体现在水污染因素在一定区域内对农业发展构成了负面影响。这主要由对工业废水非达标排放量（IWWU）和工业废水排放总量（IWWD）的分析发现：RG 与 IWWU 为显著负相关（-0.18）；而针对 IWWD 在省级层面的分析显示，相当多的省份（13 个）出现了其与农业发展变量存在较为明显的负向关联趋势，这些省份涵盖了经济较为发达的东部沿海地区和经济欠发达的中西部地区。说明这些地区农业发展可能受到以工业废水污染为代表的环境退化因素的影响。

上述发现说明，工业废水对于农业的可持续发展的确存在负面影响；当然，这种负面影响目前仅为地区性因素，尚没有上升到全国层面的普遍问题。

④在城市化进程中，环境治理因素确实对农业和农村发展产生了积极作用。这集中体现在对于废气、废水等环境污染因素的治理对于促进农业可持续发展的重要作用。从相关程度来看，环境治理因素与农业的正向关联程度，高于环境退化因素与农业的正向关联程度。这从一个角度说明环境治理对于农业发展的重要作用。从因果关系角度看，工业废水排放达标率、工业二氧化硫去除量、工业废水排放达标量等环境治理要素均构成推动农业发展的格兰杰原因。

⑤针对工业二氧化硫治理效率的分析发现，我国对于工业二氧化硫污染的治理效率相对低下，并没有对农业发展产生足够显著的正向影响。

（三）针对城市经济要素与农业发展之间关系的实证分析发现

从城乡居民消费、工农业产品流动等宏观经济视角来看，中国各地区城市与工业发展与农村和农业存在双向互动发展的过程。中国各地区农业发展与城市经济因素，在相当长的作用时段内（1~4 年），存在着互为因果、相互促进、共同发展的互动关系。

第四节 城乡基础设施承载能力指数与承载状态实证研究[①]

基础设施是为经济、社会和文化发展提供公共服务的各种要素的总和，它是

---

① 本节内容执笔人赵楠、申俊利、贾丽静，部分成果发表于《城市发展研究》2009 年第 4 期。

经济、社会、文化发展的重要基础。随着经济与社会的发展，基础设施对促进经济增长、保障社会平稳运行起到越来越重要的支撑作用，更对城乡统筹发展起到关键性的支撑作用。但是目前对基础设施的研究多集中在基础设施与投资和经济增长的关系上，而基础设施对于经济社会发展承载能力度的测度研究当前还较少看到。本节测算了中国基础设施承载能力指数，并借鉴相对资源承载能力测度法，对北京市基础设施承载能力状态进行了判别，在此基础上，进入相对微观的区、县层面，将北京市 18 个区县分为城市区县与农村区县两类，进行了基础设施承载能力聚类分析。

一、基础设施的定义

基础设施概念在经济分析中的引入始于 20 世纪 40 年代中后期。基础设施的最初表述为"social overhead capital"，一般译为"社会先行资本"，由美国著名经济学家罗森斯坦·罗丹在《东欧和东南欧国家的工业化问题》中第一次使用，他认为社会先行资本是在一般的产业投资之前，一个社会应具备的基础设施方面的积累，包括电力、运输、通信之类的基础工业，构成社会经济的基础设施结构，是作为一个国民经济总体的分摊成本。罗根纳·纳克斯在其"贫困恶性循环理论"中扩展了罗森斯坦·罗丹对基础设施的界定，认为不仅包括公路、铁路、电信系统、电力和供水等，还包括学校和医院等内容。艾伯特·赫希曼在其"不平衡增长理论"中，将基础设施界定为"包括法律、秩序以及教育、公共卫生到运输通信、动力、供水以及农业间接资本如灌溉、排水系统等所有的公共服务"。

我国学者对基础设施的研究始于 20 世纪 80 年代。《辞海》对基础设施的定义是："基础设施，又称为基础结构，指为工业、农业等生产部门提供服务的各种基本设施。包括铁路、公路、运河、港口、桥梁、机场、仓库、动力、通信、供水以及教育、卫生等部门的建设。"① 当前，学术界对基础设施较有代表性的界定有：一是麦克格劳希尔（McGraw – Hill）图书公司在 1982 年出版的《经济百科全书》中将基础设施定义为："基础设施是指那些对产出水平或生产效率有直接或间接的提高作用的经济项目，主要内容包括交通运输系统、发电设施、通信设施、金融设施、教育和卫生设施，以及一个组织有序的政府和政治体制。"二是世界银行在《世界发展报告（1994）》中将基础设施分为经济基础设施和社会基础设施。经济基础设施主要包括：一是公共设施，即电力、电信、自来水、卫生设施与排污、固体废弃物的收集与处理、管道煤气等；二是公共工程，即道路、为灌溉和泄洪而建的大坝和水利设施等；三是其他交通部门，即城市与城市

---

① 《辞海》（经济分册），上海辞书出版社 1980 年版。

间的铁路、市内交通、港口和航道、机场等。社会基础设施则是指除经济基础设施之外的包括科、教、文、卫等方面内容。

根据基础设施上述定义，综合考虑中国城市与农村基础设施实际状况以及研究数据的可获得性，本节将城市与农村基础设施的内涵界定为五个范畴：交通设施、医疗设施、邮电通信、商业服务和教育设施。

二、基础设施承载能力的理论界定和性质

（一）基础设施承载能力的理论界定

承载能力概念最初来自工程地质学，其本意是指地基的强度对建筑物负重的能力，现已成为描述发展限制程度的最常用概念，广泛应用于人口学、生态学、经济学等领域。我国资源、环境承载能力研究兴起于20世纪80年代后期，主要集中在土地承载能力、环境承载能力和水资源承载能力等领域。已有研究主要存在三方面偏差：一是注重对承载对象的"数量"承载，忽视对"质量"的承载；二是往往设定资源、环境是承载主体，人口、经济是承载对象，只研究资源、环境对人口、经济的单向承载关系；三是单项承载能力研究多，而综合承载能力研究少。

高吉喜（2001）认为，如果要确定一个特定系统的承载情况，必须首先知道承载主体的客观承载能力大小以及被承载对象的压力大小，然后方可了解该系统是否超载或低载，因此承载能力概念可理解为承载主体对于被承载对象的支持能力。

借鉴上述思路，本章对基础设施承载能力定义为：在一定时期和一定区域内，基础设施系统对社会经济发展和人类各种需求（生存需求、发展需求和享乐需求等）在数量与质量方面的满足程度，也即基础设施承载主体对于被承载对象的支持程度。显然，它不是一个绝对数意义的统计量，其统计学意义带有明显的相对数特征。

在基础设施系统中，承载主体（Carrying Capacity Media）即为生产、流通等部门提供服务的各个部门和设施，包括运输、通信、动力、文化、教育、科研以及公共服务设施。通过一系列指标可以对承载主体进行测度，例如公路里程和货物运输周转量反映了交通设施的质量；专任教师人数可体现教育设施的能力，医院病床数则体现了医疗设施的服务水平等。

被承载对象（Carrying Capacity Object）是体现经济、文化和社会发展成果的载体，它对基础设施提出了压力需求。例如，可以用常住人口反映一个国家或地区生产与生活的规模；用GDP体现经济发展的数量水平特征；汽车拥有量可以反映社会对交通设施的需求程度；在校学生人数则体现了社会对教育设施的需

求状况等。

根据基础设施对于经济社会发展的满足程度，基础设施承载能力可分为三种状态：一是超载（过载）状态，即承载主体不能满足被承载对象的需求，基础设施处于过度使用阶段；二是平衡状态，即承载主体刚好满足被承载对象的需求；三是低载状态，即承载主体能够充裕地满足被承载对象的需求，且留有余地。

（二）基础设施承载能力的性质

①相对稳定性：基础设施往往带有公共品的属性，也具有较强垄断性，这提高了基础设施投资的进入门槛，加之基础设施投资建设周期较长，使得在建设周期之内的一段时期，基础设施承载能力会保持较为稳定的状态。

②动态性：基础设施显然受到固定资产投资的正向影响，在超过投资建设周期的情况下，基础设施存量必然随固定资产投资的变动而发生较为明显的波动。对于中国这类投资驱动型经济增长的国家，历年固定资产投资呈现明显的上升趋势，必然导致基础设施承载能力发生变化。这种动态变化性，不同于其他环境要素承载能力（例如土地资源或者水资源）。在一定时间内能维持较为稳定的特性。

③影响因素复杂性：经济发展是基础设施建设的主要决定因素，经济发展所导致的投资增加，会使交通设施、邮电通信、商业服务等基础设施建设直接受益，从而显著影响基础设施承载主体。但值得注意的是，尽管基础设施在绝对量上会受到经济发展的正向影响，但是从相对量上考虑，基础设施承载能力与经济发展不一定必然出现同向变动的趋势，它受到方向相反两种作用的综合影响：

经济发展一方面推动基础设施投资的增加，导致基础设施存量的增长，从"供给"角度提升承载主体的水准，从而有提高基础设施承载能力的趋势；但另一方面，经济发展所导致人类社会对基础设施的"需求"也在攀升，——经济发展使得交通流量不断增加，人类各种需求随经济发展也在"水涨船高"，从而导致旅游者人数增长、居民对商业服务和医疗设施提出更高需求等，都使得被承载对象不断对承载主体提出更高数量与质量上的要求，这对基础设施承载能力构成了反向影响。两种不同作用的耦合，才导致基础设施承载能力发生最终变化。

因此，基础设施承载能力与经济发展水平并不一定存在必然的正相关关系，换言之，经济发达地区尽管拥有设施完备的医院学校、宽敞靓丽的商业设施、熙熙攘攘的通衢大道，但是其基础设施承载能力并不一定必然优于欠发达地区。处于超载状态的基础设施，显然不利于本地区经济社会的可持续发展。那么，如何测度基础设施承载主体与被承载对象？如何判断某地区基础设施是否已经达到"过载"状态？这正是开展基础设施承载能力统计测度的必要性所在。如前所述，现有文献从承载能力角度对基础设施研究尚不充分，本节将通过构建基础设施承载能力指数对这一问题进行初步探索。

三、基础设施承载能力的测度方法

基础设施承载能力的测度思路,是通过承载主体与承载对象的比值得到单项基础设施分量的承载能力,再通过加权求和的方式,构建基础设施承载能力指数(ICCI,Infrastructure Carrying Capacity Index)。

假设基础设施由 n 项基础设施分量构成,其中,CCM_i 表示第 i 项基础设施分量的承载主体($i=1,\cdots,n$);CCO_i 为该分量的承载对象;ICC_i 即为其承载能力,w_i 为该承载分量在全部基础设施体系中的权重;则基础设施承载能力指数(ICCI)为:

$$ICCI = \sum_{i=1}^{n} ICC_i w_i = \sum_{i=1}^{n} \frac{CCM_i}{CCO_i} w_i \qquad (4-4-1)$$

借鉴相对资源承载能力的测度方法,可对基础设施承载状态进行判定。相对资源承载能力是指通过选定资源承载能力的理想状态作为参照区,将研究区与参照区的资源存量进行对比,从而确定研究区内资源相对可承载的适度人口数量(陈英姿,2006)。令 ICCI 为研究区基础设施承载能力指数,$\overline{ICCI}$ 为参照区基础设施承载能力指数,定义"基础设施承载压力度(Infrastructure Carrying Pressure,ICP)"为:

$$ICP = ICCI - \overline{ICCI} \qquad (4-4-2)$$

当 ICP > 0 时,基础设施承载能力处于"低载"状态;当 ICP = 0 时,基础设施承载能力处于"平衡"状态;当 ICP < 0 时,基础设施承载能力处于"超载"状态。研究区域为北京,设定参照区为全国。

四、对基础设施承载能力指数的测度

(一)指标体系的构建

根据上述思路,将基础设施归纳为交通设施、医疗设施、邮电通信、商业服务和教育设施等五个范畴,构建出基础设施承载能力评价指标体系(见表4-4-1),从而计算 1986~2006 年全国与北京市两组基础设施承载能力指数。数据来源为中宏网、中经网、中国资讯行、《新中国五十五年统计资料汇编》以及《北京区域统计年鉴(2008年)》、历年《北京统计年鉴》和《中国统计年鉴》。

表4–4–1　　　　基础设施承载能力评价指标体系 I

最高层	一层	二层
基础设施承载能力	交通设施（A）	单位 GDP 货物运输周转量（A1）
		人均货物运输周转量（A2）
		公路运输强度（A3）
	医疗设施（B）	每千人拥有执业医师和注册护士数（B1）
		平均每千人拥有医院床位（B2）
	邮电通信（C）	人均邮电业务总量（C1）
		邮电业务强度（C2）
	商业服务（D）	国内、国际旅游者强度（D1）
	教育设施（E）	普通中学教育强度（E1）
		小学教育强度（E2）

相关指标计算公式为：

单位 GDP 货物运输周转量 $=\dfrac{\text{货物运输周转量}}{\text{地区生产总值}}$（A1），单位：吨公里/元

人均货物运输周转量 $=\dfrac{\text{货物运输周转量}}{\text{常住人口}}$（A2），单位：万吨公里/人

公路运输强度 $=\dfrac{\text{公路里程}}{\text{民用汽车拥有量}}$（A3），单位：公里/辆

人均邮电业务总量 $=\dfrac{\text{邮电业务总量}}{\text{常住人口}}$（C1），单位：元/人

邮电业务强度 $=\dfrac{\text{邮电业务总量}}{\text{地区生产总值}}$（C2），（全部为 1990 年不变价），其意义为创造每万元地区生产总值所需要与之配合的邮电业务量。

旅游者强度 $=\dfrac{\text{旅游者人数}}{\text{常住人口}}$（D1），单位：万人次/万人，其意义为：每万人常住人口所承担的旅游接待量。

教育强度 $=\dfrac{\text{专任教师数}}{\text{在校生人数}}$（E1、E2）

（二）全国与北京市 1986～2006 年基础设施承载能力的测度及对比分析

为克服指标权重计算受到主观因素的影响，避免因不同度量单位造成的误

差，本节采用"主成分分析法"（PCA）求出所给指标变量的若干主成分，再根据这些主成分，建立多指标综合评价值的线性加权函数模型，各指标权重大小按各主成分的方差贡献率来确定。

主成分分析也称主分量分析，是由霍特林（Hotelling）于1933年提出的，主成分分析是利用降维的思想，在损失很少信息的前提下把多个指标转化为几个综合指标的多元统计方法。通过对原始变量相关矩阵或协方差矩阵内部结构的研究，把原始变量转换生成的综合指标称为主成分，其中每个主成分都是原始变量的线性组合，且各个主成分之间互不相关，这就使得主成分比原始变量具有某些优越的性能。这样在研究复杂问题时只考虑少数几个主成分而不至于损失太多，从而更容易抓住主要矛盾，揭示事物内部变量之间的规律性，同时使问题得到简化，提高分析效率。

用主成分分析法对上述指标进行分析：

表4-4-2中KMO统计量与巴特雷特（Bartlett）检验均说明，原始数据适合进行主成分分析。对原始数据进行标准化，对其协方差矩阵（也即原始数据的相关系数矩阵）进行主成分分析得到（见表4-4-3和图4-4-1）。

表4-4-2　KMO统计量及巴特雷特（Bartlett）检验统计量

Kaiser - Meyer - Olkin 统计量		0.655
Bartlett's Test of Sphericity	Approx. Chi - Square	425.280
	df	45
	Sig.	0.000

表4-4-3　　　　　　　特征值与累积贡献率

序号	特征值	贡献率（%）	累计贡献率（%）
1	6.926	69.262	69.262
2	1.468	14.678	83.941
3	1.082	10.819	94.759
4	0.279	2.787	97.547
5	0.132	1.320	98.867
6	0.089	0.893	99.760
7	0.016	0.156	99.916
8	0.007	0.069	99.985
9	0.001	0.009	99.994
10	0.001	0.006	100.000

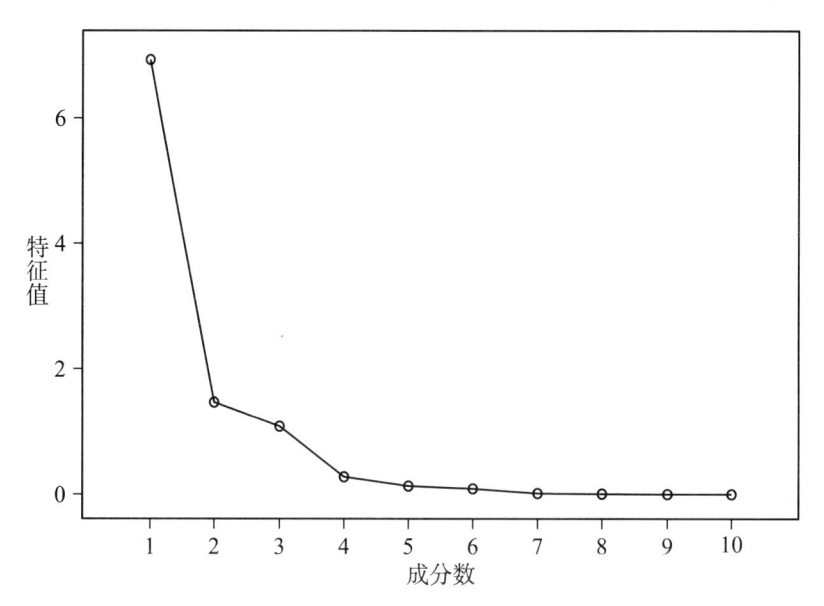

图 4-4-1　北京市基础设施承载能力指数主成分分析碎石图

使用主成分分量作为评价指标，构建原指标的线性函数，得到北京市基础设施承载能力指数值 ICCI。采用相同指标体系，计算全国同年份基础设施承载能力指数$\overline{ICCI}$，对比结果见图 4-4-2。

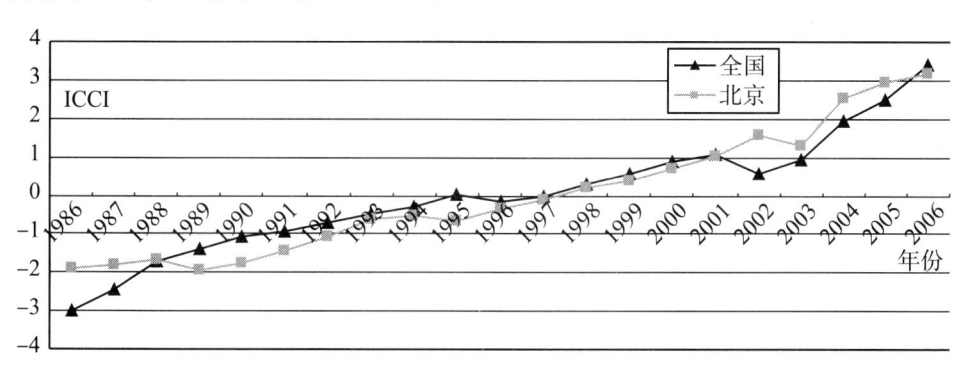

图 4-4-2　北京市和全国基础设施承载能力指数折线图

注：由于主成分综合评价方法需要对原始数据进行标准化，从而使主成分得分出现负值，造成某些年份的 ICCI 指数出现负值，该负值仅表明该年份基础设施承载能力的综合评价水平值处于全部年份的平均水平以下，并不表示该年份基础设施承载力水平的原始意义为"负值"。下文计算的各区县基础设施承载力指数同理。

由图 4-4-2 可以发现，在大部分年份，北京市基础设施承载能力指数都保持上升趋势，且与全国情况保持了基本相似的趋势，说明北京市基础设施对各类承载对象的综合承载能力存在较为明显的改善过程。只有在个别年份（1996 年和 2002 年），该指数出现了下降态势，反映该年份北京市基础设施建设的进程有相对调整。与全国基础设施承载能力相比较，1986～1988 年和 2002～2005 年这两个时间段，北京市的基础设施承载能力要高于全国，1989～2001 年及 2006 年，北京市的基础设施承载能力要低于全国。从北京基础设施承载压力度中可以更清晰地看出这一结果。

根据公式（4-4-2），计算北京基础设施承载压力度（ICP），见图 4-4-3。

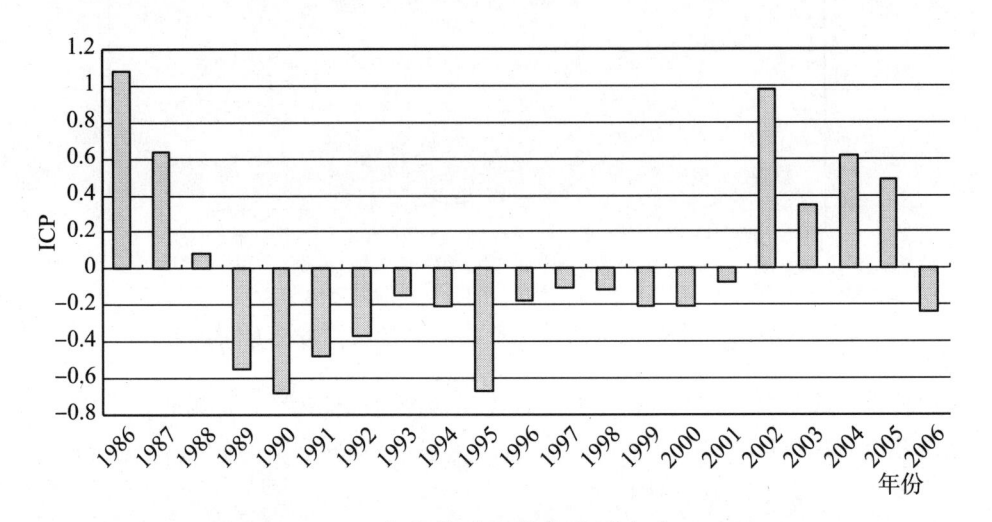

图 4-4-3　北京基础设施承载压力度（ICP）

由图 4-4-3 知，1989～2001 年及 2006 年，北京市基础设施承载能力指数落后于参照区（全国平均）的水平，暗示北京市各项基础设施无法满足各类承载主体的综合需求，即基础设施超负荷运行，基础设施承载能力处于"超载"状态；1986～1988 年、2002～2005 年两个时段，北京市基础设施承载能力指数高于参照区水平，基础设施承载能力处于"低载"状态，说明这些时段基础设施较好地满足了各类承载主体的需求。

特别是后一个时段，正是北京市为迎接第 29 届奥运会的召开，加大对整个城市改造力度，以提高整个城市基础设施水平和城市现代化水平的关键时期。有资料显示，北京市政府 2001 年确定的总计 2 800 亿元的"奥运预算投入"中，向城市基础设施建设直接注入资金 1 800 亿元，此外另有体育设施建设投入 170 亿元、环保设施建设投入 713 亿元。在这些预算投资中，一部分基础设施投资项目在北京"十五"规划中原本已经包括，但其余约 1 500 亿元投入则可以看做是由奥运因素引起的[①]。粗略计算，上述基础设施类投资合计已经占据北京市全部"奥运预算投入"的

---

① 冯蕾、李金桀："北京奥运后中国经济的走向"，载《光明日报》2008 年 4 月 2 日。

95.82%。另有数据显示,2002年到2006年的基础设施建设投资是1997年到2001年的1.8倍,5年间北京市交通运输投资1 100亿元,相当于1997年至2001年的4倍多。① 因此,正是奥运因素使得北京市基础设施承载能力得到明显改善。

值得思考的是,2006年北京市基础设施承载压力度又回落到参照区水平以下,说明"奥运基础设施投资"的综合效应已经减缓,应密切注意未来时段基础设施的承载状态,其走势尚不乐观。

(三) 北京市2007年各区县基础设施承载能力的测度及结果分析

同样采用主成分分析法,本节重新构建基础设施承载能力评价指标体系Ⅱ(见表4-4-4),测度2007年北京市各区县基础设施承载能力指数,数据来源于《2008年北京区域统计年鉴》。

表4-4-4　　北京基础设施承载能力评价指标体系Ⅱ

最高层	一层	二层
基础设施承载能力	交通设施(A)	民用汽车拥有量(万辆)(A1)
	医疗设施(B)	每千人拥有执业医师人数(B1)
		平均每千人拥有医院床位(张)(B2)
	邮电通信(C)	有线电视入户率(%)(C1)
	商业服务(D)	入境旅游者人数(万人次)(D1)
		星级饭店家数(D2)
		批发与零售业、住宿和餐饮业从业人员人数(D3)
	教育设施(E)	普通中学师生比(E1)
		小学师生比(E2)
		公共图书馆总藏书、件(万册)(E3)
		体育场馆个数(E4)

得到北京市各个区县的基础设施承载能力指数,如图4-4-4所示。

从图4-4-4中可以看出,北京市2007年各区县基础设施承载能力指数呈现明显的由城市向农村递减趋势,基础设施承载能力指数最高的四个区:朝阳区、海淀区、东城区、西城区,为北京城市化水平最高的4个区,而排名最低的4个区县(门头沟区、平谷区、延庆县、密云县),均为城市化程度较低的区县。说明北京市基础设施承载能力在城乡间存在明显差别,出现城市高于农村的不平衡状态。

---

① 孙晓胜:"筹办奥运会期间北京市基础设施建设步伐加快",新华网,http://news.xinhuanet.com/sports/2007-05/16/content_6110160.htm, 2007年5月16日。

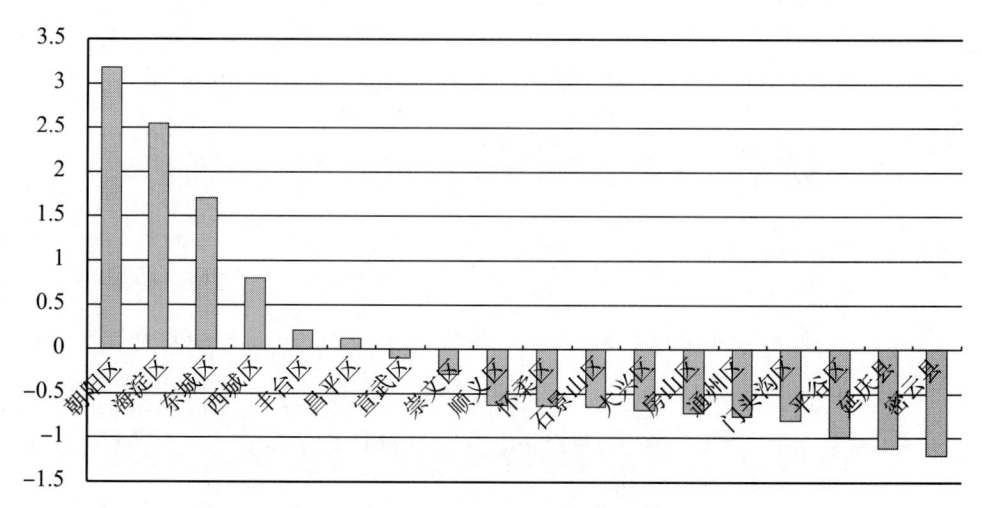

图 4-4-4　北京市各区县基础设施承载能力指数

造成基础设施承载能力城乡差异的主要原因是各区县的城市化进程不同，以城市化率为评价指标，2004 年北京常住人口为 1 481.4 万人，其中城镇人口 1 163.4 万人，全市城市化率达到 79.5%。其中近郊区（朝、海、丰）的城市化率已经达到 93.10%，已经接近基本实现城市化的目标，但 10 个远郊区县的城市化率平均只有 50.43%①。尽管近年来这些地区城市化水平明显加快，但仍低于全市城市化水平。

从本节所衡量的统计指标分析，民用汽车拥有量朝阳区最多为 50.54 万辆，延庆县最少仅为 3.25 万辆；每千人拥有的执业医师人数最多的是东城区，为 11.47 人，通州区最少，为 1.84 人；每千人拥有医院床位东城区最多，为 14.96 张，密云县最少，为 1.63 张；有线电视入户率丰台区为 100%，密云县最低，为 23.56%。显见远郊区的基础设施建设与市区之间存在较大的差别。

进而对传统意义上城市化水平最高的"城八区"② 基础设施承载能力进行比较，发现北部各区（朝阳区、海淀区）基础设施承载能力最高，而南部、西部各区（崇文区、宣武区、石景山区）的基础设施承载能力较弱，显示北京市主要城区的基础设施承载能力，存在北部高于南部、东部高于西部的非平衡状态。这与北京城市规划布局在相当长时间内一直是重北轻南，很多大型项目落户北城有密切关系。

对各区县基础设施承载能力指数进行聚类分析，得到图 4-4-5。

---

①　张文茂："北京郊区城市化进程走向"，http：//www.gjmy.com/html/jingjixuelunwen/2008/08/14088.html。

②　指东城区、西城区、崇文区、宣武区、朝阳区、海淀区、丰台区、石景山区。

Dendrogram using Ward Method

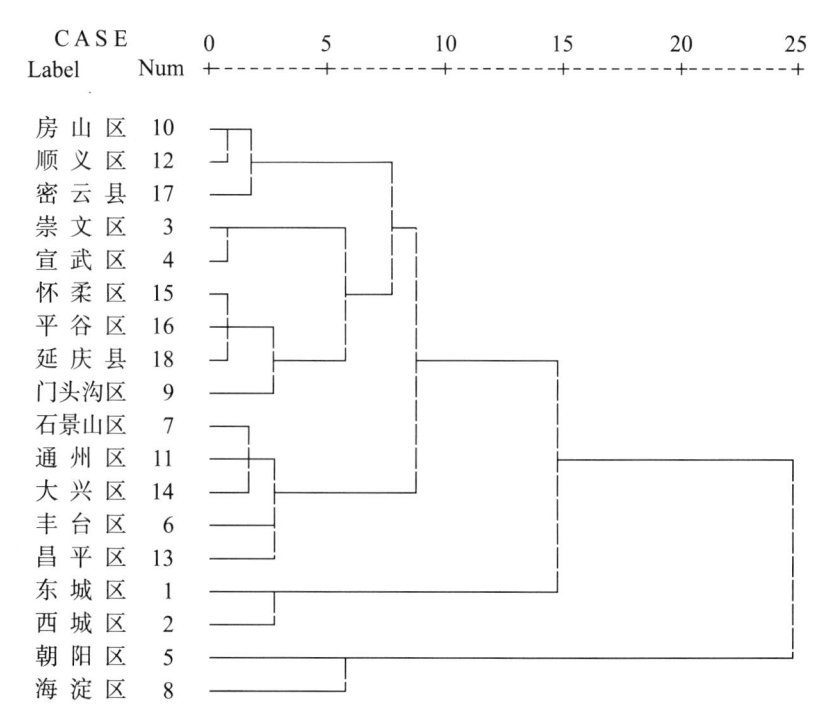

Rescaled Distance Cluster Combine

```
CASE          0       5      10      15      20      25
Label    Num  +-------+-------+-------+-------+-------+
```

房 山 区   10
顺 义 区   12
密 云 县   17
崇 文 区   3
宣 武 区   4
怀 柔 区   15
平 谷 区   16
延 庆 县   18
门头沟区   9
石景山区   7
通 州 区   11
大 兴 区   14
丰 台 区   6
昌 平 区   13
东 城 区   1
西 城 区   2
朝 阳 区   5
海 淀 区   8

图 4-4-5　北京市各区县基础设施承载能力指数聚类分析图

由图 4-4-5 可知：第一类为朝阳区与海淀区，第二类为东城区和西城区，第三类为其他区县，与主成分分析结果基本相同。朝阳区和海淀区的基础设施承载能力指数最高，基础设施承载能力最好，东城区和西城区其次，而其他区县的承载能力较差。

五、研究结论

综上，本节研究结论如下：

①中国城乡基础承载能力存在明显上升趋势。特别是近几年来"奥运因素"明显提升了首都北京城市与农村的基础设施承载能力，相对微观一级的北京市各区县分析也证实了中国城乡基础承载能力存在明显上升趋势的结论。

②整体而言，作为中国首都的北京市各项基础设施的承载能力尚不能满足各类承载主体的需求，多数年份出现"超载"状态。

③相对微观一级的区县分析发现，北京市各区县基础设施承载能力存在市区

高于郊区、北部高于南部的不均衡状况。出现这种情况的主要原因是城乡差距的恶化和城市建设总体规划的偏倚。

根据上述实证研究结论，必须从增强基础设施承载能力、对基础设施的承载主体进行有效调控两方面综合采取措施，尽快结束中国城乡基础设施承载能力的"超载"状态，使基础设施的规模、质量和动态变化与经济、社会的全面发展相协调。针对目前北京市基础设施整体不能满足需求和分布不均衡的现状，应主要从三个角度考虑：一是要继续加强对基础设施的投资，提高基础设施承载能力。二是合理分配资源，将中心城的职能和人口向外扩散。三是加强新城区和村镇的发展，通过提高城市化水平推进基础设施的建设，进而承担起中心城向外扩散的职能。具体内容为：

第一，继续加大政府对基础设施投资力度，提高承载对象的承压水平，注重加大民间资本对基础设施建设项目的投资力度。由于基础设施的建设时间长，具有明显的公共品和外部性特征，政府主导基础设施投资有利于集中大量资源建设重点项目，因此基础设施的建设任务必须由政府主要承担，实行有计划发展。同时，也应该注意到政府投资和管理的低效率问题，因此在肯定政府重要作用的同时，应该改革政府投资管理体制，重视民间资本的投资，在合理范围内是民间资本得到有效利用，提高基础设施的提供效率。

第二，合理布局城市结构，对不同的区域采取差异化的基础设施建设策略。合理布局城市结构可以使基础设施得到合理的分配和使用，避免资源闲置和资源浪费同时存在的问题。针对北京市而言，北京市城市总体规划已经提出，在"两轴—两带—多中心"城市空间结构的基础上，建设中心城—新城—镇的市域城镇结构[①]。

第三，各级政府对经济、人口、交通等承载主体要进行适度调控，保障城市的有序发展。

首先，经济的快速发展在一定程度上能够带动基础设施的建设，尤其对新城区基础设施的建设作用更强。对于新城区而言，经济的快速发展不仅可以带动本

---

① 两轴是指沿长安街的东西轴和传统中轴线的南北轴；两带是指包括通州、顺义、亦庄、怀柔、密云、平谷的"东部发展带"和包括大兴、房山、昌平、延庆、门头沟的"西部发展带"。多中心是指在市域范围内建设多个服务全国、面向世界的城市职能中心，从而提高城市的核心功能和综合竞争力，包括中关村高科技园区核心区、奥林匹克中心区、中央商务区（CBD）、海淀山后地区科技创新中心、顺义现代制造业基地、通州综合服务中心、亦庄高新技术产业发展中心和石景山综合服务中心等。中心城是指北京政治、文化等核心职能和重要经济功能集中体现的地区。新城是在原有卫星城基础上，承担疏解中心城人口和功能、集聚新的产业、带动区域发展的规模化城市地区，具有相对独立性。规划新城11个，分别为通州、顺义、亦庄、大兴、房山、昌平、怀柔、密云、平谷、延庆、门头沟。镇是建制镇的简称，是推动北京城镇化的重要组成部分，包括重点镇和一般镇。

地区基础设施的建设,也可以吸引人口的加入和增强区域的功能性,达到分散中心城的人口和功能。

其次,对人口的调整,不仅要考虑人口的规模,还要考虑人口的分布、结构和素质问题。从人口的总体规模来看,以北京市为例,根据北京市城市总体规划,到2020年,北京市总人口规模规划控制在1 800万人左右,城镇人口规模规划控制在1 600万人左右,占全市人口的比例为90%左右,城市化率将有所提高。此外,还要加强人口的引导与管理,努力控制首都人口过快增长。

从人口分布的角度考虑,北京市的人口主要集中在中心城,造成中心城的过度拥挤。针对这一情况,一方面要积极引导人口的合理分布,疏散中心城的产业和人口,引导人口向新城和小城镇集聚。另一方面,要积极促进区域协调发展和整体生态环境的改善,引导人口在区域层面上的合理分布,保证远期北京人口规模突破规划控制的1 800万人时,区域具有足够的集聚和吸纳能力。

从人口结构角度讲,基础设施建设要适应北京人口年龄结构变化的趋势,重点关注进入老龄化社会对基础设施建设的要求,在公共服务设施保障等方面提供必要的政策支持。

最后,增强交通设施承载能力。北京市交通拥挤问题一直备受关注,作为国家首都和现代国际化城市,交通系统必须与之配套,北京市应建设以公共交通为主导,以"高效便捷、公平有序、安全舒适、节能环保"为发展方向的高标准、现代化综合交通体系,尤其突出公共交通在北京市交通体系中的重要作用,从而全面提升北京市交通设施承载能力。

第四,重点缩小北京市南北部基础设施建设的差距。在市场经济不断建立的过程中,由于在北部各区基础设施配套相对完善、土地开发建设成本相对较低以及历史传统因素的影响,形成了北部城区基础设施建设快于南部的现状。应进一步研究南城发展的具体措施,从基础设施建设、环境建设、产业功能区的引导发展等方面研究南城具体的规划实施工作。

第五,中心城的基础设施建设要以优化调整为主。中心城是政治、文化中心功能和重要经济功能集中体现的地区,也是历史文化传统与现代国际城市形象集中体现的重要地区,承担着国家政治中心、文化中心、国际交往中心、金融管理中心、教育科研中心的职能,同时具有服务全国的会展、旅游、体育、医疗、商业等功能。中心城的建设应从外延扩展转向调整优化,特别是应严格控制中心城中心地区的城市建设规模。完善"分散集团式"的布局,加快形成中心地区核心功能聚集、边缘集团功能完善、绿化隔离地区环境优美、外围地区发展协调的良好格局。

第六,基础设施建设要加强城乡统筹发展规划,尤其要加大对农村地区基础设施建设的投资力度。要实现北京城乡统筹发展,不仅仅是要缩小生产总值间的差距，更要缩小公共产品水平间的差距，加快郊区基础设施的建设。按照《北京城市总体规划》提出的目标，2020年北京地区的城市化率要达到89%，这个目标对北京郊区来说，全面改善基础设施建设是完成这一目标的重要一步。要将基础设施建设重点向郊区倾斜，改善郊区环境，促进郊区发展，形成市区和郊区的优势互补态势。应普遍加快一般农村地区的基础设施建设和环境卫生整治，整体改变农村地区的落后面貌，加快城市文明的生产和生活方式向郊区农村的扩散。另外，通过破除二元分割的体制障碍，降低农民城镇化迁居的入城门槛，为农民自主选择城市化转移提供良好的制度环境。

第五节 城乡水资源承载能力指数与承载状态对比研究

——以北京市为例[①]

作为最重要的自然资源之一，水资源不仅维持生态系统的功能完整和良性循环，决定人民生命健康和整个生态系统的稳定，同时也影响一国经济发展的规模、速度，是国家综合国力的重要组成部分。保证水资源的安全、提高水资源的承载能力，从而合理调配、使用水资源，是实现城乡统筹发展的关键一环。

随着经济的发展，人口的持续快速增长，水资源需求量不断增长，当前社会正面临着水资源短缺、水环境恶化、水旱灾害频繁的危机。如何保证水资源的安全、提高水资源的承载能力，从而合理调配、使用水资源，越来越得到国内外学术界、政府部门及国际组织的重视。

本节通过构建水资源承载能力测度指标体系，测度了中国水资源承载能力指数，并以此为参照，以北京市城乡水资源承载能力为研究对象，采用相对资源承载能力比较法对北京市近年来水资源承载状态进行了综合比较和动态分析，从水资源视角为城乡统筹发展提供政策建议。

一、北京市水资源现状

中国是个水资源短缺的国家，水资源并不丰富，但用水浪费惊人，供求问题十分突出。

自20世纪80年代以来，中国的水资源短缺问题就已经由局部逐渐蔓延至全

---

① 本节部分内容发表于《城市发展研究》2009年第8期。

国,对农业和国民经济造成严重影响。中国 2007 年人均水资源量为 1 916.3 立方米,仅为世界人均水资源占有量的 1/4,是全球人均水资源最贫乏的 20 个国家之一。包括海河流域在内,2007 年全国干旱缺水的省份已经达到 23 个;在 699 个建制市中,400 多个城市缺水;中国荒漠化土地面积约占国土总面积的 1/4;每年因缺水造成的经济损失高达上千亿元①。

北京是我国政治、文化的中心,常住人口超过 1 600 万,是一座严重缺水的特大城市。长期的水资源过度开发导致北京市地表、地下水环境恶化、战略储备水量减少、水资源供需矛盾加剧等问题。随着社会经济的迅速发展,水资源短缺已经成为制约北京市社会经济发展的第一"瓶颈"。

(一) 北京水资源现状及供需概况

①人均水资源量少。2007 年北京市人均占有水资源量仅为 148.2 立方米②,远远低于联合国划定的人均 1 000 立方米的缺水下限,仅为全国平均水平的 1/13、世界人均水平的 1/50,在世界 120 多个国家的首都及大城市中居百位之后。水资源的稀缺,引起了各用水部门对水资源使用权的竞争和冲突。

②对境外来水依赖性强。北京市地域狭小,仅是河流流域的一部分,由于流域分布的自然特性,水源地主要分布在北部郊区和境外,水质水量受上游地区影响,加大了水资源管理和保护的难度。入境水是首都水资源的重要组成部分,占全市地表水可利用量 70% 以上的官厅、密云两大水库的水量,全部来自境外。

③连续多年的干旱和水资源的过度开发使水环境受到破坏。北京是水文化韵律比较深厚的文明古都,历史上北京城水系发达。但近年来,由于水资源短缺,为维持经济社会发展的基本用水需求,不得不挤占生态环境用水,使本来就脆弱的水生态环境进一步受损。

④降水量地区分布不均,降雨时空分布不均,年际间丰枯交替。受地理、气候等因素制约,北京地区存在年降雨变化幅度大,年内降雨分布不匀。年内降水主要集中在汛期 3 个月,占全年的 75%。年际间丰枯连续出现的时间一般为 2~3 年,最长连丰年 6 年,连枯年达 12 年。尽管来自水务部门的统计数字显示,北京市 2008 年的降雨量已为近 10 年来最多的一年,不过城区多于郊区、南部多于北部,水库区都在北部,对于增加水库蓄水并没有明显效果的现状,无法完全消除巨大的供水缺口,更不能改变北京水资源供给紧张的局面③。

---

① 2008 年 1 月 21 日 CCTV《中国财经报道》中国节水报告:第 1 集《数字解读中国水资源》。
② 《中国统计年鉴(2008)》,中国统计出版社 2008 年版。
③ 赖臻、姚润丰:《北京水资源现状:连续干旱造成供给紧张》,新华网,http://news.xinhuanet.com/newscenter/2008-09/28/content_ 10127706. htm。

⑤地下水超量开采现象严重。由于干旱缺水,北京地区地下水连年超量开采严重,使北京城近邻部分地区的地下水位每年以 0.5~1.0 米的速度下降,并且形成范围越来越大的地下水位下降漏斗区。据估测,在北京的地下已形成面积为 1 000 平方公里的地下水位下降漏斗区,平均水位下降 4.3 米,漏斗中心地带地下水位下降达 40 米。尤其是北京东郊超量开采地下水和水位大幅度下降,引起北京东郊地层压密面沉降现象。西郊地区近 20 平方公里地区已呈疏干、半疏干状态,自来水供水能力衰减约 1/3。地下水位下降还造成名泉枯竭、地面下沉、地下水质恶化等破坏环境生态现象。

1988~2007 年北京市城乡水资源与用水量变化情况见表 4-5-1。

表 4-5-1 北京市城乡水资源与用水量变化(1988~2007 年)

年份	水资源量变化				用水量变化			
	水资源总量(亿立方米)	#地表水资源量	地下水资源量	人均水资源量(立方米)	全年总用水量(亿立方米)	#农业用水	工业用水	生活用水
1988	39.18	24.65	21.21	369.27	42.43	21.99	14.04	6.40
1989	21.55	12.00	13.98	200.47	44.64	24.42	13.77	6.45
1990	35.86	19.02	21.71	330.20	41.12	21.74	12.34	7.04
1991	42.29	24.17	23.68	386.56	42.03	22.70	11.90	7.43
1992	22.44	10.94	15.18	203.63	46.43	19.94	15.51	10.98
1993	19.67	8.28	14.92	176.89	45.22	20.35	15.28	9.59
1994	45.42	25.76	36.58	403.73	45.87	20.93	14.57	10.37
1995	30.34	15.56	28.93	242.51	44.88	19.33	13.78	11.77
1996	45.87	25.96	30.26	364.22	40.01	18.95	11.76	9.30
1997	22.25	10.61	16.40	179.44	40.32	18.12	11.10	11.10
1998	37.70	17.83	29.21	302.67	40.43	17.39	10.84	12.20
1999	14.20	5.20	12.80	112.95	41.71	18.45	10.56	12.70
2000	16.86	6.34	15.18	123.64	40.40	16.49	10.52	13.39
2001	19.20	7.80	15.70	139.70	38.93	17.40	9.20	12.10
2002	16.10	5.30	14.70	114.70	34.62	15.50	7.50	10.80
2003	18.40	6.10	14.80	127.80	35.80	13.80	8.40	13.00
2004	21.40	8.20	16.50	145.10	34.55	13.50	7.70	12.80
2005	23.20	7.60	18.50	153.10	34.50	13.20	6.80	13.40
2006	24.50	6.00	18.50	157.10	34.30	12.80	6.20	13.70
2007	27.60	7.60	20.00	171.70	34.80	12.40	5.80	13.90

注:①资料来源:历年北京市水资源公报、历年北京统计年鉴。

②"人均水资源量"系采用当年水资源总量与常住人口相除的方法计算,与历年《中国统计年鉴》中提供的数据有一定出入。

（二）北京市水资源短缺对经济社会发展的关系

①水资源分布与经济社会发展布局不相适应。受自然地理和气候条件的影响，北京市降水具有时空分布不均、丰枯交替发生的特点。从水源区和用水区的分布来看，北京市的主要水源区位于西部和北部，而用水区则主要分布在中部和东南部的经济社会活动聚集区。这种水资源与经济社会发展布局在时间和空间分布上的不匹配性给水资源的统一调度和管理提出了更高的要求。

②水资源短缺与经济社会发展对水资源需求的增长不相适应。北京市是一个快速发展中的国际化大都市，随着人口增加、经济的发展和宜居城市的建设，对水资源的需求也在不断增长。根据《北京市水资源综合规划》，到2020年，即使考虑采取一定的节水措施后，北京市用水需求仍将达到51亿立方米（平水年）。而现状供水工程条件下，2020年水平年地表地下可供水量仅35亿立方米（平水年），缺水16亿立方米，枯水年缺口更大。因此，有机协调水资源供需矛盾，缩小水资源供需缺口，实现水资源对经济社会发展的永续支撑，是水资源可持续利用必须解决的首要问题。

③水资源消费受外部环境的影响较大。由于人口逐年增长，加之经济社会发展对水的巨大需求，在采取加大节水和挖潜力度等措施后，北京市的供水形势依然不容乐观，因此必须从京外地区进行调水，才能确保满足北京日益增长的供水需求。近年来，北京市入境水由于上游地区山西、河北省的开发利用，入境水量严重衰减，曾使北京地区多次出现供水危机。资源消费对外部的依赖程度越高，受外部变化的影响和牵制就越大，抗干扰和抗波动的能力就越差。随着北京经济高速增长，能源、原材料、水、土地等资源需求呈现刚性增长，供需矛盾日益突出，资源桎梏将严重阻碍北京市未来的新一轮发展。

④北京市水资源配置中第一、二产业处于相对弱势地位，第三产业及居民生活用水逐渐占据主要部分。由图4-5-1可见，北京市农业用水与工业用水占全部用水量份额均呈现较为明显的下降趋势。农业用水份额从1989年的最高值54.7%，逐步降至2007年的35.63%；工业用水份额从1993年的最高值33.79%，逐步降至2007年的16.67%。而生活用水以及城镇建筑业、第三产业用水所占全部用水量的份额，却呈现明显的上升趋势：从1988年的15.08%，稳步上升至2007年的最高值39.94%[①]，已经超过了同期第一、二产业用水的份额。

---

① 根据《中国统计年鉴（2007）》的指标解释，我国水资源统计体系中没有单独测算第三产业用水量，而是将第三产业用水量合并计入"生活用水"部分，因此，表4-5-1及图4-5-1中所谓"生活用水"，实际包含第三产业用水；同时"工业用水"中没有包含城镇建筑业用水量，建筑业用水量同样计入"生活用水"。

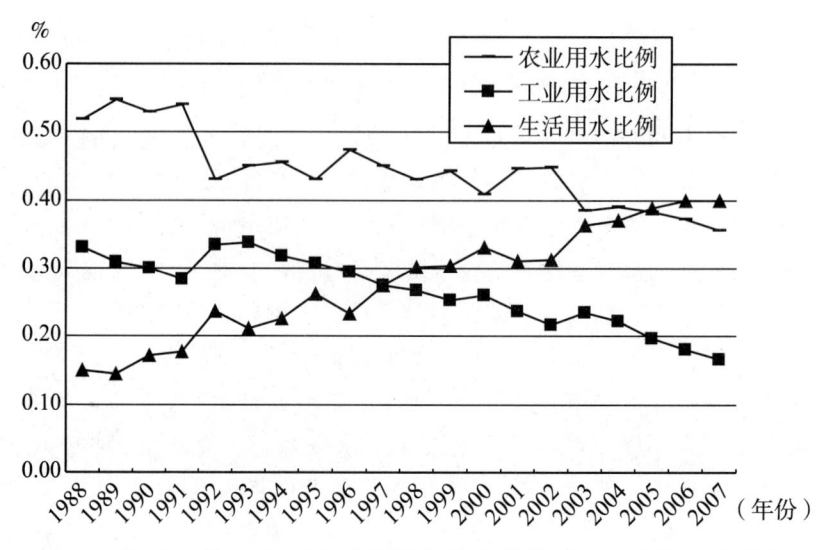

图 4-5-1　北京市三次产业用水量分类构成图（1988~2007）

二、研究意义

我国是水资源严重短缺的国家，尤其是北方地区水资源短缺的现象尤为严重。在今后相当长一段时间内，尤其是南水北调工程发挥作用之前，随着经济的发展、人口的增加和宜居城市的建设，中国水资源问题将更加突出。即使在2010年后，发挥作用的南水北调工程会在一定程度上缓解中国北方地区供水紧张的局面，但长远来看，有限的水资源供给与用水需求的不断增长仍将是我国长期面临的问题。那么，有限的水资源如何保障中国城市与农村协调稳定、可持续的发展？或者，从经济运行的角度看，有限的水资源究竟可以承载多大规模经济容量的平稳、安全运行？进而，水资源承载能力的动态发展趋势又是什么？应采取哪些措施加强中国城乡水资源承载能力？对水资源承载能力研究，越来越成为大众共同关心的问题。

在此背景下，针对水资源特点及存在主要问题，开展水资源承载能力理论与量化研究，显得十分必要和迫切。开展城乡水资源承载能力研究具有以下方面的重要意义：

第一，该研究为城乡统筹发展提供水资源方面的支撑依据，有利于了解水资源的全面价值，加深水资源效用综合性和整体性的认识，从而帮助建立正确的水资源开发利用伦理价值观、制订科学合理的社会经济发展规划。研究成果可用于评价水资源管理部门的管理水平、绩效和应对能力，也可以根据综合评价结果，评价水资源开发利用与城乡社会经济之间的协调程度。如果建立起常规的水资源承载能力指标体系，就可以对城乡经济发展和水资源（环境）的适宜性进行监测，从而帮助各级政府部门迅速做出政策响应，提出改善措施。

第二，水资源承载能力是可持续发展理论在水资源领域的具体运用，是水资源利用可持续与否的有力判据。定量方法的缺乏，使得目前经济决策和城乡统筹发展规划不能有效地考虑水资源问题，缺少将水资源和城乡统筹发展规划结合起来分析的框架。本节构建将水资源承载能力的量化指标体系和评价方法，可作为可持续发展指标体系的组成部分，为区域可持续发展理论提供重要补充。

第三，水资源承载能力研究对于水资源学科自身的发展也具有理论上的重要意义。水资源承载能力借助于其与自然水资源生态系统及宏观社会经济系统的双重联系，可以将目前在水资源学科领域发展起来的各种理论、原则和方法集成到一起，构建较完善的、适应当前社会经济环境和发展观念的水资源可持续发展理论体系，为实施具体的水资源管理提供切实的分析手段。

三、水资源承载能力理论

（一）资源承载能力概念

承载能力（Carrying capacity）原为力学中的一个指标，指物体在不产生任何破坏时的最大负荷。20世纪80年代，联合国教科文组织（UNESCO）提出"资源承载能力"的概念：一个国家或地区的资源承载能力是指在可预见到的期间内，利用本地能源及其自然资源和智力、技术等条件，在保证符合其社会文化准则的物质生活水平下，该国家或地区能持续供养的人口数量。到80年代后期，随着可持续发展概念和思想的提出，承载能力被认为是它的一个固有方面，并与之结合而获得新的发展。

（二）水资源承载能力理论

水资源作为一种自然资源，其承载能力属于资源承载能力范畴。水资源承载能力（Water Resources Carrying Capacity，WRCC）是承载能力概念与水资源领域的自然结合。水资源承载能力概念是20世纪80年代提出的，但迄今为止仍然没有形成一个系统的、科学的理论体系，即便是关于水资源承载能力的定义，国内外也没有统一的认识。

1. 国外相关研究

国外并未单独提出水资源承载能力或类似概念，国外专门的研究较少，一般仅在可持续发展文献中简单地涉及，将水资源同其他自然资源并列作为对人类社会发展的约束条件使用。例如，北美湖泊协会曾对湖泊承载能力进行定义；美国的 URS 公司也曾对佛罗里达基斯（Keys）流域的水资源承载能力进行了研究，内容包括水资源承载能力的概念、研究方法和模型量化手段等方面。此外，法尔肯马克（Falkenmark）等学者的一些研究也涉及水资源的承载限度等方面。

2. 国内学者的研究成果

20 世纪 80 年代末，以施雅风为代表的中科院水资源新疆课题组率先提出"水资源承载能力"问题。之后这一名词被广泛接受，但对于水资源承载能力的概念目前仍没有形成一个系统的、科学的理论体系。综合众多水资源承载能力定义，可以归纳为以下四种表现形式：一是将水资源承载能力归纳为最大开发容量；二是将水资源承载能力归结为水资源能够支撑的最大人口规模；三是将水资源承载能力归结为水资源能够支撑的社会经济规模；四是将水资源承载能力归结为水资源能够支撑的人口规模和经济规模。

目前不同学者对水资源承载能力定义的表述说法不一、侧重点不尽一致，但基本思路并无本质差异，都强调了支撑能力的概念。已有研究主要存在三方面偏差：第一，注重对承载对象的"数量"承载，忽视对"质量"的承载；第二，往往设定资源、环境是承载主体，人口、经济是承载对象，只研究资源、环境对人口、经济的单向承载关系；第三，单项承载能力研究多，而综合承载能力研究少。

高吉喜（2001）认为，如果要确定一个特定系统的承载情况，必须首先知道承载主体的客观承载能力大小以及被承载对象的压力大小，然后方可了解该系统是否超载或低载，因此承载能力概念可理解为承载主体对于被承载对象的支持能力。

借鉴上述思路，笔者认为，研究水资源承载能力的最终目的是为了指导该地区的水资源配置、解决水资源短缺并促进社会经济的持续健康发展。同时，水资源承载能力又是一个动态变化的过程，由于支撑对象（人口或者经济规模）的变化、科技水平的提高，水资源承载能力也会发生相应变化。因此，水资源承载能力应是一个综合的指标评价体系，强调在保证实现区域可持续发展的前提下，一个地区的水资源对该地区社会经济、生态环境、人口规模的综合支撑能力或支撑规模，它是在满足当年经济、技术和物质生活水平等约束条件下，水资源的可供应量所能支撑的人口以及经济规模。

从具体统计测算角度看，水资源承载能力应该由若干反映水资源承载主体对于承载对象支撑作用的指标综合而成。所谓"水资源承载主体（Water Carrying Capacity Media）"，是指在社会生产与人民生活过程中，为维持生态环境质量、保障人民生活、促进经济体系平稳增长而对水资源在数量以及质量上提出的需求；在统计测算中，主要由水资源总量、地表（下）水资源量、用水总量、第一（二、三）产业用水量等反映在水资源一方"供给"性质的指标所构成。而"水资源承载对象(Water Carrying Capacity Object)",是体现经济、文化和社会发展成果的载体,它对水资源提出了数量与质量方面的需求,是水资源供给、服务的对象;在统计测算中,可由人口、GDP、第一(二、三)产业产值等指标来体现。

(三) 水资源承载能力的影响因素

1. 人口和生活因素

人口是社会系统的核心。从社会系统与水资源的宏观关系分析,社会系统中人对水资源的直接消耗和社会发展水平是影响承载能力的主要因素。人口对水资源的直接消耗,即生活用水的计算是采用人均综合用水定额与人口数量的乘积得到的,因此影响生活用水的因素除了人口数量外,还包括人口的结构及动态变化情况、社会制度、政策法规、节水意识、消费水平、消费结构及发展水平等因素的影响。

2. 生态因素

生态环境不但自身需要一定的水资源量得以维持,并通过对水文循环的影响在相当程度上决定了水资源总量的大小。水是构成生态环境系统结构的要素,形成生态系统的完整功能,是维持生态环境系统良性循环发展的保证。为了保证社会经济的可持续发展,生态环境需水量是首先必须满足的,其生态需水量大小是由结构和功能所决定的。此外,生态环境质量状况也是影响水资源承载能力的因素之一。在其他条件不变的情况下,环境污染愈严重,对水资源的需求量愈大,可利用的水资源愈少,从而会降低水资源的承载能力。

3. 经济因素

经济系统是水资源支撑的主体,在经济系统中,不仅一切需水的活动对水资源承载能力产生影响,而且经济活动对水质的改变也会影响水资源的承载能力大小。按三次产业和生产力分析:

(1) 第一产业

第一产业对水资源承载能力的影响主要指农业灌溉发展对其大小的影响。由于不同区域的降水的变化,农业生产对灌溉的依赖程度不同。中国北方地区农业生产对水资源有较强的依赖性,其单位面积需要灌溉的水量,即灌溉定额较大。

(2) 第二产业

工业规模与结构对工业用水的大小有直接的影响。不同的工业产品对水的需求是不同的。与此同时,工业生产产生的废水也会影响水资源的质量。

(3) 第三产业

与第一、第二产业比较,第三产业的万元产值耗水量相对较小。从发达国家的发展历史和经济发展理论可见,随着经济的发展,第三产业的比例不断增加,其用水总量在经济系统中的比例呈上升的趋势。因此,第三产业的规模与综合用水定额是影响水资源承载能力的主要因素之一。

(4) 生产力水平

不同历史时期或同一历史时期不同地区都具有不同的生产力水平，在不同的生产力水平下利用单位立方水可生产的工农业产品的数量和质量是不同的，因此在研究某一地区的水资源承载能力时必须考虑生产力水平。

(四) 水资源承载能力测度指标体系的建立原则和指导思想

目前国内外对水资源承载能力评价指标体系的研究，大致可分为两类。一类是从传统水资源供需平衡计算基础发展起来的对区域水资源承载能力的评价；另一类是选择反映区域水资源承载能力的主要影响因素指标，对这些因素进行综合，来进行区域水资源承载能力评价。本节基于后者的思想，从水资源短缺这个基本现状出发，建立具有实际操作意义的反映城乡社会经济和生态环境可持续发展状况的指标体系及评价方法，科学地指导水资源管理。

考虑到水资源承载能力的特殊性，在对水资源承载能力研究时，应遵循以下原则：

1. 综合性原则

在指标筛选过程中尽量选取带有共性的代表性指标，同时尽量用处理后的组合指标，使其反映的问题更深刻、更具有实际意义。

2. 系统协调性原则

水资源系统与人口、经济、社会、生态环境构成协调统一的整体，选取的指标要能综合地反映影响水资源承载能力的主要因素。

3. 生态性原则

生态环境因素是承载能力研究的重要因素之一。良好的生态环境必将促进经济的可持续发展。反之，恶劣的生态环境必然对承载能力产生负作用，如水源的污染降低水资源的承载能力。

4. 可操作性原则

指标体系中的指标内容应简单明了，容易理解，通常以人均、百分比、增长率、效益等表示，并具有极强的可比性。

四、城乡水资源承载能力的测度

(一) 城乡水资源承载能力的测度方法

本节通过构建城乡水资源承载能力指数，对全国和北京市历年城乡水资源承载能力进行测度。其测度思路,是通过单项水资源承载主体与承载对象的比值得到单项水资源承载能力,再通过加权求和的方式,构建水资源承载能力指数(WCCI,Water Carrying Capacity Index)。

假设水资源承载能力指数由 n 项水资源承载能力分量 $WCC_i = \frac{CCM_i}{CCO_i}$ ($i = 1, \cdots, n$) 构成,其中,CCM_i (Carrying Capacity Media) 表示第 i 项水资源分量的承载主体($i = 1, \cdots, n$);CCO_i (Carrying Capacity Object) 为该分量的承载对象;WCC_i 即为该水资源分量的承载能力,w_i 为该水资源分量在全部水资源体系中的权重;则水资源承载能力指数(WCCI)可综合计算为:

$$WCCI = \sum_{i=1}^{n} WCC_i w_i = \sum_{i=1}^{n} \frac{CCM_i}{CCO_i} w_i$$

依据相对资源承载能力的测度方法,可对水资源承载状态进行判定。相对资源承载能力是指通过选定资源承载能力的理想状态作为参照区,将研究区与参照区的承载能力指数进行对比,从而确定研究区的资源承载状态(陈英姿,2006)。令 $WCCI$ 为研究区水资源承载能力指数,$\overline{WCCI}$ 为参照区水资源承载能力指数,定义"水资源承载压力度(WCP,Water Carrying Pressure)"为:

$$WCP = WCCI - \overline{WCCI}$$

当 $WCP > 0$ 时,水资源承载能力处于"低载"状态;当 $WCP = 0$ 时,水资源承载能力处于"平衡"状态;当 $WCP < 0$ 时,水资源承载能力处于"超载"状态。本节研究区域为北京,设定参照区为全国。

(二) 对城乡水资源承载能力指数的测度

1. 构建中国城乡水资源承载能力指标体系

中国城乡水资源承载能力评价指标体系见表 4 - 5 - 2。

表 4 - 5 - 2　　　　中国城乡水资源承载能力评价指标体系

最高层	一层	二层
水资源承载能力	生活范畴(A)	人均生活用水量(A_1)
	生态范畴(C)	人均水资源占有量(C_1)
	人口范畴(D)	人均用水量(D_1)
	经济范畴(E)	工业用水强度(E_1)
		农业用水强度(E_2)
		第三产业用水强度(E_3)
		万元 GDP 水耗(E_4)

2. 具体计算公式

人均生活用水量 = 年度生活用水量/常住人口，单位：立方米/人。

人均水资源占有量 = 水资源总量/常住人口，单位：立方米/人。

人均用水量 = 用水总量/常住人口，单位：立方米/人。

工业用水强度 = 工业用水/第二产业产值，单位：立方米/万元，产值按 1990 年不变价格计算。

农业用水强度 = 农业用水/第一产业产值，单位：立方米/万元，产值按 1990 年不变价格计算。

第三产业用水强度 = 生活用水量/第三产业产值，单位：立方米/万元，产值按 1990 年不变价格计算[①]。

万元 GDP 水耗 = 用水总量/地区生产总值，单位：立方米/万元，地区生产总值按 1990 年不变价格计算。

北京市 1999~2007 年水资源承载能力指标体系见表 4-5-3。

表 4-5-3　　　　　北京市水资源承载能力指标体系数据表

年份	工业用水强度 E_1（立方米/万元）	农业用水强度 E_2（立方米/万元）	人均生活用水量 A_1（立方米/人）	第三产业用水强度 E_3（立方米/万元）	万元 GDP 水耗 E_4（立方米/万元）	人均用水量 D_1（立方米/人）	人均水资源占有量 C_1（立方米/人）
1999	170.51	3 939.49	101.02	208.02	326.71	331.77	112.95
2000	152.48	3 388.82	98.20	194.26	283.05	296.27	123.64
2001	121.78	3 418.58	87.36	155.21	244.18	281.06	138.62
2002	91.58	2 911.36	75.89	122.27	194.75	243.25	113.13
2003	91.58	2 501.98	89.26	132.84	181.43	245.81	126.34
2004	71.75	2 404.31	85.75	115.64	153.46	231.46	143.36
2005	57.55	2 369.84	87.13	107.14	137.06	224.32	150.85
2006	47.49	2 284.32	86.65	96.00	120.81	216.95	154.97
2007	39.42	2 165.30	85.12	85.59	108.18	213.10	169.01

3. 主成分综合评价

主成分分析方法的目标是要在保证数据信息丢失最小的原则下，对高维变量空间进行降维处理；即在保证数据信息损失最小的前提下，经线性变换和舍弃一小部分信息，以少数的综合变量取代原始采用的多维变量。本节采用主成分综合

[①] 根据《中国统计年鉴（2008）》的指标解释，我国水资源统计体系中没有单独测算第三产业用水量，而是将第三产业用水量合并计入"生活用水"（第三产业及建筑业等公共用水，计入生活用水中的"城镇生活用水"部分），故此采用生活用水近似代替第三产业用水。

评价方法，计算上述指标 1999～2007 年综合评价值，即为北京市历年水资源承载能力指数（WCCI）。

表 4-5-4 中 KMO 统计量与巴特莱特（Bartlett）检验均说明，原始数据适合进行主成分分析。对原始数据进行标准化，对其协方差矩阵（也即原始数据的相关系数矩阵）进行主成分分析得到（见表 4-5-5 和图 4-5-2）。

表 4-5-4　　　　KMO 统计量及巴特莱特（Bartlett）检验统计量

Kaiser-Meyer-Olkin 统计量		0.685
Bartlett's Test of Sphericity	Approx. Chi-Square	131.773
	df	21
	Sig.	0.000

表 4-5-5　　　　　　　　特征值与累积贡献率

序号	特征值	贡献率（%）	累计贡献率（%）	第一特征值对应的特征向量
1	6.043	86.327	86.327	0.41
2	0.742	10.606	96.933	0.39
3	0.192	2.739	99.672	0.30
4	0.019	0.273	99.945	0.40
5	0.004	0.050	99.995	0.41
6	0.000	0.003	99.999	0.40
7	0.000	0.001	100.000	-0.32

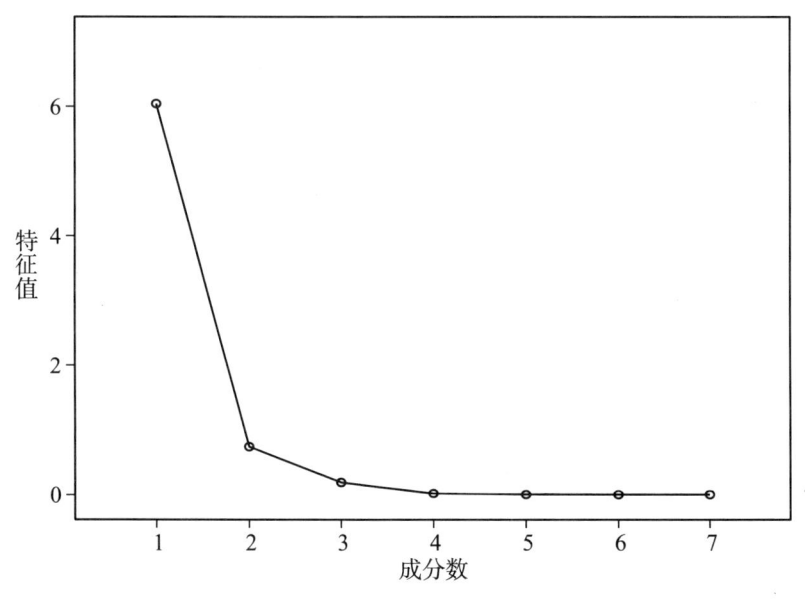

图 4-5-2　北京市水资源承载能力指数主成分分析碎石图

由于第一特征值贡献率已达到 86.33%，故使用第一主成分分量作为评价指标，构建 7 个原指标的线性函数，得到标准化的水资源承载能力指数值 $WCCI^*$：

$$WCCI^* = 0.3A_1^* - 0.32C_1^* + 0.4D_1^* +$$
$$0.41E_1^* + 0.39E_2^* + 0.4E_3^* + 0.41E_4^* \quad (4-5-3)$$

其中，A_1^*、C_1^*、D_1^*、E_1^*、E_2^*、E_3^* 和 E_4^* 分别为原始指标 A_1、C_1、D_1、E_1、E_2、E_3 和 E_4 的标准化数值。

由于主成分综合评价方法需要对原始数据进行标准化，从而使主成分得分出现负值，造成某些年份的 $WCCI^*$ 指数出现负值，该负值仅表明该年份水资源承载能力的综合评价水平值处于全部时段（1999～2007 年）的平均水平以下，并不表示该年份水资源承载能力水平的原始意义为"负值"。为了增强水资源承载能力指数的物理意义，同时，为保证与后续计算的参照区水资源承载能力指数（$\overline{WCCI}$）的可比性，使用未经标准化的原始指标 A_1、C_1、D_1、E_1、E_2、E_3、E_4，计算未标准化水资源承载能力指数 WCCI：

$$WCCI = 0.3A_1 - 0.32C_1 + 0.4D_1 +$$
$$0.41E_1 + 0.39E_2 + 0.4E_3 + 0.41E_4$$

计算结果见表 4-5-6 和图 4-5-3。

表 4-5-6　　北京市水资源承载能力指数综合评价结果

年份	WCCI*	WCCI	WCCI 变动率
1999	4.72	1 958.78	—
2000	3.12	1 693.64	-13.54%
2001	1.35	1 647.16	-2.74%
2002	-0.32	1 392.08	-15.49%
2003	-0.20	1 231.18	-11.56%
2004	-1.38	1 154.27	-6.25%
2005	-1.86	1 120.04	-2.97%
2006	-2.38	1 066.89	-4.75%
2007	-3.06	1 001.11	-6.17%

分析 WCCI 以及 WCCI 变动率知：

第一，北京市水资源承载能力呈现逐年下降的趋势。这是北京市环境恶化、水资源短缺的集中体现，水资源紧缺已经成为制约北京发展的主要瓶颈。如何协调好人、水关系，以有限的水资源保障北京可持续发展，已经成为北京迫切需要解决的重大问题。

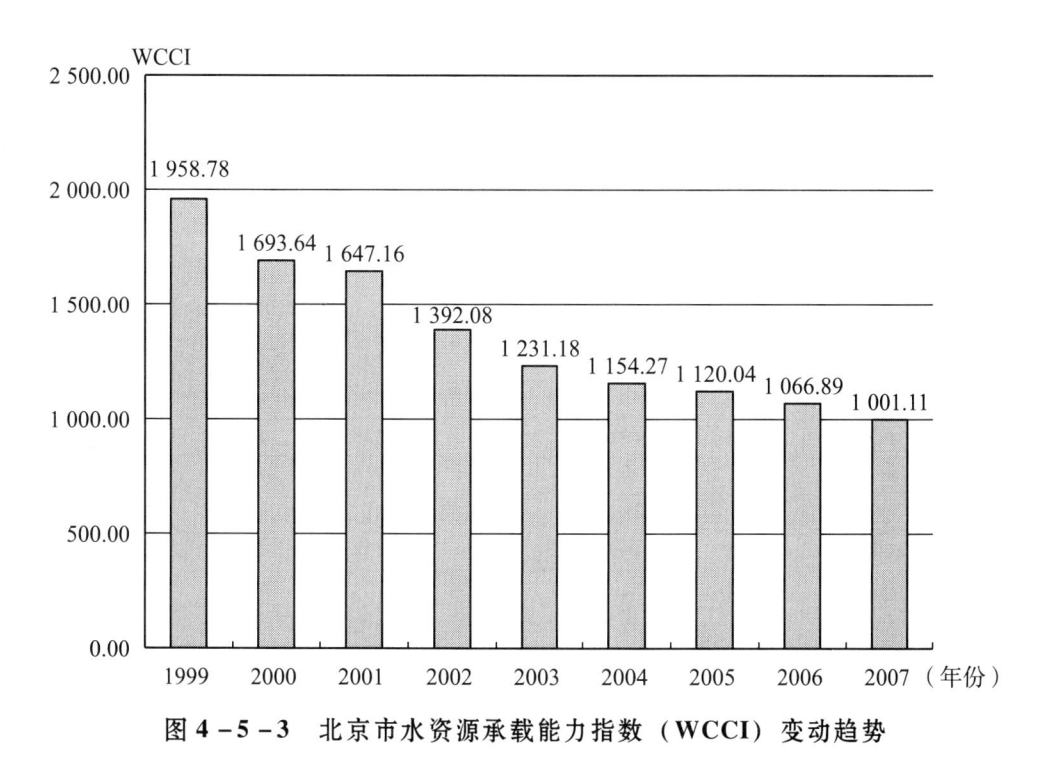

图4-5-3 北京市水资源承载能力指数（WCCI）变动趋势

第二，2003年之前，北京市水资源承载能力下降较为迅速（2003年下降速度为峰值15.49%）；2003年之后，承载能力下降趋势有所减缓，下降速度保持在3%~6%。这说明，北京市水资源紧缺问题在近年来出现了一定程度的缓解。

根据北京市水务局副局长毕小刚的介绍[①]，自2001年北京申奥成功后，北京市加强了水资源保护、供水安全、水环境综合治理和安全迎汛体系建设，先后进行了"在供水水源地周围划定饮用水源保护区，实行了严格的水源保护制度"、"全面开展清洁小流域的建设"、"采取多项节水措施，有效提高水资源的使用效率"、"加快污水处理厂和再生水厂的建设"等工作。正是这些工作的初见成效，在一定程度上减缓了北京市近年来的水资源承载能力下降趋势。

五、城乡水资源承载状态的动态比较分析

（一）参照区水资源承载能力指数$WCCI$的计算

设定参照区为全国，采用相同指标体系，计算参照区中国水资源承载能力指

---

① 新华网：北京市水务局副局长：北京水资源可满足奥运需求，http://news.xinhuanet.com/sports/2008-07/04/content_8486230.htm。

数 $\overline{WCCI}$。

中国水资源承载能力指标体系情况见表4-5-7。

表4-5-7 中国水资源承载能力指标体系数据表

年份	工业用水强度 E_1（立方米/万元）	农业用水强度 E_2（立方米/万元）	人均生活用水量 A_1（立方米/人）	第三产业用水强度 E_3（立方米/万元）	万元GDP水耗 E_4（立方米/万元）	人均用水量 D_1（立方米/人）	人均水资源占有量 C_1（立方米/人）
1999	461.34	5 387.25	44.89	398.65	1 223.44	444.49	2 241.58
2000	414.96	5 144.82	45.36	369.82	1 108.20	433.76	2 185.59
2001	383.56	5 060.49	47.00	349.98	1 038.62	436.23	2 105.18
2002	349.40	4 802.76	48.17	326.84	936.16	427.96	2 200.13
2003	319.56	4 305.16	48.82	304.34	818.93	411.71	2 124.96
2004	300.23	4 230.39	50.10	285.44	773.41	426.79	1 856.29
2005	281.11	4 013.71	51.63	267.79	706.45	430.80	2 145.45
2006	260.18	3 912.76	52.78	245.49	650.06	440.86	1 927.01
2007	239.56	3 706.29	53.77	223.25	581.88	440.38	1 911.40

采用主成分综合评价方法，计算1999~2007年中国水资源承载能力 $\overline{WCCI}$。

KMO统计量与Bartlett检验均说明（见表4-5-8），原始数据适合进行主成分分析。对原始数据进行标准化，对其协方差矩阵（也即原始数据的相关系数矩阵）进行主成分分析得到表4-5-9和图4-5-4。

表4-5-8 KMO统计量及巴特莱特（Bartlett）检验统计量

Kaiser-Meyer-Olkin 统计量		0.60
Bartlett's Test of Sphericity	Approx. Chi-Square	134.54
	df	21
	Sig.	0.000

表4-5-9 特征值与累积贡献率

序号	特征值	贡献率（%）	累计贡献率（%）	第一特征值对应的特征向量
1	5.575	79.639	79.639	0.42
2	1.048	14.966	94.605	0.42
3	0.358	5.117	99.722	-0.42
4	0.016	0.231	99.953	0.42
5	0.003	0.038	99.991	0.42
6	0.001	0.009	100.000	0.04
7	1.49E-005	0.000	100.000	0.34

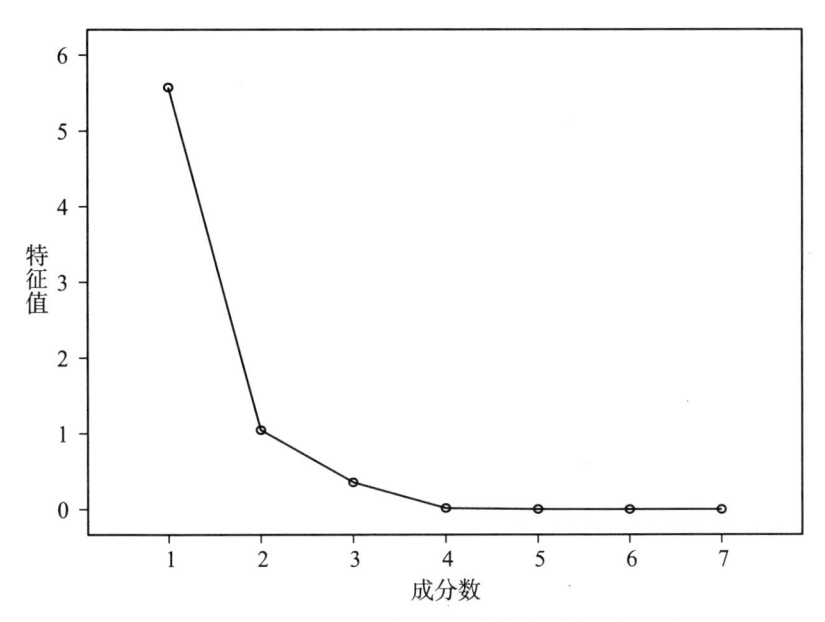

图 4-5-4 中国水资源承载能力分析碎石图

由于第一特征值贡献率已接近 80%，故使用第一主成分分量作为评价指标，构建七个原指标的线性函数，得到中国水资源承载能力指数值 $\overline{WCCI}$（见表 4-5-10）。

表 4-5-10 中国水资源承载能力指数 $\overline{WCCI}$ 综合评价结果

年份	$\overline{WCCI}^*$	$\overline{WCCI}$	WCCI 变动率
1999	3.90	3 900.59	—
2000	2.72	3 699.07	-5.17%
2001	1.76	3 584.78	-3.09%
2002	1.02	3 441.27	-4.00%
2003	-0.30	3 134.84	-8.90%
2004	-1.50	2 976.39	-5.05%
2005	-1.50	2 940.54	-1.20%
2006	-2.66	2 781.48	-5.41%
2007	-3.43	2 642.50	-5.00%

（二）北京市水资源承载压力度（WCP，Water Carrying Pressure）的计算

北京市 1999~2007 年水资源承载压力度变动趋势情况见图 4-5-5。

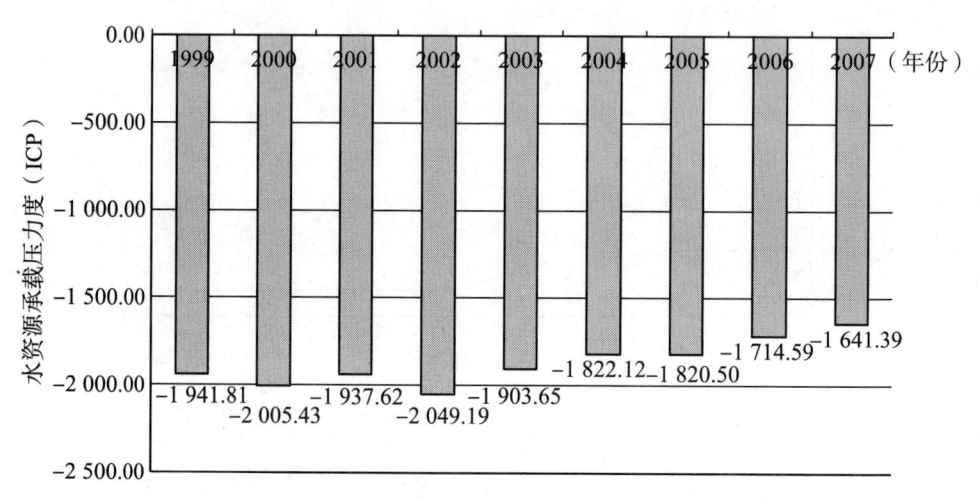

图 4-5-5 北京市水资源承载压力度变动趋势

根据前文计算的北京市水资源承载能力指数 $WCCI$，并以全国水资源承载能力指数 $\overline{WCCI}$ 为参照区指数，计算"北京市水资源承载压力度（WCP，Water Carrying Pressure）"：

$$WCP = WCCI - \overline{WCCI}$$

研究发现：

第一，在全部研究年份（1999~2007 年）WCP<0，说明北京市水资源承载能力处于"超载"状态。

第二，尽管 WCP 值全部为负，但仍体现出逐年递增的态势。图 5-5-2 显示，WCP 值在 2002 年达到最低值（-2049.19）后，每年开始缓慢上升，2007 年达到全部研究年份的最高值（-1641.39）。这说明，随着奥运建设的深入开展，政府对水资源保护、供水安全、水环境综合治理和安全迎汛体系建设日益重视，使得水资源使用效率逐年稳步提高，这在一定程度上减缓了北京市近年来的水资源承载能力"超负荷运行"的程度，暗示北京市水资源的"超载"状态在某种程度上逐年缓解。这与前文对 WCCI 指数的研究结论相一致。

六、研究结论

本节构建了北京市水资源承载能力指数,并采用相对资源承载能力比较法对北京市近年来水资源承载状态进行了综合比较,研究发现:

第一,北京市水资源承载能力呈现逐年下降的趋势,水资源承载状态处于"超载状态"。这是北京市环境恶化、水资源短缺的集中体现,水资源紧缺已经成为制约北京发展的主要"瓶颈"。如何协调好人、水关系,以有限的水资源保障北京可持续发展,已经成为北京迫切需要解决的重大问题。

第二,近年来,北京市各级部门开展的水资源建设工作取得一定成效,有效改善了水资源承载能力。以 2002~2003 年为转折点,北京市水资源承载能力出现了改善趋势。2003 年之前,北京市水资源承载能力下降较为迅速(2003 年下降速度为峰值 15.49%);2003 年之后,承载能力下降趋势有所减缓,下降速度保持在 3%~6%。同样,从水资源承载状态角度观察,2002 年是北京市水资源"超载"程度最为严重的年份,此后,同样出现了"超载"程度逐年缓解的趋势(即 WCP 指数逐年上升)。

通过对北京市水资源承载能力的实证研究发现,加强北京市水资源对于社会、经济、人口的综合承载能力,对于建设以人为本、经济社会相互协调、全面和可持续发展的现代化北京具有重要意义。

针对北京市水资源当前存在的主要问题,应从开源和节流的各个环节入手,采取综合措施,最大限度发挥水资源的综合利用效益,实现水资源系统、社会经济系统、自然生态系统的协调统一。

(一)保障开源

1. 立足北京本地采取措施,挖掘水资源潜力,进一步缓解水资源超载状况

北京水资源短缺,已成为影响和制约首都社会和经济发展的重要因素。未来的南水北调工程引水进京将会有效缓解当前北京市的水资源承载能力超载状态,但是远水毕竟解不了近渴,必须立足于北京水资源的深度开发和优化配置以及上游水资源的保护和改善,通过自身挖潜,缓解水资源紧缺的局面。

对此,一方面应继续加大对于水利建设、水资源开发的投入;另一方面应使得水资源建设的经费投入更趋合理化。应根据科学的水资源观为解决供需矛盾做出近、中、长期规划。联合国的分析报告表明,只要向农村地区每人投入 50 美元,城市地区每人投入 105 美元,就能解决目前的饮水安全问题,并能大大缓解水资源承载能力的"超载"状态。

2. 污水处理回用

污水处理回用，对缓解北京的缺水压力有一定的作用，它是指生活污水和达标工业的废水经过深度处理后，作为再生资源用到适合的领域中去。北京市每年污水排放量超过12亿立方米，这部分水中只有0.1%的污染物质，且城市污水经处理后水质相对稳定，不受气候等自然条件影响，可以就近利用，成为可靠的城市第二水源。

3. 雨水资源化

北京的降雨集中，便于雨水的收集，充分利用雨水资源是解决北京水资源问题的重要途径。北京西郊的沙砾石透水层，是建立地下水库、进行人工调蓄的理想场所。充分利用绿地进行入渗是利用雨水的又一个有效的途径，这不仅可以减少绿地的灌溉水量，而且可以减少排水河道的负担。

（二）立足节流

多年来，我们强调解决水资源问题必须走"开源节流"并举的方案。开源节流是提高水资源承载能力的重要途径，但是在用水的管理方面，我们始终没有能建立起一套行之有效、符合可持续发展、符合现代管理的体系，工农业生产、人民生活中浪费水的现象十分严重。

1. 全面推行节水政策，实施节水工业、节水农业并建立节水型社会

北京市是全国的政治、经济、文化和教育中心，水资源已经不能持续支持传统经济、社会发展的模式，必须把节约用水当作根本性措施来抓，把北京建设成为节水型城市，通过不断优化产业结构，减少来自水资源承载对象的压力。为此，一是需调整北京的工业结构布局，使高新技术产业成为首都经济发展的主导。二是科学调整农业种植结构，建设节水灌溉工程。三是加强城镇生活用水的管理。四是实行用水总量控制和定额管理相结合的制度。有关部门应尽快制定行业综合用水定额、居民生活用水定额，在实践中不断完善和改进。

2. 城镇生活节水

加强节水宣传、增强市民节水意识；出台浪费水重罚的政策、法规，发挥价格对节水的促进作用；同时大力开发、推广、使用节水设施和器具。

3. 调整用水结构

产业结构对水资源开发利用具有重要影响。北京产业结构的未来发展方向是向节水防污高效产业结构迈进。目前北京市的产业结构还不合理，与北京水资源条件还不相适应，高耗水的产业占有相当的比重。未来发展方向是通过宏观调控和政策扶持，在考虑水资源支撑能力的前提下，调整产业结构和工业布局，对新上高耗水、高污染的工业项目严格把关，鼓励发展用水效率高的高新技术产业，

同时加大对现有技术和工业进行改造提高。

4. 完善水资源价格体系

合理的水资源价格是对水资源进行经营管理的重要手段之一，是促进水资源合理开发利用的前提，是水资源供给与需求的调节器。制定合理的水资源价格体系才能统筹兼顾、科学有效地配置各种水资源，整体上发挥水资源的效益。目前，北京尚未健全完善的水资源价格体系，致使水资源经营管理未能充分发挥经济杠杆的作用。应开放水资源市场，实施水资源有偿使用、有偿转让、尝试进行水权交换。

第六节 中国城乡统筹发展的路径：基本思路与策略分析

统筹城乡发展的核心内容是动员城市经济系统的力量，支持和加快乡村发展，并在此基础上实现城市与农村经济社会的互动发展。因此，统筹城乡发展的基本模式是通过重大经济社会政策改革和国民收入分配格局调整，建立社会主义市场经济体制下和谐、平等的城乡经济关系，使城乡居民的基本权利在法律和事实上都平等；统筹城乡发展的政策目标是工农互促、城乡协调、整体推进现代化，而达此目标其着力点应放在农业和农村。

一、统筹城乡发展的基本目标与思路

2005年，我国提出了经济建设、政治建设、文化建设、社会建设"四位一体"的发展要求，强调要从社会主义现代化建设全局出发，统筹城乡区域发展。在积极推进城乡统筹发展中，要建设社会主义新农村，提出建设社会主义新农村是我国现代化进程中的重大历史任务。

统筹城乡发展，必须体现并有利于可持续发展。我国土地、淡水、能源、矿产资源和环境状况，对统筹城乡发展已经构成严重制约。按照联合国1989年《关于可持续发展的宣言》，可持续发展就是既要使人类的各种需要得到满足，又要保护资源的生态环境，并不对后代人的生存和发展构成威胁。统筹城乡发展的目标，同样必须体现这个要求。有研究认为，经济低代价增长、人口适度零增长、自然资源和环境容量扩大增长，是我国实现可持续发展的基本目标和基本途径。统筹城乡发展中，如何因地制宜确定可持续发展目标和实施办法，是各地应十分重视和解决的问题。

二、统筹城乡发展的策略选择之一：实现农村和城市资源承载能力的互动提升

（一）增强城乡土地资源承载能力

在统筹土地利用和城乡规划上，要做好县域城镇建设、农田保护、产业聚集、村落分布、生态涵养五个规划，这五个规划要统筹考虑、合理安排，做到科学有序、综合开发。这体现在如下方面：

第一，要合理安排市县域城镇建设。城市、县城、集镇都要按照城乡经济社会发展一体化的要求来统筹规划、合理安排。

第二，要统筹农田保护。在规划中就要体现土地产权明晰、用途管制、节约集约、严格管理的原则，坚持最严格的耕地保护制度，严格防止靠经营土地、炒地皮而扩张城市，靠出卖土地牺牲农民的利益而换取城市建设的资金。

第三，要统筹考虑产业聚集。要大力推进县域经济发展，推进农村经济结构的调整。

第四，要统筹规划村落分布。村落的形成是传统农业生产经营方式的产物，是历史形成的，也是同我国传统农业的生产方式相适应的。要发展现代农业，实现经济社会发展一体化，就要按照一体化、现代化的要求来统筹规划村落分布。

第五，要统筹规划生态涵养的空间布局。城市、城镇、乡村要统筹规划。不但产业发展、农田保护要统筹规划，而且整个区域都要从整体上统筹规划，做到保护水源、保护草原、保护森林、保护湿地。不论怎样发展，都必须保护好、建设好人类赖以生存发展的生态环境，防止掠夺式经营、破坏式生产。

（二）增强城乡水资源承载能力

1. 调整用水布局，实现水资源的合理配置

①调整用水结构。坚持以水定供、以供定需，按照城乡当地水资源承载能力调整产业结构和工农业布局。缺水地区应对新上高耗水、高污染的工业项目严格把关，避免造成当地水资源的过度开发，鼓励发展用水效率高的高新技术产业，同时加大对现有技术和工业的改造提高；水资源丰沛地区高用水行业的企业布局和生产规模要与当地水资源、水环境相协调；严格禁止淘汰的高耗水

工艺和设备重新进入生产领域。农业结构调整也要适应水资源的现状，大力发展畜牧业和旱土作物，缺水严重的地区，水路不通走旱路，发展农业要因地制宜，合理布局。

②大力开发地表水，合理开发地下水。必须加强管理，限制开发地下水资源；要划定地下水禁止开采区域和限制开采区域，制定地下水超采区治理规划。

2. 完善水资源规划，发展节水灌溉

增强城乡水资源承载能力，要从流域着眼、地区着手，尽快完善水资源综合利用规划，以及防洪、供水、水资源保护等专项规划，并将这些规划纳入国民经济和社会发展总体规划。

要进一步完善防洪体系。通过加固堤防、疏浚河道等措施，稳定岸线，控制和改善河势，保持和扩大河湖泄洪蓄洪能力，改善航运条件。要继续在四水上游兴建、扩建一批大型骨干水利工程，提高四水及洞庭湖的防洪和供水效益。

在提高防洪能力的同时，要继续发展农村节水灌溉。要抓好灌溉工程的续建、配套、挖潜，下大力气根治病险水库，着力提高蓄水能力和灌溉能力。要推行节水灌溉技术，加强小江小河治理，搞好封山育林、退耕还林，改善小流域的生态环境，防治水土流失。

3. 依法保护水资源，大力治理水污染

水功能区划要从合理开发和有效保护水资源出发，依据国民经济发展规划和水资源综合利用规划，结合区域水资源开发利用现状和社会需求，以流域为单元，科学合理地在相应水域划定具有特定功能、满足水资源合理开发利用和保护要求并能发挥最佳效益的区域（即水功能区）；确定各水域的主导功能及功能顺序，确定水域功能不遭破坏的水资源保护目标。

4. 统一管理水资源，推行城乡水务管理一体化，提高水务管理水平

现行水资源管理体制的弊端是"多龙管水"，在流域管理上条块分割，在区域管理上城乡分割，在功能管理上部门分割，在依法管理上政出多门。这种体制严重阻碍了水资源的可持续利用。因此，要从体制着手加快城乡水务一体化管理进程。

实行水务一体化管理是水利管理体制的重大改革。实践证明，实行这一体制能有效地解决在水事活动中管理职能交叉的问题，变"多龙管水"为"一龙管水"，能充分发挥水资源统管统配优势，对地表水和地下水进行联合调度，从而缓解水的供需矛盾。

实行水务一体化管理，还有利于增加供水水量，改善供水水质，降低供水成本。在水利建设滞后于经济、社会发展的前提下，通过对现有水利工程的优化调度，能增强水利行业的市场竞争与参与能力。

实行水务一体化管理，还能促进用水结构调整和节约用水。有利于水行政主管部门依法行政，避免越权行为的发生，树立水行政主管部门依法统一管理水资源的权威。因此，这项改革必须抓紧进行，确保各项改革措施落实到位。

（三）增强城乡基础设施承载能力

农村基础设施，是提高农业综合生产能力和推进农村经济社会发展的基础。切实改善农村基础设施建设落后于城市基础设施建设、滞后于农村经济社会发展的状况，是缩小城乡差距、建设社会主义新农村的一项重要任务。在统筹城乡基础设施建设和公共服务方面，要着力抓好以下几个方面的工作：

①应把基础设施建设的重点转向农村，加大政府投入。要按照基础设施建设受益范围的大小，在明确中央和地方各级政府职责的基础上，大幅度地提高各级政府的投入比重和增长比例，并通过制定专门的农业投入法规加以约束硬化。

②要逐步建立城乡统一的公共服务制度，建设覆盖全程、综合配套、便捷高效的社会化服务体系，力争在三年内普遍健全乡镇或区域性农业技术推广、动植物疫病防控、农产品质量监管等公共服务机构，逐步建立村级服务站点。支持供销合作社、农民专业合作社、专业服务公司、专业技术协会、农民经纪人、龙头企业等，为其提供多种形式的生产经营服务。

③要加大农村公共产品的投入力度。我国农村的基础设施建设比较落后，适度加快农村的基础设施建设是必要的。在统筹城乡发展的大背景下，应当看到，农村基本公共产品直接关系到农民的生存权和发展权，关系到农村社会的长治久安。

④实行基础设施联网建设。多年来，制约农村经济发展的一个重要因素是基础设施薄弱，在这方面城乡之间差别太大。今后应坚持把城市和农村作为一个有机整体来考虑，统筹推进城乡交通、水利、电力、通信、广电、供水、供热、供气、环保等重大基础设施建设，努力实现城乡共建、城乡联网、城乡全覆盖。市政公用事业也要跳出主城区，立足城乡统筹协调发展，加快区域供水、天然气应用、水环境治理；加强农村环卫设施建设，逐步实行城乡垃圾统一收集处理，并借鉴城市的办法实施农村清洁工程，搞好村容村貌管理。

⑤改革和完善基础设施管理体制。对国家和集体投资的基础设施，在确保安全有效运行和正常发挥效能的前提下，有条件的都可以采取承包、租赁、改制、转让等形式，按准市场机制进行资产经营管理，以解决其存量、增量资产年久失修、供给效率低下的矛盾。对企业组织及私人、农村社区投资的各类基础设施，则应在服从政府统一规划和保障有效供给的原则下，坚持按照"谁投资、谁受

益"的原则,支持、维护其合法权益和在准市场机制下的经营管理权,以保证多元供给主体结构的有效形成。

三、统筹城乡发展的策略选择之二：综合提升城乡环境承载能力

(一) 因地制宜解决环境问题

城市、农村应各行其道,坚持因地制宜原则,针对城市、农村自然条件、产业特点、生活状况不同和财政实力等实际情况,按照低成本运行的要求,选择处理模式和处理技术路线。农村地区大多经济相对落后,地方财力有限,环卫设施相对滞后,一些环境保护建设不可能也没有必要一镇一村地建立,例如垃圾处理场、污水处理厂等。因此,要重点建立并形成"设施互补、设备配套、服务衔接"的处理系统,以实现设施共建、资金共担、服务共享的目的。

(二) 优化城乡布局,充分体现城乡功能互补性

合理的城乡布局是建立在一定的功能分工基础上的,其中重点在于城乡产业之间的协调,以及居住、文化等方面的功能分工。城乡功能互补是城乡统筹的基础,因此,在制定城乡产业发展规划时,要遵循区域一体化战略,通过分析城乡的产业结构及其他经济社会指标,从横向与纵向两个方面综合考虑二者的分工与协作。一方面,基于自身的相对资源优势,从城乡功能互补的内在需要来确定城乡不同的产业发展方向与目标；另一方面,乡村地区除发展第一产业外,还可以发展低成本的初级加工制造业等二次产业,为避免城乡产业的同构现象,可以因地制宜地实施农业产业化,建立乡村与城镇之间的纵向经济联系。除此之外,乡村地区内部还具有复杂性与差异性,因此应该在深入分析不同乡村地区的自然条件、农业内部结构的差别、经济社会运作方式、发展动力等方面的基础上,进行合理的功能分工,因地制宜的制定乡村发展政策。因此,在环境规划中,至少要体现以下三个互补：

①产业功能互补——统筹城市和农村的产业结构链,在区域内部实现自然资源的重复和高效利用、实现内部消耗产业废弃物,从而降低环境治理成本。

②居住、生活功能互补——乡村型的居住空间、郊野公园、城市公园、田园风光城市。

③社会服务功能互补——提高农村基础设施的普及率。

(三) 建立配套的城乡产业结构和布局

①建立城乡产业生态系统。统筹城市和农村的产业结构链，在区域内部实现自然资源的重复和高效利用、实现内部消耗产业废弃物，从而降低环境治理成本。构建贸工农贸产业链，这条链条上拥有商业贸易业、加工制造业和订单农业这三个主要环节。一是城市布局商贸金融等流通服务业，应着力发展无污染或仅有轻度污染的金融、商业贸易等第三产业，发展重点是文化、法律、金融、保险、信息、科技创造等领域。二是城郊布局订单农业向商贸金融业的加工转换环节。城郊区位独特，一方面自身作为城市重要的农副产品生产基地和供应基地；另一方面，凭借广大乡村提供的大量农副产品和轻工业原料，大规模地展开农副产品和轻工原料的加工、深加工与精加工，延伸该产业链，建设成为面向城市需要和国内国际市场需要的现代农业产品加工转换大营地。三是乡村布局订单农业和大农业环节。乡村地区继续在其产业基础上，大力发展农业产业，但应该密切关注市场需求，围绕城市需求发展相关经济作物，甚至是订单生产，为城市生活消费提供部分食品原料并为城市轻工业发展供给大量的原材料。

②建立城乡统筹的产业布局。区域生态系统是一个整体，所以在规划城市产业布局时，流失应从区域或流域角度布局，充分考虑区域资源的承载能力和环境承载能力。其次不仅要考虑产业布局对城市环境的影响，还应从污染扩散等角度考虑对农村的环境影响。

大力发展循环经济是解决产业布局不合理问题的途径。在农村，一是大力发展生态农业，运用循环经济理念来实现农业清洁生产和产业间协调发展。例如，推进集约化畜禽养殖与生态农业农牧一体化发展。通过沼气综合利用设施治理集约化畜禽养殖场的污染，沼渣、沼液就地转化为肥料利用。这不仅可以克服其污染治理中的技术经济障碍，还能统筹解决农村资源、能源、环境问题，也减少了化肥、农药可能造成的污染。二是科学规划合理布局，不断调整优化畜牧业的结构。对于受畜牧业污染较为严重的地区，可以适当地采取划定禁养区、限养区的范围，尽量以牺牲最小的环境代价换取最好的经济效益。有条件的地方，可以划出一定的区域作为养殖小区，鼓励集中养殖，集中治理，以减少畜禽污染所带来的影响。同时要进一步地调整优化产业结构，发展一些经济效益好而污染比较少的生态农业。

(四) 强化城乡生态文化融合

统筹城乡发展，是从城乡生态对立走向城乡生态融合的过程，是城乡文化冲突到城乡文化融合的过程。政府要给予财政支持和有效引导，打破城乡壁垒，以生态建设为平台，开展城乡统筹规划，让生态体系和文化网络逐步从城市延伸到农村，使城乡居民共享文明成果。

科学规划是城乡生态融合和文化融合的基础，体制改革是城乡生态融合和文化融合的根本切入点，生态、文化与产业并举是城乡生态融合和文化融合的支撑，政府投入是城乡生态融合和文化融合的原动力。

（五）建立城乡环境风险预警系统

生态环境初期的变化在时间和空间上都是渐进性的，一旦超过了某个积累量或空间上的临界点，就会出现无法控制和修复的突变，例如太湖污染、云南滇池的污染。建议在分析城市和农村环境风险的相互关联性的基础上，构建城乡环境风险预警系统，建设一个包括环境质量、污染、生物丰度、植被覆盖、水网密度、水土流失和灾害指数等指标的生态环境监测网络，形成生态质量监测评估能力；开展统一的土壤调查、监测，建立共有共享、使用便捷的信息平台；加强卫生、市政、水利、环保等部门监测工作的配合和信息沟通，规范对农村饮用水源的监测，建立统筹城乡的污染源监测网络；加强环境监测能力建设，形成统筹城乡的环境污染监控、应急监测快速反应能力。

（六）建立城乡生态补偿机制

生态补偿机制是以保护生态环境、促进人与自然和谐发展为目的，调整与生态环境保护和建设相关的各方利益关系的一系列行政、法律、市场等手段的总和。建立和完善生态补偿机制，有助于推动环境保护工作实现从以行政手段为主向以行政、经济、法律等综合手段为主转变，有助于推动城乡统筹发展。这体现在：

1. 进行城乡环境损益分析

环境经济损益分析，也称为环境影响的经济评价，是对某一项目、规划或政策所引起环境影响的经济价值进行估算。进行城乡环境损益分析，就是对城市生态环境治理行为进行评价，评价其对农村环境产生的影响。由于城市环境治理行为，农村得到的正面的环境影响，估算出环境效益；负面的环境影响，估算出环境成本。

2. 进行城乡生态资产转移分析

生态资产是人类从自然环境中获得的各种服务福利的价值体现，包括自然资源价值和生态服务功能价值。由于生态环境的开放性，决定生态资产的开放性和可转移性。城乡经济社会发展对生态资产需求的不平衡，产生以大气、水为介质和以动植物为载体的生态资产从农村转移到城市的现象十分普遍。对城乡生态资产转移情况进行分析，可以得出城市发展对农村生态环境的压力。

3. 建立城乡生态补偿基金

一是建立城乡生态补偿基金。从政府财政中拿出一部分资金用于补助、补偿城市发展对农村生态的破坏，从而激励损害行为主体减少因其行为带来的外部不经济性，达到保护环境的目的。二是建立财政基本保障型体制。生态补偿金纳入财政专户管理，专项用于农村生态环境保护和生态项目建设，主要用于农村环境保护基础设施的建设。

四、统筹城乡发展的策略选择之三：综合提升城乡经济承载能力

如前文所述，经济承载能力最直接的体现就是该区域在一定时期内经济活动所能吸纳的就业人口和其供养的最优人口数量，经济承载能力是就业岗位的承载能力，没有就业岗位就没有现实的承载能力。因此，要提升城乡经济承载能力，必须做好以下几个方面的工作。

（一）不断完善统筹城乡就业机制

①促进教育培训事业发展，提升劳动力素质和技能，以适应产业发展和结构提升的需要。

②加强政府职能，建立完善的宏观调控体系。统筹城乡就业的主体是政府，但政府不能包办城乡就业，不单是去给找不到工作的农民介绍岗位，而是要调整和完善宏观经济政策和产业政策，充分利用市场机制和政策导向，促进城乡就业协调发展。当前，政府"统筹"的重点应该集中于如下领域：

第一，统筹城乡就业规划与宏观政策，让农民工能与城镇职工一样拥有平等的就业机会。

第二，统筹城乡就业管理与服务体系，让农民工能和城镇职工一样享有公共就业服务，进而使就业者及亲属享受到更多的公共资源。

第三，统筹政府在城乡就业方面的职能和责任，搞好区域间劳动力市场的协调发展。要把城乡劳动力资源开发利用作为一个整体，通盘考虑，统筹安排。在做好城镇就业工作的同时，把农村劳动力的转移就业，包括失地农民的就业、外来劳动力的流动就业纳入就业计划和劳动保障管理中。要根据本地经济发展特点和城乡劳动力资源状况，实现经济发展与扩大就业的良性互动。

③加快农业产业化发展速度，就地实现农村剩余劳动力转移。目前各地在劳动力转移工作中出现一种认识误区，即把劳动力转移看成只是向城镇转移。其

实，劳动力向城镇转移只是多种转移形式中的一种。加快农业产业化发展，就地开发就业潜力，符合我国小城镇发展水平低、农村剩余劳动力人数多、劳动力素质偏低的特点。要努力拓展农业发展空间，发展规模养殖业和水产业、高效园艺特产业和农产品加工业，建设优质农产品基地和现代农业科技示范区，让农民由单一种粮向多种经营发展，做到"一村一品"、"一乡一业"，依托当地资源，深挖就业潜力，不断提高农业产出效益，实现农村劳动力就地转移。

④建立覆盖城乡的职业培训体系，为城乡劳动者提升职业技能提供有效服务。在统筹规划、整合现有资源的基础上，重点建设一批骨干职业教育培训机构，形成覆盖城乡、布局合理、灵活开放的职业培训组织体系。推进职业院校与相关企业合作，加快生产、服务一线急需的技能型人才培养工作。对拟向非农产业和城镇转移的农村劳动力开展引导性培训和职业技能培训，对已转移就业的人员定期开展岗位技能培训。充分发挥以县级农民科技教育培训中心为龙头，县、乡、村各类农民教育、技术推广和科研机构为补充的农民科技教育培训体系的作用。

（二）不断优化劳动力转移和城乡一体化就业制度和政策环境

应清除劳动力转移的制度性障碍，从而解决"转移得出"和"留得住"的问题。

①创新户籍管理制度，消除就业身份障碍。户籍制度是阻碍城乡统筹就业的制度性原因，它决定或制约其他城乡统筹就业制度的力度和广度。甚至可以说，彻底废除现行户籍制度的话，一切阻碍城乡统筹就业的制度也就迎刃而解。户籍制度的变迁应随国民经济的发展而逐步到位，而不是一蹴而就。在中小城镇应废除城乡户籍制度，采用户籍登记管理制，让城乡劳动力在身份上实现平等。

②完善社会保障制度，逐步建立城乡统一的社会保障体系。积极探索建立以最低生活保障为底线、以卫生保健和服务保障为基础的城乡统筹社会保障体系。一是建立覆盖城乡全体劳动者的基本养老保障制度。目前，城市职工养老保险的社会统筹部分可设计为全体劳动者的基本养老项目，而不分城乡之别，以确保城乡全体劳动者的最基本生活的平等。二是建立全民统一的大病统筹医疗保险制度。统筹做好非企业职工、农民等的大病医疗保险，目标在于保障全体国民不致因大病而影响基本生活乃至陷于贫困。三是实行统一的社会救助制度。现阶段可以最低生活保障制度为重点，使制度能城乡衔接乃至统一，资金完全由国家与社会提供，但给付标准可视具体地区情况而定。

③促进劳动力转移。重视劳动力的有序流动，促进农村富余劳动力向城市转移，推动农民向城镇集中。加强农民差异化的就业培训，提高农民不同技能方面

的优化，着眼于进城务工农民向城镇居民转化，大力加强农民工就业安居扶持工作。

（三）解决好城乡就业供求衔接问题

建立统筹城乡就业的新机制还要解决供求衔接问题。关键是要发挥劳动力市场的作用，减少劳动力市场信息供求错位，强化工资杠杆机制的作用，从而使农村劳动力畅通无阻地向非农产业转移。这项工作牵涉各方面利益，需要各部门协同合作，共同推进。通过对劳动力供求双方交易行为的规范化，减少双方交易过程中的不规范行为，保护交易者的合法利益。

①建立覆盖城乡的公共就业服务体系，为城乡劳动者就业提供有效服务。进一步完善公共就业服务网络布局，建立健全街道社区和乡镇的公共就业服务网络，将就业信息、培训信息、政策咨询和职业介绍等公共服务延伸到社区、乡镇。加强劳动力市场信息网络建设，实现城乡网络互联。公共就业服务机构全面向城乡劳动者开放，对城乡劳动者实行公平待遇，对登记求职的农村进城务工人员实行免费的信息咨询、职业指导和职业介绍。建立农民工权益保护方面的新闻或信息发布等制度。加强区域内和区域间劳动力市场网络建设，包括就业服务网点和信息网点两方面的软硬件建设。就业服务网点包括各镇、管理区劳动所等劳动管理服务机构。通过这些网点，发布劳动力供求信息、就业政策及劳动力培训信息等，以便引导劳动力在区域内、区域间的流动，减少劳动力寻访成本，同时提高劳动力的素质。

②健全劳动用工管理制度，切实维护城乡劳动者权益。在各类企业全面推行劳动合同制度。要求企业与城乡劳动者签订劳动合同。在欠薪高发行业和企业建立工资保证金制度。进一步健全最低工资制度，及时调整最低工资标准。实行城乡劳动者同工同酬。逐步健全工时、休息、休假等各项标准，科学合理地确定劳动定额。消除就业歧视，构造城乡统一的就业市场。目前，劳动力市场发育程度较低，不同所有制企业之间和城乡之间的劳动力资源配置还受到许多非市场因素的制约，劳动力供求信息不对称。政府应加快劳动就业制度的改革，提高城市劳动力市场的发育程度，真正实现用人单位与劳动者双向选择。积极培育劳动力市场中介组织，扩大劳务信息服务，增强市场透明度，降低供需双方的交易成本。同时，努力消除对农村劳动力的就业歧视，降低农民工进城的就业门槛，进一步兑现在保障农民工利益方面的承诺，包括保障工资发放、签订劳动合同、改善居住等生产生活条件，让农民工真正进得来、住得下、有工作。

（四）大力优化城乡经济发展模式

①完善城乡发展的空间布局。加强城乡经济发展的空间战略布局，统筹规划城乡区域结构，根据空间分布情况进行总体规划，根据全面发展的经济发展理念，完善城镇体系建设规划，着力推进大中小城镇和农村新型社区建设，构建特色明显、分工协作、优势互补的现代化城镇体系。逐步形成特大中心城市、中小城市（镇）和农村新型社区为一体的市域城镇体系。

②加快城乡发展的产业结构调整。着重改变过去城乡发展上存在的粗放型发展格局，按照新型工业化道路的要求，制定城乡一体化的产业发展布局。加快农村第一产业向第三产业的结构调整，大力发展农村第三产业，扩大农村剩余劳动力转移的容量。形成"以工促农，以城带乡"的发展理念，利用工业化的发展带动农业和农村的发展，以第二产业的发展带动其他产业的发展，延长第一、二产业的产业链，促进农产品的规模化经营和深加工链条。

③加大农村资本要素投入。加大对农村信用社改革和发展的支持力度，建立农业贷款和中小企业贷款风险补偿机制，建立畅通的互动协调机制，促进农村经济发展的信贷资金需求。要依托城乡资源，引导信贷资金向城乡基础设施倾斜，引导资本下乡参与土地规模经营，实施农工贸一体化项目和小城镇综合开发等，引导金融资源流向农村，支持涉农项目。

第 5 章

经济系统物质流核算与中国经济增长若干问题研究

目前，中国正处于全面建设小康社会，加快推进现代化，深化经济发展的重要历史时期。以技术为先导的经济发展使我们攫取、加工和利用自然的能力迅速提高，加之人口的快速增长，致使资源枯竭、环境污染加剧等可持续发展问题越来越严重。其根本原因在于，中国的生产和消费活动忽视了自然资源和环境承载能力的有限性，其活动范围和规模都产生了不可逆转的巨大变化。这种变化对自然环境造成的影响在一定程度上已经超出了生态系统的自我恢复能力，从而导致了社会经济发展与自然环境的种种矛盾。在经济保持不断增长的前提下，解决资源与环境问题，实现经济和社会的可持续发展，就需要考虑经济活动与自然环境之间的关系。

经济发展对自然生态系统的影响一方面表现为对自然资源，尤其是不可再生资源的大量消耗；另一方面也表现为向自然环境排放出大量废弃物，包括各种污染物。经济活动与自然生态系统之间的相互作用类似于生物的代谢过程，经济系统从自然生态系统中攫取资源，经过加工、运输、消费和废物处理，最终产生了没有经济价值的废弃物，重新回到自然环境中。

因此，经济增长方式转变要求经济活动对资源的消耗和对环境的污染排放在生态系统可承载的范围之内。对中国经济系统运行这一过程进行跟踪，可以从系统分析的角度认识经济发展的过程与自然环境之间的关系，从而能够将经济系统作为自然生态系统的一部分，对其生产和消费模式进行重新设计，使其能够与自然环境和谐、科学发展与可持续发展。

本章共分 7 节，以经济系统的物质流核算方法为基础，以中国经济系统为研究对象，除了第 7 节主要结论和建议外，主要研究内容包括：

第一节，经济系统物质流核算方法。本节以欧盟 2001 年《经济系统物质流核算及其导出指标》为基础，系统归纳总结了经济系统物质流核算方法。

第二节，中国经济系统物质代谢总量平衡核算。这部分利用欧盟经济系统物质流核算的标准分析方法，对中国 1990～2008 年经济增长过程中的自然资源的需求与废弃物的排放情况进行总量平衡核算，通过国际比较评价这一时期中国经济增长转变过程中的生态效率。

第三节，中国经济系统的物质减量化分析。"物质减量化"是从根本解决资源紧缺问题的关键。本节对中国 1981～2008 年的物质投入量与经济发展水平的关联程度进行了分析，并拟合了环境库兹涅茨曲线。结果表明，中国单位经济增长实现了相对物质减量化，物质消耗总量仍在逐年增加，还没有出现绝对物质减量的趋势，中国经济仍然承受着巨大的环境压力。

第四节，中国典型农村经济增长的可持续性评估。在前面研究的基础上，本节将欧盟物质流核算的黑箱模型进一步白化，识别农村经济发展活动中产生关键作用的物质流，使用河南省中部农业县禹州作为案例分析了"十一五"期间中国农村典型区域的农业生产和消费活动产生的环境影响。

第五节，中国经济增长与物质代谢的动态冲击分析。本节利用向量自回归模型，对中国经济增长与资源投入和污染排放的动态冲击传导进行模拟分析。结果认为，经济增长是中国资源耗减和污染排放的重要原因，资源投入和环境污染对经济增长也存在一定的反作用。随着结构调整与升级、技术进步以及政府政策的有效实施，中国在保持经济高速发展的情况下，减少资源环境压力。

第六节，中国经济增长与物质代谢的面板数据分析。本节依据物质投入指标，利用面板数据模型，对中国 30 个省、自治区和直辖市的资源消耗与经济增长关系进行动态分析。结果表明，短期内矿物质消费与人均 GDP 之间不存在因果关系，长期资源消耗与经济总量之间的相互因果关系，包括作为主要能源的化石燃料与经济增长之间的长期相互因果关系。

第一节 经济系统物质流核算方法

欧盟统计局（Eurostat，2001）的经济系统物质流分析方法（Economy – wide Material Flow Analysis，EW – MFA）是目前物质流核算的标准方法。该方法主要研究整个经济系统的物质流账户和平衡。这些经济系统范围的物质流账户和平衡反映了进入经济系统的实物量、经济系统内部的物质积累和输出到其他经济系统或者自然环境的物质。

一、经济系统物质流分析方法的基础

经济系统物质流分析方法的基础是物质守恒定律。关于物质守恒的热力学第一定律可以表述为：物质（例如质量或者能量）在物理变化（生产或者消费）过程中既不会凭空产生也不会凭空消失。物质平衡定律为经济—环境—关系的物质账户一致性和一致的、全面的记录输入、输出和物质积累提供了一个逻辑基础。物质守恒定律既可以从系统的角度来应用也可以从流的角度来应用。

对于一个给定的系统，比如生产或者消费过程、公司、区域或者国家经济系统，物质守恒定律遵守以下的特性：

$$总输入 = 总输出 + 净积累$$

也就是说，进入系统的物质要么在系统中积累、要么又作为输出离开系统。

对于一个给定的物质流动，物质守恒特性可以表达如下：

$$初始物质 = 最终产物（使用的其他术语还有供应 = 需求，或者资源 = 使用）$$

即所有的物质流动都有一个起点和一个终点，从初始物质的质量之和必须等于最终产物的质量之和的意义上来说，起点的分解必须是详尽无遗漏的。物质在生产和消费过程中改变了存在形式。当这个特性用于建立特殊物质种类（例如，化石燃料或者生物质）的经济系统范围的平衡时，原材料必须与这些物质的最终产物，例如排放物或者废物相关联。

二、经济系统范围的总体物质平衡体系

经济系统范围的物质流账户和平衡给出了以吨计量的对经济系统物质输入和输出的综合概览，包括从国家环境额输入和向环境的输出以及进出口的实物量。存量净变化（净积累）等于输入和输出之间的差值。经济系统范围的物质流账户和平衡建立了衍生多种物质流基础指标的基础。

图 5-1-1 给出了物质平衡的总体体系。这个体系包括与进出口相关的间接流以及通过经济系统的水和空气流动。图 5-1-1 给出的分类还可以继续细分，例如，在本地物质来源中，还可以将本地开挖量分为使用和未使用的开挖量。本地物质开挖量还可以进一步分解为（根据一些量化标准），例如化石燃料、金属矿石、工业矿物质建设矿物质和生物量等。每一个宽泛的物质类别还可以进一步

分解，例如化石燃料进一步划分为燃料类别，生物量划分为木材、农业收获量、捕鱼量等。

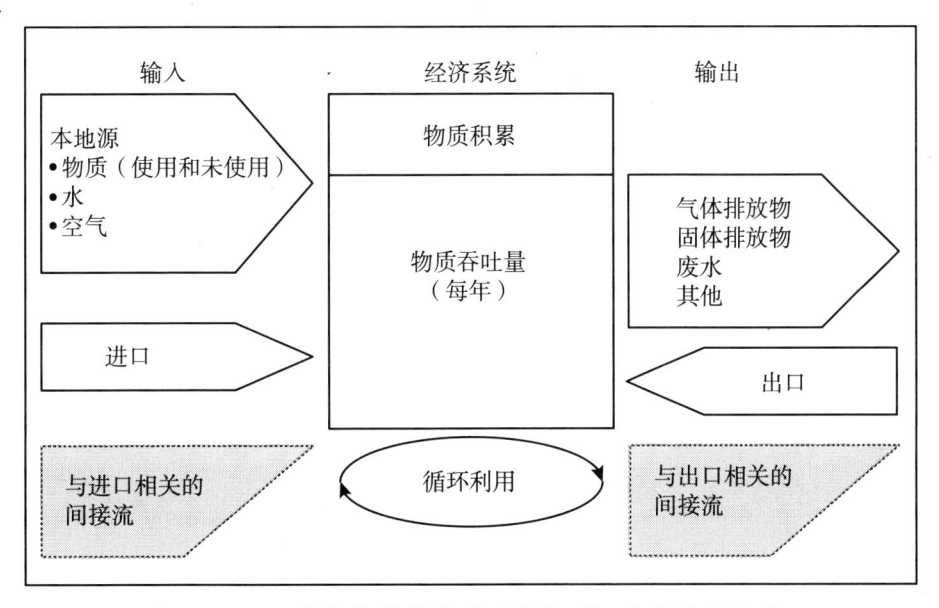

图 5-1-1 简化的总体物质平衡体系（包括空气和水）

为平衡物质输入和输出，例如，燃烧过程的平衡，使用的氧气必须要么包括在输入端要么在输出端仅以排放的 CO_2 中的碳含量（CO_2 排放量中 27% 是碳，73% 是氧气）来描述。其他的例子还有生物量或者矿物质中的水分含量。

经验表明，水体流动是一个质量巨大的流动（其质量远远大于其他的物质），因此，水体流动账户必须单独建立和展现。除去水和空气，区分使用和未使用的物质开挖量，经济系统范围的物质平衡如图 5-1-2 所示。

三、经济系统物质流分析核算的系统边界

（一）物质输入和输出的定义

经济系统范围的物质流账户和平衡的侧重点是经济系统的代谢，例如，给定的经济系统与环境之间的各种流动。因此，系统边界定义为：从国内环境开采的初始（天然的或者未加工的）材料以及向国内环境的物质排放；决定物质流向和来自其他国家（进出口）的政治（行政）边界。排除进出地理领土的自然流动。

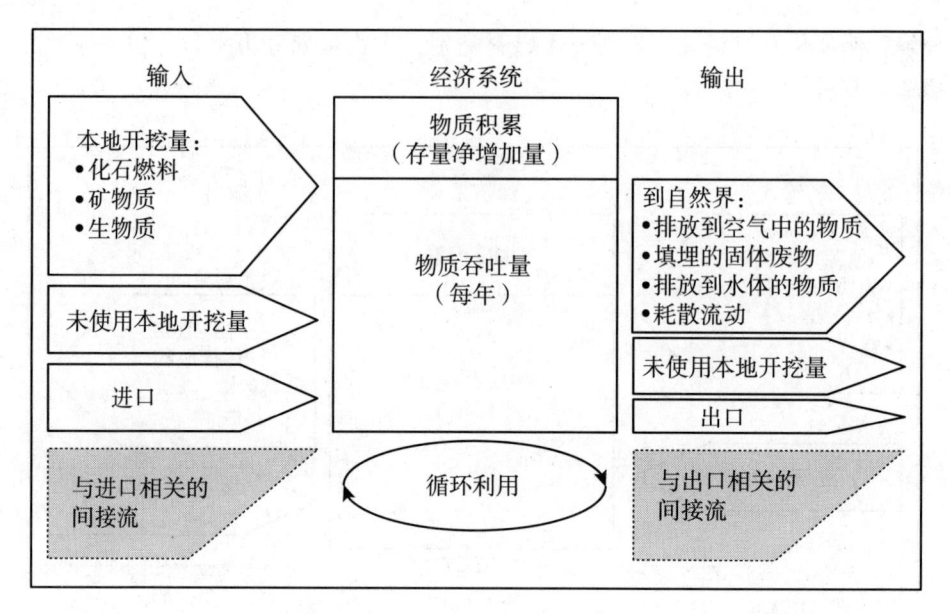

图 5-1-2　经济系统范围的物质平衡体系（不包括空气和水的流动）

来自环境的输入涉及有目的地和人为地或者人类控制的技术方法（例如，包括劳动力）对自然物质的抽取或者移动。释放到环境中的输出是指社会失去了对物质位置和成分的控制。

只有通过系统边界的输入端和输出端的流动才会被计算。经济系统内部的物质流没有在经济系统范围的物质流账户和平衡中体现，因此，产业之间的产品转移没有被描述。而且，经济系统内部的流动可能为估算初始输入流动提供手段，例如当缺乏初始开采量数据时。

牲畜的国内产量被视为是经济系统内部的过程，作为这些牲畜饲料的植物生物量的国内收获量，包括直接放牧摄取的植物生物量以及进口的饲料，被视为输入。

用于农业用地的化肥被定义为向环境的输出，因为土壤内部的扩散和分解过程以及随后的排放物很难衡量，而且几乎不能认为其完全在人类控制之下。

（二）物质存量和系统边界

属于经济系统的物质存量主要是国家账户中定义的人工制造的固定资产，如基础设施、建筑物、车辆、机器以及制成品的存货。在国民经济核算中，家庭购买的用于最终消费的耐用品不被视为固定资产，但是在经济系统范围的物质流账户和平衡中应该被包括在固定资产范围内。

在原则上，人体和牲畜的存量和存量变化也应该算在经济系统范围的物质流账户和平衡内。经验表明，与其他存量如建筑物、机器或者耐用消费品相比，这些存量非常小而且随着时间的变化不大。因此，在实际应用中，人体和牲畜的存量和他们的变化可能被忽略，除非有证据表明这些存量变化很快。

有些物质存量需要研究人员来决定是将其作为经济系统的一部分来处理，还是将其作为环境的一部分来处理。相关的案例有控制的垃圾填埋场和栽植的森林。这些决定对账户中记录的输入和输出的流动会产生影响。当人工控制的填埋场被包括在系统边界内部时，垃圾填埋场而不是废物填埋场的排放物和泄漏物必须作为向环境的输出来记录。对于栽植的森林，树木吸收的营养物而不是收获的木材应该被记录为输入。

当决定是否包括这些存量时，应该考虑到同意或者反对将这些存量包括在系统边界内部的争论，主要有：

①这些存量以及附加物（例如，植物从土壤、水和空气吸收的营养物质）和流失物（例如，填埋场的泄漏和分解或者树木的自然腐烂）的数据可得性问题。

②在国民经济核算和国际环境报告系统中对这些存量的处理。栽植的森林在国民经济核算中被定义为产生的资产，栽植森林的年增加量被定义为产品（清单的附加）。在国际大气排放物报告和包含环境账户的国家账户矩阵（NAMEA）中，垃圾填埋场的甲烷排放被作为经济系统的排放包括在内。

③在压力—状态—响应（PSR）模型中，填埋的废物一般被视为压力，但是垃圾填埋场也被认为是驱动力——产生压力流动（例如，甲烷排放或者水体污染）的存量，取决于涉及的环境问题。从土地利用角度看，人工控制的填埋场与基础设施之间没有主要差异。

④若要将垃圾填埋场作为存量看待，就需要评估何时垃圾填埋场将要废弃，而且，与"栽植的"和"非栽植的"森林之间的区别类似，"人工控制的"和"非人工控制的"填埋场的区别就变得很重要。

欧盟统计局（2001）建议：在经济系统范围的物质流账户中，将森林和农作物作为环境的一部分来处理，木材和其他植物的收获量作为原料输入处理。将森林和农作物作为经济系统的一部分来处理需要在账户中包括这些植物的生物代谢。这样的扩展是费力而且困难的，不但没有足够的实际数据的支持，而且可能并不会增加账户的信息量。

在欧盟统计局（2001）中，废物填埋场被视为向环境的输出。如果人工控制的填埋场被包括在系统边界内部，欧盟统计局（2001）中给出的输出和存量变化的分类必须进行相应的变化。建议将废物填埋场作为存量变化的一个单独类别来处理,以促进国家之间数据的可比性。

四、物质流核算指标与账户

经济系统物质流分析的模型框架最先为世界资源研究院(WRI)、乌帕塔尔(Wuppertal)研究院等提出并加以应用,后来虽然被不同的机构、学者有所局部修改,但基本上为广泛认可。物质流核算把进入经济系统代谢过程的物质分为输入、输出和存量三大类,如图5-1-3所示。

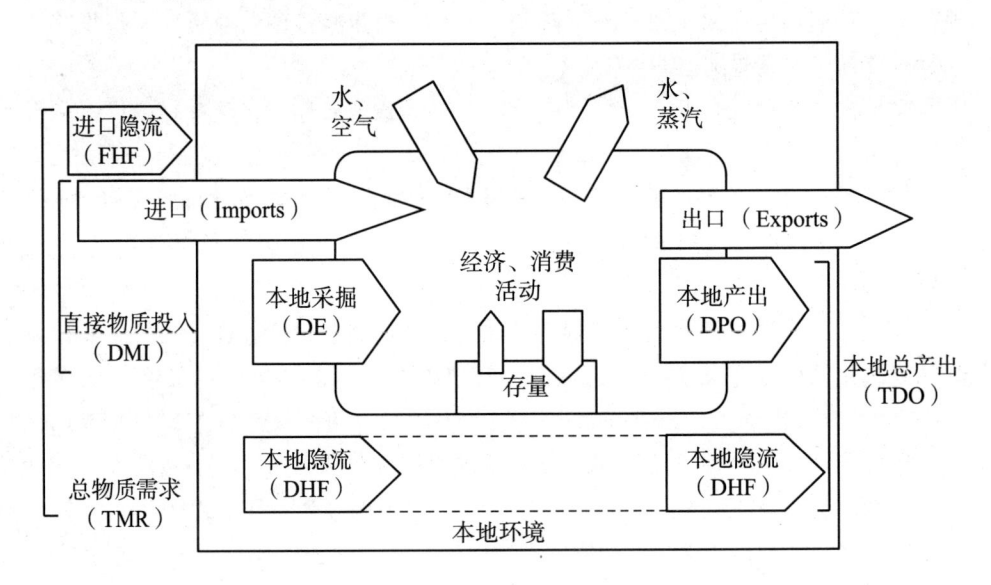

图5-1-3 物质流分析基本框架

输入面的物质流包括国内开采的原料、国内隐流、进口以及与进口相关的隐流(又称为非直接流)。国内开采的原材料包括生物质(谷物、蔬菜、木材、牧草等)及化石燃料、金属与非金属矿物质等非生物质;进口包括生物性和非生物性原料、各种半制成品和制成品。国内开采的原料和进口物质直接进入经济系统的生产和消费过程并且具有经济价值,称为直接物质投入(Direct Material Input, DMI)。

隐流(Hidden Flow, HF)是指人类为获得有用物质而动用的、没有进入社会经济系统之生产和消费过程的物质,也成为生态包袱(Eco-Rucksack)。例如,生产钢铁需要直接投入铁矿石,为了开采铁矿石又必须剥离大量岩石,这些剥离的岩石并未直接进入钢铁产品的生产过程,更没有进入消费过程,故称为隐流。生态包袱的概念由魏茨泽克(Weizsaecker)提出,是经济系统物质代谢的重要组成部分,由于其在物质流分析方法(MFA)中的重要地位以及其深刻生态内涵,生态包袱不仅在许多国家的物质流分析方法中被作为重要指标加以计算和分析,也被越来越多地用于单一产品的资源使用总量和生态冲击分析。

隐流是社会经济系统的非直接投入,所以也称为非直接流。习惯上把国内原来开采对应的隐流称为国内隐流,而把进口对应的隐流称为非直接流(Indirect Flow)。

在计算进出口非生物制成品和半制成品的非直接流(生态包袱)时,需要把这些商品先转化为原材料吨当量(Raw Material Equivalent,RME),然后计算这些原材料的隐流。原材料吨当量是把制成品或半制成品物质本身的重量折算成相应的原材料投入量。例如,计算进口汽车的非直接流时,首先将汽车的重量换算成相应的铁矿石、橡胶、各种金属矿石等汽车生产所投入的原材料的重量,然后计算铁矿石、橡胶和各种金属矿石在其生产国的开采所引起的隐流。显然,计算进口原材料的非直接流时,没有必要进行 RME 转换。

直接物质投入与国内隐流和进口对应的非直接流之和称为物质总需求(Total Material Requirement,TMR)。TMR 反映了社会经济系统在运行过程中所需要的直接投入和为获得直接投入物质而采掘的物质的总量。

输出面的物质流包括国内生产过程排放(Domestic Processed Output,DPO)、国内隐流的"搬运排放"(HF)和出口(E)。DPO 是国内生产过程中排放的气体、固体和液体废弃物以及物品的耗散性使用和耗散性损失的总和;HF 没有进入社会—经济系统的生产和消费过程,在自然圈被开采和处置后直接留在自然圈,因此在投入和排放面是相等的。国内生产过程排放和国内隐流之和称为国内总排放(Total Domestic Output,TDO)。出口包括生物性和非生物性原料、各种半制成品和制成品。

输入和输出社会经济系统的物质量之差为净存量增加(Net Added Stock,NAS),包括两大部分:人造固定资产(基础设施、建筑物、设备、耐用品和制成品等)和代谢主体(人、牲畜)的质量。

依据上述投入、排放和存量指标可以构建其他指标,如国内物质消费(Domestic Material Consumption,DMC)、实物贸易平衡(Physical Trade Balance,PTB)等。物质流核算中常用的物质流基本指标及其核算关系见表 5-1-1。

表 5-1-1　　　　　物质流基本指标及其核算关系

指标类型	指标名称		核算规则	平衡核算关系
	缩写	名称		
输入	I	进口		
	DE	国内开采		
	HF	国内隐流		
	IF	进口对应的非直接流		
	DMI	直接物质投入	DMI = DE + I	DMI = DPO + NAS + E
	TMR	物质总需求	TMR = DMI + HF + IF	= DMO + NAS
	TMI	物质总投入	TMI = DMI + HF	TMI = TMO + NAS
	DTMR	国内物质总需求	DTMR = TMR − I − IF = DE + HF	
输出	E	出口		
	DPO	国内生产过程输出	DPO = 气体污染物 + 固体废物 + 液体废物	
	TDO	国内总输出	TDO = DPO + HF	
	DMO	直接物质输出	DMO = DPO + E	
	TMO	物质总输出	TMO = TDO + E	
消耗	DMC	国内物质消耗	DMC = DMI − E	DMC = NAS + DPO
	TMC	物质总消耗	TMC = TMR − E − 出口对应的非直接流	
平衡	NAS	存量净增加	NAS = DMI − DPO − E	NAS = DMC − DPO
	PTB	实物贸易平衡	PTB = I − E	

为统计、保存数据和计算、分析方便，有必要建立物质流核算账户体系。类似于 SNA 国民经济核算账户，国家层次的物质流账户也分很多子账户。Eurostat (2001) 中推荐的 11 个账户分别是：

账户 1：DMI 直接物质投入账户

账户 2：DMC 国内物质消耗账户

账户 3：PTB 实物贸易平衡账户

账户 4：DPO 国内生产排放账户

账户 5：NAS 存量净增加账户

账户 6：PS 实物存量账户

账户 7：DMFB 直接物质流平衡账户
账户 8：UDE 国内非直接使用开挖量账户
账户 9：IFTB 非直接流贸易平衡账户
账户 10：TMR 物质总需求账户
账户 11：TMC 物质总消费账户

大部分账户分为左右两栏，左栏为资源、右栏为使用。在各个账户中，含等号的栏表示左栏的总和与右栏的总和相等。

五、物质流核算项目分类

建立物质流账户需要对输入物质、输出物质和存量物质做出详细分类和定义。表 5-1-2 和表 5-1-3 分别列出了输入和输出物质的分类项目。

表 5-1-2　　　　　　　　　输入物质分类

国内直接使用的开采	矿物质	化石燃料（包括硬煤、褐煤、原油、天然气等）
		金属矿石
		工业矿物
		建筑矿物
	生物质	农业生物质
		林业生物质
		渔业生物质
		狩猎生物质
		其他生物质
进口		原材料、半成品、制成品、其他产品、进口物质附带的包装材料、最终处理处置的进口废弃物
平衡项		燃烧 C、H、S、N 等所需的氧，呼吸所需的氧，其他工业过程所需的气体
非直接使用的国内开挖量（隐流）		开采化石燃料的非使用开挖量
		开采金属、非金属和建筑矿物等原材料的非使用开挖量
		生物质收获的非使用部分
		建筑土方及河流港口疏浚
与进口有关的非直接流		进口产品的原料吨当量
		进口产品的非直接使用开采量

表 5-1-3 输出物质分类

污染排放物	大气中的污染物	CO_2、SO_2、NOX、NO_2、VOC、CO、PM（粉尘）、N_2O、NH_3、CFC
	排放到表土上的废弃物	家庭及城镇垃圾、工业废物、污水处理厂的污泥等
	排放到水中的物质	N、P 及其他有机物
耗散性物质	耗散性使用	农田上的化肥、污泥、杀虫剂等
	耗散性流失	化学品事故、有害气液泄漏、基础设施腐蚀、风化等
出口		原材料、半制成品、制成品、与出口配套性物品（如包装）、出口处置或掩埋的废弃物
平衡项		燃烧过程中的水蒸发，工业过程和产品的水蒸发，人和牲畜代谢过程中的 CO_2 排放和水蒸发
国内未被使用开挖物的处置		矿石和原料等未被使用的开挖量、未被使用的生物收获量

第二节 中国经济系统物质代谢总量平衡核算

基于以上考虑，本节使用经济系统物质流分析方法，以国家经济系统为研究对象，核算具有国际可比性的物质流总量指标，从物质维度对 1990~2008 年中国经济系统维持其经济可持续发展所需的资源投入量与污染排放量、物质存量等进行核算与分析，主要探讨物质投入、消耗以及物质循环各项间的关系。通过研究物质在经济系统中输入—贮存—输出的实物量变动，揭示物质的流动特征和转化效率。

一、数据来源

根据经济系统物质流分析方法对数据的要求，需要进行总量平衡核算的物质流包括两类：一类是进入经济系统、参与经济活动、创造经济价值的直接物质流；另一类是伴随经济活动而产生的未用流。本节研究中用到的各种物质流数据主要来源于有关的官方统计刊物，部分数据从各专业网站得到，具体数据来源如表 5-2-1 所示。对各类物质流中的组成部分，通过统计资料或相关研究结果进行估算。具体估算方法如下：

表 5-2-1　　　　中国经济系统物质流核算数据来源表

类型	EW-MFA类	大类	小类	数据来源
直接输入物质	生物质	农业产品		中国统计年鉴
			蔬菜	中国农业统计资料
			秸秆利用	估算
		林业产品		中国农业年鉴
		畜牧业	产草量（畜禽饲料等）	估算
		渔业产品		中国统计年鉴
	化石燃料		一次能源生产量与构成	中国能源统计年鉴
	矿物质	黑色金属		中国钢铁工业年鉴
		有色金属		中国有色金属年鉴
		非金属矿物		中国矿业年鉴
			工业尾料	中国有色金属年鉴
			建筑材料	估算
	进口物质流			中国海关统计年鉴 中国口岸年鉴
直接输出物质	污染物	水体污染物	工业	中国环境统计年鉴
			生活	中国环境统计年鉴
		大气污染物		中国环境统计年鉴
		固体废弃物	工业	中国环境统计年鉴
			城市	中国城市建设统计年鉴
		农村污染专题	农村生活排放	估算
			畜禽粪便	估算
	耗散流		化肥施用量	中国农村年鉴
			农药使用量	中国农村年鉴
			农膜使用量	中国农村年鉴
			污泥	中国城市建设统计年鉴
	出口物质流			中国海关统计年鉴 中国口岸年鉴

续表

类型	EW-MFA 类	大类	小类	数据来源
未用物质流	生物质			忽略
	化石燃料			估算
	矿物质	黑色金属		中国钢铁工业年鉴
		有色金属		中国有色金属年鉴
		非金属矿物		估算
	进口物质流			估算
	二氧化碳、氧			估算

①秸秆产生与利用。农业生产过程产生的秸秆其利用与处置主要有四种：肥料还田、燃料、畜禽饲料和弃置乱堆。其中，用作燃料和饲料的秸秆，以原材料形式进入经济系统；用作肥料和弃置田间的秸秆并未进入经济系统。秸秆产生总量，可依据秸秆转化系数和年农作物总产量进行估算。参考李秀金（2003）给出的折算系数和《中国农业统计资料》的农产品数据估计全国秸秆产量，并按高祥照（2002）对秸秆资源化利用研究的分配系数计算。其中用作燃料和饲料的两类秸秆算入 DMI 的生物质当中。

②草场产草量。根据《中国畜牧业年鉴》的历年草场面积，参考徐斌（2007）对中国草场的遥感研究，全国草场平均单产鲜重为 2 644.67 吨/公顷，计算得出每年消耗的草量。在畜禽食用草料过程中，草中的水分通过其代谢系统转化成尿液或粪便排出体外，这部分主要记录在 DPO 中农村排放的畜禽粪便中，故本节采用鲜重已利用量为总收获草料量。

③农村生活排放。农村污染排放分为化肥流失、畜禽养殖、农业有机固体和农村生活排放四大类，其中，化肥流失量属于耗散性损失（被农作物吸收和直接进入地下水系统，这两部分均属于 DPO 范畴），不在农村生活排放中计算；农业有机固体以闲置未利用的秸秆为主，这一部分没有进入经济系统，不具有经济价值，不计入 DPO；畜禽养殖污染主要为粪便污染导致水体污染，单独估算畜禽粪便，此处不计算。参考陈敏鹏（2006）对农村污染排放编制的污染物清单和估计结果估算 1990~2008 年的结果，其中假设：畜禽养殖与畜禽量成正比，农村生活排放与农村人口成正比。

④畜禽粪便。畜禽在生长过程中摄食大量的饲料和草料，排泄出大量的粪便废物，该过程属于 DPO 的重要部分。本文参考王方浩等（2006）的畜禽排泄系数，根据畜禽存栏和出栏量估算全国所有圈养和放养畜禽的粪便产生量，畜禽粪便排放总量＝畜禽粪便产生量－农村沼气工程所消耗的粪便量。

⑤建筑物和道路。直接输入物质和未用流中的建筑矿物采用相同的估算方法。由于中国现阶段仍处于经济上升期，开工建设与竣工的面积均比报废拆除量大一个数量级，所以估算过程没有考虑建筑物拆除的影响。

建筑物用砂石在《中国矿业年鉴》中有相应的统计，而且筑造入建筑物的砂石在建筑物报废后不能够在短时间内恢复原有状态，且本身有价值，所以算入经济系统中的存量考虑范畴；修建道路中使用的砂石多为就地取材，通常起铺垫道路的用途，且道路基本不存在报废问题，所以道路修建使用的砂石不算入经济系统中。目前，统计数据只提供年内正在施工的建筑面积和竣工面积。正在建设的建筑物面积完成率很难统计，故难于估算正在施工的建筑物重量。因此，建筑物重量统一采用"竣工面积"进行计算，正在施工的面积计入其竣工的年份计算。交通基础设施按照通车（铺设）里程进行差值计算。参考莫华（2003）给出的建筑物材料消耗系数以及交通部 2007 年《公路工程概算定额》中发布的道路工程概算指标计算建筑材料的使用量。

⑥未用流的估算。未用流中化石燃料采用生态包袱平均比率[①]进行估算。德国乌帕塔尔研究所对全球生态包袱平均比率进行了估计，其中原油为 1：1.22，天然气为 1：1.66；此外，考虑到中国煤炭资源以硬煤为主，在计算煤炭未用流时取硬煤的生态包袱平均比率为 1：2.36。进口未用流根据顾晓薇、王青（2005）提供的数据进行外推得到。二氧化碳排放量数据由联合国统计司的在线数据库提供，其中氧的重量通过光合作用的化学公式进行计算。

另外，由于经济系统消耗水的重量远远超出其他物质数量的总和，所以没有包括在核算框架中；统计口径方法变化导致的缺失数据由数学插值方法估计。

二、总量指标平衡核算结果

这部分将经济系统物质流分析方法应用于中国 1990～2008 年年度数据的平衡核算。根据物质输入、输出和消耗指标进行分析。为便于国际比较，我们还搜集了工业化国家的经济系统物质流分析核算结果与中国进行比较。

（一）物质流数量指标分析

1. 物质输入分析

输入方的主要指标是 DMI 和 TMR。表 5-2-2 是中国 1990～2008 年各项物质输入指标的计算结果。

[①] 生态包袱平均比率定义为在平均生产力水平下，开采一定的资源与所产生的未用流的质量比。

表 5-2-2　　　　　物质输入核算指标　　　　　单位：亿吨

年份	国内开采	进口	国内未用流	进口非直接流	直接物质输入	物质总需求
1990	20.00	1.33	323.82	2.82	21.33	347.97
1991	20.72	1.59	324.65	4.44	22.31	351.40
1992	21.89	2.11	348.86	6.06	24.00	378.92
1993	23.26	2.45	398.05	7.67	25.61	431.33
1994	24.57	2.06	441.76	9.29	26.63	477.68
1995	26.73	2.37	492.75	109.12	29.10	532.76
1996	27.80	2.41	555.14	125.31	30.22	597.89
1997	28.16	2.68	575.98	141.49	30.84	620.97
1998	27.88	2.33	592.84	157.68	30.21	638.81
1999	28.49	2.82	634.52	173.87	31.30	683.21
2000	28.62	3.51	593.14	190.05	32.13	644.28
2001	30.45	3.91	1 175.23	206.24	34.37	1 230.22
2002	32.36	4.40	801.56	222.42	36.76	860.56
2003	36.67	4.02	864.75	238.61	40.69	920.30
2004	41.42	5.18	984.01	254.8	46.6	1 056.09
2005	45.39	5.95	3 971.73	270.98	51.34	4 050.18
2006	49.85	6.79	1 355.55	287.17	56.63	1 440.90
2007	53.71	7.70	1 509.27	303.36	61.40	1 601.01
2008	60.06	8.96	1 504.50	319.54	69.02	1 605.47

从整体看，1990～2008 年 DMI 和 TMR 持续增加，输入中国经济系统的物质流总体呈不断上升趋势；同时期，中国实际 GDP（2005 年为基期）的增长率一直保持在 9.70% 左右，说明中国经济增长在某种程度上仍然是依靠不断增加资源投入数量来实现的。然而，1998～1999 年物质流指标发生了小幅下降。造成这一现象的原因是中国国民经济统计核算的口径于 1998 年发生了变化，工业统计内容由原来的乡及乡以上工业企业和全部独立核算工业企业改为全部国有企业及销售收入 500 万元以上非国有企业。由于统计范围的缩小，在物质流核算中出现了指标数据略有减少。

分别以 1995 年、2000 年和 2005 年作为分界点，可以将研究时段分为四个阶段。这四个阶段与中国国民经济和社会发展的第八、第九、第十个和第十一个"五年计划"实施的时间相吻合。在第一、第三和第四阶段中，物质输入指标均呈现出较稳定的上升。在第二个阶段中，由于受到亚洲金融危机的影响，物质输入指标变化不太规律。2008 年国际金融危机对经济增长的影响有待于后续年份数据的体现。

图 5-2-1 和图 5-2-2 展示了 DMI 的组成成分变化趋势及其所占比例的变化过程。其中，化石燃料的消耗总体呈现不断增长的趋势，但在 1999 年到 2002 年出现了波动，2003 年以后持续大幅上升；它在 DMI 中所占的比例相对稳定，且一直是四种成分中最高的。这说明中国经济发展对能源的依赖依然非常大。金属矿物用量在 2000 年以前相对稳定，维持在 4% 左右，进入"十五"之后呈现较快增长，比例提高到 8%。非金属矿物的绝对量和在 DMI 中所占相对比例都持续呈上升态势。其中，建筑和道路的土石开挖量对增长起到了重要作用。生物质自 1990 年不断增长，但增幅缓慢，导致占 DMI 的比例在 1999 年之后呈现明显的下降趋势。

图 5-2-1 DMI 组成成分及变化趋势（亿吨）

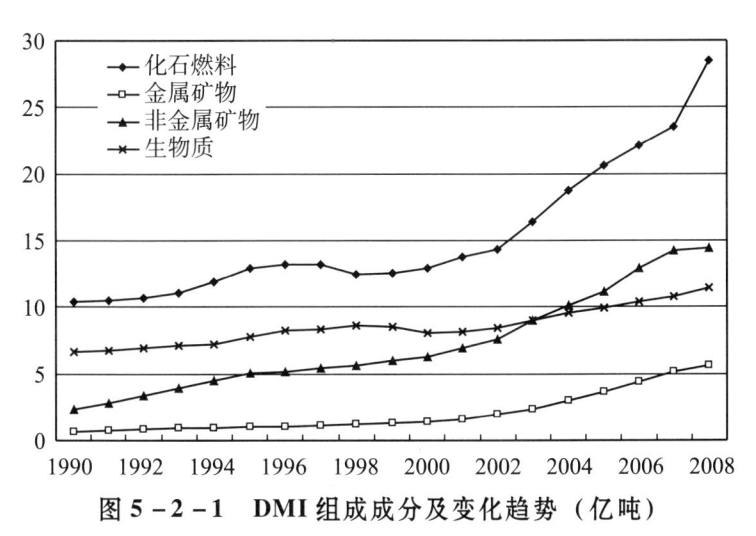

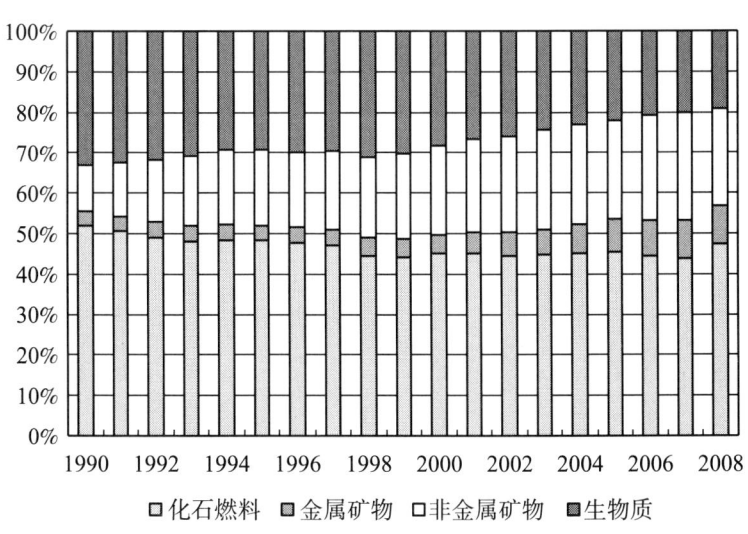

图 5-2-2 DMI 组成成分所占比例变化过程

2. 物质输出分析

输出方的主要指标是 DPO。1990～2008 年，中国经济系统各项输出指标如表 5-2-3 所示。

表 5-2-3　　　　　　　　物质输出核算指标　　　　　　　单位：亿吨

年份	耗散流	水体废弃物	固体废弃物	气体废弃物 含氧	气体废弃物 不含氧	国内生产过程输出 含氧	国内生产过程输出 不含氧	出口
1990	0.18	0.08	0.37	27.59	1.02	28.15	8.20	0.93
1991	0.20	0.08	0.37	27.82	1.01	28.48	8.34	1.12
1992	0.21	0.08	0.39	28.44	1.01	29.12	8.52	1.10
1993	0.22	0.08	0.39	29.48	1.08	30.17	8.84	1.03
1994	0.23	0.08	0.39	31.49	1.13	32.20	9.40	1.12
1995	0.25	0.09	0.41	34.34	1.35	35.10	10.32	1.28
1996	0.27	0.08	0.50	35.28	1.37	36.13	10.67	1.35
1997	0.28	0.19	0.50	35.26	1.39	36.23	10.79	1.46
1998	0.29	0.16	0.70	33.04	1.26	34.19	10.32	1.31
1999	0.29	0.15	0.39	33.41	1.22	34.24	10.07	1.27
2000	0.29	0.16	0.32	34.22	1.24	34.78	10.02	1.71
2001	0.30	0.15	0.29	36.41	1.28	37.15	10.77	2.00
2002	0.30	0.15	0.26	38.07	1.31	38.78	11.18	1.98
2003	0.31	0.15	0.19	43.35	1.47	44.00	12.55	1.95
2004	0.32	0.15	0.18	49.51	1.64	50.16	14.21	1.82
2005	0.33	0.16	0.17	54.40	1.79	55.06	15.56	2.03
2006	0.34	0.16	0.13	58.37	1.88	59.00	16.59	4.40
2007	0.36	0.15	0.12	62.10	1.96	62.73	17.58	5.63
2008	0.42	0.15	0.12	75.08	2.31	75.77	21.14	7.62

欧盟统计局（2001）建议，将燃烧过程中消耗的氧作为平衡备忘项。氧不包括在国内开采总量账户中，包含在输出总量指标 DPO 中。因此，平衡项主要用于物质平衡和估计 NAS。本节计算 DPO 包括含氧和不含氧两种情况（见表 5-2-3）。DPO 也受统计口径变化的影响，其变化模式与输入物质流类似，在 1998 年后发生了下降，表明 DPO 与物质输入具有近似的线性关系。

图 5-2-3 和图 5-2-4 描述了 DPO 各组成成分的变化趋势及其比例关系的变化过程。从图中可以看出，固体废弃物的排放量在 1999 年以后发生了突变，比 1998 年的数值减少了约 2 倍。造成这一现象的原因是，1998 年和 1999 年对中国工业固体废弃物排放的统计口径进行了调整，在调整之后的几年里，固体废弃物的排放量呈不断减少的趋势。

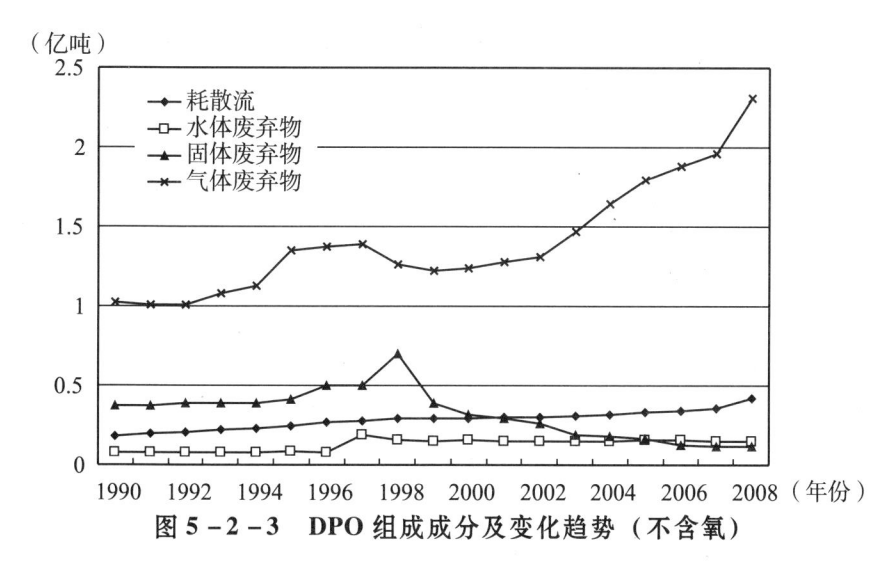

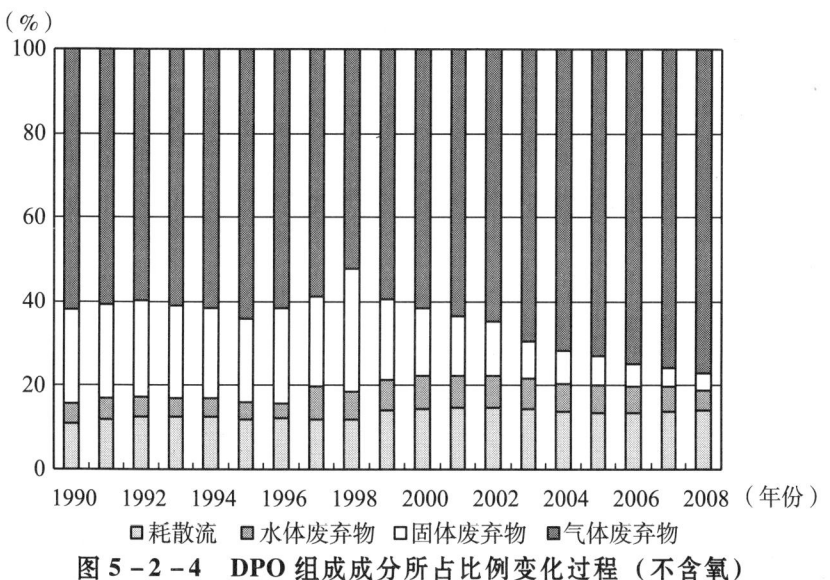

图 5-2-3　DPO 组成成分及变化趋势（不含氧）

图 5-2-4　DPO 组成成分所占比例变化过程（不含氧）

不含氧的气体废弃物与物质输入指标具有相同的变化模式。由于气体废弃物占据重要组成成分，DPO 在 1998 年短暂下降前呈现上升趋势。耗散流 1990～2008 年呈现持续增加，主要是由于农业中农药、化肥的作用。除了 1997 年的小幅上升外，水体废弃物和固体废弃物呈持续下降趋势。而且，固体废弃物在 1998 年出现较大增长。虽然，中国现在的环境问题比过去更为严峻，但从官方统计数字中仍可以看出减排水体废弃物和固体废弃物的显著成绩。

3. 物质消耗与实物贸易平衡

国内物质消耗（Domestic Material Consumption, DMC）测度经济系统中直接使用物质的总数量，DMC = DMI − 出口。图 5-2-5 显示了经济系统的物质消耗和系统内部积累的物质存量。国内物质消耗与存量净增加在 1990~2008 年的 19 年间都呈上升趋势，而且二者变化趋势几乎平行，类似于物质输入和输出指标的变化模式。由于 1997 年金融危机的影响，在 1997~1999 年呈现波动状态。DMC 与 NAS 在 2000 年以后迅速增加。

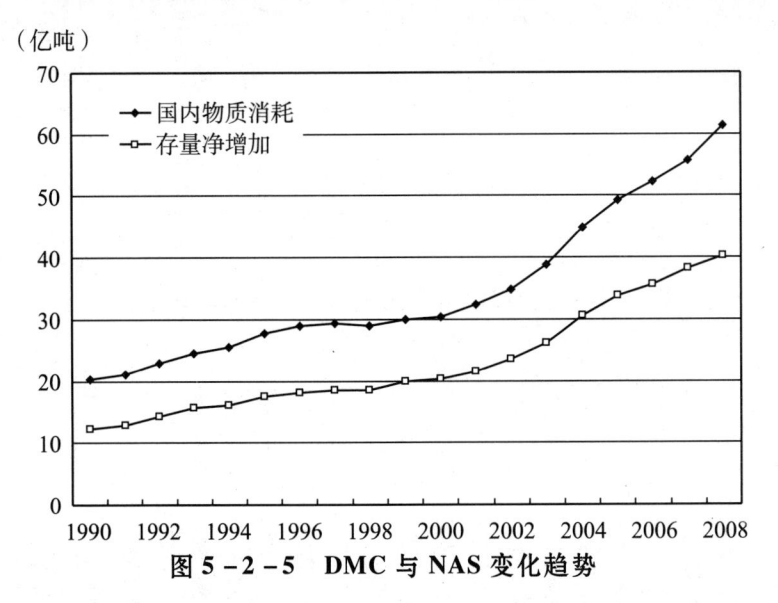

图 5-2-5　DMC 与 NAS 变化趋势

在物质流核算中，实物贸易平衡（Physical Trade Balance, PTB）是表示实物贸易盈余或社会经济赤字的重要指标，被定义为进口与出口的差额，等于进口减出口。图 5-2-6 显示了中国物质进出口和实物贸易平衡的情况。1990~2008 年物质进口均大于物质出口，即处于实物贸易顺差状态，说明中国的经济发展对外依赖比较严重，这一情况在 2004 年和 2005 年达到顶峰；1990~2008 年，物质进口呈持续上升趋势，只有 1994 年、1998 年和 2003 年略有下降；物质出口在 2005 年以前变化不大，一直呈现波动状态，2006~2008 年迅速增加。

4. 2008 年物质流核算平衡框架

利用经济系统物质流分析分析框架建立中国 2008 年物质流核算平衡体系，该框架展示了整个经济系统的物质组成，给出经济系统物质流平衡更为详细系统的信息，如图 5-2-7 所示。在输入端，首先是非生物物质的质量占了绝大多数，其次为化石燃料燃烧和生物呼吸所需要的空气量，生物质输入和进口分别占第三和第四位。输入物质经过经济系统的转换，大部分以基础设施或者耐用品（100.31亿吨）的形式积累在经济系统内部，在经济系统内部，还存在物质循环，没有包括在物质平衡表中。其余部分分别以固体废弃物（1 504.62亿吨）、气体废弃物（74.91亿吨）、水体废弃物（0.15亿吨）、耗散流（0.42亿吨）和出口物质（7.62亿吨）的形式输出。

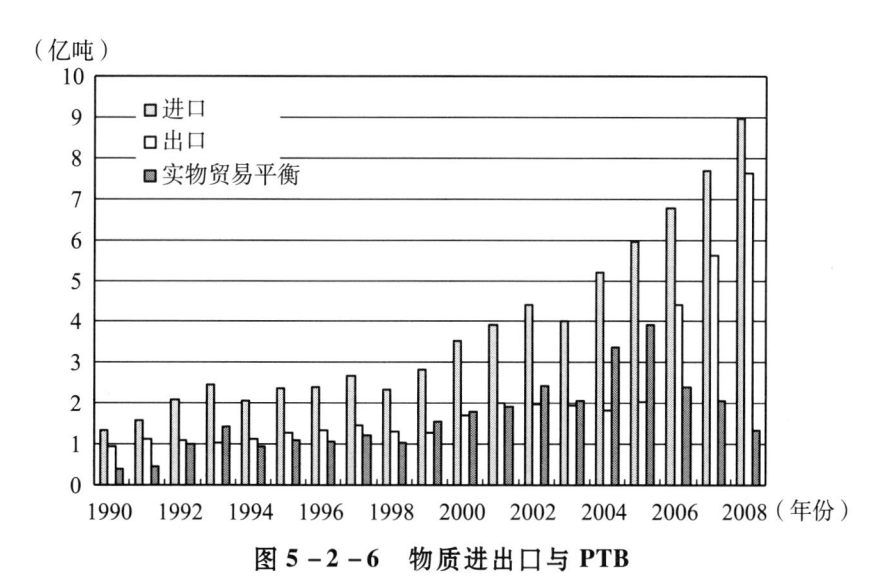

图 5-2-6 物质进出口与 PTB

（二）物质流质量指标分析

1. 资源消耗强度与效率

将物质流指标与人口、经济等宏观指标组合，可以对中国经济系统物质代谢的质量进行分析，即对中国经济增长由粗放型向集约型转变过程中的资源消耗与环境污染进行评价。考虑到价格因素的影响，我们使用2005年为基期的不变价指标。

将物质输入指标与人口指标结合，表示资源消耗强度。图5-2-8是中国与其他7个国家人均TMR的比较结果。中国人均TMR从1990年的30吨上升到2008年的121吨，年均增长率为7.49%，该指标在2000年以后水平较高，尤其是2005年。同时期，人口年均增长率只有0.82%，远远低于人均TMR的增长率。这说明人均TMR的上升不是人口增加的直接结果，而是经济本身增长的结果。类似地，用人均DMI表示的物质消耗强度时，我们计算得到，中国人均DMI从1990年的1.88吨/人增长到2008年的5.20吨/人，而欧盟（EU-15）1980~2000年一直保持在17吨/人（欧盟统计局，2002）。

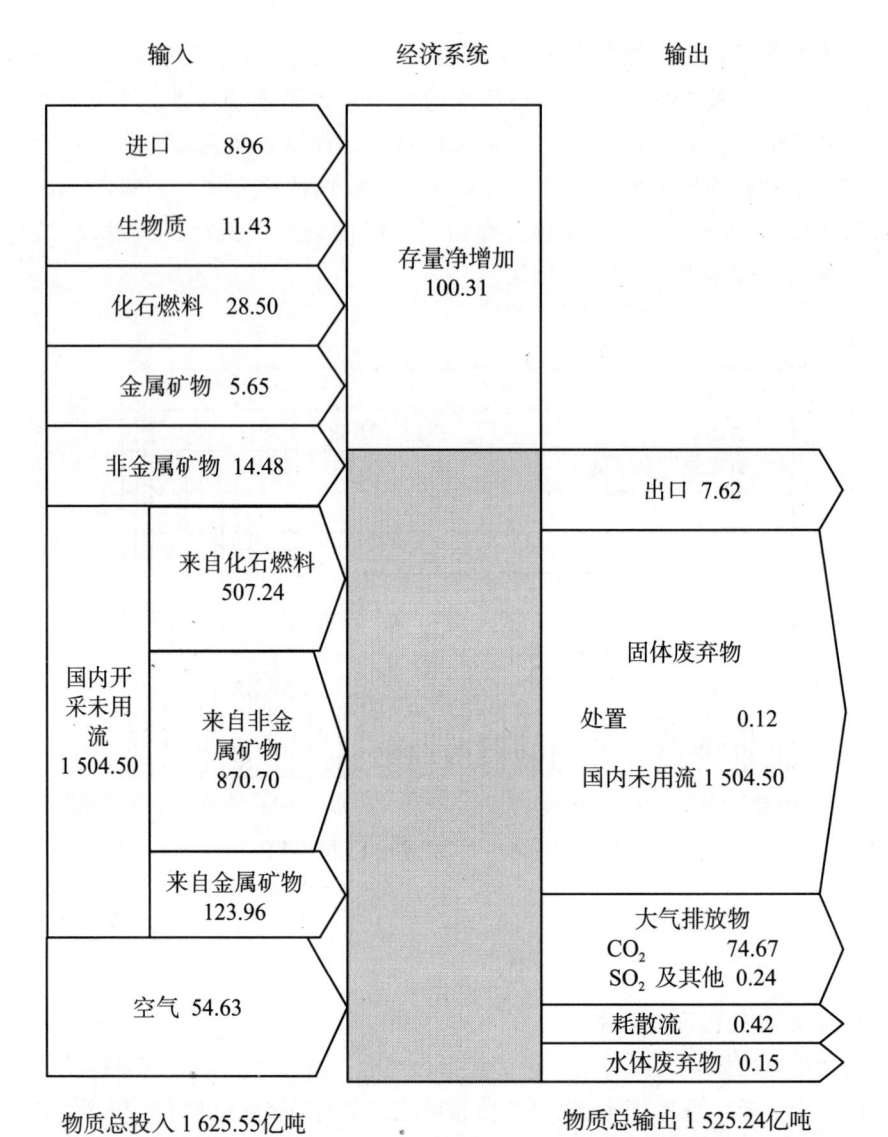

```
输入              经济系统            输出

进口    8.96
                          存量净增加
生物质   11.43              100.31

化石燃料  28.50

金属矿物  5.65

非金属矿物 14.48                      出口 7.62

         来自化石燃料
         507.24
                          固体废弃物
国内开
采未用    来自非金          处置      0.12
流       属矿物
1 504.50  870.70           国内未用流 1 504.50

         来自金属矿物
         123.96            大气排放物
                           $CO_2$       74.67
                           $SO_2$ 及其他 0.24
         空气 54.63         耗散流    0.42
                           水体废弃物 0.15
```

物质总投入 1 625.55亿吨   物质总输出 1 525.24亿吨

图 5-2-7　中国经济系统 2008 年物质平衡（亿吨）

将物质输入指标与经济指标结合，表示单位物质输入所能带来的经济效益，即物质效率。图 5-2-9 是中国 GDP/TMR 与其他 7 国的比较。GDP/TMR 表示单位 TMR 所能够带来的经济增长。

中国 GDP/TMR 从 1990 年的 128.20 美元/吨增长到 2008 年的 638.09 美元/吨。中国的物质效率较大多数工业化国家还处于较低水平。类似地，计算单位 DMI 所产生的 GDP，与欧盟 15 国、美国和日本的研究结果进行对比，中国单位物质输入所产生的 GDP 虽然呈不断上升趋势，与美国相差不大，但仍远远低于

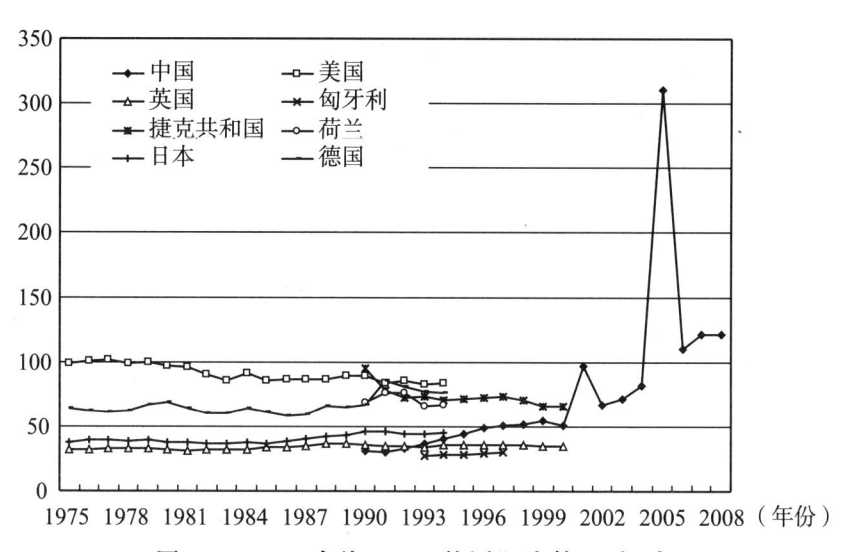

图 5-2-8 人均 TMR 的国际比较（吨/人）

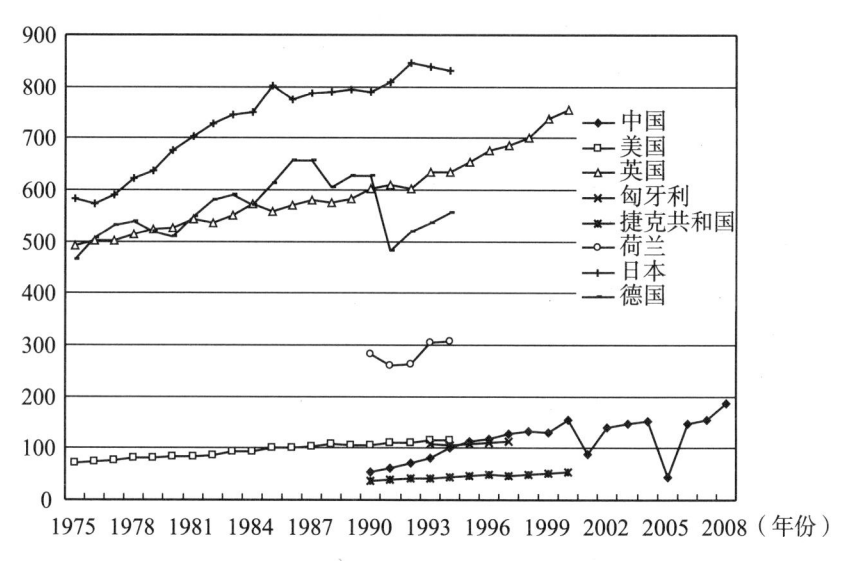

图 5-2-9 GDP/TMR 的国际比较（美元/吨）

欧盟 15 国和日本，约为欧盟 15 国的 18%，日本的 11%。这说明中国现阶段的经济增长仍是一种高增长、高消耗的发展模式。在资源总量不会发生巨大增加的条件下，提高资源生产力是实现经济增长方式转变的途径之一，这不仅需要产业技术水平提高，同时也需要产业结构、管理水平等方面的共同优化。

2. 物质流指标趋势及政策讨论

通过对中国经济系统资源消耗强度与效率的研究，可以看出中国经济发展对自然资源的依赖程度较大，自然资源的需求量随经济规模的增大而呈线性增加趋势。与国外发达国家相比，中国经济系统的物质代谢效率较为低下，需要得到较大幅度的提高。此外，宏观经济环境及政策对中国经济系统的物质代谢规模影响较大。

图5-2-10展示了中国1990~2008年以来的经济、人口和物质流指标的发展变化。人口和GDP自1990年以来均呈现较为稳定的线性增长过程；所有的物质流指标持续增长，而在1998年或其后出现下降。在这些下降时期，DMI、DMC和NAS的最低点都出现在1998年，其后，这三个指标又开始增长。DPO在1998年开始下降，由于气体排放物减少，DPO于1999~2000年达到最低点，其后，逐渐上升。而且，DPO在1998年略微增加主要是由于固体废弃物的突然增加。1998年各项指标突然下降，主要是由于国家统计局修订了其产业统计框架。这种变化导致物质输入与输出指标在1998年突然下降。同时，国家环保部的统计框架也进行了修订。其废物的统计范围扩大，使其在1998年出现了明显的增加。

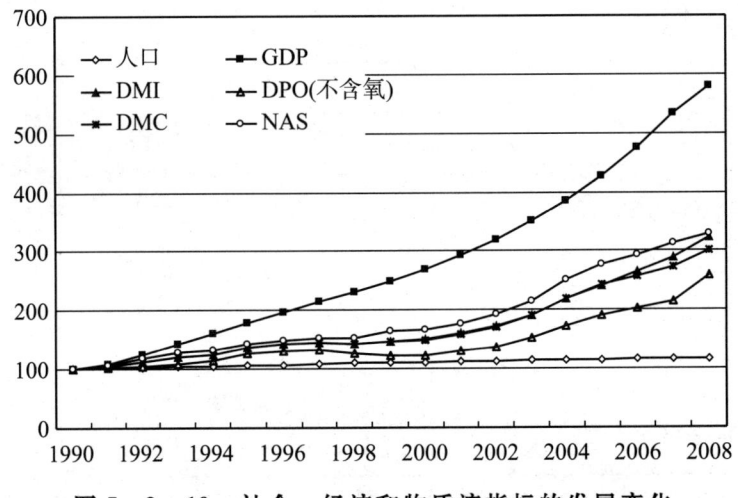

图5-2-10 社会、经济和物质流指标的发展变化

以1995年、2000年和2005年为分界点，将所研究的时期分为四个阶段，这四个阶段与中国的第八、第九和第十、第十一个五年计划相吻合。在第一、三、四阶段物质流指标均呈现出稳定的线性增长过程，在第二个阶段由于统计口径的变化，使得指标的变化过程出现波动。可以看出，物质流指标受宏观经济政策的影响非常大。

"八五"期间，中国重要的任务是发展基础设施建设和基础产业，例如，能源、钢铁、建筑材料和石油化工。基础设施建设的快速发展导致了物质输入和输出的增加。"九五"期间，中国政府致力于将经济增长方式从粗放型向集约型转变。投资的快速增加被控制来抑制通货膨胀。这些政策措施使得经济系统需求和排放较少的物质。"十五"期间，中央政府提出国民经济可持续发展，"十一五"期间中央政府提出了通过发展循环经济，建设资源节约型、环境友好型社会和实现可持续发展的目标，这些政策极大地扩展了中国的国内市场。城市化进程也迅速发展。在这个阶段，物质输入和输出的增加主要是由 DMI 中产业和建筑矿物的增加引起的。

从 1990 年到现在，中国经济已经经历了巨大变化，本节测度中国经济的物质维度的经济系统物质流分析方法对中央政府的宏观政策非常敏感。虽然统计框架在 1998 年后发生了变化，但是经济系统物质流分析指标的趋势证明：中国经济系统的物质需求与废物生成与经济增长是平行的。中国快速的经济增长是基于对自然资源的巨大需求。

3. 物质流模式的结构分解分析

根据欧盟统计局（2002）的 IPAT 方程，我们将经济系统物质输入指标分解为可表征社会、经济、技术的因子。通过计算各指标的年均变化率，可以衡量各因素在影响自然资源投入量中所起的不同作用。以 DMI 指标为例，分解方程为：

$$DMI = P \times (GDP/P) \times (DMI/GDP)$$

其中，P 为人口；GDP/P 为人均 GDP，可以体现社会富裕和国民福利的程度；DMI/GDP 表示经济系统资源生产效率，用来衡量技术水平。

对 1990~2008 年 4 个阶段分别计算各时段各因素的年均变化率，如表 5-2-4 所示。1990~2008 年，中国经济系统技术水平 DMI/GDP 的下降对自然资源投入的增长有一定的抑制作用，但由于国民福利 GDP/P 和人口压力的增大（分别为 136% 和 10%），使得自然资源投入仍有大幅度的增加，增加的幅度为年平均 160%。1996~2000 年"九五"期间，自然资源增长较少，仅为 6%。"十五"期间，虽然技术水平有了一定程度的下降，年均下降 1%，但由于人口压力（2%）的增长和较高国民福利的增长（28%），因此，自然资源的投入也出现较高速度的增长，年均增长速度为 29%。"十一五"的头三年，这种增长的趋势有所放缓，但仍处于高位运转。

表 5-2-4 自然资源投入分解分析

时间	直接物质输入	人口	GDP/P	DMI/GDP
1990~2008	1.60	0.10	1.36	-0.36
"八五"（1991~1995）	0.19	0.04	0.36	-0.15
"九五"（1996~2000）	0.06	0.03	0.26	-0.18
"十五"（2001~2005）	0.29	0.02	0.28	-0.01
"十一五"（2006~2008）	0.21	0.01	0.22	-0.01

通过对 DMI 的分解分析，可以看出，在"九五"期间，由于经济发展速度适当放缓，同时得益于人口数量控制措施得当，在国民福利继续保持增长的同时，适当降低了最终消费对物质资源的需求，使得自然资源投入和消耗均呈现出较低的增长态势，这一阶段的发展是相对可持续的发展。但 2000 年以后的"十五"和"十一五"头三年，虽然人口压力仍保持低速增长，经济活动总量保持较高速度的增长，但由于人口基数加大，自然资源的消耗强度出现了一定幅度的增加，再加上生产技术水平略有下降，造成了自然资源投入和消耗的重新上升。

三、结论与建议

本节利用经济系统物质流分析框架的总量平衡核算方法，从经济系统的物质维度讨论了中国经济发展的可持续性，主要包括中国经济物质输入与输出的变化模式、趋势、绝对数量、相对比例、组成以及效率。我们得出结论：总的来看，除了 1998 年由于统计口径变化导致的物质流指标暂时下降外，其他年份的物质流指标都呈持续增加，经济系统的物质流指标受五年规划的政策影响，对不同的宏观政策比货币指标更为敏感。因此，有必要对实物指标和经济发展之间的关系进行深入研究，为政府决策提供支持。

对于中国来说，在当前的国家统计框架下，经济系统的物质数据还不完善。因此，未来的研究应在经济系统的内部特征与物质流情景之间的关系研究上进行更多的努力。虽然需要推动中国国家统计框架的进一步改进，但是我们不建议将全部精力都用于数据准确性的估计与调研上，一定程度的数据精确性就可满足需要。为了反映经济系统的内部特征，我们建议研究经济结构和技术水平。经济结构可以表示为不同经济部门的比例结构，出于更为全面的考虑，应该编制并使用物质投入产出表；技术水平可以用单位经济增长或制造成品的物质消耗或排放来表示。除了使用正确的指标表示经济系统内部结构外，还可以表征经济与环境更为详细的关系以助于决策制定。

第三节　中国经济增长的物质减量化分析

"物质减量化（Dematerialization）"是可持续发展的要求，指经济产出所需的物质绝对或相对地减少。中国土地、煤炭、石油气、矿物等资源的人均量远少于世界平均水平，社会经济发展与资源环境约束的矛盾越来越突出，"物质减量化"是化解这一矛盾的根本。因此，本节试图引入国内较少使用的囊括全部物质投入的物质流账户指标，考察中国是否真正在"物质减量化"的进程中。

一、研究方法与数据说明

本节采取国际通用的欧盟物质流账户，该账户对物质从输入、消费、输出三个方面衡量。但因为"物质减量化"只涉及输入与消费，所以本节没有对输出方面进行研究。

（一）经济系统物质流分析的物质分类、数据来源及处理

结合中国实际情况，本节对物质的分类及数据来源参见表5-3-1。其中，出口物质包含在国内物质中，分类与进口物质相同；黑色金属矿物中锰矿、铬矿无完整数据支持；非金属矿物的数据暂缺，用主要由石灰岩生产的水泥代替；水果的数量不包括蔬菜中的瓜果；人工饲养水产品所需饲料量暂无数据支持；土方开挖量与损失量暂无数据支持，故忽略不计；木材采伐缺失量、收获粮食蔬菜等丢弃量无数据支持，故忽略不计。

在实际操作中，本节还对部分数据进行了处理：

①对剔除了部分数据，如因无完整数据支持，非金属矿物只对水泥进行统计，所以把出口中非水泥的非金属矿物剔除。

②对数据进行了估算，如根据密度与单位重量对一些物质的重量进行估算；因为各类船舶单位重量相差较大，船舶重量根据价格比例进行估计；根据畜产量估算畜产品的饲料量；根据时间趋势对热带亚热带作物的产量、某些进出口产品数量进行了估计。

③对缺乏对应计算方法的数据进行处理，如原则上讲，进出口物质应该把半制成品、制成品转换为原材料当量，但是因缺乏处理系数与方法，所以直接用进出口产品的质量来代表原料当量。

（二）指标选取

下面仅介绍本节用到的核心指标：

直接物质投入（DMI，Direct Material Input），衡量生产与消费活动直接动用自然界的物质量。DMI＝国内物质＋进口物质。

表 5-3-1　　本节研究定义的物质流分类及数据来源

直接物质投入	国内物质	化石燃料		原煤、原油、天然气	《中国能源统计年鉴》
		矿物质	黑色金属矿物	铁矿石原矿	《中国钢铁工业年鉴》
			有色金属矿物	铝、铜、铅、锌、镍、锡、锑、汞、镁、钛等有色金属原矿	《中国有色金属工业年鉴》
			非金属矿物	水泥	《中国统计年鉴》
		生物质	种植业	粮食、油料、麻类、糖料、烟叶、水果、茶叶、热带亚热带主要作物	《中国农业年鉴》
			林业生	木材、竹材、锯材等材质及松香、栲胶、生漆等林产品	
			畜牧业	用于家畜饲养的饲料	由《中国农业年鉴》获畜产品产量
			渔业	捕获的海产品、淡水产品	《中国统计年鉴》
			其他生物量	蜂蜜、蚕茧等	《中国农业资料汇编1949~2004》及《中国统计年鉴》
	国外物质	进口物质	原材料	化石燃料、矿物质、生物质、二级原材料	《中国统计年鉴》
			半成品	以化石燃料、矿物质、生物质为基础的半成品	
			成品	以化石燃料、矿物质、生物质为基础的成品	
			其他	生物及非生物产品、其他	
	隐藏物质	化石燃料产生的隐藏流		原煤、原油、天然气未使用的开采量	由《Total material requirement of the EU - Technical part》获隐流系数
		矿物质产生的隐藏流		铁矿、有色金属的剥离量	
		未被使用的生物质		未被利用的农作物秸秆	

物质投入总量（TMI，Total Material Input），衡量经济系统年度物质投入总量，TMI = DMI + 国内隐藏流。一般衡量投入经济系统的全物质还要加上进口的隐藏流，但是考虑到进口物质的隐藏流在国外发生，并不消耗国内物质，所以本节忽略了进口物质的隐藏流；同理，本节没有减去出口物质的隐藏流。

直接物质消费（DMC，Direct Material Consumption），衡量经济系统直接使用的物质总量。DMC = DMI - 出口物质。

物质消费总量（TMC，Total Material Consumption），衡量经济系统与生产与消费有关的全部物质，TMC = TMI + 国内隐藏流。

以上指标皆反映了自然环境对经济系统的压力大小，所以统称为环境压力（ES，Environmental Stress）指标。

（三）物质减量化的分析方法与模型

1. 关联程度分析

本节首先采用描述统计的方法考查环境压力与经济水平之间的关系，物质减量化实际上表示二者呈反相关关系。一般研究中把环境压力与经济增长的关联程度分为强相关与弱相关，这与"物质减量化（增量化）"的绝对与相对的程度是相对应的。表5-3-2加入了两种新关系，列举了环境压力变化与经济变化的关系。

表5-3-2　　　　　　环境压力与经济发展水平的关联程度

关联程度	ΔES		ΔGDP		Δ（ES/GDP）	
	<0	>0	<0	>0	<0	>0
弱反相关		√		√	√	
强反相关	√			√	√	
紧缩反相关	√		√		√	
弱正相关	√		√			√
强正相关		√	√			√
膨胀正相关		√		√		√

由表5-3-2可知，物质减量化的情况是否出现主要取决于每单位经济产出的环境压力。值得注意的是新加入的两种关系，在紧缩反相关的情况下，虽然每单位经济产出的环境压力在下降，但经济发展水平也在下降，这是多数学者忽略了的一种关系。而在膨胀正相关的情况下，经济水平与环境压力及每单位经济产出的环境压力都在不断增大，因为在实际中，很多经济增长是由会导致环境压力

增加的低效率技术带来的。

本节将采用 DMI、TMI 与 GDP 作关联程度分析,因为这三个指标都是从生产的角度衡量的;同理,采用 DMC、TMC 与 GNI 作关联程度分析,因为三个指标都是从消费的角度衡量的。

部分文献以人均指标来衡量环境压力与经济发展水平,但存在的两个问题可能会对结果造成差异:一是如果环境压力的增长速度慢于人口的增长速度,即使人均环境压力变小,总的环境压力却在增大;二是如果经济增长的速度慢于人口的增长速度,即使经济总量增长,人均经济水平却在下降。本节分别采用人均与总量指标分析,以进行比较。

2. EKC 拟合分析

与环境压力与经济增长的类型相对应,EKC 也有强弱之分。强 EKC 以环境压力为纵轴,而弱 EKC 以环境压力强度为纵轴(Vehmas et al., 2007),本节会同时拟合两种曲线以作比较。EKC 一般从宏观生产的角度衡量环境压力与经济水平的关系,所以本节只采用对生产情况更具代表性的 TMI 进行拟合,采用的是 TMI 的绝对量而非人均量。

虽然 EKC 假说为曲线呈倒"U"形,但是考虑到石油危机前环境与经济的线性增长关系及其他学者提出的"N"形曲线假设,本节分别采用一次、二次、三次曲线去拟合环境压力与经济水平的关系,模型如下所示:

一次曲线模型:$ES_t = \beta_0 + \beta_1 GDP_t + \varepsilon_t$ (5-3-1)

二次曲线模型:$ES_t = \beta_0 + \beta_1 GDP_t + \beta_2 GDP_t^2 + \varepsilon_t$ (5-3-2)

三次曲线模型:$ES_t = \beta_0 + \beta_1 GDP_t + \beta_2 GDP_t^2 + \beta_3 GDP_t^3 + \varepsilon_t$ (5-3-3)

如果环境压力与经济发展呈线性关系,则模型(5-3-1)拟合效果最好,表明环境压力会随着经济发展不断增大。如果环境压力与经济发展呈倒"U"形关系,则模型(5-3-2)拟合效果最好,且 β_1 为正,β_2 为负,极值点将在 $(-\beta_1/2\beta_1)$ 处出现,在极值点出现前环境压力与经济增长是正相关的,但此后环境压力与经济增长将负相关发展。如果环境压力与经济增长为"N"形关系,则模型(5-3-3)效果最好,表明环境压力与经济发展的关系先是正相关,继而反相关,最后又变为正相关。

二、实证结果与讨论

(一)关联程度分析的实证结果

表 5-3-3 为从生产角度对各个指标(其中 GDP 用以 1980 年为基期的不变

价格表示）的增长率（与上年相比）测量的结果。表中数字的格式表示以该指标衡量该年份环境压力与经济发展的关系，其中粗斜体字代表弱反相关关系，粗体字代表膨胀正相关关系，标准字体代表弱反相关关系。

由表 5-3-3 可知，从生产角度衡量，1981~2008 年环境压力与经济发展只有强反相关、弱反相关与膨胀正相关三种类型，且大体呈弱反相关关系，这一结果表明虽然中国经济系统没有出现绝对物质减量化的现象，但是单位 GDP 所带来的环境压力却在减少。

表 5-3-3 从生产角度测量的环境压力与经济发展关联程度 单位：%

年份 Year	ΔDMI	Δ人均 DMI	ΔTMI	Δ人均 TMI	$\Delta \dfrac{\text{DMI}}{\text{GDP}}$	$\Delta \dfrac{\text{TMI}}{\text{GDP}}$	ΔGDP	Δ人均 GDP
1982	6.40	4.84	5.91	4.36	-2.44	-2.88	9.06	6.94
1983	6.42	4.89	5.94	4.42	-4.00	-4.44	10.85	8.48
1984	8.43	7.01	8.64	7.23	-5.86	-5.67	15.18	12.03
1985	6.43	4.99	8.63	7.16	-6.20	-4.26	13.47	10.66
1986	2.84	1.33	2.26	0.75	-5.51	-6.05	8.85	6.75
1987	5.25	3.58	3.65	2.00	-5.68	-7.11	11.58	8.93
1988	4.67	2.99	4.82	3.15	-5.94	-5.81	11.28	8.68
1989	**4.79**	**3.20**	**6.22**	**4.61**	0.70	2.08	4.06	2.42
1990	2.78	1.28	2.37	0.88	-1.02	-1.42	3.84	2.27
1991	3.24	1.84	1.19	*-0.18*	-5.44	-7.32	9.18	7.15
1992	7.13	5.82	3.24	1.98	-6.23	-9.63	14.24	11.39
1993	6.11	4.89	3.21	2.03	-6.89	-9.44	13.96	11.24
1994	4.57	3.39	6.81	5.61	-7.53	-5.54	13.08	10.56
1995	8.73	7.55	8.67	7.49	-1.98	-2.04	10.92	8.86
1996	0.65	-0.40	2.31	1.24	-8.51	-7.00	10.01	8.14
1997	1.51	0.48	*-0.83*	*-1.84*	-7.12	-9.26	9.30	7.57
1998	*-1.35*	*-2.29*	*-6.74*	*-7.63*	-8.52	-13.51	7.83	6.37
1999	2.05	1.17	2.17	1.29	-5.18	-5.07	7.62	6.27
2000	0.32	-0.47	1.31	0.52	-7.48	-6.56	8.43	7.05
2001	6.03	5.26	5.58	4.82	-2.10	-2.51	8.30	6.99
2002	4.80	4.10	4.83	4.13	-3.93	-3.90	9.08	7.71
2003	**11.40**	**10.71**	**15.71**	**15.00**	1.25	5.17	10.03	8.54
2004	**12.15**	**11.48**	**14.04**	**13.36**	1.87	3.59	10.09	8.62

续表

年份 Year	ΔDMI	Δ 人均 DMI	ΔTMI	Δ 人均 TMI	$\Delta \dfrac{DMI}{GDP}$	$\Delta \dfrac{TMI}{GDP}$	ΔGDP	Δ 人均 GDP
2005	10.23	9.59	10.32	9.67	-0.18	-0.10	10.43	8.91
2006	10.00	9.39	8.15	7.55	-1.43	-3.09	11.60	9.91
2007	7.76	7.19	6.67	6.11	-3.70	-4.68	11.90	11.11
2008	8.12	7.56	**9.45**	**8.90**	-0.81	0.42	9.00	7.75

注：GDP 以 1980 年为基期的不变价表示。

从总量考虑，DMI 与经济增长的关系除了 1989 年、2003 年及 2004 年呈膨胀正相关外，其他年份皆呈负相关关系。在呈负相关关系的年份中，大部分年份为弱负相关，只有 1998 年为强负相关关系。以考虑隐流的 TMI 指标为例，1997 年为强负相关关系，而 2008 年为膨胀正相关关系，除此以外其他年份的测量结果均与 TMI 测算的结果一致。可以看出，1997 年直接投入物质量在增加，但因为采用了生态包袱较小的物质，加入了隐流后物质总量反而下降；而 2008 年则正好相反，因为使用了生态包袱较大的物质，加入了隐流以后无论是物质的投入总量还是单位经济产出的物质投入量都是增加的。

从人均角度测算的结果比用总量测算的结果理想。如 1996 年与 2000 年以 DMI 总量计算是弱负相关关系，但以人均 DMI 计算却为强负相关关系；1991 年以 TMI 总量测算为弱负相关，但以人均 TMI 测算却为强负相关。

表 5-3-4 为从消费角度对各个指标增长率（与上年相比）的计算结果。表 5-3-4 单元格中的数字所代表的含义与表 5-3-3 一致。

表 5-3-4　从消费角度测量的环境压力与经济的关联程度　　　　单位：%

年份 Year	ΔDMC	Δ 人均 DMC	ΔTMC	Δ 人均 TMC	$\Delta \dfrac{DMC}{GNI}$	$\Delta \dfrac{TMC}{GNI}$	ΔGNI	Δ 人均 GNI
1982	6.48	4.92	5.92	4.37	-2.53	-3.05	9.25	7.11
1983	6.76	5.23	5.97	4.45	-3.93	-4.64	11.1	8.71
1984	7.81	6.41	8.58	7.17	-6.5	-5.83	15.3	12.13
1985	5.48	4.06	8.54	7.07	-6.83	-4.13	13.2	10.46
1986	2.83	1.32	2.26	0.75	-5.26	-5.79	8.54	6.49
1987	4.88	3.21	3.61	1.96	-5.95	-7.09	11.5	8.88
1988	4.69	3.02	4.82	3.15	-5.95	-5.83	11.3	8.7
1989	**4.9**	**3.3**	**6.24**	**4.62**	0.71	2	4.16	2.51
1990	2.49	0.99	2.33	0.84	-1.52	-1.66	4.07	2.49

续表

年份 Year	ΔDMC	Δ人均DMC	ΔTMC	Δ人均TMC	Δ DMC/GNI	Δ TMC/GNI	ΔGNI	Δ人均GNI
1991	2.77	1.38	1.14	*-0.24*	-5.81	-7.31	9.11	7.09
1992	7.06	5.76	3.21	1.96	-6.14	-9.51	14.1	11.25
1993	5.57	4.36	3.13	1.95	-7.13	-9.27	13.7	11.01
1994	3.65	2.48	6.73	5.53	-8.36	-5.64	13.1	10.58
1995	8.69	7.52	8.66	7.49	-0.59	-0.61	9.33	7.54
1996	0.11	-0.93	2.26	1.19	-9.15	-7.2	10.2	8.29
1997	2.82	1.77	*-0.7*	*-1.72*	-6.21	-9.43	9.63	7.84
1998	*-1.3*	*-2.29*	*-6.8*	*-7.66*	-8.07	-13.12	7.31	5.92
1999	1.33	0.46	2.09	1.21	-6.12	-5.43	7.94	6.55
2000	-2	-2.74	1.06	0.27	-9.69	-6.9	8.55	7.15
2001	5.98	5.21	5.58	4.81	-1.92	-2.3	8.06	6.78
2002	3.79	3.09	4.72	4.02	-5.26	-4.4	9.55	8.1
2003	**10.88**	**10.19**	**15.7**	**14.99**	0.22	4.58	10.6	9.05
2004	**12.7**	**12.04**	**14.1**	**13.44**	2.08	3.35	10.4	8.89
2005	9.69	9.05	10.27	9.62	-1.32	-0.8	11.2	9.51
2006	**13.49**	**12.86**	8.48	7.88	1.51	-2.97	11.8	10.05
2007	7.75	7.19	6.66	6.1	-3.94	-4.92	12.2	10.39
2008	**9.9**	**9.34**	**9.66**	**9.1**	0.92	0.7	8.9	7.7

由表 5-3-4 可知，从消费角度衡量，1981~2008 年，中国环境压力与经济增长的关系同样只有强负相关、弱负相关与膨胀正相关三种类型，且大体呈弱负相关关系。

表 5-3-4 为从消费角度对各个指标的增长率（与上年相比）测量的结果。表中数字格式代表的意思与表 5-3-3 一致。从消费角度衡量，1981~2008 年中国环境压力与经济发展的关系同样只有强反相关、弱反相关与膨胀正相关三种类型，大体呈弱反相关关系。

从消费总量考虑，DMC 与经济发展的关系在 1989 年、2003 年、2004 年及 2006 年呈膨胀正相关，在 1998 年、2000 年呈强反相关，其他年份皆呈弱反相关关系。加入了隐藏流后的测算结果有两年与以 DMC 测算相异：2000 年以 DMC 测量为强反相关关系，但以 TMC 测算仅为弱反相关关系；2006 年以 DMC 测算为膨胀正相关关系，以 TMC 测算则为弱反相关关系。造成 2000 年的差异是因为用了生态包袱较大的物质，导致加入隐藏流后物质减量化的效果被弱化，而 2006 年则是由于用了生态包袱较小的物质，虽然物质的直接消费上升了，但加入了隐藏流后物质消费总量反而下降。

从人均角度测算的结果同样比用总量测算结果理想,如1996年以DMC总量计算是弱反相关关系,但以人均DMC计算却为强反相关关系;1991年、1997年及2000年以TMC总量测算为弱反相关,但以人均TMI测算却为强反相关。

无论是从生产还是消费的角度出发,1981~2008年中国环境压力与经济发展大体呈弱反相关关系,表明经济增长伴随着更高效率技术的使用,物质生产效率得到提高。而2002年与2003年两年环境压力与经济增长的关系从生产或消费角度测算皆为膨胀正相关,表明这几年的经济增长是由增加低效率技术的使用带来的,应引以为鉴。从各个指标的对比还可以看出,是否考虑未被经济系统使用却会对环境造成负担的隐藏流会对结果造成影响。此外,人均指标测算的结果普遍比总量指标测算的结果更为理想,从一方面反映出中国物质总量增长很大程度是由于人口增长而非人均物质使用增加带来的;另一方面也反映出以人均指标测算可能会忽视经济系统总的环境压力。

(二) EKC 的实证结果

表 5-3-5 为根据模型 (5-3-1)、模型 (5-3-2)、模型 (5-4-3) 对强 EKC 拟合的结果,其中 TMI 以 10 亿吨为单位,GDP 以万亿元为单位,并以 1980 年为基期的不变价格表示。

表 5-3-5　　　　　　　　强 EKC 的拟合结果

系数	一次曲线模型	二次曲线模型	三次曲线模型
β_0	15.86 *** (17.59)	18.26 *** (13.24)	14.48 *** (6.59)
β_1	7.89 *** (24.14)	5.37 *** (4.52)	11.76 *** (3.67)
β_2		0.43 ** (2.20)	-2.11 * (-1.75)
β_3			0.27 ** (2.13)
F 值	582.78 ***	336.27 ***	257.53 ***
调整 R^2	0.956	0.961	0.966

注:括号内为各个系数的 t 值; *** 表明该系数在 0.01 的显著性水平下是显著的, ** 表明该系数在 0.05 的显著性水平下是显著的, * 表明该系数在 0.10 的显著性水平下是显著的,下同。

从拟合结果来看，一次曲线与二次曲线能解释 TMI 总量变化的 95%，三次曲线能解释 TMI 总量变动的 97%。且三次曲线的系数在 0.05 的显著性水平下均是显著的。所以我们最终选择模型（5-3-3）。值得注意的是，虽然选择的是三次模型，但这并不意味着物质强度与经济发展的关系为"N"形曲线。通过计算可知拟合曲线的一阶导数恒大于 0，表明曲线一直是递增的，即根据中国 1981～2008 年的情况进行估算，在没有其他因素影响的情况下，中国并不能达到绝对物质减量化。

根据拟合曲线进一步计算可知，GDP 达到 2.62 万亿元（以 1980 年价格表示，中国 GDP 于 2000 年左右达到此水平）后，TMI 甚至开始加速上升。但是从图 5-3-1 可以发现，现实中当 GDP 达到这一水平后环境压力随着 GDP 的增加是减速上升的，所以尽管曲线的拟合程度很高，但能否外推值得商榷。

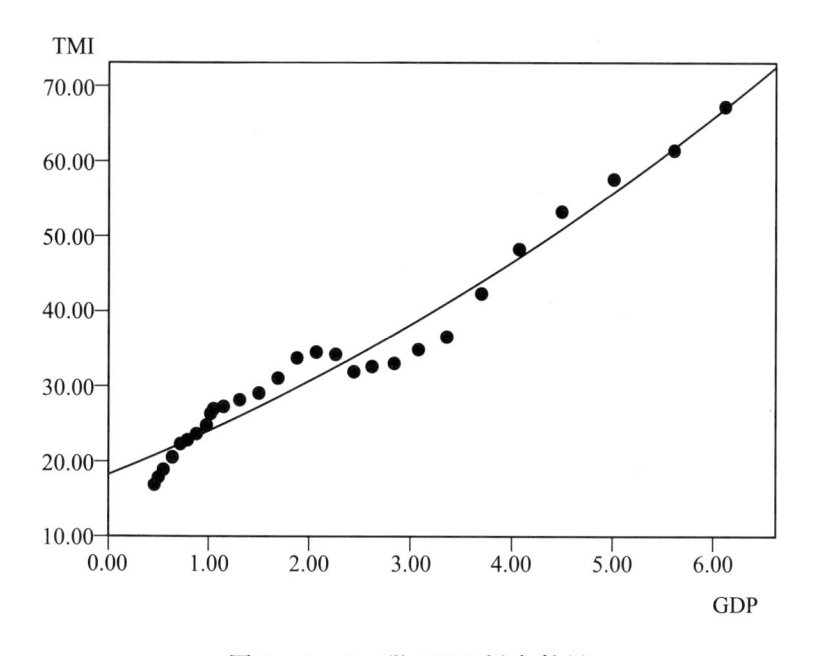

图 5-3-1 强 EKC 拟合效果

表 5-3-6 为弱 EKC 的拟合结果，其中 TMI/GDP 以 10 亿吨/万亿元为单位，GDP 以万亿元为单位。表 5-3-6 数字与符号的意义与表 5-3-5 一致。

与强 EKC 的情况相同，虽然选择的是三次模型，但这并不意味着相对物质投入总量与经济发展的关系为"N"形曲线。通过计算可知拟合曲线的一阶导数恒小于 0，曲线一直是递减的，这一实证结果与中国增加环境投资、加强环境政策力度、经济结构越来越向服务部门倾斜等现实相符。通过求解曲线的二阶导数还可知，当 GDP 大于 4.17 万亿元（以 1980 年价格表示）后（我国 GDP

于 2004~2005 年达到这一水平），单位经济产生的物质投入随着经济增长加速减少，虽然这种情况与目前的观测值吻合，但物质投入是不可能为 0 的。所以曲线能否外推同样值得商榷。从图 5-3-2 可以更直观地看到这一现象。

表 5-3-6　　　　　　　　弱 EKC 的拟合结果

系数	一次曲线模型	二次曲线模型	三次曲线模型
0	30.24 *** (19.30)	39.79 *** (38.93)	46.29 *** (68.74)
1	-4.49 *** (-7.92)	-14.52 *** (-16.50)	-25.53 *** (-25.97)
2		1.70 *** (11.79)	6.07 *** (16.40)
3			-0.47 *** (-11.95)
F 值	62.70 ***	267.28 ***	1235.58 ***
调整 R^2	0.696	0.952	0.993

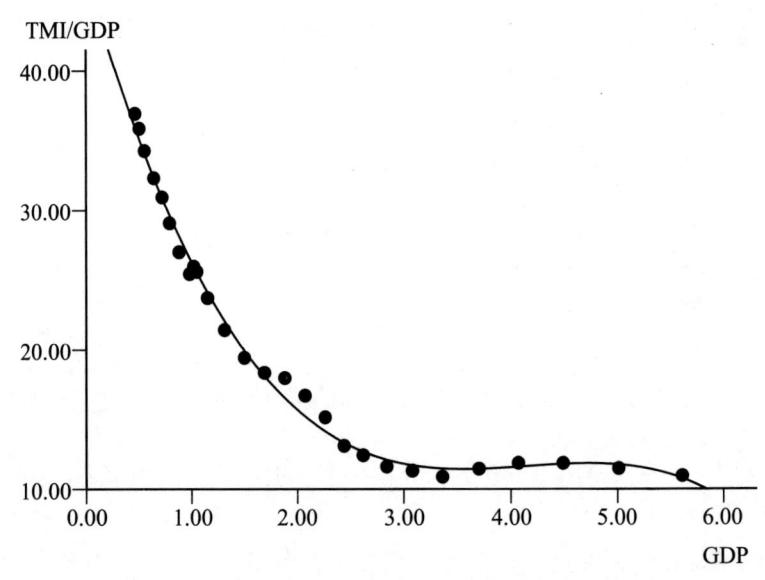

图 5-3-2　弱 EKC 拟合效果

三、结论与建议

本节运用经济系统物质流分析核算的方法,计算了中国 1981~2008 年的物质投入量与消费量,并运用经济系统物质流分析账户的指标分析中国物质减量化的情况。如果以资源使用来衡量的环境压力,关联程度分析的结果表明,中国 1981~2008 年物质减量化是相对的而非绝对的,环境压力量随着经济的增长在不断增加,但单位经济产出所需的物质却在减少;EKC 的拟合结果表明,单位经济产出所需物质在 2005 年左右由减速减少转为加速减少,但根据 1981~2008 年的数据,并没有证据表明中国会出现绝对物质减量化。

根据研究与分析,本节提出以下建议:一是现在中国一直将污染减排作为解决环境问题的主攻方向,这种"解毒"的方法在短期内对遏制环境恶化起明显效果,但在长期中却会因缺少刺激而失效,因经济系统输入量等于储存量与输出量之和,制定输入方面的政策以"物质减量化"直接预防污染的发生,并能给予人们自发提高物质利用效率的刺激。二是解决问题时需着眼于整个环境—经济系统,我国目前污染物排放的标准一般只对 CO_2 与 SO_2 的总量进行了限定,其他污染物或对按单个企业或行业设定的,或根本未设限制;这样并不能保证整个经济系统的污染物排放量不增加。三是经济系统物质流分析中提出的隐藏流的概念也值得引起我国的关注,清洁生产与可再生能源的使用值得提倡,却人们却往往忽略了与此相关的隐藏物质的大小,如用作燃料电池催化剂的铂族金属就是生态包袱非常大的物质。此外,发展循环核算账户、提高人们对物质减量化的认识、推动中国对经济系统物质流分析及物质减量化的研究也有很强的现实意义。

经济系统物质流分析把经济系统当成"黑箱",从宏观上分析了经济系统的物质吞吐量,但是并不能由此发现物质流出现变化的原因,因此给出的政策建议也较为有限。为了对中国物质减量化的情况有更深的认识,在未来需结合其他方法作进一步的研究。

第四节 中国典型农村经济增长的可持续性评估

在改革开放的 30 年间,中国农村经济增长主要依靠的是资源的大量消耗和国家投资。农村地区资源环境消耗巨大、环境污染严重的问题已经引起了中国政府的强烈关注。本节拟以中国中部农村典型区域为案例,核算农村发展过程中的资源消耗与污染排放及其在生态农业等可持续政策下的环境影响。

一、研究方法与数据

本节将 MFA 应用于县域经济系统,用以反映农村生产和消费活动的物质流动情况。物质流核算是对物质流进出经济系统进行评估。根据物质守恒定律,物质平衡说明系统输入流等于系统中积累流加上系统输出流。物质流核算通常将所有的投入和产出(不包括水和空气)用重量表示。物质流分析基于系统的方法,它可以全面系统地考察与监控经济活动的环境影响。

本节将所研究的农村经济系统定义为四个相互关联的子系统:作物种植系统;畜禽养殖系统;农副产品加工系统;农民生活消费系统。农村经济系统的系统边界和各种物质流如图 5-4-1 所示。其中,各种物质流主要分为三类:自环境或进口的输入(用点线表示)、经济系统内部各部门之间的物质流动(用黑色虚线表示)、向环境的输出(用黑色实线表示)。

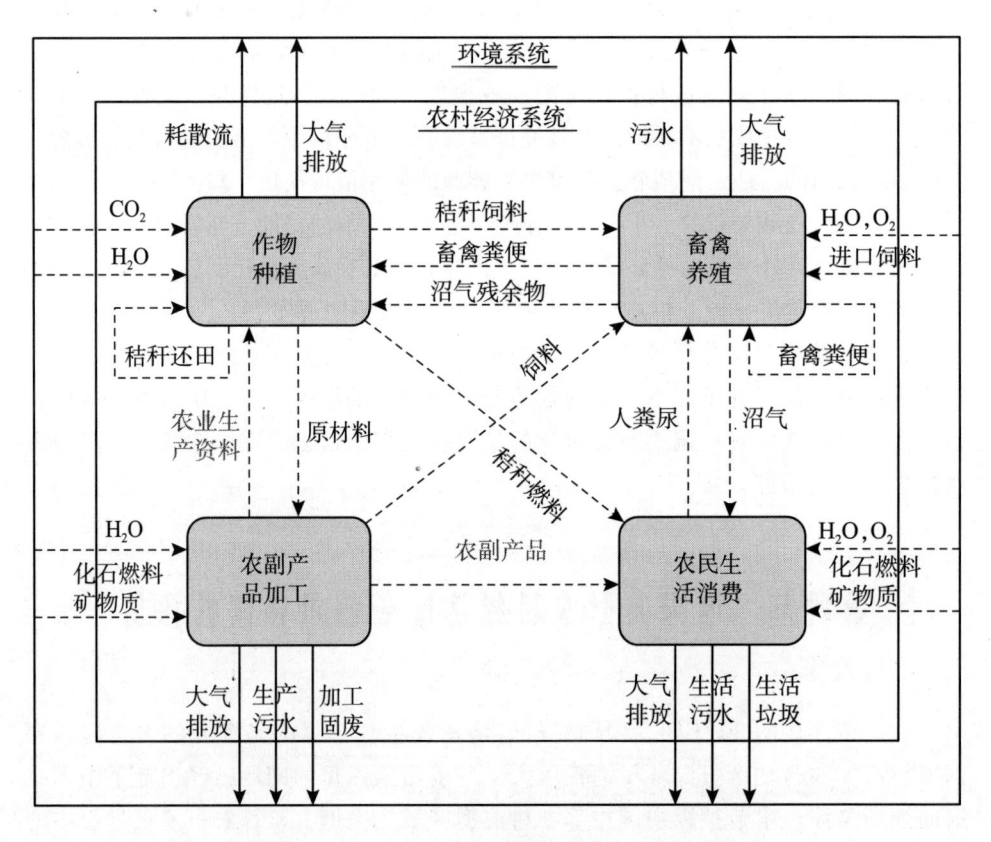

图 5-4-1 农村经济系统物质流核算框架

本节实证研究的目标区域是河南省禹州，数据采集主要有以下四个方面：禹州统计局提供的统计资料；禹州相关政府部门提供的各种数据与文件；农村住户调查与企业访谈；根据文献中的有关参数进行估算数据。

二、禹州农村生产消费活动的物质流分析

中国推动生态农业和清洁生产的发展，改变了农村生产和消费的传统模式，减少资源和能源使用的同时也减少了对环境污染的排放。禹州是中国农业大省河南省的一个典型农业县，其经济与社会发展的第"十一个"五年规划提出的有关改善农村资源环境的可持续发展政策要点包括：大力发展秸秆还田技术，推广秸秆饲料和户用沼气；增加农村户用沼气的投资与补贴，到2010年全县户用沼气达到总户数的20%；有效去除生活污水与垃圾，保持村容整洁。

根据前面建立的核算框架，我们分别估算了2005年和2010年的农村经济系统物质流，比较了政策实施前后禹州农村生产与消费的可持续政策对其资源环境的影响。其结果如图5-4-2和图5-4-3所示，其中沼气的单位是千立方米。

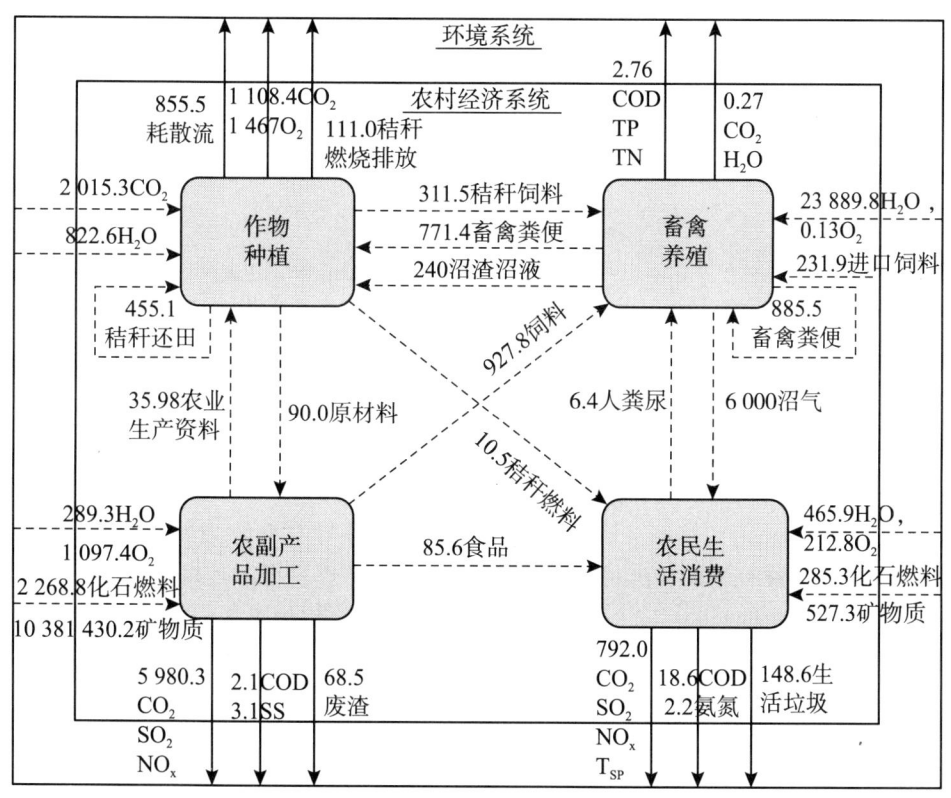

图5-4-2　2005年禹州农村物质流核算结果（单位：千吨）

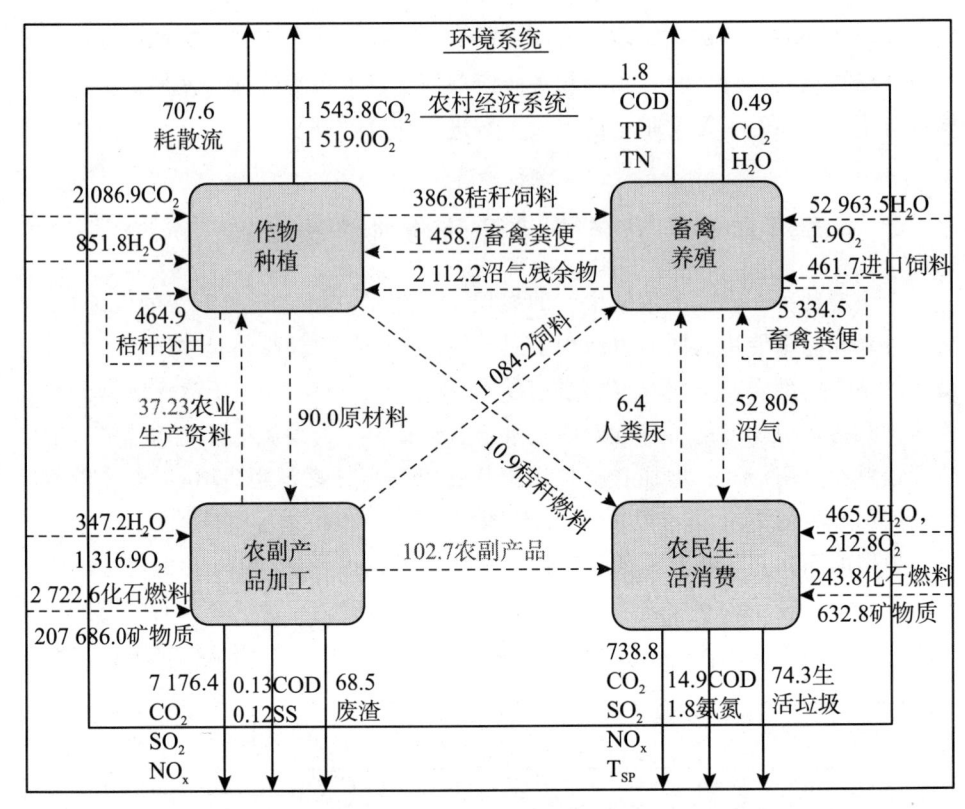

图 5-4-3 2010 年禹州农村物质流核算结果（单位：千吨）

（一）作物种植系统

根据禹州的可持续发展政策及环保局的有关规定，到 2010 年禁止露天焚烧秸秆、禁止秸秆堆弃乱置。因此，本节假定 2010 年秸秆没有露天燃烧情况，堆弃的秸秆全部用于沤制。2005 年秸秆露天燃烧排放的污染物如图 5-4-4 所示，由于秸秆露天零燃烧减少的大气污染为 111.0 千吨。

2005 年与 2010 年秸秆的使用情况如图 5-4-5 所示。从图中可以看出，2010 年，机械还田、沤制还田和作为畜禽饲料的秸秆都有较为明显的增加，而炊事燃料几乎没有增加，这是因为 2010 年农村炊事燃料仍不是以秸秆燃料为主，而主要是传统的商品能源煤与生物质清洁能源沼气之间的置换。因此，可以认为对炊事秸秆的影响很小。

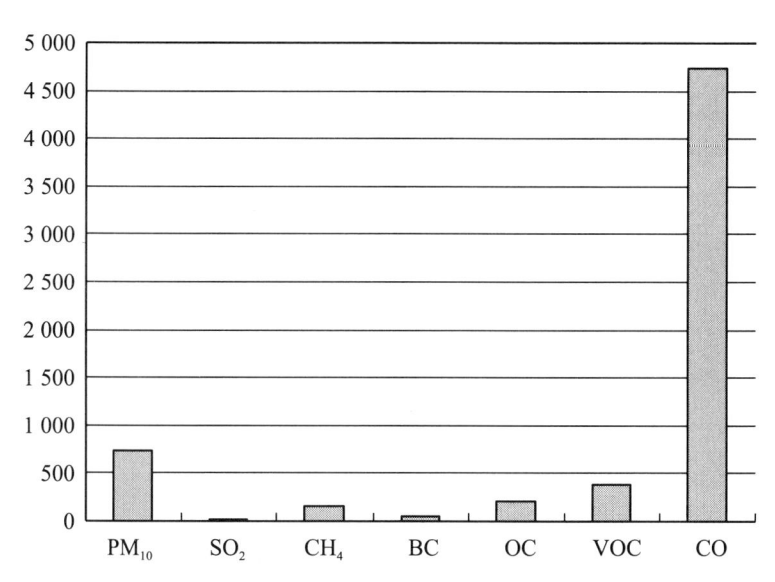

图 5-4-4　2005 年秸秆露天燃烧的污染物排放（单位：吨）

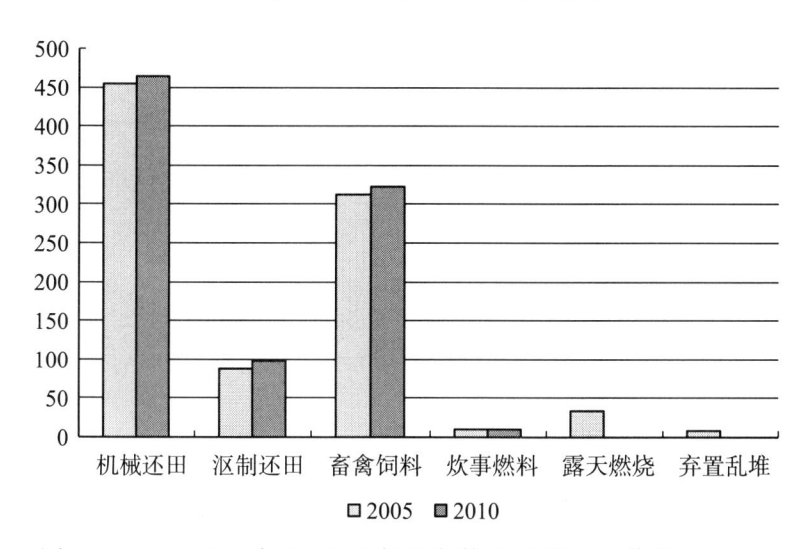

图 5-4-5　2005 年与 2010 年秸秆的使用情况（单位：千吨）

比较图 5-4-2 和图 5-4-3，我们还可以发现，2005~2010 年，畜禽粪便作为有机肥施用到农田中的数量增加了一倍。另外，由于户用沼气的数量由 6 000 户增加为 52 805 户，沼气池生成沼气后的残余物沼渣和沼液由 2005 年的 240 千吨增加到 2010 年的 2 112.2 千吨，将这些沼渣和沼液全部用作有机肥料还田。畜禽粪便和沼渣沼液等有机肥作用的结果是：部分地替代了化肥和农药，减少了农药化肥的施用量，提高了肥料的使用效率，综合来看，导致排向环境的耗散性产出下降了 17.3%。

（二）畜禽养殖系统

从图 5-4-2 和图 5-4-3 可以看出，畜禽饲料作为生物质投入，其来源结构发生了变化。根据表 5-4-1，随着"十一五"期间禹州畜禽养殖业的迅速发展，畜禽饲料的需求量也大大增加，虽然秸秆饲料和本地企业加工的饲料较 2005 年分别增加了 24.2% 和 16.9%，但仍不能满足本地畜禽养殖的需求，2010 年从外地输入饲料几乎增加了一倍。这说明禹州畜禽养殖业的发展在一定程度上还依赖于外部经济系统的物质输入。从另一角度看，加工饲料的增加，直接导致了农副产品加工企业化石燃料和矿物质的消耗的增加，二者增加的数量约为 20%。

表 5-4-1 　　　　　　2005 年与 2010 年畜禽饲料来源结构

年份	单位	秸秆饲料	加工饲料	进口饲料
2005	千吨	311.5	927.8	231.9
2010	千吨	386.8	1 084.2	461.7
增长率	%	24.2	16.9	99.1

从畜禽粪便对水体造成的污染来看，由于畜禽粪便流失造成水体污染的化学需氧量（COD）、总磷含量（TP）和总氮含量（TN）在 2005 年和 2010 年分别为 2.76 千吨和 1.8 千吨，下降了 34.8%。其主要原因在于户用沼气的增加导致了对沼气原料粪便需求的增加，导致畜禽粪便的流失量大大下降。例如，畜禽粪便用于生产沼气的数量由 2005 年的 885.5 千吨增加为 2010 年的 5 334.5 千吨，增加了 5 倍以上。

（三）农副产品加工系统

在农副产品加工系统中，对畜禽饲料需求的增加导致了化石燃料和矿物质输入的增加，进而导致向大气的污染排放增加了 1 196.06 千吨。由于马铃薯淀粉是禹州一个最为主要的农副产品加工产品，其资源消耗和污染排放主要在于从马铃薯到成品淀粉的制作阶段，特点是水耗大，污水排放严重。根据禹州环保局的检测，废水中的污染物主要是 COD 和废水中悬浮物（SS），其中 COD 的浓度为 3 628 毫克/升，SS 的浓度为 5 306 毫克/升。禹州在"十一五"期间，引进了马铃薯淀粉生产废水综合利用技术，该技术经过测试，COD 和 SS 的浓度分别降低 94% 和 96%，假设禹州 2010 年淀粉生产规模和产量不变，那么排放到水体的 COD 和 SS 就从 2005 年的 2.1 千吨和 3.1 千吨分别下降到 0.13

千吨和 0.12 千吨。

（四）农民生活消费系统

比较图 5-4-2 和图 5-4-3 可以发现，实施农村可持续政策后，2010 年禹州农民生活中最重要的变化体现在两个方面：一是农村生活能源结构的变化；二是村容村貌整洁。

由于户用沼气的大力发展，到 2010 年，共建成户用沼气池 52 805 座。一个 10 立方米的标准池一天所产生的沼气可以满足日常家庭做饭和照明的需求，这就使其成为传统商品能源煤的替代品。从 2005 年到 2010 年，沼气能源的使用导致生活能源中来自化石燃料的使用减少了 41.5 千吨，相应的大气污染物排放减少了 6.7%，即减少了 52.3 千吨。从表 5-4-2 中可以看到，生活能源使用结构发生变化后，四种大气污染物的排放总量较 2005 年均有所下降，其主要原因在于，沼气是一种清洁能源，既实现了畜禽粪便的循环利用，也满足了农民日常用能的需要。

表 5-4-2　　沼气替代化石能源减少的大气污染排放量　　单位：千吨

燃料类型	二氧化碳（CO_2）		二氧化硫（SO_2）		氮氧化物（NO_x）		总悬浮颗粒物（TSP）	
	2005	2010	2005	2010	2005	2010	2005	2010
煤	747.5	638.8	3.8	3.3	0.41	0.35	0.20	0.17
秸秆	33.1	34.3	0.006	0.006	0.004	0.001	0.022	0.023
沼气	7.0	61.9	—	—				
合计	787.6	7350	3.83	3.27	0.42	0.37	0.22	0.19

（五）农村经济系统总体输入输出

从禹州农村经济系统总体的输入与输出结果看（见表 5-4-3），2010 年较 2005 年的总物质输入（包含水耗）下降，而物质输出上升。在输入方，资源消耗下降主要是 2005 年的矿物质消耗巨大，其原因在于，我们假定 2005 年禹州除了本地加工饲料导致增加厂房建设外，没有其他企业新建建筑。输入方的水耗、化石燃料和进口生物质在 2010 年都比 2005 年有了增加，可以认为禹州农村可持续政策的实施，对多数资源的消耗仍是增加的。

表 5-4-3　　　禹州农村经济系统物质输入与输出　　　　单位：千吨

年份	H$_2$O	化石燃料	矿物质	进口生物质	合计
2005	25 467.6	2 554.1	10 381 958	231.9	10 409 979.0
2010	55 376.0	2 966.4	208 318.8	461.7	266 661.2
年份	耗散流	气体	液体	固废	合计
2005	855.5	6 883.3	28.76	217.1	7 984.7
2010	707.6	7 915.2	18.75	142.8	8 784.4

在输出方，总体物质输入略有上升，其中除气体排放物增加外，耗散流、水体污染和固体废物都有较大幅度的下降。气体排放物增加的原因与矿物质增加的原因类似，都是由于大力发展畜禽养殖政策后，对本地加工饲料的需求增加，导致生产所消耗的化石燃料增加，化石燃料燃烧导致大气污染物增加。总的来看，除了大气污染外，其他污染都呈现下降，可以认为禹州农村可持续的实施，导致了多数环境污染的减少。

三、结论与建议

本节将物质流分析（MFA）方法首次用于构建农村物质流核算模型，分析中国农村典型区域的可持续发展政策对农村环境影响的分析，该方法不仅包括农业环境与经济系统之间的物质流动，还考虑了经济系统内部主要部门之间的物质流动，用以识别农村经济发展活动中产生关键作用的物质流。我们得出的结论为：禹州"十一五"期间实施的农业可持续政策从总量上对环境的影响有所改善，但从内部结构分析可以发现，在作物种植系统、畜禽养殖系统、农副产品加工系统和农民生活消费系统四个子系统间，以及不同的物质输入与输出之间存在较大的差异，其表现为，多数物质消耗与污染排放仍呈现下降趋势。这启示我们秸秆、畜禽粪便政策的有效实施对环境改善起到了一定的作用。因此，不能仅从总体上判断政策的实施效果，更应该深入经济系统内部，量化与识别关键的物质流，为禹州农村的可持续发展提供更为有效的内部结构控制。

另外，物质流分析作为一种展示经济系统物质维度的有效工具，为测度农村经济可持续发展提供了全新的视角。因为，MFA能对农村经济活动所引起的物质代谢给出一个宏观数量描述；将不同质量的物质流加总后为各种物质流总量的比较提供了可能性。但物质流分析的这种加总方式掩盖了不同物质对环境影响的差异，单靠特定的政策难于解决物质流分析识别的环境问题。因此，作为科学工具，物质流分析在其方法发展上，有两种可能的发展方向：一是继续开发方法本身的潜力；另一个是与其他工具结合使用。我们认为，在理解了农村经济系统的基本物质代谢规律后，下一步的工作应该是选择其他工具或者开发新工具与物质流分析结合使用，研究经济系统运行更有效率的政策依据，为农村经济可持续发展提供决策支持。

第五节 中国经济增长与物质代谢的动态冲击分析

中国是最大的发展中国家，伴随着改革开放 30 年高速的经济增长，中国经济增长对资源环境施加了巨大的压力。本节从系统分析的角度出发，根据物质流核算分析框架提供的资源投入与环境输出指标，利用向量自回归 VAR 模型，为处于转型过程中的中国经济系统的资源使用、污染排放和经济增长之间的关系提供有力的经验研究证据。

一、变量选取与数据来源

本节利用第二节中计算的中国 MFA 输入输出变量来表征环境质量，其中，输入方的资源投入指标包括生物质、化石燃料、金属矿物、非金属矿物和进口物质流等五类指标；输出方的污染排放指标包括固体废弃物、水体废弃物、大气排放物和耗散流等四类指标，数据时间长度扩展到 1978～2008 年，对于有些年份因数据缺失，采用线性插值估计，详细数据来源可参见第 2 章相关内容。度量经济增长的变量用人均 GDP 来表示（采用以 2005 年为基期的数据）。为消除数据中存在的异方差，我们对所有变量都进行了对数变换，以保持时间序列数据的特征。

二、实证研究结果与讨论

（一）变量的平稳性检验

在对变量进行协整分析之前，首先需要对变量的平稳性进行检验，变量只有在一阶单整的情况下，才能进行协整分析。由于实际经济问题的复杂性，我们对变量的单位根检验采用三种形式，即是否包含常数项、时间趋势和滞后项。ADF

检验的结果如表 5-5-1 所示。

表 5-5-1　　　　　　　　ADF 单位根检验结果

变量	检验形式（C，T，K）	ADF 检验统计量	5% 临界值
$\ln gdp$	(C, N, 5)	0.462	-2.986
$\Delta\ln gdp$	(C, T, 5)	-4.447	-3.603
$\ln biomass$	(C, T, 1)	-2.586	-3.574
$\Delta\ln biomass$	(C, T, 1)	-4.037	-3.574
$\ln fossil$	(C, T, 1)	-0.804	-3.574
$\Delta\ln fossil$	(C, T, 1)	-2.258	-3.574
$\Delta^2\ln fossil$	(C, T, 1)	-4.591	-3.581
$\ln metal$	(C, T, 1)	-1.450	-3.574
$\Delta\ln metal$	(C, T, 1)	-2.823	-3.574
$\Delta^2\ln metal$	(C, T, 1)	-5.607	-3.581
$\ln nonmetal$	(C, T, 1)	-2.933	-3.574
$\Delta\ln nonmetal$	(C, T, 1)	-4.039	-3.574
$\ln imports$	(C, N, 1)	-2.967	-2.964
$\Delta\ln imports$	(C, N, 1)	-4.402	-2.968
$\ln solid$	(C, T, 1)	-0.573	-3.568
$\Delta\ln solid$	(C, T, 1)	-5.621	-3.574
$\ln gas$	(C, N, 1)	0.770	-2.968
$\Delta\ln gas$	(C, N, 1)	-3.008	-2.968
$\ln liquid$	(N, N, 1)	0.352	-1.953
$\Delta\ln liquid$	(N, N, 1)	-7.501	-1.953
$\ln dissipative$	(N, N, 1)	2.796	-1.953
$\Delta\ln dissipative$	(N, N, 1)	-2.121	-1.953

注：检验形式（C，T，K）分别表示单位根检验包括是否包括常数项、时间趋势和滞后阶数，N 是指不包括 C 和 T，加入滞后项是为了使残差项为白噪声，最优滞后项阶数由 AIC 和 SC 准则确定，Δ 表示一阶差分算子，Δ^2 表示二阶差分算子。

从表 5-5-1 可以看出，实际人均 GDP 是一阶单整 I(1)；在 5 类环境输入指标中，生物质（$\ln biomass$）、非金属矿物（$\ln nonmetal$）和进口（$\ln imports$）是一阶单整 I(1)；化石燃料（$\ln fossil$）和金属矿物（$\ln metal$）是二阶单整 I(2)；4 类环境输出指标全部都是一阶单整的，即固体废弃物（$\ln solid$）、气体废弃物（$\ln gas$）、液体废弃物（$\ln liquid$）和耗散流（$\ln dissipative$）都是 I(1)的。因此，在协整分析中，需要将化石燃料（$\ln fossil$）和金属矿物（$\ln metal$）

排除在外。

针对 ADF 检验中存在的高阶序列相关，为了保证 ADF 检验的稳定性，我们采用菲利普斯—佩龙（Phillips - Perron）检验对上述变量的平稳性进行检验。菲利普斯—佩龙检验结果与 ADF 检验结果类似，支持了表 5 - 5 - 1 单位根检验的结论。PP 检验结果如表 5 - 5 - 2 所示。

表 5 - 5 - 2　　　　　　　　PP 单位根检验结果

变量	检验形式（C，T，K）	ADF 检验统计量	5% 临界值
$\ln gdp$	(C，T，1)	-2.669	-3.568
$\Delta\ln gdp$	(C，T，1)	-3.959	-3.574
$\ln biomass$	(C，T，1)	-2.378	-3.568
$\Delta\ln biomass$	(C，T，1)	-4.087	-3.574
$\ln fossil$	(C，N，1)	1.788	-2.964
$\Delta\ln fossil$	(C，N，1)	-1.651	-2.968
$\Delta^2\ln fossil$	(C，N，1)	-4.875	-2.972
$\ln metal$	(C，N，1)	3.480	-2.964
$\Delta\ln metal$	(C，N，1)	-2.106	-2.968
$\Delta^2\ln metal$	(C，N，1)	-5.743	-2.972
$\ln nonmetal$	(C，T，1)	-2.422	-3.568
$\Delta\ln nonmetal$	(C，T，1)	-4.057	-3.574
$\ln imports$	(C，N，1)	-2.640	-2.964
$\Delta\ln imports$	(C，N，1)	-4.355	-2.968
$\ln solid$	(C，T，1)	-0.516	-3.568
$\Delta\ln solid$	(C，T，1)	-5.621	-3.574
$\ln gas$	(C，N，1)	0.288	-2.964
$\Delta\ln gas$	(C，N，1)	-2.972	-2.968
$\ln liquid$	(N，N，1)	0.369	-1.952
$\Delta\ln liquid$	(N，N，1)	-7.501	-1.953
$\ln dissipative$	(N，N，1)	4.492	-1.952
$\Delta\ln dissipative$	(N，N，1)	-2.121	-1.953

注：菲利普斯—佩龙单位根检验时基于谱分析，其最优滞后阶数由纽维 - 韦斯特（Newey - West）（1994）方法确定。

(二) 协整关系检验

利用约翰森 (Johansen, 1988, 1991) 以及约翰森和朱塞利斯 (Johansen and Juselius, 1990) 提出的基于 VAR 方法的协整系统检验,我们分别考查了环境输入输出变量与人均 GDP 变量的长期稳定关系。环境输入输出变量与人均 GDP 的协整关系检验结果如表 5-5-3 所示。

表 5-5-3　环境变量与 $\ln gdp$ 的约翰森协整检验结果

环境变量	VAR滞后阶数	λ_{trace}	5%临界值	λ_{max}	5%临界值	协整关系
ln biomass	2	30.623	25.872	23.601	19.387	负
ln nonmetal	2	24.286	18.398	22.009	17.148	正
ln imports	2	30.315	25.872	24.138	19.387	正
ln solid	2	28.066	25.872	21.546	19.387	正
ln gas	2	23.750	18.398	22.885	17.148	负
ln liquid	2	37.013	25.872	27.145	19.387	负
ln dissipative	2	28.332	25.872	24.209	19.387	正

从表 5-5-3 可以发现,本节所选取的 3 类环境输入指标和 4 类环境输出指标与人均 GDP($\ln gdp$)之间都存在稳定的协整关系。这一结果说明:在中国经济发展的过程中不可避免地伴随着资源消耗与环境污染排放问题,也就是说,发展问题与环境退化现象往往是息息相关的。

对约翰森协整检验结果进一步分析,我们发现环境质量变化与经济发展,即资源耗减、污染排放与人均 GDP 之间存在长期稳定的相关关系。在具有协整关系的 7 类变量中,非金属矿物 ($\ln nonmetal$)、进口资源 ($\ln imports$)、固体废弃物 ($\ln solid$)、耗散流 ($\ln dissipative$) 与人均 GDP 之间存在正的协整关系;而生物质、气体排放、液体排放与人均 GDP 之间的协整关系均为负。这一结果表明,随着中国经济的增长,人均 GDP 的提高,将会消耗更多的非金属矿物和进口资源,并排放更多的固体废弃物和使用更多的耗散性产品;但却有助于降低气体废物和液体废物的排放,减少生物质产量;这也说明中国的经济增长仍是第二产业甚至第三产业的发展,第一产业的发展逐渐处于劣势地位。本节选取的样本区间是 1978~2008 年,中国整体经济发展水平仍然处于经济发展的起飞阶段,这一结论的出现与现有研究结论存在一定的差异。格罗斯曼和克鲁格 (Grossman and Krueger, 1995)、丁达 (Dinda, 2004) 等指出:在经济发展的起飞阶段,产出增加往往意味着对自然资源、能源等的过度使用,从而增大环境压力;同时,这一阶段，居民的环境质量—收入弹性较低，即环境质量在居民消费需求中没有占有较高比重；此外，受经济发展水平、人均收入限制，人们也无力支付用于环保技术研发的经费投入和设备购置。只有当人均收入水平超过一定水平后，环境质量才能随着收入进一步上升而得到改善。经验研究［格罗斯曼和克鲁格，1995；德布鲁因和海因茨（de Bruyn and Heintz），1998 等］认为：人均 GDP 在 8 000~10 000 美元是环境质量改善的转折点。显然，中国 2008 年的人均 GDP 仅为 1.88 万元人民币，中国经济发展水平还远未达到这一发展的临界值阶段，即中国经济在相对较早的发展阶段部分进入了资源环境保护与经济增长的良性循环阶段，部分仍处于资源过度消耗和环境污染排放的恶性循环中。

综合来看，以下几个方面对经济发展过程中的资源消耗与污染排放问题起到重要作用：

1. 政府的作用

丁达（2004）文献综述中发现，政府政策在环境保护、资源合理开采过程中的作用是非常重要的，通过政府政策的监督、引导与激励作用能够提高资源利用效率和改善环境质量。这一点与理论研究保持一致，大多数基于内生经济增长框架的理论研究都发现，在考虑到资源利用问题的情况下，分权经济的最优经济增长率一般低于社会计划经济的均衡增长率。因此，政府可以通过税收、财政补贴以及环境政策来提高资源利用效率。有趣的是，气体废弃物和液体废弃物，如二氧化硫和 COD，都是中国政府"十一五"期间大力监管和控制，因此，它们的污染排放与人均 GDP 的良性循环关系也在一定程度上体现了政府政策监管的效果。

2. 产业结构调整与升级

作为各类主要污染物的排放源头，工业在国民经济中的比重在 40% 左右波动，而生产过程中的污染排放保持了持续上升趋势，如图 5-5-1 所示。因此，随着经济持续发展，当生产方式逐渐由能源、资源密集型和污染密集型转化为资金、技术、知识密集型，是可以大大缓解产出增加对环境的压力。

3. 技术进步效应

类似于产业结构调整效应，技术进步不仅可以直接带来清洁技术、环境保护技术的推广，而且通过提供资源利用效率、生产方式转变，从而可以改善环境质量。尤其是在对外贸易、吸引外资、开放经济条件下，技术进步不仅来自本国的自主创新，还取决于对外界先进技术的学习、模仿与吸收。

因此，随着结构调整与升级、技术进步以及政府政策的有效实施，在一定程度上，中国是可以在保持经济高速发展的情况下，减少资源环境压力。

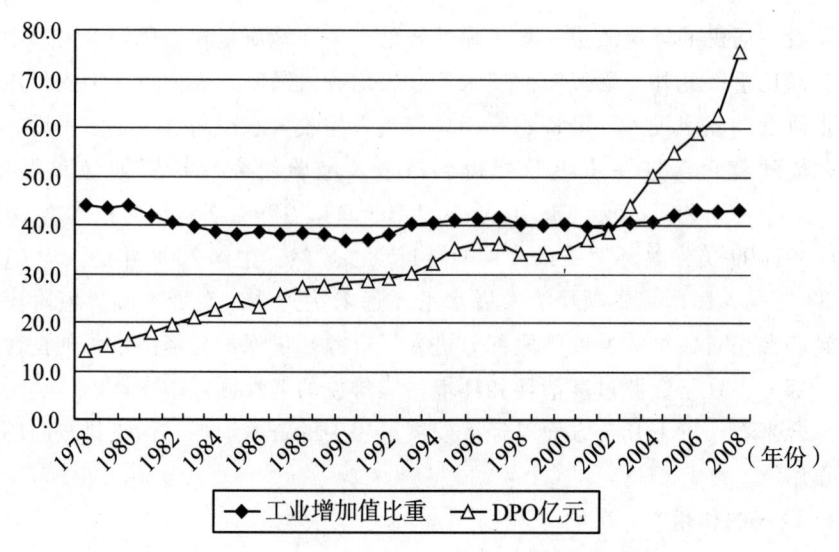

图 5-5-1 工业占 GDP 比重与 DPO 排放变化趋势

(三) 格兰杰因果关系检验

1. 基于 ECM 模型的格兰杰因果关系检验

根据恩格尔和格兰杰（Engle and Granger，1987）表示定理，如果包含在 VAR 模型中的变量存在协整关系，则可以建立包括误差修正项（EC）在内的误差修正模型（ECM），并根据 ECM 模型来判断变量之间的因果关系。具体检验结果如表 5-5-4 所示。误差修正项的大小表明从非均衡向长期均衡状态调整的速度，误差修正项的系数包含了过去的变量值是否影响当期变量值的信息，一个显著的非零系数表明过去的均衡误差在决定当前的结果中扮演了重要的角色。

表 5-5-4　基于 ECM 模型的格兰杰因果关系检验结果

环境变量	VAR 滞后阶数	零假设：$\Delta\ln gdp$ 不是引起 $\Delta\ln ed$ 的格兰杰原因		零假设：$\Delta\ln ed$ 不是引起 $\Delta\ln gdp$ 的格兰杰原因	
		F 统计量	p 值	F 统计量	p 值
ln biomass	2	2.819	0.080	2.940	0.072
ln nonmetal	1	0.858	0.437	0.861	0.435
ln imports	3	1.354	0.277	0.526	0.598
ln solid	3	4.005	0.032	0.255	0.777
ln gas	3	0.475	0.628	0.108	0.898
ln liquid	3	0.163	0.851	1.611	0.221
ln dissipative	3	1.990	0.159	1.188	0.322

2. 基于扩展的 VAR 模型的格兰杰因果关系检验

除了基于无约束 VAR 模型的 ECM – Granger 因果关系检验外，户田和山本（Toda and Yamamoto，1995）提出了一种新的因果关系检验方法。该方法的优点在于不受 VAR 系统协整关系的制约，简单易行。具体检验结果如表 5 – 5 – 5 所示。

表 5 – 5 – 5 基于扩展 VAR 模型的格兰杰因果关系检验结果

环境变量	VAR 滞后阶数	d	零假设：$\Delta\ln gdp$ 不是引起 $\Delta\ln ed$ 的格兰杰原因		零假设：$\Delta\ln ed$ 不是引起 $\Delta\ln gdp$ 的格兰杰原因	
			F 统计量	p 值	F 统计量	p 值
$\ln biomass$	3	1	3.484	0.073	5.787	0.023
$\ln fossil$	5	2	0.001	0.973	0.370	0.548
$\ln metal$	5	2	0.002	0.966	0.732	0.400
$\ln nonmetal$	2	1	0.487	0.491	1.296	0.265
$\ln imports$	4	1	1.129	0.297	0.216	0.646
$\ln solid$	4	1	3.483	0.073	0.938	0.342
$\ln gas$	4	1	0.435	0.515	1.813	0.189
$\ln liquid$	4	1	0.184	0.671	1.506	0.230
$\ln dissipative$	4	1	9.100	0.006	1.401	0.247

3. 格兰杰因果关系检验结果分析

根据表 5 – 5 – 4 和表 5 – 5 – 5 两类格兰杰因果关系检验结果进行综合，得到表 5 – 5 – 6 关于环境变量与人均 GDP 变化的双向因果关系。由表 5 – 5 – 6 的检验结果可以得到如下结论：在本节所选取的环境输入输出变量及样本区间而言经济增长是导致环境质量变化的重要原因，但环境质量变化却不是引起经济增长的重要原因。在所选取的 9 类环境输入输出指标中，人均 GDP 变化是引起这些指标变化的重要原因，尤其是在 10% 的显著性水平上，两类因果关系检验结果都显示人均 GDP 变化是生物质输入的原因。同时检验结果也表明，金属矿物与化石燃料和人均 GDP 不存在长期协整关系的同时，与人均 GDP 之间也不存在格兰杰因果关系，即二者的变化不能引起人均 GDP 的变化，反之亦然。

表 5 – 5 – 6　　　　两类格兰杰因果关系检验比较

显著性水平	$\Delta \ln gdp$ 是引起的 $\Delta \ln ed$ 的格兰杰原因	$\Delta \ln ed$ 是引起 $\Delta \ln gdp$ 的格兰杰原因
5%	$\ln biomass^2$、$\ln solid^1$、$\ln dissipative^2$	$\ln biomass^2$
10%	$\ln biomass^{1,2}$、$\ln solid^2$	$\ln biomass^1$

注：上标 1 表示存在基于 ECM 模型的格兰杰因果关系结果，上标 2 表示存在基于扩展 VAR 模型的格兰杰因果关系结果。

表 5 – 5 – 6 的结果表明，本节选取的环境输入指标和大多数环境输入指标不是人均 GDP 变化的格兰杰原因。对这一结果有的解释为：

正如大多数基于中国经济增长的实证研究表明，改革开放以来中国经济增长的基本源泉仍是新古典经济增长理论所强调的资本、劳动等投入要素以及经济开放的作用，尤其是长期以来物质资本的积累是中国经济增长的基本推动力。因此，相对于资本积累、劳动投入、对外贸易以及吸引外资等因素，环境污染、资源资源对经济增长的作用相对有限。

大多数考察自然资源、环境污染对经济增长影响出的增长模型都假定存在一个有效的资源品交易市场，而且污染所产生的负外部效应能够被市场定价机制内部化。例如，著名的霍特林（Hotelling）规则表明在有效的市场交易体制下，资源最优利用率应该决定于市场利率。显然，长期以来中国经济发展缺乏一个对资源、能源产品利用以及排污权的有效交易市场，因而极大地限制了环境变化对经济的影响力。

居民对环境质量的偏好程度也决定了环境质量对经济发展的作用。就中国目前发展阶段而言，与发达国家相比，环境污染与资源消耗在居民效用函数中的比重相对较低，同时环境质量—收入的弹性也较小，这些因素都影响了环境污染—经济增长之间的因果关系。

综上所述，与发展中国家相比，由于发达国家已经建立起相对完善的资源品、污染外部效应的产权交易市场，同时发达国家居民也拥有较高的环境质量需求偏好，因此往往存在着从环境污染到经济增长变化的因果关系［孔多和丁达（Coondoo and Dinda），2002；丁达和孔多，2006；涞和麦基特里克（Liang and McKitrick），2002］；反之，由于发展中国家缺乏有效的产权保护体系与市场交易机制来对环境污染的负外部效应进行清晰界定，因此，环境污染对经济增长的反馈机制相对较弱。此外，发展中国家往往处于工业化发展初期或中期阶段，工业产出的增加必然意味着资源品、能源品的投入上升，从而加重了环境保护的压力。

（四）脉冲响应函数分析

本节主要基于 VAR 方法来考查环境输入输出与人均 GDP 变化之间的动态影响。我们分析的 VAR 模型是包括 9 类环境输入输出指标与人均 GDP 在内的双变量系统。运用 GIRF 方法来考查 9 类环境指标与人均 GDP 之间的冲击响应，得到的结果如表 5-5-7 到表 5-5-10 和图 5-5-2 到图 5-5-10 所示。其中冲击标准差由蒙特卡罗模拟方法得到，同时考虑样本数据容量，将冲击响应期设定为 10。

1. 生物质投入与经济增长

分析生物质投入对人均 GDP 变化的冲击反应。从表 5-5-7 第 2 列的模拟结果可以发现，在整个冲击期内 ln $biomass$ 对当期 ln gdp 一个单位冲击的反应曲线大致呈现一个从上升到水平的发展趋势：ln $biomass$ 的当期反应非常小，几乎接近零，其后 2~6 期逐渐增加，7~10 期内的冲击反应变化不大。图 5-5-2 中，ln $biomass$ 对 ln gdp 的累积响应曲线总体呈上升趋势，在前 4 期上升幅度较大，后 6 期相对较为平缓。

表 5-5-7　ln $biomass$、ln $fossil$ 与 ln gdp 的脉冲响应分析

period	Response of ln $biomass$ to ln gdp	Response of ln gdp to ln $biomass$	Response of ln $fossil$ to ln gdp	Response of ln gdp to ln $fossil$
1	0.000249	0.000165	0.004872	0.002665
2	0.003827	0.009614	0.017359	0.005572
3	0.008139	0.018339	0.029366	0.007747
4	0.011618	0.023387	0.038378	0.009031
5	0.013824	0.025243	0.044116	0.009554
6	0.014965	0.025328	0.047103	0.009521
7	0.015444	0.024813	0.048052	0.009130
8	0.015605	0.024330	0.047632	0.008540
9	0.015661	0.024082	0.046383	0.007867
10	0.015710	0.024052	0.044711	0.007192

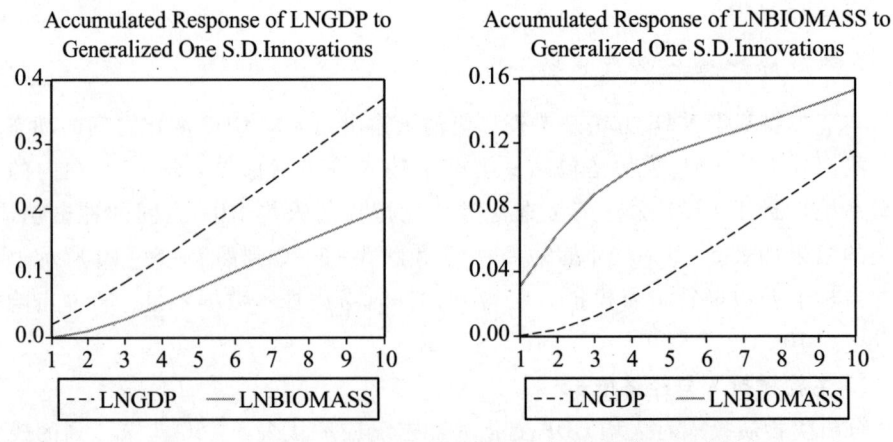

图 5-5-2 ln *biomass* 与 ln *gdp* 的累积响应函数图

分析人均 GDP 对生物质消耗变化的冲击反应。从表 5-5-7 第 3 列看以看出，ln *gdp* 对 ln *biomass* 的冲击反应曲线大致为水平曲线，各冲击反应值大致保持在 0.2~0.4 的范围内，累积响应曲线基本呈直线上升趋势，表明生物质输入量的增加对经济增长的作用基本是固定不变的。

2. 化石燃料投入与经济增长

比较表 5-5-7 第 4、5 列可以发现，虽然 ln *fossil* 和 ln *gdp* 的冲击反应都为正，但 ln *fossil* 对 ln *gdp* 的冲击反应较大，而 ln *gdp* 对 ln *fossil* 的冲击反应很小。

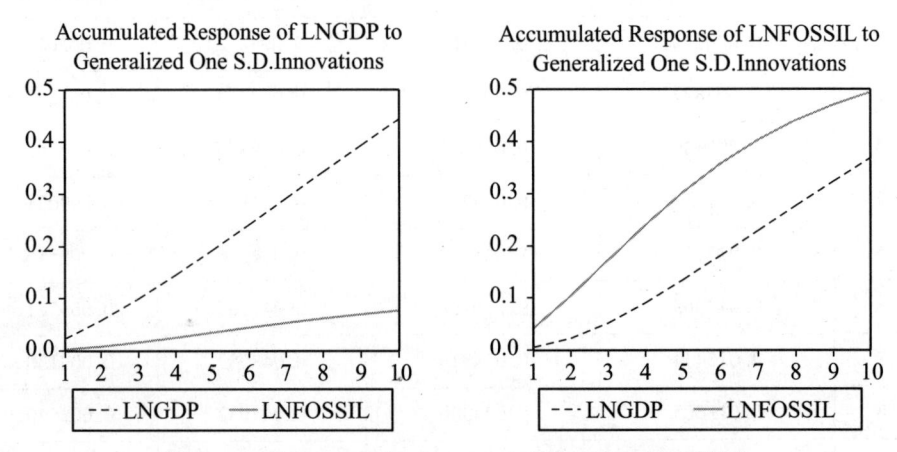

图 5-5-3 ln *fossil* 与 ln *gdp* 的累积响应函数图

这一结果说明经济增长将导致化石燃料的消耗大量增加，而化石燃料的输入增加对经济增长的促进作用则较小。这一点从图 5-5-3 中同样可以发现，在左图中，ln *fossil* 的曲线变动幅度较小，而右图中 ln *gdp* 的变动幅度较大。

3. 金属矿物投入与经济增长

在表 5-5-8 第 2、3 列中，ln *metal* 对 ln *gdp* 冲击的反应呈小幅上升，也就是说，随着经济的增长，经济活动对金属矿物的需求会有一定程度的增加，这从其累积响应函数图 5-5-4 中也可以看出。

表 5-5-8　ln *metal*、ln *nonmetal*、ln *imports* 与 ln *gdp* 的脉冲响应分析

period	Response of ln *metal* to ln *gdp*	Response of ln *gdp* to ln *metal*	Response of ln *nonmetal* to ln *gdp*	Response of ln *gdp* to ln *nonmetal*	Response of ln *imports* to ln *gdp*	Response of ln *gdp* to ln *imports*
1	0.008554	0.004195	0.046864	0.016432	0.049655	0.007200
2	0.010271	0.013464	0.057819	0.029335	0.080411	0.006989
3	0.010608	0.021887	0.058164	0.033996	0.093089	0.007054
4	0.011916	0.027374	0.056121	0.034143	0.095926	0.007843
5	0.014789	0.029810	0.054047	0.032671	0.094262	0.008972
6	0.019000	0.029875	0.052453	0.030953	0.090840	0.010164
7	0.024060	0.028400	0.051341	0.029478	0.086949	0.011281
8	0.029492	0.026080	0.050607	0.028351	0.083152	0.012273
9	0.034934	0.023398	0.050150	0.027539	0.079670	0.013127
10	0.040156	0.020642	0.049893	0.026978	0.076567	0.013850

ln *gdp* 对 ln *metal* 的冲击反应呈现先上升后下降的倒"U"形，这说明金属矿物输入的增加在初期会导致人均 GDP 增加，但到 6 期以后随着金属矿物的增加，经济增长的反应会逐渐下降。

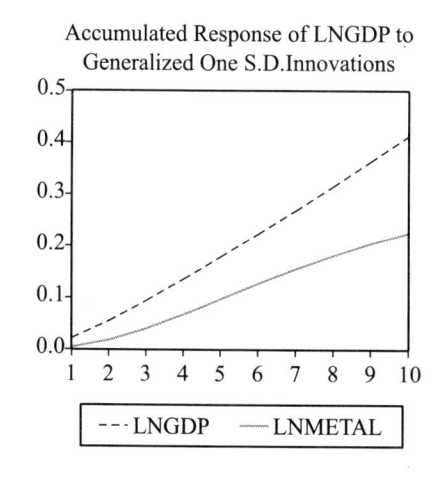

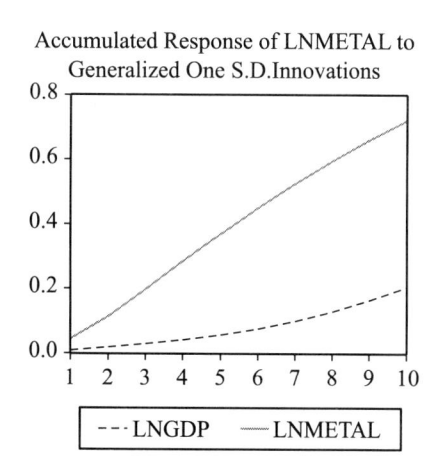

图 5-5-4　ln *metal* 与 ln *gdp* 的累积响应函数图

4. 非金属矿物投入与经济增长

在表 5-5-8 第 4、5 列中，ln *nonmetal* 对 ln *gdp* 的冲击反应基本呈现水平直线趋势，体现在图 5-5-5 中的右图。这说明经济增长对非金属矿物的需求呈现一个固定的增长需求。而 ln *gdp* 对 ln *nonmetal* 的冲击反应先呈上升，6 期以后略有下降，即非金属矿物的输入在前期会导致经济增长的持续增加，后期对经济增长的作用在减小，图 5-5-5 左图中虚线斜率先上升后下降说明了这一点。

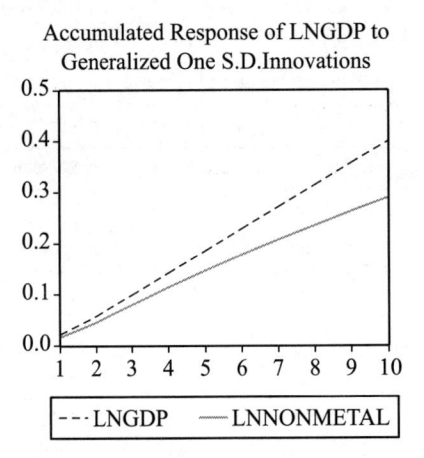

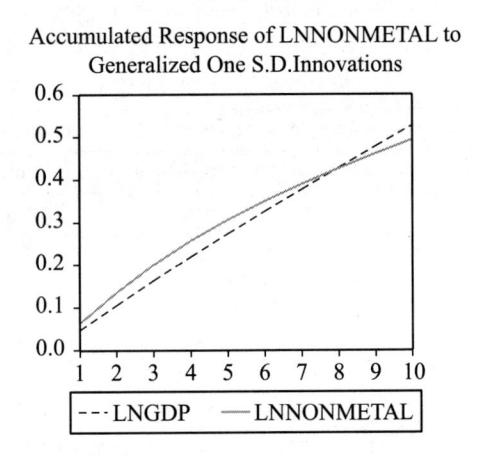

图 5-5-5　ln *nonmetal* 与 ln *gdp* 的累积响应函数图

5. 资源进口与经济增长

在表 5-5-8 第 6、7 列中，ln *imports* 对 ln *gdp* 的冲击反应呈现先上升后下降的倒"U"形，类似地反应出现在图 5-5-6 右图中。而 ln *gdp* 对 ln *imports* 的冲击反应基本呈现水平曲线，略有上升，即累积曲线的幅度变化不大。这说明，经济增长初期对进口资源需求较大，而中后期这一需求则有所回落，因为进口资源亦是有生物质、矿物质和化石燃料构成，对它们的进口需求与国内需求是类似的。而进口资源的增加在持续 10 期中间，只能引起较小幅度的经济增长。

6. 固体废弃物与经济增长

从表 5-5-9 的第 2、3 列可以发现，ln *solid* 对 ln *gdp* 的冲击反应逐渐下降，在 10 期内均为负，累积响应函数参见图 5-5-7；而 ln *gdp* 对 ln *solid* 的冲击反应除第 1 期外，均为正值，且呈现倒"U"形。其经济意义为：随着经济增长，将导致固体废弃物排放量的增加；固体废弃物的排放开始会导致经济增长速度的增加，但后期其增长速度会下降。

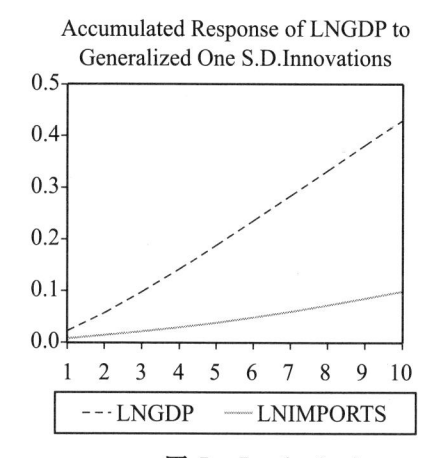

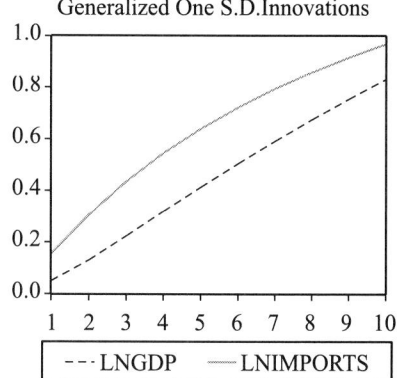

图 5-5-6　ln *imports* 与 ln *gdp* 的累积响应函数图

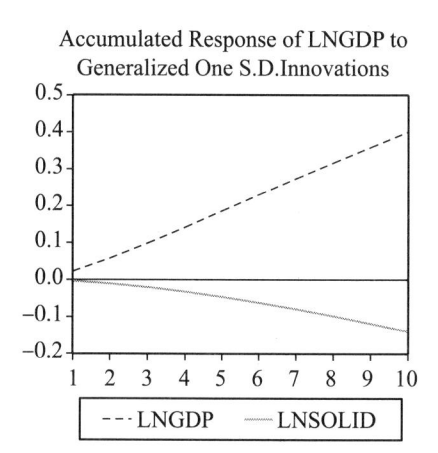

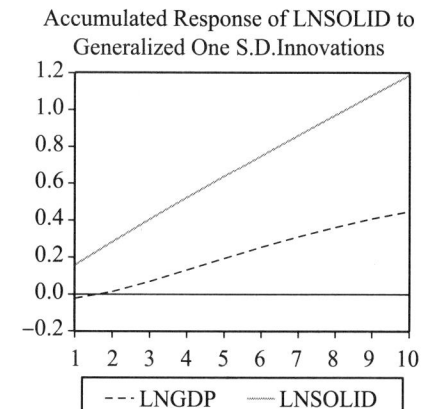

图 5-5-7　ln *solid* 与 ln *gdp* 的累积响应函数图

表 5-5-9　　ln *solid*、ln *gas* 与 ln *gdp* 的脉冲响应分析

period	Response of ln *solid* to ln *gdp*	Response of ln *gdp* to ln *solid*	Response of ln *gas* to ln *gdp*	Response of ln *gdp* to ln *gas*
1	-0.003271	-0.022795	0.015137	0.006533
2	-0.007215	0.036500	0.022671	0.009386
3	-0.009889	0.054876	0.026410	0.011748
4	-0.012078	0.062534	0.028272	0.014383
5	-0.013971	0.063250	0.029217	0.017238
6	-0.015699	0.060596	0.029724	0.020084
7	-0.017327	0.056260	0.030029	0.022726
8	-0.018894	0.051157	0.030247	0.025052
9	-0.020420	0.045763	0.030430	0.027024
10	-0.021919	0.040323	0.030604	0.028655

7. 气体废弃物与经济增长

从表 5-5-9 的第 4、5 列可以看到，$\ln gas$ 对 $\ln gdp$ 的冲击反应全部为正，呈缓慢上升状态；$\ln gdp$ 对 $\ln gas$ 的冲击反应类似，但上升幅度略大。从图 5-5-8 中可以看出，累积响应函数基本呈直线上升状态，只有左图中的趋势略有变化。

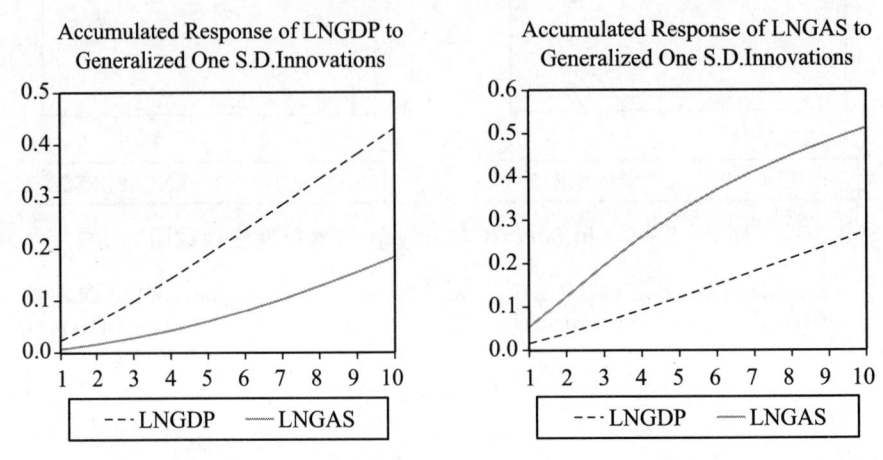

图 5-5-8 $\ln gas$ 与 $\ln gdp$ 的累积响应函数图

8. 液体废弃物与经济增长

表 5-5-10 的第 2、3 列中反映了 $\ln liquid$ 与 $\ln gdp$ 冲击反应结果。$\ln liquid$ 对 $\ln gdp$ 的冲击反应全部为正，除第 2 期有所上升外，以后 8 期均呈下降，并迅速接近于零。

表 5-5-10 $\ln liquid$、$\ln dissipative$ 与 $\ln gdp$ 的脉冲响应分析

period	Response of ln *liquid* to ln *gdp*	Response of ln *gdp* to ln *liquid*	Response of ln *dissipative* to ln *gdp*	Response of ln *gdp* to ln *dissipative*
1	0.006006	0.002453	-0.012326	-0.007636
2	0.006938	-0.002285	-0.010513	-0.005997
3	0.005339	-0.008602	-0.005026	-0.001999
4	0.003528	-0.013718	0.000633	0.002043
5	0.002082	-0.017225	0.005435	0.005457
6	0.001124	-0.019383	0.009214	0.008141
7	0.000559	-0.020621	0.012079	0.010176
8	0.000258	-0.021305	0.014206	0.011688
9	0.000114	-0.021687	0.015762	0.012797
10	5.59E-05	-0.021923	0.016892	0.013602

图 5-5-9 右图中，虚线累积曲线在前面先上升，其余各期基本都是水平。这说明经济增长对初期会导致液体废弃物排放的增加，但随着经济发展，液体废弃物的排放增幅迅速减少，后期几乎保持不变。而 ln *gdp* 对 ln *liquid* 的冲击反应除第 1 期外，均为负值，且呈下降趋势，图 5-5-9 的左图也支持了这一点，这说明液体排放物的增加反过来会抑制经济增长的速度。

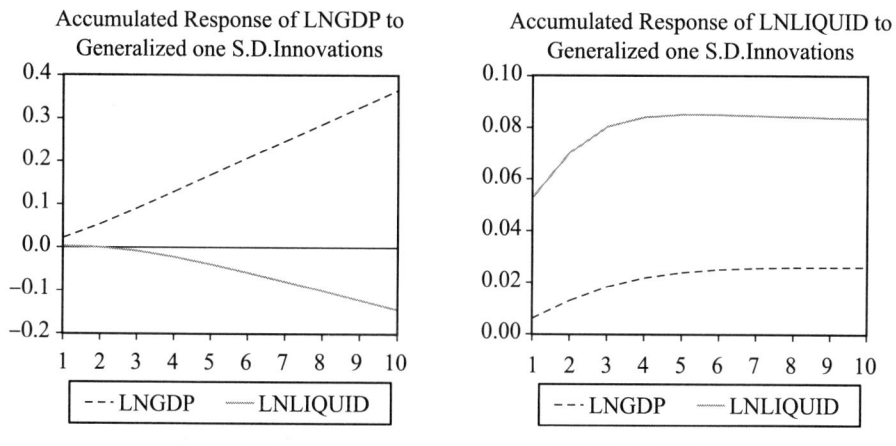

图 5-5-9 ln *liquid* 与 ln *gdp* 的累积响应函数图

9. 耗散流与经济增长

在表 5-5-10 的第 4、5 列中，ln *dissipative* 对 ln *gdp* 的冲击反应在前 3 期为负，后 7 期为正，呈逐步上升趋势；ln *gdp* 对 ln *dissipative* 的冲击反应呈现类似状况，只是上升幅度较小，从图 5-5-10 的累积响应图中亦可反映出这种趋势。

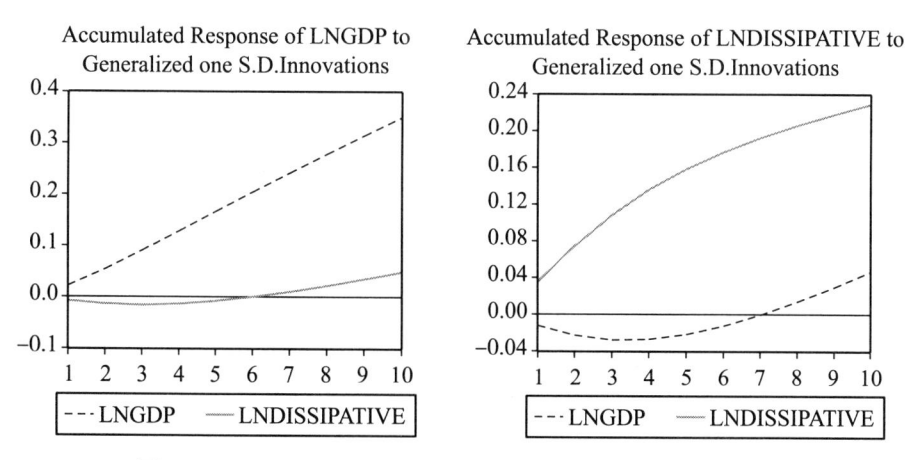

图 5-5-10 ln *dissipative* 与 ln *gdp* 的累积响应函数图

综合上述 9 类环境输入输出指标与人均 GDP 之间的冲击反应模拟结果，我们可以得到以下主要结论：

从图 5-5-11 可以看出，9 类环境输入输出指标对人均 GDP 的冲击反应轨迹大致各分为两类：倒 U 形（进口资源、非金属矿物、化石燃料）和直线形（气体废弃物、生物质消耗、金属矿物、耗散流、液体废弃物、固体废弃物）。我们基于广义冲击反应函数的分析是考察在资源环境—增长相互影响的经济系统中，经济发展的变动对环境压力的动态影响轨迹。图 5-5-11 展示的结果为：经济增长是导致污染排放量上升的重要原因。除了固体废弃物外，其他环境输出指标都位于 0 水平线以上，表明随着人均 GDP 的不断提高，将导致各类污染排放量的持续上升。另一个结果是，经济增长也是资源消耗上升的重要原因，生物质、金属矿物等在整个模拟时期内都随着经济增长而增加，进口资源、非金属矿物和化石燃料的消耗在模拟初期随着经济增长而上升，在中后期消耗量有所下降，但仍处于高位运行。

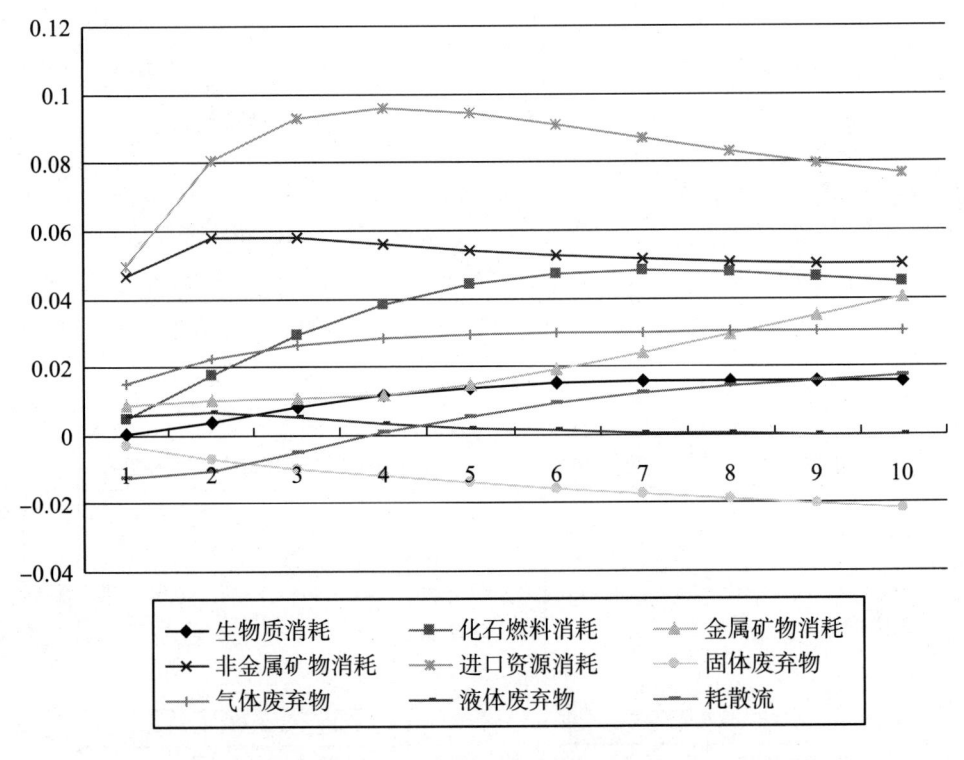

图 5-5-11　环境输入输出指标对人均 GDP 的冲击反应轨迹

图 5-5-12 展示了人均 GDP 对 9 类环境输入输出指标的冲击反应情况。从图中可以看出：人均 GDP 对资源投入的冲击反应为正值，即进口资源、非金属

矿物、化石燃料、金属矿物、生物质等消耗量的增加对人均 GDP 具有正向作用，随着资源输入的增加，会加速经济增长；人均 GDP 对固体废弃物排放的冲击反应为负值，说明液体废弃物排放对经济增长的反作用；固体废弃物的排放对经济增长的正向冲击作用非常大，冲击曲线是典型的倒"U"形，说明在经济发展初期，固体废弃物排放能加速经济增长，而在后期增长速度下降；而耗散流对经济增长的作用经历了从负面到正面的影响的变化，意味着耗散流的增加在模拟初期会阻碍经济增长，到中后期会加速经济增长。

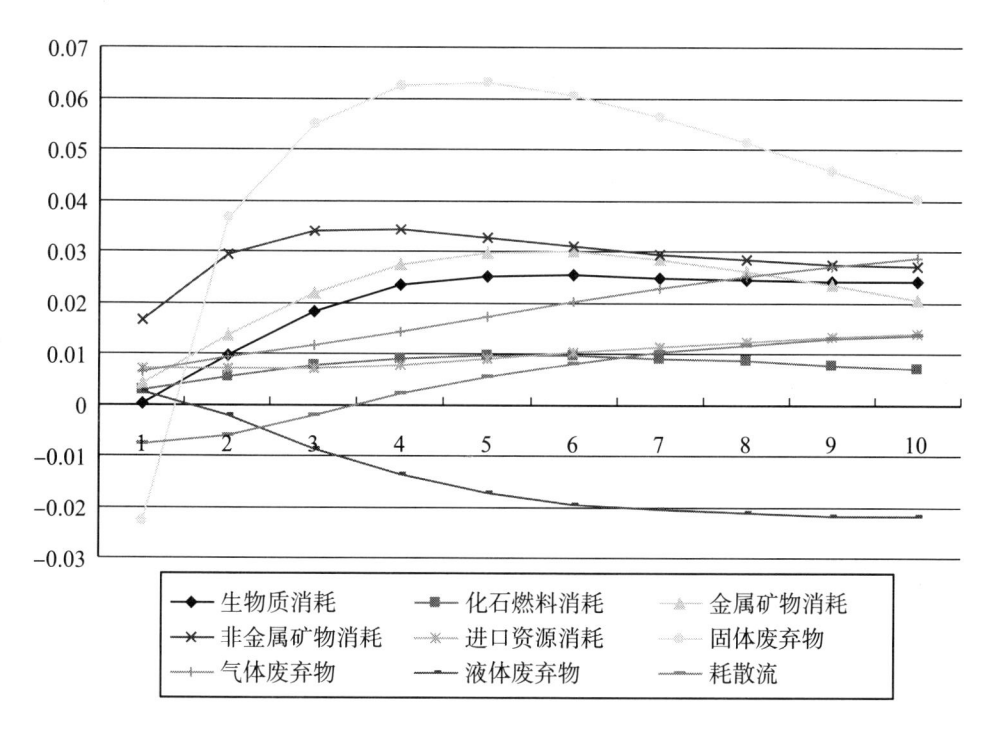

图 5－5－12　人均 GDP 对环境输入输出指标的冲击反应轨迹

图 5－5－12 显示的另一个有趣的结论是：人均 GDP 对环境输入输出指标的冲击反应具有一定的滞后作用，即随着冲击期的延长，其冲击反应效果越来越显著。来自液体废物冲击轨迹明显下降（绝对值增大）和气体废物冲击具有显著地上升趋势，同时来自其他 2 类环境输出和 5 类环境输入的冲击反应倒"U"形曲线的绝大多数时期也反映了这一上升趋势。这一结果提醒我们，与经济增长对环境输入输出的冲击影响不同，资源消耗和环境污染对经济增长的影响往往要在滞后一段时期后才能显著反应，其原因可能是人们对于环境质量需求的偏好具有刚性、环境政策实施的滞后效应，以及与环保技术相适用的产业结构调整都需要一个较长的时期。

(五) 方差分解分析

我们运用方差分解法（Variance Decomposition）来考查环境输入输出与经济增长之间影响的重要程度。

9 类环境输入输出指标与人均 GDP 的方差分解结果见表 5-5-11 至表 5-5-19，响应的方差分解图参见图 5-5-13 到图 5-5-21。从图 5-5-13 到图 5-5-21 可以发现，人均 GDP 对解释生物质、化石燃料、金属矿物、非金属矿物和进口等资源输入指标的预测方差起了很大作用，同时这些资源输入指标对解释人均 GDP 的预测方差的贡献度相对较小。气体废弃物和固体废弃物亦有类似的结论，而液体废弃物与耗散流的结论则相反，它们对解释人均 GDP 的预测方差的作用相对较大。

表 5-5-11　　ln *biomass* 与 ln *gdp* 的方差分解结果

period	Variance Decomposition of ln *biomass* to ln *gdp*		Variance Decomposition of ln *gdp* to ln *biomass*	
	S. E.	Resluts	S. E.	Resluts
1	0.030974	0.006451	0.020545	0.000000
2	0.045318	0.716318	0.037597	6.214653
3	0.052033	2.990124	0.054238	14.07478
4	0.055489	7.012802	0.069747	19.46877
5	0.058024	12.08953	0.083736	22.37147
6	0.060391	17.30116	0.096268	23.67249
7	0.062744	22.08645	0.107602	24.12452
8	0.065101	26.26146	0.118005	24.19226
9	0.067455	29.85124	0.127687	24.11986
10	0.069787	32.95666	0.136797	24.01781

注：S. E. 为相应的预测均方误差，下同。

表 5-5-12　　ln *fossil* 与 ln *gdp* 的方差分解结果

period	Variance Decomposition of ln *fossil* to ln *gdp*		Variance Decomposition of ln *gdp* to ln *fossil*	
	S. E.	Resluts	S. E.	Resluts
1	0.041813	1.357586	0.022873	0.000000
2	0.075462	5.708541	0.041748	0.131934

续表

period	Variance Decomposition of ln fossil to ln gdp		Variance Decomposition of ln gdp to ln fossil	
	S. E.	Resluts	S. E.	Resluts
3	0.104407	10.89333	0.059001	0.311252
4	0.128221	16.18131	0.074608	0.447873
5	0.147281	21.23614	0.088736	0.520148
6	0.162300	25.91064	0.101582	0.537091
7	0.174070	30.14536	0.113327	0.516926
8	0.183339	33.92426	0.124132	0.476928
9	0.190738	37.25679	0.134133	0.429889
10	0.196771	40.17022	0.143446	0.383819

表 5-5-13　ln metal 与 ln gdp 的方差分解结果

period	Variance Decomposition of ln metal to ln gdp		Variance Decomposition of ln gdp to ln metal	
	S. E.	Resluts	S. E.	Resluts
1	0.043756	3.822118	0.021459	0.000000
2	0.082941	2.597176	0.040093	3.162008
3	0.117626	2.104686	0.057727	7.890683
4	0.146261	2.025002	0.073840	11.87418
5	0.169170	2.277894	0.088256	14.41021
6	0.187418	2.883645	0.101085	15.56552
7	0.202201	3.893319	0.112603	15.66722
8	0.214561	5.346988	0.123129	15.07240
9	0.225300	7.253574	0.132947	14.08161
10	0.234992	9.587703	0.142268	12.91671

表 5-5-14　ln nonmetal 与 ln gdp 的方差分解结果

period	Variance Decomposition of ln nonmetal to ln gdp		Variance Decomposition of ln gdp to ln nonmetal	
	S. E.	Resluts	S. E.	Resluts
1	0.063152	55.06842	0.022142	0.000000
2	0.095809	60.34530	0.042084	1.119052

续表

period	Variance Decomposition of ln *nonmetal* to ln *gdp*		Variance Decomposition of ln *gdp* to ln *nonmetal*	
	S. E.	Resluts	S. E.	Resluts
3	0.116846	65.35130	0.059135	1.301062
4	0.131547	69.76180	0.073238	1.043574
5	0.142874	73.44890	0.085133	0.779050
6	0.152362	76.43723	0.095497	0.650309
7	0.160795	78.82494	0.104798	0.660480
8	0.168576	80.72834	0.113336	0.770570
9	0.175921	82.25451	0.121302	0.940052
10	0.182952	83.49169	0.128821	1.138384

表 5-5-15　ln *imports* 与 ln *gdp* 的方差分解结果

period	Variance Decomposition of ln *imports* to ln *gdp*		Variance Decomposition of ln *gdp* to ln *imports*	
	S. E.	Resluts	S. E.	Resluts
1	0.154744	10.29684	0.022437	0.000000
2	0.219102	18.60512	0.041405	1.088437
3	0.260118	26.00757	0.058548	1.742097
4	0.289461	31.98435	0.073738	1.932327
5	0.311848	36.69381	0.087259	1.883750
6	0.329619	40.43895	0.099437	1.737166
7	0.344142	43.48134	0.110547	1.562935
8	0.356298	46.01154	0.120795	1.392754
9	0.366688	48.16166	0.130333	1.239174
10	0.375735	50.02285	0.139276	1.105754

表 5-5-16　ln *solid* 与 ln *gdp* 的方差分解结果

period	Variance Decomposition of ln *solid* to ln *gdp*		Variance Decomposition of ln *gdp* to ln *solid*	
	S. E.	Resluts	S. E.	Resluts
1	0.158072	2.079604	0.022684	0.000000
2	0.209255	4.229205	0.041767	0.275095

续表

period	Variance Decomposition of ln solid to ln gdp		Variance Decomposition of ln gdp to ln solid	
	S. E.	Resluts	S. E.	Resluts
3	0.253122	7.590411	0.058539	0.617490
4	0.290443	10.40068	0.073083	1.045141
5	0.322531	12.27989	0.085748	1.561265
6	0.350323	13.40067	0.096911	2.168903
7	0.374640	13.97260	0.106898	2.868281
8	0.396157	14.16358	0.115970	3.657578
9	0.415414	14.09444	0.124331	4.533424
10	0.432844	13.85004	0.132139	5.491299

表 5-5-17　　ln gas 与 ln gdp 的方差分解结果

period	Variance Decomposition of ln gas to ln gdp		Variance Decomposition of ln gdp to ln gas	
	S. E.	Resluts	S. E.	Resluts
1	0.052876	8.195169	0.022821	0.000000
2	0.088286	9.533990	0.041486	0.017826
3	0.113972	11.09060	0.058232	0.009128
4	0.132055	12.84459	0.073146	0.066076
5	0.144811	14.75202	0.086582	0.283314
6	0.154040	16.76077	0.098890	0.694045
7	0.161006	18.82034	0.110345	1.277668
8	0.166544	20.88796	0.121138	1.980431
9	0.171182	22.93122	0.131399	2.745621
10	0.175254	24.92779	0.141215	3.524555

表 5-5-18　　ln liquid 与 ln gdp 的方差分解结果

period	Variance Decomposition of ln liquid to ln gdp		Variance Decomposition of ln gdp to ln liquid	
	S. E.	Resluts	S. E.	Resluts
1	0.052692	1.299172	0.021524	0.000000
2	0.055759	2.708512	0.039216	2.338610

续表

period	Variance Decomposition of ln *liquid* to ln *gdp*		Variance Decomposition of ln *gdp* to ln *liquid*	
	S. E.	Resluts	S. E.	Resluts
3	0.056828	3.490129	0.055421	6.589491
4	0.057032	3.847830	0.070052	10.91511
5	0.057076	3.974967	0.083224	14.62206
6	0.057087	4.012163	0.095130	17.56762
7	0.057092	4.021090	0.105987	19.83588
8	0.057094	4.022809	0.115999	21.56791
9	0.057095	4.023062	0.125336	22.89706
10	0.057096	4.023094	0.134134	23.93018

表 5-5-19   ln *dissipative* 与 ln *gdp* 的方差分解结果

period	Variance Decomposition of ln *dissipative* to ln *gdp*		Variance Decomposition of ln *gdp* to ln *dissipative*	
	S. E.	Resluts	S. E.	Resluts
1	0.035298	12.19437	0.021867	0.000000
2	0.052658	9.465242	0.039149	1.992090
3	0.063079	7.230846	0.054671	5.396174
4	0.069799	5.913710	0.068552	9.113182
5	0.074692	5.693784	0.081011	12.66141
6	0.078733	6.493732	0.092273	15.85988
7	0.082397	8.078142	0.102538	18.66577
8	0.085895	10.16883	0.111978	21.09547
9	0.089311	12.52062	0.120730	23.18772
10	0.092673	14.95090	0.128910	24.98698

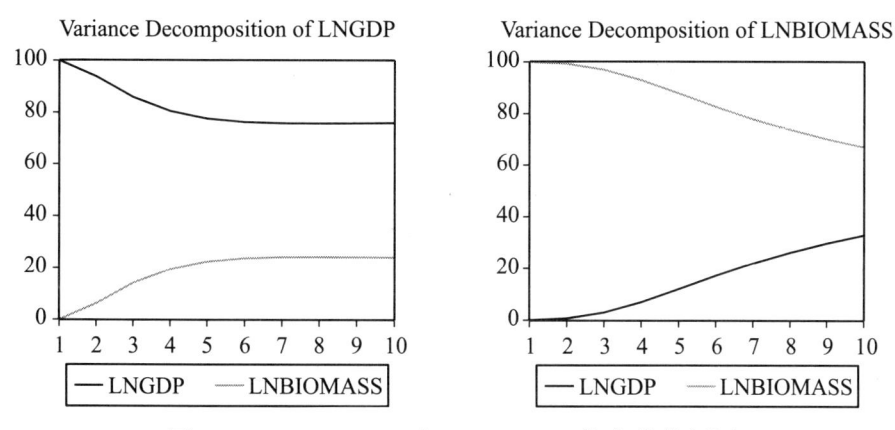

图 5-5-13　ln *gdp* 与 ln *biomass* 的方差分解图

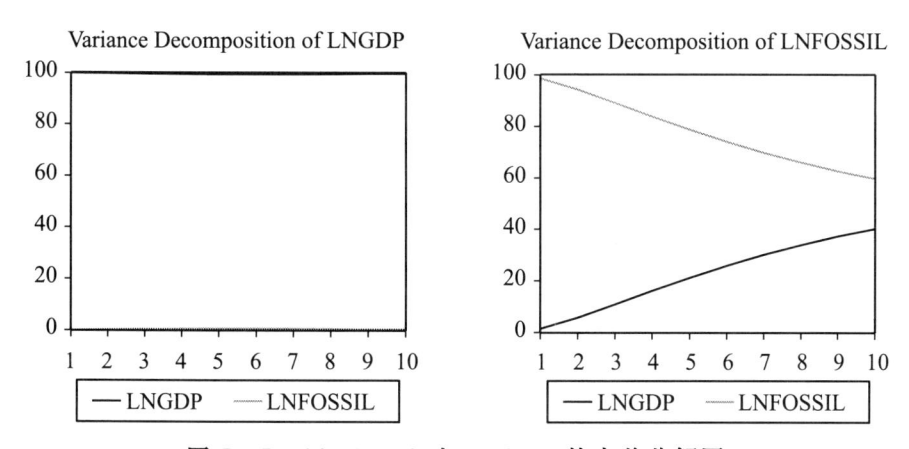

图 5-5-14　ln *gdp* 与 ln *fossil* 的方差分解图

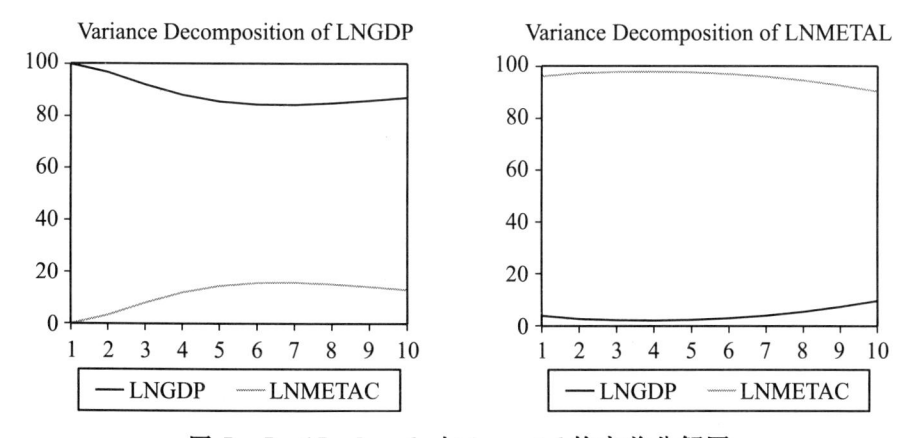

图 5-5-15　ln *gdp* 与 ln *metal* 的方差分解图

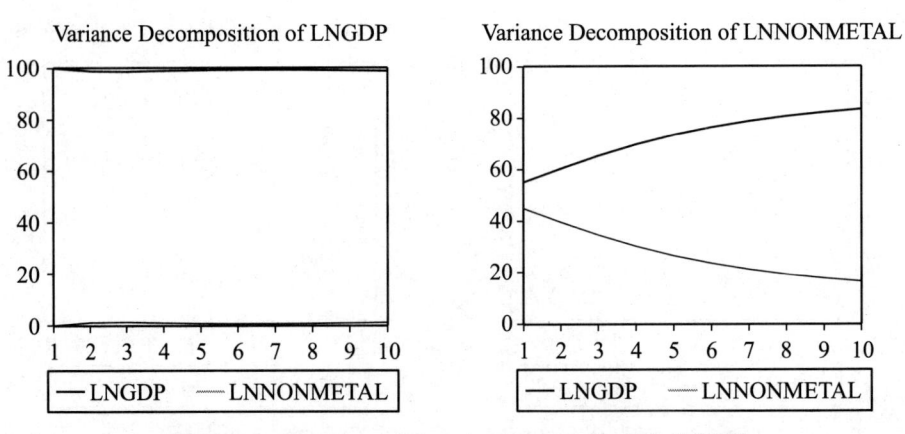

图 5–5–16　ln *gdp* 与 ln *nonmetal* 的方差分解图

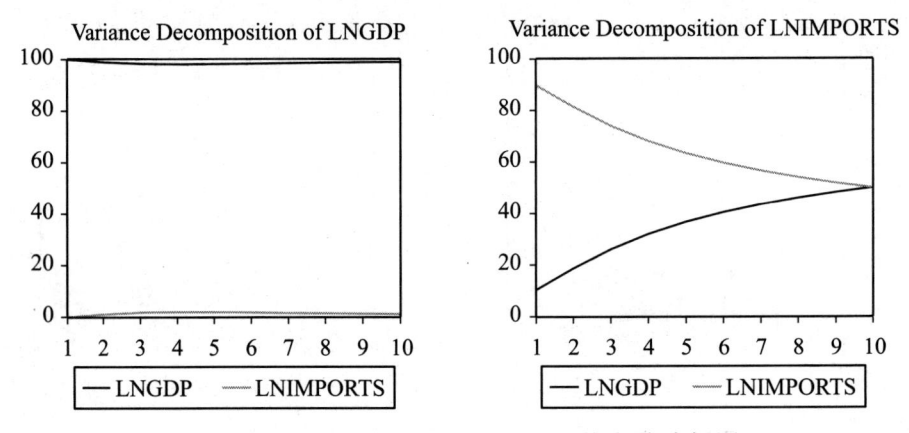

图 5–5–17　ln *gdp* 与 ln *imports* 的方差分解图

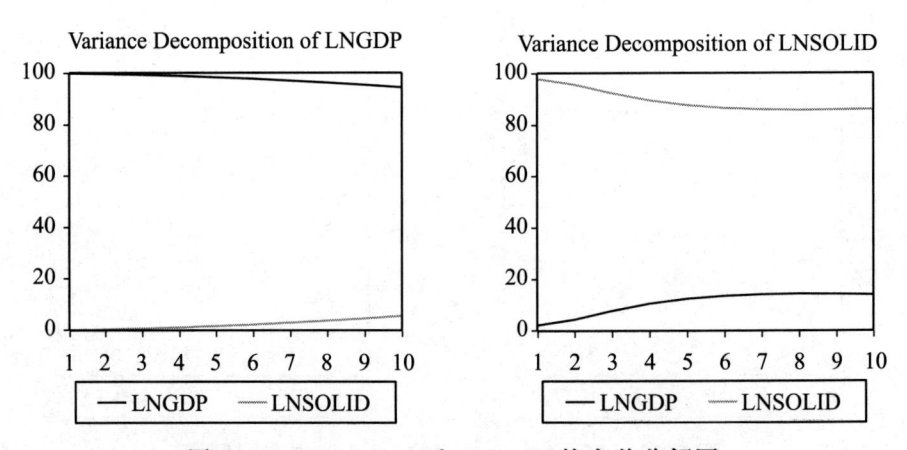

图 5–5–18　ln *gdp* 与 ln *solid* 的方差分解图

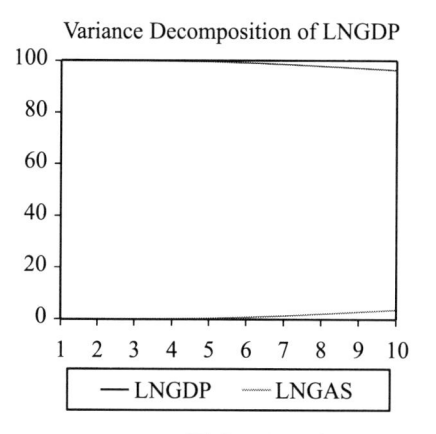

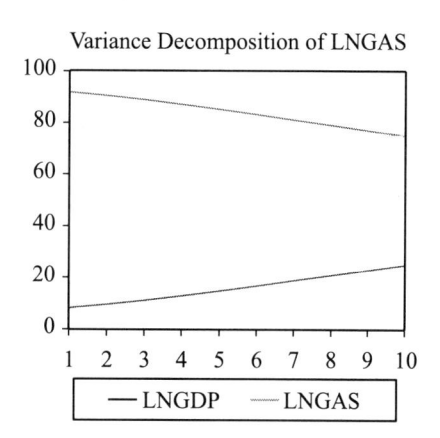

图 5 – 5 – 19　ln *gdp* 与 ln *gas* 的方差分解图

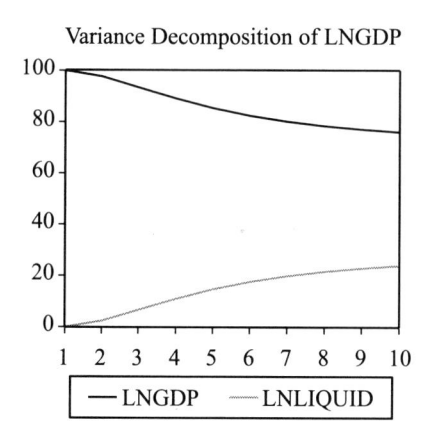

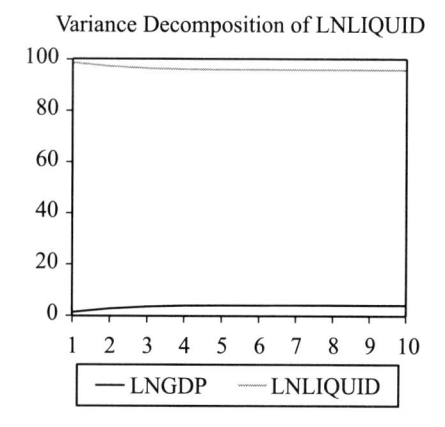

图 5 – 5 – 20　ln *gdp* 与 ln *liquid* 的方差分解图

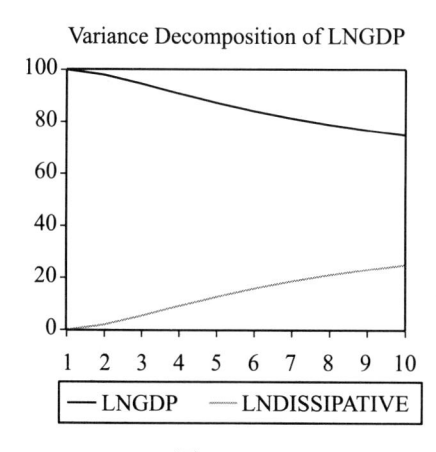

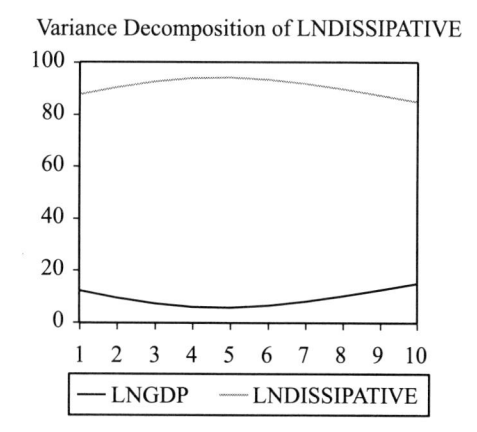

图 5 – 5 – 21　ln *gdp* 与 ln *dissipative* 的方差分解图

将表 5 – 5 – 11 至表 5 – 5 – 19 的方差分解结果总结在表 5 – 5 – 20 中，可以

方便地看出上面的结论。表5-5-20表明,人均GDP解释了非金属矿物50%以上的预测方差,对化石燃料和进口资源的预测方差贡献度也在20%以上。这一结果刻画了中国改革开放以来,资源环境与经济增长之间的关系:经济增长、工业化的普及伴随着对资源品、能源品的过度开采和利用,是污染排放增加的关键原因之一,因而导致了较大的环境压力。

表5-5-20　　　环境输入输出指标与人均GDP方差分解的均值

环境输入指标	人均GDP对环境指标方差分解的平均贡献度(%)	环境指标对人均GDP方差分解的平均贡献度(%)	环境输出指标	人均GDP对环境指标方差分解的平均贡献度(%)	环境指标对人均GDP方差分解的平均贡献度(%)
ln $biomass$	15.127	12.038	ln $solid$	8.157	1.568
ln $fossil$	22.278	0.328	ln gas	10.591	0.926
ln $metal$	3.454	7.900	ln $liquid$	3.028	12.043
ln $nonmetal$	64.689	0.571	ln $dissipative$	8.548	13.296
ln $imports$	25.510	0.910			

相比较而言,环境指标对人均GDP的预测方差的解释贡献度较小,其中化石燃料、非金属矿物、进口资源、气体排放对人均GDP预测方差的平均贡献几乎可以忽略,贡献度相对较高的生物质、液体废弃物和耗散流也只有12.04%、12.04%和13.30%,远远低于人均GDP对环境指标的预测方差的贡献作用。对这一现象的解释类似于格兰杰因果关系检验结果的分析。主要有:一是改革开放以来中国经济增长的基本动力仍是资本、劳动等要素以及经济开放的作用,尤其是长期以来物质资本积累是中国经济增长的根本动力。因此,相对于资本积累、劳动投入、对外贸易以及引进外资,资源耗减和环境污染的加剧对经济增长的作用相对有限。二是中国长期以来经济发展缺乏一个对资源品、能源品利用以及污染外部效应的有效交易市场,这就决定了资源耗减和环境污染的负外部效应并没有通过污染权的清晰界定而作用于微观企业的投资决策与生产行为。三是居民对环境质量的偏好程度也决定了资源环境对经济发展的作用,就中国目前的发展阶段而言,与发达国家相比,中国居民的环境质量—收入弹性相对较小。这些因素都抑制了资源耗竭、环境污染对经济增长的反作用。

三、结论与建议

本节运用向量自回归VAR技术,经验分析了1978~2008年中国经济系统中资源投入和环境排放与经济增长的长期均衡关系、格兰杰因果关系以及相互动态影响效应，得到了以下结果。

①对时间序列数据的平稳性检验发现大多数资源投入指标和环境输出指标以及人均 GDP 都是一阶单整。因此，直接利用这些变量建模会出现伪回归现象。本节基于马达拉和金（Maddala and Kim）（1998）提出的改进的约翰森协整检验结论发现，在具有协整关系的 7 类变量中，非金属矿物（ln nonmetal）、进口资源（ln imports）、固体废弃物（ln solid）、耗散流（ln dissipative）与人均 GDP 之间存在正的协整关系；而生物质、气体排放、液体排放与人均 GDP 之间的协整关系均为负。这一结果表明，随着中国经济的增长，人均 GDP 的提高，将会消耗更多的非金属矿物和进口资源，并排放更多的固体废弃物和使用更多的耗散性产品；但却有助于降低气体废物和液体废物的排放，减少生物质产量；这也说明中国的经济增长仍是第二产业甚至第三产业的发展，第一产业的发展逐渐处于劣势地位。

②本节分别运用基于误差修正模型的因果关系格兰杰检验与户田和山本（1995）提出的格兰杰因果关系检验方法考查了 5 类资源投入和 4 类环境输出指标与人均 GDP 之间的双向因果关系。可以得到如下结论：在本节所选取的资源投入和环境输出变量及样本区间而言，经济增长是导致环境质量变化的重要原因，但环境质量变化却不是引起经济增长的重要原因。在所选取的 9 类资源投入和环境输出指标中，人均 GDP 变化是引起这些指标变化的重要原因，尤其是在 10% 的显著性水平上，两类因果关系检验结果都显示人均 GDP 变化是生物质输入的原因。同时检验结果也表明，金属矿物与化石燃料和人均 GDP 不存在长期协整关系的同时，与人均 GDP 之间也不存在格兰杰因果关系，即二者的变化不能引起人均 GDP 的变化，反之亦然。

③广义脉冲响应函数方法的模拟结果表明：一方面，经济增长是中国资源耗减和污染排放的重要原因；另一方面，资源投入和环境污染对经济增长也存在反作用。同时，资源耗减和污染排放对人均 GDP 的正向冲击表明资源环境输入输出的增加将导致人们对环境质量需求偏好的改变、政府环境政策的干预，从而对经济增长方式的转变产生外在压力，这一反馈机制往往具有一定的滞后效应，即资源耗减和污染排放对经济增长的反馈效应往往需要一定时期后才能显现出来。

④方差分解结果表明，经济增长对解释资源投入和环境输出的预测方差起到重要作用，然而资源投入和环境输出对经济增长预测方差的贡献度较小。这一结果提示我们，一方面要注意缓解快速经济增长对资源的大量消耗和环境污染的大量排放所带来的负面作用；另一方面资源投入和环境输出对

经济增长的反作用并未得到充分体现，关键是必须对资源耗减和环境污染所导致的外部效应进行清晰界定，以及建立一个有效的、完善的资源品、排污权的市场交易机制，以充分发挥资源约束和环境恶化对微观企业投资决策和生产行为的影响。

第六节 中国经济增长与物质代谢的面板数据分析

前面我们利用1978~2008年国家层面的MFA数据，实证分析了中国经济系统运行过程中的资源消耗和污染排放与经济增长的时间维度特点。实际上，区域间的环境输入也存在极大的不平衡，需要对其进行识别，以便在政策层面给予一定的支持与发展。根据数据的可获得性和一致性，本节只利用中国30个省、自治区和直辖市（西藏由于缺少数据而没有包括在内）的MFA数据对环境输入与经济发展之间的动态关系进行进一步的经验研究。

一、模型设定与数据来源

根据第五节资源消耗对经济增长冲击反应滞后的结论，本节选择变截距模型作为经验研究的模型。即：

$$y_{it} = \sum_{j=1}^{p} \alpha_j y_{i,t-j} + \beta_i x_{it} + \eta_i + \varepsilon_{it} \qquad (5-6-1)$$

其中，y_{it}表示第i个区域在第t年的资源消耗；x_{it}表示第i个区域在第t年的人均GDP；η_i表示各截面单位的协整关系中存在着不同的固定效应，α_j表示因变量滞后项的系数，β_i表示各截面单位的协整系数；ε_{it}是随机误差项。由于本节所选用的样本数据截面数30大于时期数18，因此采用广义最小二乘估计方法，对残差中的截面异方差进行纠正。

本节使用直接物质投入DMI代表经济系统消耗的资源，其中分指标包括化石燃料、矿物质和生物质。DMI原始指标中所包含的进口，都纳入了化石燃料、矿物质与生物质消耗总量的计算中，因此，这里没有单独列示。在本节中未考虑隐流问题。经济增长变量用人均GDP来度量，各省、自治区和直辖市的人均GDP用对数值来表示，并将其统一换算成以2005年为基期的不变价人均GDP，单位为元/人。资源消耗数据的单位为万吨。

二、实证结果及分析

（一）面板单位根检验

资源输入和环境输出指标与人均 GDP 之间是否存在长期关系取决于变量之间的单整性。目前面板协整的单位根检验尚未取得一致的结论，因此，本节采用四种单位根检验的方法，即 LLC 检验［勒文、林和朱（Levin，Lin and Chu）2002］、IPS 检验［伊姆、佩萨兰和申（Im，Pesaran and Shin）2003］、布赖通（Breitung）检验和费希尔（Fisher）检验（包括 ADF 和 PP 检验）。利用这四种方法对各变量进行单位根检验，且检验回归式中是否包含趋势项两种情况。检验结果如表 5-6-1 所示。

表 5-6-1　　　　　　　　面板单位根检验结果

变量	LLC 检验		Breiting 检验	IPS 检验		Fisher-ADF		Fisher-PP	
	无趋势	有趋势	有趋势	无趋势	有趋势	无趋势	有趋势	无趋势	有趋势
gdp	9.25 (1.00)	-1.45 (0.07)	-4.24* (0.00)	13.79 (1.00)	-2.70* (0.00)	6.70* (0.00)	128.49* (0.00)	11.81 (1.00)	30.90 (1.00)
Δgdp	-3.80* (0.00)	-6.13* (0.00)	-6.11* (0.00)	-6.28* (0.00)	-5.47* (0.00)	154.68* (0.00)	127.99* (0.00)	150.48* (0.00)	121.56* (0.00)
dmi	3.49 (0.99)	-2.49* (0.01)	0.61 (0.73)	9.13 (1.00)	-1.74* (0.04)	17.93 (1.00)	88.34* (0.01)	47.23 (0.88)	59.62 (0.49)
Δdmi	-13.48* (0.00)	-12.75* (0.00)	-7.28* (0.00)	-12.71* (0.00)	-11.03* (0.00)	261.27* (0.00)	215.39* (0.00)	405.10* (0.00)	268.26* (0.00)
$fossil$	7.16 (1.00)	2.16 (0.98)	3.50 (0.99)	11.90 (1.00)	2.05 (0.98)	4.77 (1.00)	50.92 (0.79)	4.05 (1.00)	17.69 (1.00)
$\Delta fossil$	-10.21 (0.00)	-9.01 (0.00)	-8.63 (0.00)	-8.10 (0.00)	-6.17 (0.00)	170.74 (0.00)	133.52 (0.00)	247.36 (0.00)	133.74 (0.00)
$\min eral$	0.40 (0.66)	-4.81* (0.00)	-2.90* (0.00)	5.61 (1.00)	-3.32* (0.00)	25.73 (1.00)	101.60 (0.00)	23.22 (1.00)	57.31 (0.57)
$\Delta \min eral$	-16.53* (0.00)	-12.28* (0.00)	-7.38* (0.00)	-14.42* (0.00)	-10.58* (0.00)	292.69* (0.00)	206.80* (0.00)	610.89* (0.00)	294.85* (0.00)

续表

变量	LLC 检验		Breiting 检验	IPS 检验		Fisher – ADF		Fisher – PP	
	无趋势	有趋势	有趋势	无趋势	有趋势	无趋势	有趋势	无趋势	有趋势
$biomass$	-3.31* (0.00)	-4.17* (0.00)	2.25 (0.99)	0.76 (0.78)	-2.57* (0.01)	64.16 (0.33)	100.60* (0.00)	91.69* (0.01)	108.54* (0.00)
$\Delta biomass$	-22.78* (0.00)	-20.46* (0.00)	-12.60* (0.00)	-18.78* (0.00)	-16.56* (0.00)	383.64* (0.00)	306.02* (0.00)	542.72* (0.00)	374.46* (0.00)

注：括号内为估计量的伴随概率；LLC、布赖通、IPS、费希尔的零假设为"存在单位根"；布赖通检验只存在有趋势情况；*表示至少在5%的显著性水平下拒绝存在单位根的零假设。

从表5-6-1可以看到，对5个变量人均GDP和直接物质投入DMI、化石燃料FOSSIL、矿物质MINERAL和生物质BIOMASS的单位根检验中，对变量的水平值进行检验时，除了化石燃料变量4种检验都一致不能拒绝存在"存在单位根"的零假设外，其他变量都有拒绝零假设和不能拒绝零假设的情况。而对5个变量的一阶差分进行检验时，检验结果都可以拒绝"存在单位根"的零假设。因此，综合判定各序列都是一阶单整过程。由于面板数据的不稳定性，应用最小二乘法直接估计面板数据模型可能导致伪回归，所以必须分析相关变量的协整关系，进而分析理论模型的长期关系。

（二）面板协整检验

在面板单位根检验的基础上，进行面板协整检验，以确定各个非平稳序列之间是否存在协整关系。本节采用佩德罗尼（Pedroni）（1999，2004）的方法，以回归残差为基础构造出7个统计量进行面板协整检验，其中除了Panel – v 为右尾检验外，其余统计量均为左尾检验。

本节考虑了样本数据中各省间协整向量的差异以及各省的固定效应，表5-6-2显示了面板协整的结果。佩德罗尼（1997）的蒙特卡洛（Monte Carlo）模拟结果显示，对于大于100的样本来说，所有7个统计量的检验功效都很好并且稳定。但对于小样本（小于20）来说，格鲁普（Group）ADF统计量是最有效力的，其次是Panel – v 和 Ranel – Rho 统计量。本节的样本量只有18年，因此主要看这三个统计量，从表5-6-2的协整结果看，人均GDP与直接物质投入、化石燃料、矿物质和生物质在5%或10%的显著性水平下拒绝"不存在协整关系"的零假设。由此可知，式（5-6-1）即为中国各省资源消耗的面板协整模型，它刻画了资源消费的区域特点及其与人均GDP之间的长期均衡关系。因此，可以认为，人均 GDP 与和直接物质投入、化石燃料、矿物质和生物质在长期趋于一致，即非平稳序列人均 GDP 与直接物质投入、化石燃料、矿物质和生物质之间存在协整关系。

表 5-6-2 佩德罗尼面板协整检验结果

统计量	DMI		化石燃料		矿物质		生物质	
	无趋势	有趋势	无趋势	有趋势	无趋势	有趋势	无趋势	有趋势
Panel-v	1.63* (0.05)	42.71* (0.00)	-1.57 (0.94)	48.96* (0.00)	5.46* (0.00)	37.91* (0.00)	-0.81 (0.79)	124.05* (0.00)
Panel-Rho	-2.04* (0.02)	3.25 (1.00)	1.12 (0.87)	2.53 (0.99)	-3.21* (0.00)	3.50 (1.00)	-0.22 (0.41)	1.53 (0.94)
Panel-pp	-2.99* (0.00)	1.28 (0.90)	-0.12 (0.45)	0.30 (0.62)	-3.85* (0.00)	2.10 (0.98)	-1.36** (0.09)	-1.28** (0.09)
Panel-adf	-1.16 (0.12)	-2.83* (0.00)	-1.46** (0.07)	-2.07* (0.02)	-3.65* (0.00)	-1.29* (0.10)	2.76 (1.00)	0.41 (0.66)
Group-Rho	-0.22 (0.41)	3.55 (1.00)	2.70 (1.00)	3.58 (1.00)	-0.51 (0.31)	3.95 (1.00)	0.91 (0.82)	4.33 (1.00)
Group-pp	-3.02* (0.00)	0.90 (0.82)	0.71 (0.76)	0.40 (0.65)	-2.44* (0.01)	2.10 (0.98)	-0.92 (0.18)	2.47 (0.99)
Group-adf	-2.55* (0.01)	-0.82 (0.20)	-2.22* (0.01)	-3.80* (0.00)	-2.22* (0.01)	1.83 (0.97)	1.81 (0.96)	0.23 (0.56)

注：*和**分别表示在 5% 和 10% 的显著性水平下拒绝无协整关系的零假设。

（三）面板模型估计

对模型 5-6-1 进行广义最小二乘估计，其中资源消耗的滞后 1 期时，模型的估计效果最好。

表 5-6-3 列出了人均 GDP 与 DMI、化石燃料、矿物质和生物质之间的面板估计结果。从表 5-6-3 可以看出，四个模型的系数都非常显著，且无时期效应模型的估计结果要优于有时期效应的模型。调整后的 R^2 都在 0.99 左右，F 统计量的数值很大，说明整个模型拟合得很好。从检验模型固定效应与随机效应看，除了生物质中豪斯曼（Hausman）检验的随机效应不显著外，其他模型的固定效应和随机效应都很显著。

表 5-6-3　　　　　　　　　面板模型参数估计结果

参数	DMI		化石燃料		矿物质		生物质	
	无时期效应	有时期效应	无时期效应	有时期效应	无时期效应	有时期效应	无时期效应	有时期效应
η_i	0.247* (2.954)	0.379* (2.455)	-0.122* (-1.743)	0.288 (1.473)	0.098 (1.192)	0.036 (0.256)	1.114* (7.392)	0.924* (4.554)
α_1	0.900* (41.257)	0.863* (32.344)	0.946* (51.801)	0.871 (38.376)	0.782* (29.756)	0.766* (28.289)	0.832* (34.419)	0.845* (30.263)
β_i	0.899* (5.251)	0.115* (4.810)	0.073* (5.880)	0.097 (4.424)	0.215* (7.638)	0.238* (7.357)	0.030* (3.574)	0.040* (2.348)
$adj-R^2$	0.996	0.996	0.994	0.989	0.990	0.985	0.997	0.997
DW	1.88	2.35	1.56	2.12	1.96	2.23	2.22	2.40
F 统计量	4 657.666	4 333.920	2 889.628	1 488.393	1 548.416	1 079.421	6 335.905	5 696.147
LR 检验	2.981* (0.000)	2.210* (0.000)	4.094* (0.000)	2.310* (0.000)	3.597* (0.000)	3.287* (0.000)	3.028* (0.000)	2.052* (0.001)
Hausman 检验	—	6.074* (0.048)	—	11.253* (0.004)	—	17.961* (0.000)	—	3.731 (0.155)

注：*表示在5%的显著性水平下拒绝零假设。

1. DMI 与经济增长

表 5-6-3 表明，DMI 的系数在 5% 的显著性水平下统计显著，且理论预期效果为正，根据无时期效应的模型来看，资源消耗的弹性系数为 0.899，说明在其他因素不变的情况下，全国总体水平上人均 GDP 每增加 1%，其中有 0.899% 是由资源消耗引起的。

全国 30 个省份中，资源消耗系数如表 5-6-4 所示。能源消耗系数排前 5 位的分别是：山东、江西、青海、浙江和江苏。DMI 滞后 1 期的系数是 0.900，说明直接物质消耗对经济增长的滞后反应效果非常明显，经济增长的来源很大程度上也取决于前一期的资源投入情况。

2. 化石燃料与经济增长

表 5-6-3 表明，人均 GDP 每增加 1%，化石燃料的资源消耗增加 0.073%，而滞后 1 期的化石燃料消耗系数为 0.946，说明经济增长导致化石燃

料的消耗，主要取决于上期化石燃料的投入。从分省的结果看，化石燃料弹性系数排前5位的有：青海、湖北、贵州、河北和河南，说明化石燃料的投入对这5个省份的经济增长作用效果较大。

3. 矿物质与经济增长

在表5-6-3中，经济增长导致矿物质的消耗作用表现为0.215，也就是说经济增长的份额中有21.5%来源于当期的矿物质消耗。其滞后1期的系数为0.782，大部分的矿物质投入在滞后1期时对经济增长发挥作用。表5-6-4中，矿物质消耗弹性系数排前5位的是：青海、四川、江苏、安徽和山东。

表 5-6-4　　　　　各地区资源消耗弹性系数

地区	DMI	化石燃料	矿物质	生物质
北京	-0.168	-0.126	-0.290	-0.323
天津	-0.174	-0.110	-0.366	-0.293
河北	0.077	0.045	0.210	-0.002
山西	-0.018	0.022	-0.042	-0.160
内蒙古	-0.109	0.010	-0.257	0.280
辽宁	-0.008	-0.010	0.022	0.033
吉林	-0.110	-0.038	-0.130	-0.076
黑龙江	-0.057	-0.045	-0.130	0.068
上海	-0.147	-0.103	-0.281	-0.480
江苏	0.087	0.003	0.260	0.001
浙江	0.144	0.004	0.171	-0.012
安徽	0.056	0.015	0.244	0.011
福建	-0.041	-0.026	-0.054	-0.103
江西	0.425	-0.019	0.050	0.968
山东	0.541	0.034	0.213	1.273
河南	0.071	0.043	0.183	0.094
湖北	-0.121	0.096	0.140	-0.009
湖南	0.039	0.012	0.132	0.032
广东	0.015	-0.001	0.113	0.011
广西	0.025	0.013	0.048	0.137
海南	-0.213	-0.089	-0.460	-0.218
重庆	-0.297	-0.022	0.071	-0.149

续表

地区	DMI	化石燃料	矿物质	生物质
四川	0.083	0.032	0.262	0.055
贵州	0.002	0.056	-0.012	-0.120
云南	-0.002	0.013	-0.002	0.008
山西	-0.038	-0.009	-0.058	-0.082
甘肃	-0.047	-0.007	-0.055	-0.165
青海	0.233	0.294	0.574	-0.351
宁夏	-0.164	-0.057	-0.359	-0.348
新疆	-0.083	-0.028	-0.194	-0.080

4. 生物质与经济增长

在表5-6-3中，人均GDP每增加1%，有0.030%来自当期生物质的消耗，而上期生物质消耗的系数为0.832，这说明生物质投入对经济增长的贡献仍主要取决于前一期的投入。表5-6-4中，从生物质消耗弹性系数看，排名前5位的省份有：山东、江西、内蒙古、广西和河南。这也说明农业大省经济增长的来源中，农业起到了较大的作用。

综上所述，我们可以得出结论，资源消耗是各省经济增长的主要因素之一，而且资源消耗对经济增长的滞后效应非常明显，DMI、化石燃料、矿物质和生物质在经济增长中的贡献在区域层面上存在较大差异，主要表现为：资源消耗弹性大的多集中在几个省份，例如，江西、山东、青海。而北京、天津和上海等直辖市往往资源消耗系数的弹性为负，说明1990~2008年，伴随着经济的快速发展，发达省份的资源利用效率较高。

（四）面板因果关系检验

变量之间的协整关系只能告诉我们变量之间存在长期的因果关系，但不知道因果关系的方向，因此有必要对变量之间进行因果关系检验。本节根据恩格尔和格兰杰（1987）提出的误差修正模型，建立面板数据的误差修正模型来解决这一问题。模型为：

$$\Delta y_t = \beta_0 + \beta_1 \Delta x_t + \lambda ecm_{t-1} + \varepsilon_t \quad (5-6-2)$$

其中 ecm 是误差修正项，它反映了变量在短期波动中偏离其长期均衡关系的程度。因此，资源消耗与经济增长的长期因果关系可以通过观察调整速度 ecm 系数 λ 的显著性来检验。根据模型5-6-2，估计资源消耗与经济增长的误差修正模型，其结果见表5-6-5。

表5-6-5　　　　　基于ECM的面板因果关系检验

因变量	自变量				
	Δgdp	Δdmi	$\Delta fossil$	$\Delta min\ eral$	$\Delta biomass$
Δgdp	—	-0.947* (-6.459)	-1.832* (-9.489)	-0.057 (-0.993)	-0.481* (-4.405)
Δdmi	0.203* (4.902)	—	—	—	—
$\Delta fossil$	0.537* (9.744)	—	—	—	—
$\Delta min\ eral$	-0.036 (-0.541)	—	—	—	—
$\Delta biomass$	-0.034 (-0.731)	—	—	—	—

注：*表示在5%的显著性水平下拒绝$\lambda=0$的零假设。

从表5-6-5可以看出，人均GDP和DMI、化石燃料存在双向因果关系，人均GDP与矿物质不存在明显的因果关系，而与生物质存在从生物质消耗到人均GDP的单向因果关系。

三、结论与建议

本节运用中国30个省、自治区和直辖市1990~2008年的人均GDP与物质流输入数据，对经济增长与资源消耗建立了面板数据的动态模型。用面板单位根、面板协整和面板误差修正模型进行相关检验，用广义最小二乘法估计面板模型。

由于各省、自治区和直辖市物质流数据的不完善，我们在计算资源消耗的物质流指标时并未采取全物质的方式，而是选取重要物质进行核算，从这个意义上讲，本节的结论对中国经济增长与资源消费的区域差异判断并不准确。但我们认为，基于现行的统计口径，本节的结论在一定程度上提示了各地区资源消费与经济增长的主要特征。由于数据的时间范围较短，若使用时间序列研究可能产生不可靠和不一致的结果。相比之下，面板协整与误差修正模型技术的使用，能依据资源消费和人均GDP之间的短期和长期动态关系得出如下结论。

从短期来看，矿物质消费与人均GDP之间不存在因果关系，因此，我们在短期内接受矿物质消费与人均GDP的中性假设。在短期内，可以采取严格的控制矿物质消耗的政策,而不会对经济产生严重的影响。

从长期来看,面板数据模型的结果证明了长期资源消耗与经济总量之间的相互因果关系,包括作为主要能源的化石燃料与经济增长之间的长期相互因果关系。这与理论保持了一致:作为一种投入,资源(化石燃料)投入的增加会带来经济产出的增加,同样,当经济总量扩大时,对资源(化石燃料)的引致需求也会增加。这表明资源消耗(化石燃料消耗)和GDP是内生的,用任何一个单一的方程来预测都将会是不准确的。因此,在各省、自治区和直辖市发展的现阶段下,资源保护政策的实施可能会严重影响各省的经济增长,尤其是工业经济的增长。这对于经济政策制定者有重要的政策启示。从生物质消耗的角度看,生物质消耗经济增长有促进作用,而经济增长却不一定带来生物质消耗的增加,这是因为生物质主要来源于第一产业,目前各省的经济发展已进入了工业经济作为核心的增长阶段,经济的增长不是主要由生物质消耗来驱动的。因此,采取保护化石燃料的政策,大力开发生物质能源是非常具有前景的,这同时也会改善中国广大农村地区的可持续发展,为农民增加收入扩展多种渠道。

第七节 主要结论与建议

经济增长方式转变要求经济活动对资源的消耗和对环境的污染排放在生态系统可承载的范围之内,本质上是经济系统物质代谢的规模与效率问题。本章以经济系统的物质流核算为基础,以中国经济系统为具体研究对象,对经济增长过程中的物质代谢总量平衡核算、物质减量化、典型农村可持续发展的物质流模式、经济增长与物质代谢的动态冲击以及区域资源消耗与经济增长之间的动态关系等问题进行了系统研究。本章的主要结论与建议如下:

①利用经济系统物质流分析方法对中国经济系统1990~2008年的物质代谢模式进行分析。结果表明中国经济在其发展过程中,物质代谢模式受宏观经济政策的影响较为明显,物质代谢指标随国民经济和社会发展第八、第九、第十和第十一个五年计划变化非常明显。与发达国家相比,中国经济系统的物质代谢总体规模虽然较大,但由于人口基数大,导致人均规模较小。同时,中国经济系统的物质代谢质量也与发达国家水平相差较大,有待进一步提高。

根据资源消耗和污染排放受技术水平影响(产业结构影响没有进行讨论),需要提高生产技术水平,推行清洁生产提高经济增长过程中的物质生产效率,减少废弃物排放量。根据经济系统物质流分析系统模型,还需要加强资源的循环利用，延长自然物质在经济系统内部的停留时间，以提高系统的物资和代谢效率。使经济增长从高增长、高消耗、高污染的粗放型发展逐步转变为高增长、低消耗、低排放的集约型发展模式。

②本节运用经济系统物质流分析核算的方法，计算了中国1981～2008年的物质投入量与消费量，并运用经济系统物质流分析账户的指标分析中国物质减量化的情况。如果以资源使用来衡量的环境压力，关联程度分析的结果表明，中国1981～2008年物质减量化是相对的而非绝对的，环境压力量随着经济的增长在不断增加，但单位经济产出所需的物质却在减少；EKC的拟合结果表明，单位经济产出所需物质在2005年左右由减速减少转为加速减少，但根据1981～2008年的数据，并没有证据表明中国会出现绝对物质减量化。

根据研究与分析，本书提出以下建议：一是现在中国一直将污染减排作为解决环境问题的主攻方向，这种"解毒"的方法在短期内对遏制环境恶化起明显效果，但在长期中却会因缺少刺激而失效。因经济系统输入量等于储存量与输出量之和，制定输入方面的政策以"物质减量化"直接预防污染的发生，并能给予人们自发提高物质利用效率的刺激。二是解决问题时需着眼于整个环境—经济系统，我国目前污染物排放的标准一般只对CO_2与SO_2的总量进行了限定，其他污染物或对按单个企业或行业设定的，或根本未设限制；这样并不能保证整个经济系统的污染物排放量不增加。三是经济系统物质流分析中提出的隐藏流的概念也值得引起我国的关注，清洁生产与可再生能源的使用值得提倡，但人们却往往忽略了与此相关的隐藏物质的大小，如用作燃料电池催化剂的铂族金属就是生态包袱非常大的物质。此外，发展循环核算账户、提高人们对物质减量化的认识、推动中国对经济系统物质流分析及物质减量化的研究也有很强的现实意义。

经济系统物质流分析把经济系统当成"黑箱"，从宏观上分析了经济系统的物质吞吐量，但是并不能由此发现物质流出现变化的原因，因此给出的政策建议也较为有限。为了对中国物质减量化的情况有更深的认识，在未来需结合其他方法作进一步的研究。

③我们将MFA黑箱模型进一步白化，识别农村经济发展活动中产生关键作用的物质流，分析中国农村典型区域的农业生产和消费活动产生的环境影响。我们使用农业大省河南省中部典型的农业县禹州作为案例进行了实证分析，评估了"十一五"期间禹州农业可持续发展政策对农村环境的影响。

对于中国典型的县域农业生产和消费系统，实施可持续政策不应只注重总量分析，还应结合其内部部门与具体物质流动进行分析，子系统间和不同的物质输入与输出之间存在较大的差异。其表现为，多数物质消耗与污染排放仍呈现下降趋势。这提示我们不能仅从总体上判断政策的实施效果，更应该深入经济系统内部，量化与识别起关键作用的物质流，为区域农村的可持续发展提供更为有效的内部控制机制。

④我们根据物质流核算分析框架 MFA 提供的资源投入与环境输出指标，从系统分析的角度出发，利用向量自回归 VAR 模型，对中国资源使用和污染排放与经济增长之间的关系进行动态分析。

我们认为，经济增长是导致环境质量变化的重要原因，但环境质量变化却不是引起经济增长的重要原因。具体来说，经济增长是中国资源耗减和污染排放的重要原因，资源投入和环境污染对经济增长也存在一定的反作用。经济增长对解释资源投入和环境输出的预测方差起到重要作用，然而资源投入和环境输出对经济增长预测方差的贡献度较小。这一结果提示我们，一方面要注意缓解快速经济增长对资源的大量消耗和环境污染的大量排放所带来的负面作用；另一方面，资源投入和环境输出对经济增长的反作用并未得到充分体现，关键是必须对资源耗减和环境污染所导致的外部效应进行清晰界定，以及建立一个有效的、完善的资源品、排污权的市场交易机制，以充分发挥资源约束和环境恶化对微观企业投资决策和生产行为的影响。

⑤我们运用中国 30 个省、自治区和直辖市 1990 ~ 2008 年的数据，对经济增长与资源消耗进行了协整及因果关系检验。用面板协整和面板误差修正模型来进行研究，用广义最小二乘法估计面板模型。

从短期来看，矿物质消费与人均 GDP 之间不存在因果关系，因此，我们在短期内接受矿物质消费与人均 GDP 的中性假设，在短期内，可以对采取严厉的控制矿物质消耗的政策，而不会对经济产生严重的影响。

从长期来看，面板数据模型的结果证明了长期资源消耗与经济总量之间的相互因果关系，包括作为主要能源的化石燃料与经济增长之间的长期相互因果关系。这与理论保持了一致：作为一种投入，资源（化石燃料）投入的增加会带来经济产出的增加，同样，当经济总量扩大时，对资源（化石燃料）的引致需求也会增加。这表明资源消耗（化石燃料消耗）和 GDP 是内生的，用任何一个单一的方程来预测都将会是不准确的。因此，在各省、自治区和直辖市发展的现阶段下，资源保护政策的实施可能会严重影响各省的经济增长，尤其是工业经济的增长。这对于经济政策制定者有重要的政策启示。从生物质消耗的角度看，生物质消耗经济增长有促进作用，而经济增长却不一定带来生物质消耗的增加，这是因为生物质主要来源于第一产业，目前各省的经济发展已进入了工业经济作为核心的增长阶段，经济的增长不是主要由生物质消耗来驱动的。因此，采取保护化石燃料的政策，大力开发生物质能源是非常具有前景的，这同时也会改善中国广大农村地区的可持续发展，为农民增加收入扩展多种渠道。

附　表

附表1　中国各地区农村可持续发展模型的面板单位根检验结果

变量名称	IW		AW		PW		WR		ISDQ	
检验方法（4种）	统计量	Prob.	统计量	Prob.	统计量	Prob.	统计量	Prob.	统计量	Prob.
Levin-Lin & Chu t*	-69.1327	0.0000*	-129.0790	0.0000*	-136.0330	0.0000*	-54.0447	0.0000*	-21.0622	0.0000*
IPS	-84.0498	0.0000*	-121.1020	0.0000*	-161.3060	0.0000*	-25.3122	0.0000*	-16.3320	0.0000*
ADF-Fisher Chi2	491.6090	0.0000*	571.6180	0.0000*	575.9280	0.0000*	348.8600	0.0000*	319.7430	0.0000*
PP-Fisher Chi2	497.0240	0.0000*	590.5990	0.0000*	591.5360	0.0000*	476.9730	0.0000*	297.0030	0.0000*

变量名称	ISDR		dISDR		ISRR		dISRR		IWS	
检验方法（4种）	统计量	Prob.	统计量	Prob.	统计量	Prob.	统计量	Prob.	统计量	Prob.
Levin-Lin & Chu t*	9.6459	1.0000	7.5849	1.0000	1.5489	0.9393	1.7190	0.9572	2.3264	0.9900
IPS	9.9460	1.0000	0.2295	0.5907	3.4854	0.9998	-2.3995	0.0082*	5.4387	1.0000
ADF-Fisher Chi2	35.4079	0.9974	93.0105	0.0066*	76.7817	0.0979	113.5840	0.0001*	48.0788	0.9027
PP-Fisher Chi2	39.6886	0.9878	231.3640	0.0000*	101.7230	0.0011	293.4500	0.0000*	50.9516	0.8407

变量名称	dIWS		d2IWS		IWWS		IWWD		IWWU	
检验方法（4种）	统计量	Prob.	统计量	Prob.	统计量	Prob.	统计量	Prob.	统计量	Prob.
Levin-Lin & Chu t*	14.5180	1.0000	2.5153	0.9941	-18.6237	0.0000*	-31.9687	0.0000*	-4.2330	0.0000*
IPS	0.2802	0.6103	-9.9903	0.0000*	-15.3275	0.0000*	-26.7782	0.0000*	-4.3381	0.0000*
ADF-Fisher Chi2	75.6317	0.1144	218.3300	0.0000*	257.9980	0.0000*	423.0330	0.0000*	108.0760	0.0001*
PP-Fisher Chi2	333.8130	0.0000*	555.8950	0.0000*	230.1150	0.0000*	355.2170	0.0000*	116.7250	0.0000*

续表

变量名称	IWWR		RC		dRC		CC		dCC	
检验方法（4种）	统计量	Prob.	统计量	Prob.	统计量	Prob.	统计量	Prob.	统计量	Prob.
Levin – Lin & Chu t*	-35.2249	0.0000*	15.6480	1.0000	-5.2940	0.0000*	16.9778	1.0000	-4.9226	0.0000*
IPS	-23.6603	0.0000*	17.1344	1.0000	-3.5927	0.0002*	19.9878	1.0000	-4.1264	0.0000*
ADF – Fisher Chi2	394.1690	0.0000*	5.1149	1.0000	140.6340	0.0000*	4.1427	1.0000	147.2940	0.0000*
PP – Fisher Chi2	319.1450	0.0000*	3.1315	1.0000	196.4800	0.0000*	1.2614	1.0000	187.4100	0.0000*

变量名称	RG		DRG		CG		DCG		CI	
检验方法（4种）	统计量	Prob.	统计量	Prob.	统计量	Prob.	统计量	Prob.	统计量	Prob.
Levin – Lin & Chu t*	14.6484	1.0000	-0.7957	0.2131	17.3861	1.0000	-0.7804	0.2176	16.3889	1.0000
IPS	17.3650	1.0000	-3.9604	0.0000*	19.7939	1.0000	-2.8942	0.0019*	21.4902	1.0000
ADF – Fisher Chi2	3.5049	1.0000	122.7580	0.0000*	3.0297	1.0000	147.2260	0.0000*	1.0033	1.0000
PP – Fisher Chi2	2.2714	1.0000	294.7390	0.0000*	3.4266	1.0000	156.5580	0.0000*	0.1447	1.0000

变量名称	DCI		RI		DRI		RE		DRE	
检验方法（4种）	统计量	Prob.	统计量	Prob.	统计量	Prob.	统计量	Prob.	统计量	Prob.
Levin – Lin & Chu t*	-1.5959	0.0553*	9.8769	1.0000	-4.6910	0.0000*	11.6778	1.0000	-1.4327	0.0760*
IPS	-2.9562	0.0016*	15.5062	1.0000	-5.6217	0.0000*	15.9555	1.0000	-3.1929	0.0007*
ADF – Fisher Chi2	120.4130	0.0000*	0.8272	1.0000	138.0030	0.0000*	9.0315	1.0000	126.8510	0.0000*
PP – Fisher Chi2	124.3540	0.0000*	0.5412	1.0000	186.4490	0.0000*	13.8975	1.0000	728.2460	0.0000*

注：1. 四个检验方法原假设均为"存在面板单位根"；每个表格第一个数字是统计量，第二个数字是边际概率（P值）。2. "*"表示至少在10%的显著性水平上不存在单位根，也即变量为平稳变量。

附表 2　　中国各地区农村可持续发展模型的面板协整检验结果

检验变量	统计量	RG 与 RE				RG 与 IA			
		Statistic	Prob.	Weighted Statistic	Prob.	Statistic	Prob.	Weighted Statistic	Prob.
panel v − stat		(1.3912)	0.9179	1.7663	0.0387*	(0.4891)	0.6876	(0.1175)	0.5468
panel rho − stat		3.3811	0.9996	(1.7214)	0.0426*	4.0486	1.0000	2.9424	0.9984
panel pp − stat		4.5028	1.0000	(1.9102)	0.0281*	6.3985	1.0000	4.5533	1.0000
panel adf − stat		4.1989	1.0000	(0.5980)	0.2749	6.8419	1.0000	4.4355	1.0000
group rho − stat		(0.8087)	0.2094			4.5641	1.0000		
group pp − stat		(1.5376)	0.0621*			6.5764	1.0000		
group adf − stat		(0.5719)	0.2837			6.3673	1.0000		

检验变量	统计量	DRG 与 IW				DRG 与 WR			
		Statistic	Prob.	Weighted Statistic	Prob.	Statistic	Prob.	Weighted Statistic	Prob.
panel v − stat		7.3323	0.0000*	2.2130	0.0134*	6.1510	0.0000*	1.9227	0.0273*
panel rho − stat		(17.2703)	0.0000*	(16.0607)	0.0000*	(17.9017)	0.0000*	(17.2029)	0.0000*
panel pp − stat		(23.5079)	0.0000*	(23.3538)	0.0000*	(24.0179)	0.0000*	(22.5152)	0.0000*
panel adf − stat		(13.1448)	0.0000*	(13.2611)	0.0000*	(13.2018)	0.0000*	(12.4866)	0.0000*
group rho − stat		(13.6504)	0.0000*			(14.2200)	0.0000*		
group pp − stat		(28.3836)	0.0000*			(27.7513)	0.0000*		
group adf − stat		(12.5033)	0.0000*			(12.2345)	0.0000*		

续表

检验变量	统计量	DRG		PW		DRG		AW	
		Statistic	Prob.	Weighted Statistic	Prob.	Statistic	Prob.	Weighted Statistic	Prob.
	panel v – stat	6.5516	0.0000*	2.4382	0.0074*	6.3707	0.0000*	2.2133	0.0134*
	panel rho – stat	(17.1878)	0.0000*	(15.6208)	0.0000*	(17.1300)	0.0000*	(15.9506)	0.0000*
	panel pp – stat	(23.8772)	0.0000*	(21.9824)	0.0000*	(23.7641)	0.0000*	(22.2608)	0.0000*
	panel adf – stat	(13.4892)	0.0000*	(13.0127)	0.0000*	(13.4620)	0.0000*	(12.8658)	0.0000*
	group rho – stat	(13.7302)	0.0000*			(13.7483)	0.0000*		
	group pp – stat	(29.4449)	0.0000*			(29.2728)	0.0000*		
	group adf – stat	(12.8076)	0.0000*			(12.7757)	0.0000*		

检验变量	统计量	RG		ISDR		RG		ISRR	
		Statistic	Prob.	Weighted Statistic	Prob.	Statistic	Prob.	Weighted Statistic	Prob.
	panel v – stat	0.9140	0.1803	0.2876	0.3868	-1.1820	0.8814	-0.9181	0.8207
	panel rho – stat	-1.9106	0.0280*	-0.9430	0.1728	2.8054	0.9975	2.2612	0.9881
	panel pp – stat	-3.2699	0.0005*	-2.5253	0.0058*	2.0698	0.9808	0.9062	0.8176
	panel adf – stat	-1.8923	0.0292*	-2.3977	0.0082*	2.0792	0.9812	0.6230	0.7334
	group rho – stat	0.8241	0.7951			3.8301	0.9999		
	group pp – stat	-2.5408	0.0055*			1.3297	0.9082		
	group adf – stat	-1.4643	0.0716*			2.0935	0.9818		

续表

检验变量	RG		IWS			ISDQ		
统计量	Statistic	Prob.	Weighted Statistic		Prob.	Weighted Statistic		Prob.
panel v - stat	5.6240	0.0000*	3.3891		0.0004*	-0.0702		0.5280
panel rho - stat	-2.4631	0.0069*	-2.1215		0.0169*	-5.2237		0.0000*
panel pp - stat	-5.4928	0.0000*	-5.3247		0.0000*	-12.5768		0.0000*
panel adf - stat	-4.3492	0.0000*	-3.8965		0.0000*	-6.1187		0.0000*
group rho - stat	-0.3462	0.3646						
group pp - stat	-7.6682	0.0000*						
group adf - stat	-4.3094	0.0000*						

检验变量	DRG		IWWS			IWWD		
统计量	Statistic	Prob.	Weighted Statistic		Prob.	Weighted Statistic		Prob.
panel v - stat	1.1243	0.1304	-0.3116		0.6223	-0.8191		0.7936
panel rho - stat	1.1609	0.8772	0.9467		0.8281	-6.2123		0.0000*
panel pp - stat	-12.1686	0.0000*	-13.9629		0.0000*	-12.0997		0.0000*
panel adf - stat	-5.7377	0.0000*	-5.6288		0.0000*	-4.8521		0.0000*
group rho - stat	3.7127	0.9999*						
group pp - stat	-17.0381	0.0000*						
group adf - stat	-6.3559	0.0000*						

Note: There is also a middle section showing DRG statistics with: 1.3709 (0.0852*), -5.3704 (0.0000*), -12.3814 (0.0000*), -6.2442 (0.0000*), -3.2856 (0.0005*), -16.7163 (0.0000*), -5.3340 (0.0000*); and DRG: 0.6531 (0.2568), -5.9796 (0.0000*), -12.7229 (0.0000*), -5.9469 (0.0000*), -2.6761 (0.0037*), -16.8279 (0.0000*), -5.1392 (0.0000*).

续表

检验变量	DRG			IWWU			DRG		IWWR		
统计量	Statistic	与 Prob.		Weighted Statistic	与 Prob.		Statistic	与 Prob.	Weighted Statistic		Prob.
panel v – stat	-0.0444	0.5177		-0.4070	0.6580		0.4033	0.3434	-0.5380		0.7047
panel rho – stat	0.9679	0.8334		0.7053	0.7597		0.9764	0.8356	0.6345		0.7371
panel pp – stat	-13.2681	0.0000*		-14.2554	0.0000*		-13.9146	0.0000*	-15.6205		0.0000*
panel adf – stat	-6.3380	0.0000*		-6.2586	0.0000*		-6.9385	0.0000*	-7.4187		0.0000*
group rho – stat	3.4262	0.9997					3.3990	0.9997			
group pp – stat	-15.3024	0.0000*					-16.2662	0.0000*			
group adf – stat	-4.1456	0.0000*					-6.1567	0.0000*			

检验变量	RG			CG			RG		CC		
统计量	Statistic	与 Prob.		Weighted Statistic	与 Prob.		Statistic	与 Prob.	Weighted Statistic		Prob.
panel v – stat	5.2145	0.0000*		5.0326	0.0000*		5.0690	0.0000*	4.0906		0.0000*
panel rho – stat	-2.0555	0.0199*		-2.8763	0.0020*		-1.8150	0.0348*	-1.1829		0.1184
panel pp – stat	-1.8670	0.0310*		-2.9353	0.0017*		-2.9545	0.0016*	-2.0168		0.0219*
panel adf – stat	-2.2096	0.0136*		-3.1607	0.0008*		-6.8944	0.0000*	-3.9439		0.0000*
group rho – stat	-2.1043	0.0177*					0.9846	0.8376			
group pp – stat	-2.8624	0.0021*					-1.1494	0.1252			
group adf – stat	-3.0113	0.0013*					-3.7942	0.0001*			

续表

检验变量	RG		CI	
统计量	Statistic	Prob.	Weighted Statistic	Prob.
panel v – stat	7.2548	0.0000*	4.5485	0.0000*
panel rho – stat	-1.4694	0.0709*	-1.3835	0.0833*
panel pp – stat	-4.2218	0.0000*	-4.2560	0.0000*
panel adf – stat	-4.7839	0.0000*	-4.8919	0.0000*
group rho – stat	1.5347	0.9376		
group pp – stat	-2.2209	0.0132*		
group adf – stat	-3.4343	0.0003*		

注：1. 原假设为不存在协整关系；2. "*"表示至少在10%的显著性水平下拒绝原假设，说明存在面板协整关系。

参考文献

1. [美] 艾伯特·赫希曼：《经济发展战略》，经济科学出版社 1991 年版，第 73~74 页。

2. 北京市规划委员会：《北京城市总体规划》，http://www.bjghw.gov.cn/ztgh/。

3. 蔡玉梅：《美国国土规划及其启示》，载《国土资源》2003 年第 10 期，第 49~51 页。

4. 蔡玉梅、邓红蒂、谭启宇：《德国国土规划：机构健全体系完整法律完善》，载《国土资源》2005 年第 1 期，第 44~47 页。

5. 曹进良、邓延林、彭思才：《国土规划中应重视地球化学环境》，载《国土资源导刊》2004 年第 4 期，第 20~22 页。

6. 曹清华、杜海：《我国国土规划的回顾与前瞻》，载《国土资源》2005 年第 11 期，第 20~21 页。

7. 陈百明：《中国土地资源生产能力与人口承载量研究》，中国人民大学出版社 2001 年版。

8. 陈才：《区域经济地理学》，科学出版社 2001 年版，第 158 页。

9. 陈传美、郑垂勇、马彩霞：《郑州市土地承载能力系统动力学研究》，载《河海大学学报（自然科学版）》1999 年第 1 期，第 53~56 页。

10. 陈栋生：《我国生产力布局的几个问题》，载《生产力布局与国土规划》1986 年第 4 期。

11. 陈敏建、邵景力、王芳等：《中国分区域生态用水标准研究》（"十五"攻关项目，2001BA610A-01），中国水利水电科学研究院，2003 年。

12. 陈敏鹏、陈吉宁、赖斯芸：《中国农业和农村污染的清单分析与空间特征识别》，载《中国环境科学》2006 年第 6 期，第 751~755 页。

13. 陈劲锋：《承载能力：从静态到动态的转变》，载《中国人口·资源与环境》2003 年第 1 期。

14. 陈卫、孟向京：《中国人口容量与适度人口问题研究》，载《市场与人口分析》2000年第1期。

15. 陈效逑、郭玉泉等：《北京地区水泥部门的物能代谢及其环境影响》，载《资源科学》2005年第5期，第40～46页。

16. 陈效逑、赵婷婷、郭玉泉等：《中国经济系统的物质输入与输出分析》，载《北京大学学报（自然科学版）》2003年第4期，第538～547页。

17. 陈英姿、景跃军：《吉林省相对资源承载能力与可持续发展研究》，载《人口学刊》2006年第1期。

18. 陈英姿：《我国相对资源承载能力区域差异分析》，载《吉林大学社会科学学报》2006年第6期，第111～117页。

19. 陈英姿：《中国东北地区资源承载能力研究》，长春出版社2010年版。

20. 程国栋：《承载能力概念的演变及西北水资源承载能力的应用框架》，载《冰川冻土》2002年第4期，第361～36页。

21. 崔和瑞等：《县域土地资源可持续利用系统动态仿真决策模型研究》，载《西北农林科技大学学报（社会科学版）》2003年第1期，第107～111页。

22. 戴进、聂庆华、陈明荣：《陕北黄土高原土地生产力与人口适宜容量研究》，载《自然资源》1997年第6期，第10～18页。

23. 戴晓辉：《多目标线性规划在水资源优化调度中的应用研究》，载《新疆农业大学学报》1996年第1期，第39～45页。

24. 邓根云：《气候生产潜力的季节分配与玉米的最佳播期》，载《气象学报》1986年第2期，第192～198页。

25. 董锁成：《西部生态经济发展模式研究》，载《中国软科学》2003年第10期，第115～119页。

26. 樊杰：《基于国家"十一五"规划解析经济地理学科建设的社会需求与新命题》，载《经济地理》2006年第4期，第545～550页。

27. 范九利、白暴力、潘泉：《基础设施资本与经济增长关系的研究文献综述》，载《上海经济研究》2004年第1期，第38～45页。

28. 范九利、白暴力：《基础设施投资与中国经济增长的地区差异研究》，载《人文地理》2004年第2期，第40～43页。

29. 范九利、白暴力：《基础设施资本对经济增长的影响——二级三要素CES生产函数法估计》，载《经济论坛》2004年第11期，第11～14页。

30. 范英英、刘永等：《北京市水资源政策对水资源承载能力的影响研究》，载《资源科学》2005年第5期。

31. 方精云、郭兆迪等：《1981～2000年中国陆地植被碳汇的估算》，载《中国科学D辑：地球科学》2007年第6期，第804～812页。

32. 方一平：《从日本国土规划的思维变迁谈未来我国国土规划的侧重点》，载《国土经济》1999年第2期，第30~31页。

33. 封志明、刘登伟：《京津冀地区水资源供需平衡及其水资源承载能力》，载《自然资源学报》2006年第5期。

34. 傅鸿源：《城市综合承载能力研究综述》，载《城市问题》2009年第4期。

35. 高国力：《如何认识我国主体功能区划及其内涵特征》，载《中国发展观察》2007年第3期，第23~25页。

36. 高国力：《我国主体功能区划分与政策研究》，中国计划出版社2008年版。

37. 高吉喜：《可持续发展理论探索——生态承载能力理论、方法与应用》，中国环境科学出版社2001年版。

38. 高鹭、张宏业：《生态承载能力的国内外研究进展》，载《中国人口·资源与环境》2007年第2期，第19~26页。

39. 高培勇：《财政体制改革攻坚》，中国水利水电出版社2005年版。

40. 高祥照、马文奇等：《中国作物秸秆资源利用现状分析》，载《华中农业大学学报》2002年第3期，第242~247页。

41. 高彦春、刘昌明：《区域水资源开发利用的阈限分析》，载《水利学报》1997年第8期，第73~79页。

42. 谷振宾、王立群等：《森林资源承载能力研究现状与展望》，载《中国林业企业》2004年第9期。

43. 顾朝林：《城市经济区理论与应用》，吉林科学出版社1991年版。

44. 顾林生：《日本国土规划与防灾减灾的启示》，载《城市与减灾》2003年第1期，第17~19页。

45. 顾晓薇、王青：《可持续发展的环境压力指标及其应用》，冶金工业出版社2005年版，第132页。

46. 郭坚翔、刘卫东：《国土规划再认识》，载《浙江国土资源》2004年第5期，第45~47页。

47. 国家发展和改革委员会宏观经济研究院：《我国主体功能区划分及其分类政策初步研究》，载《宏观经济研究》2007年第4期。

48. 国家计委经济研究所课题组：《中国区域发展战略研究》，载《管理世界》1996年第4期。

49. 国务院发展研究中心课题组：《主体功能区形成机制和分类管理政策研究》，中国发展出版社2008年版。

50. 何晓群：《多元统计分析》，中国人民大学出版社 2006 年版。

51. 宏观经济研究院国土地区所课题组：《我国主体功能区划分理论与实践的初步思考》，载《宏观经济管理》2006 年第 10 期。

52. 洪阳、叶文虎：《可持续环境承载能力的度量及其应用》，载《中国人口资源与环境》1998 年第 8 期。

53. 胡宝清、严宝强、廖赤眉：《区域生态经济学理论、方法与实践》，中国环境科学出版社 2005 年版。

54. 胡慧平：《用地不多环境美：日本国土规划的特色》，载《中国房地信息》2005 年第 7 期，第 65~66 页。

55. 胡序威：《中国经济区类型与组织》，载《地理学报》1993 年第 3 期。

56. 胡序威：《组织大经济区和加强省区间规划协调》，载《地理研究》1994 年第 3 期。

57. 胡援成、肖德勇：《经济发展门槛与自然资源诅咒——基于我国省际层面的面板数据实证研究》，载《管理世界》2007 年第 4 期。

58. 黄秉维：《中国综合自然区划初步草案》，载《地理学报》1958 年第 4 期。

59. 黄长军、张红春：《科学优化配置水资源，实现城乡供水一体化》，载《水利经济》2007 年第 1 期。

60. 黄宁生、匡耀求：《广东相对资源承载能力与可持续发展问题》，载《经济地理》2000 年第 2 期，第 52~56 页。

61. 黄勤：《对统筹区域发展的几点思考》，载《西南民族大学学报·人文社科版》2004 年第 4 期，第 159~161 页。

62. 黄涛珍、王晓东：《BP 神经网络在洪涝灾损失快速评估中的应用》，载《河海大学学报（自然科学版）》2003 年第 4 期。

63. 黄颐琳、傅冬绵：《结构变化、效率改进与能源需求预测——基于上海市经济增长与能源消耗协调发展的研究》，载《上海财经大学学报》2007 年第 6 期，第 74~81 页。

64. 吉炳轩：《关于构建城乡经济社会发展一体化新格局的调查与思考》，载《求是》2009 年第 1 期。

65. 贾若祥：《东北地区主体功能区规划需要处理的几个关系》，载《宏观经济管理》2007 年第 11 期。

66. 贾绍凤：《开放条件下的区域人口承载能力》，载《市场与人口分析》2000 年第 6 期。

67. 姜爱林：《论土地政策的几个问题》，载《东北财经大学学报》2001 年第 2 期，第 24~27 页。

68. 蒋华东：《统筹城乡发展的理论与方法》，西南财经大学出版社 2006 年版。

69. 蒋金荷：《提高能源效率与经济结构调整的策略分析》，载《数量经济技术经济研究》2004 年第 10 期，第 16~23 页。

70. 蒋时节：《基础设施投资与城市化之间的相关性分析》，载《城市发展研究》2005 年第 2 期。

71. 金相郁：《韩国国土规划的特征及对中国的借鉴意义》，载《城市规划汇刊》2003 年第 4 期，第 66~96 页。

72. 景跃军：《东北地区相对资源承载能力动态分析》，载《吉林大学社会科学学报》2006 年第 4 期。

73. 赖作莲、查小春：《陕南秦巴山区人口承载能力研究》，载《干旱区资源与环境》2007 年第 7 期。

74. 雷国锋、吴传清：《韩国的国土规划模式探析》，载《经济前沿》2004 年第 9 期，第 37~40 页。

75. 黎婴迎、曹小曙：《对广东省国土规划的几点认识与思考》，载《热带地理》2007 年第 2 期，第 149~153 页。

76. 李成、李成宇：《21 世纪国土规划的理论探讨》，载《人文地理》2003 年第 4 期，第 37~41 页。

77. 李成、王波：《关于新一轮国土规划性质及其理论体系建设的思考》，载《经济地理》2003 年第 3 期，第 289~312 页。

78. 李德仁：《数字省市在国土规划与城镇建设中的作用》，载《建设科技》2002 年第 9 期，第 30~53 页。

79. 李刚：《基于可持续发展的国家物质流分析》，载《中国工业经济》2004 年第 11 期，第 11~18 页。

80. 李鹤：《农村在北京市水资源配置中劣势地位分析与思考》，载《调研世界》2007 年第 12 期。

81. 李宏、唐守正：《系统动力学在林业中的运用》，载《西南林学院学报》2000 年第 3 期，第 174~179 页。

82. 李家成：《空间经济结构动态研究方法》，载《华中师范大学学报（自然科学版）》1996 年第 2 期，第 226~232 页。

83. 李建红：《国土规划要实现的几个转变》，载《地域研究与开发》1995 年第 3 期，第 17~18 页。

84. 李建红：《市场经济条件下国土规划的新思路》，载《国土与自然资源研究》1995 年第 3 期，第 4~5 页。

85. 李建民：《中国劳动力市场多重分割及其对劳动力供求的影响》，载《中国人口科学》2002 年第 2 期，第 1~7 页。

86. 李建新：《转型期中国人口问题》，社会科学文献出版社 2004 年版。

87. 李军、邵明安、张兴昌等：《EPIC 模型中作物生长与产量形成的数学模拟》，载《西北农林科技大学学报（自然科学版）》2004 年第 1 期，第 25~30 页。

88. 李军杰：《确立主体功能区划分依据的基本思路——兼论划分指数的设计方案》，载《中国经贸导刊》2006 年第 11 期。

89. 李如忠：《基于指标体系的区域水环境动态承载能力评价研究》，载《中国农村水利水电》2006 年第 9 期。

90. 李新玉、曹清华、杜舰：《新时期国土规划的重要性及其特点》，载《地理与地理信息科学》2003 年第 2 期，第 47~51 页。

91. 李秀金：《固体废物工程》，中国环境科学出版社 2003 年版，第 397 页。

92. 李泽红、董锁成、汤尚颖：《相对资源承载能力模型的改进及其实证分析》，载《资源科学》2008 年第 9 期，第 1336~1342 页。

93. 郦建强、杨晓华等：《河流健康复杂系统评价的 IFMMAAM》，载《河海大学学报》2008 年第 3 期。

94. 联合国等，国家统计局国民经济核算司译：《国民经济核算体系 1993》，中国统计出版社 1995 年版。

95. 梁赛：《苏州市的资源环境压力及其特征分析》，清华大学学士学位论文，2007 年。

96. 林伯强：《电力消费与中国经济增长：基于生产函数的研究》，载《管理世界》2003 年第 1 期，第 18~27 页。

97. 林子瑜：《配合国土综合开发计划修订之国土规划体制分析》，载《城市发展研究》1995 年第 5 期，第 15~20 页。

98. 刘昌明：《东北地区水与生态——环境问题及保护对策研究》，科学出版社 2007 年版。

99. 刘厚仙、汤海燕、简敏菲、倪才英：《生态承载能力研究现状与展望》，载《江西科学》2006 年第 5 期。

100. 刘景林：《论基础结构》，载《中国社会科学》1983 年第 1 期，第 5~12 页。

101. 刘敏等：《环境承载能力理论在北京市和房山区的应用》，载《城市环境与城市生态》2006 年第 6 期。

102. 刘强、杨永德、姜兆雄：《从可持续发展角度探讨水资源承载能力》，载《中国水利》2004 年第 3 期。

103. 刘姝威、石刚：《中国存货指数的设计与应用》，中国财政经济出版社 2008 年版。

104. 刘燕华、李秀彬：《脆弱生态环境与可持续发展》，商务印书馆 2007 年版。

105. 刘宇辉：《基于生态足迹模型的经济生态协调度评估》，中国环境科学出版社 2009 年版。

106. 刘再兴：《综合经济区划的若干问题》，载《经济理论与经济管理》1985 年第 6 期。

107. 刘庄：《祁连山自然保护区生态承载能力研究》，中国环境科学出版社 2006 年版。

108. 柳思维：《国外统筹城乡发展理论研究述评》，载《财经理论与实践》2007 年第 6 期。

109. 龙腾锐、姜文超、何强：《水资源承载能力内涵的新认识》，载《水利学报》2004 年第 1 期。

110. 龙腾锐、姜文超：《水资源（环境）承载能力的研究进展》，载《水科学进展》2003 年第 2 期。

111. 陆大道：《空间结构理论与区域发展》，载《科学（季刊）》1989 年第 2 期，第 108~111 页。

112. 吕光明、何强：《生态承载能力综合测度方法的系统分析》，载《经济问题探索》2008 年第 6 期。

113. 罗丽丽：《国土规划的法律体系建构》，载《西北工业大学学报（社会科学版）》2006 年第 3 期，第 58~71 页。

114. 罗荣桂、黄敏镁：《基于 BP 神经网络的长江流域人口预测研究》，载《武汉理工大学学报》2004 年第 10 期。

115. 马凯：《"十一五"规划战略研究》，北京科学技术出版社 2005 年版。

116. 马晓河：《工业反哺农业的国际经验及我国的政策调整思路》，载《管理世界》2005 年第 7 期。

117. 毛汉英、余丹林：《区域承载能力定量研究方法探讨》，载《地球科学进展》2001 年第 4 期，第 549~555 页。

118. [美] 赫尔曼·E·戴利著，诸大建、胡圣译：《超越增长——可持续发展的经济学》，上海世纪出版集团 2006 年版。

119. [美] 梅多斯著，于树生译：《增长的极限》，商务印书馆 1984 年版。

120. 米湘成:《人工神经网络模型及其在农业和生态研究的应用》,载《植物生态学报》2005 年第 5 期,第 863~870 页。

121. 闵庆文、余卫东等:《区域水资源承载能力的模糊综合评价分析方法及应用》,载《水土保持研究》2004 年第 9 期。

122. 莫华:《基于数据质量分析的建筑材料生命周期环境影响评价》,清华大学硕士学位论文,2003 年。

123. 穆海林、宁亚东、近藤康彦等:《中国各地域能源消费及 SO_2,NO,CO_2 排放量估计与预测》,载《大连理工大学学报》2002 年第 6 期,第 674~679 页。

124. 内蒙古计委:《集通铁路沿线国土规划要点》,载《北方经济》1994 年第 1 期,第 29~36 页。

125. 牛慧恩、陈宏军:《试论我国战略规划编制与管理中存在的问题》,载《城市规划》2003 年第 2 期,第 42~45 页。

126. 牛慧恩:《国土规划区域规划城市规划——论三者关系及其协调发展》,载《2004 城市规划论文集(上)》,2004 年第 145~149 页。

127. 欧海若、鲍海君:《韩国四次国土规划的变迁评价及其启示》,载《中国土地科学》2002 年第 4 期,第 39~43 页。

128. 欧海若、吴次芳、叶艳妹:《经济全球化进程中的国土规划编制模式研究》,载《经济地理》2003 年第 2 期,第 158~186 页。

129. 潘海霞:《日本国土规划的发展及借鉴意义》,载《国外城市规划》2006 年第 3 期,第 10~14 页。

130. 彭莉、王斌:《我国国土规划的若干法律问题思考》,载《国土资源》2004 年第 11 期,第 28~31 页。

131. 彭世真:《深圳市国土规划地质环境管理体系的构想》,载《中国地质灾害与防治学报》2000 年第 1 期,第 90~94 页。

132. 彭希哲、郭秀云:《区域人口承载能力的多因素分析》,载《南方人口》2004 年第 3 期。

133. 彭志龙、吴优、武央、王海燕:《能源消费与 GDP 增长关系研究》,载《统计研究》2007 年第 7 期,第 6~10 页。

134. 钱家军、毛立本:《要重视国民经济基础上结构的研究和改善》,载《经济管理》1981 年第 3 期,第 17~25 页。

135. 钱正英、张光斗:《中国可持续发展水资源战略研究综合报告及各专题报告》,中国水利水电出版社 2001 年版。

136. 秦书生:《复合生态系统自组织特征分析》,载《系统科学学报》2008

年第 2 期。

137. 邱东、宋旭光等：《观念创新与政策实施之桥：现代可持续发展指标》，中国财政经济出版社 2002 年版。

138. 邱东：《谁是政府统计的最后东家》，中国统计出版社 2003 年版。

139. 全国农业区划委员会编写组：《中国综合农业区划》，农业出版社 1981 年版。

140. 任保平、白永秀：《我国生态经济模式建立的基本思路》，载《贵州财经学报》2004 年第 6 期，第 1~5 页。

141. 任保平：《低代价西部大开发的制度分析》，载《宁夏社会科学》2003 年第 4 期，第 25~30 页。

142. 任保平：《西部地区生态环境重建模式研究》，人民出版社 2007 年版，第 181 页。

143. 任建兰：《区域可持续发展理论与方法》，山东省地图出版社 1998 年版，第 130 页。

144. 阮本清、梁瑞驹、王浩等：《流域水资源管理》，科学出版社 2001 年版。

145. 尚金城、张妍、刘仁志：《战略环境评价的系统动力学方法研究》，载《东北师范大学学报》2001 年第 1 期，第 84~89 页。

146. 师武军、郝寿义：《面向可持续发展的国土规划》，载《北京规划建设》2005 年第 5 期，第 36~39 页。

147. 施发启：《中国能源消费弹性系数初探》，载《数据》2006 年第 1 期，第 36~37 页。

148. 施源：《日本国土规划实践及对我国的借鉴意义》，载《城市规划汇刊》2003 年第 1 期，第 72~96 页。

149. 石刚：《我国主体功能区的划分与评价——基于承载能力视角》，载《城市发展研究》2010 年第 3 期，第 44~50 页。

150. 石月珍、赵洪杰：《生态承载能力定量评价方法的研究进展》，载《人民黄河》2005 年第 3 期。

151. 史丹：《我国经济增长过程中能源利用效率的改进》，载《经济研究》2002 年第 9 期，第 49~56 页。

152. 世界银行：《1994 年世界发展报告》，中国财政经济出版社 1994 年版。

153. 苏建华：《关于新时期区域国土规划思路的探讨》，载《福建地理》1997 年第 1 期，第 38~40 页。

154. 苏建华：《浅议区域国土规划思路与方法的创新》，载《发展研究》

1997年第2期，第15~16页。

155. 苏喜友：《森林承载能力研究》，北京林业大学2002年博士学位论文。

156. 苏玉萍、郑达贤、林婉贞：《福建省畜禽污染分析与防治对策》，载《福建地理》2004年第3期，第1~4页。

157. 孙敬之：《论经济区划》，载《教学与研究》1955年第11期。

158. 孙莉、吕斌等：《中国城市承载能力区域差异研究》，载《城市发展研究》2009年第3期。

159. 孙姗姗、朱传耿：《论主体功能区对我国区域发展理论的创新》，载《现代经济探讨》2006年第9期。

160. 孙坦：《奥地利国土规划管理工作》，载《国土资源情报》2002年第1期，第54~57页。

161. 孙文盛：《在广东省国土规划编制启动仪式上的讲话》，载《国土资源通讯》2006年第2期，第23页。

162. 孙仲彝：《以科学发展观推进城乡集体经济健康发展》，载《上海农村经济》2009年第2期。

163. 索晓波、门宝辉：《变异系数权重TOPSIS法在水资源综合评价中的应用》，载《南水北调与水利科技》2007年第10期。

164. 谭文垦、石忆邵、孙莉：《关于城市综合承载能力若干理论问题的认识》，载《中国人口·资源与环境》2008年第1期。

165. 唐建新、杨军：《基础设施与经济发展——理论与政策》，武汉大学出版社2003年版。

166. 唐剑武、叶文虎：《环境承载能力的本质及其定量化初步研究》，载《中国环境科学》1998年第3期，第227~230页。

167. 唐敏：《为何启动新一轮国土规划》，载《瞭望》2005年第21期，第11~13页。

168. 陶在朴：《生态包袱与生态足迹——可持续发展的重量及面积观念》，经济科学出版社2003年版。

169. 佟立军、付诚：《关于健全统筹城乡就业制度的思考》，载《经济纵横》2008年第12期。

170. 汪一鸣、刘云朝、刘加清：《国土规划理论方法的几点新认识》，载《宁夏大学学报（自然科学版）》1999年第3期，第268~273页。

171. 王成：《自然资源与经济增长关系研究文献综述》，载《经济学动态》2010年第6期。

172. 王方浩、马文奇等：《中国畜禽粪便产生量估算及环境效应》，载《中国环境科学》2006 年第 5 期，第 614~617 页。

173. 王革华：《农村能源建设对减排 SO_2 和 CO_2 贡献分析方法》，载《农业工程学报》1999 年第 1 期，第 169~172 页。

174. 王贵明、匡耀求：《基于资源承载能力的主体功能区与产业生态经济》，载《改革与战略》2008 年第 4 期，第 147 页。

175. 王红莉等：《海岸带污染负荷预测模型及其在渤海湾的应用》，载《环境科学学报》2005 年第 3 期，第 307~312 页。

176. 王家骥等：《黑河流域生态承载能力估测》，载《环境科学研究》2000 年第 2 期。

177. 王俭、胡筱敏、郑龙熙：《基于 BP 模型的大气污染预报方法的研究》，载《环境科学研究》2002 年第 4 期。

178. 王俭、孙铁珩、李培军：《环境承载能力研究进展》，载《应用生态学报》2004 年第 4 期。

179. 王建廷：《区域经济发展动力与动力机制》，上海人民出版社 2008 年版，第 117~121 页。

180. 王开运：《生态承载能力复合模型系统与应用》，科学出版社 2007 年版。

181. 王黎明：《区域可持续发展指标的相关性分析及降维模型研究——以中国省级区域为例》，载《地球科学进展》2001 年第 6 期。

182. 王韧：《城乡转换、经济开放与收入分配的变动趋势——理论假说与双二元动态框架》，载《财经研究》2006 年第 2 期。

183. 王书华、毛汉英：《土地综合承载能力指标体系设计及评价——中国东部沿海地区案例研究》，载《自然资源学报》2001 年第 3 期。

184. 王双正、要雯：《构建与主体功能区建设相协调的财政转移支付制度研究》，载《中央财经大学学报》2007 年第 8 期。

185. 王霞：《新疆土地承载能力问题研究》，新疆大学 2007 年博士学位论文。

186. 王新谋：《家畜粪便学》，上海交通大学出版社 1999 年版。

187. 王友贞：《区域水资源承载能力评价研究》，河海大学 2002 年博士学位论文。

188. 王玉平、卜善祥：《中国矿产资源经济承载能力研究》，载《煤炭经济研究》1998 年第 12 期，第 15~18 页。

189. 王振宇：《地方财政与区域经济问题研究》，经济科学出版社 2008 年版。

190. 王志良:《水资源管理多属性决策与风险分析理论方法及应用研究》,四川大学,2003年博士论文。

191. 王治祥、马云昌:《国土规划的系统工程方法》,载《科学决策与系统工程——中国系统工程学会第六次年会论文集》,1990年第461～464页。

192. 王中根、夏军:《区域生态环境承载能力的量化方法研究》,载《长江职工大学学报》1999年第4期,第9～12页。

193. 韦佳园、蒋御柱:《区域可持续发展的社会动态人口承载能力模型研究》,载《安徽农业科学》2008年第10期。

194. 卫大同:《辽宁省国土规划地理信息系统设计与构架》,吉林大学2006年硕士论文,第1～40页。

195. 魏后凯:《荷兰国土规划的经验与教训》,载《经济学动态》1994年第8期,第47～49页。

196. 魏后凯:《荷兰国土规划考察》,载《国土经济》1994年第3期,第44～50页。

197. 魏后凯:《荷兰国土规划与规划政策》,载《地理学与国土研究》1994年第3期,第54～60页。

198. 魏后凯:《区域经济发展的新格局》,云南人民出版社1995年版,第153页。

199. 魏后凯:《对推进形成主体功能区的冷思考》,载《中国发展观察》2007年第3期,第28～30页。

200. 闻新、周露、王丹力:《MATLAB神经网络仿真与应用》,科学出版社2003年版。

201. 吴次芳、潘文灿:《国土规划的理论与方法》,科学出版社2003年版。

202. 吴殿廷、虞孝感、查良松等:《日本的国土规划与城乡建设》,载《地理学报》2006年第7期,第771～780页。

203. 吴敬琏:《当代中国经济改革》,上海远东出版社2004年版。

204. 吴玉萍、董锁成、宋键峰:《北京市经济增长与环境污染水平计量模型研究》,载《地理研究》2002年第2期,第241～246页。

205. 夏军、朱一中:《水资源安全的度量:水资源承载能力的研究与挑战》,载《自然资源学报》2002年第3期。

206. 肖扬:《黄土高原地区国土规划与可持续发展思考与分析》,载《忻州师范学院学报》2005年第5期,第127～130页。

207. 谢高地、成升魁等:《中国自然资源消耗与国家资源安全变化趋势》,载《中国人口·资源与环境》2002年第3期。

208. 谢高地、周海林：《我国自然资源的承载能力分析》，载《中国人口·资源与环境》2004 年第 4 期。

209. 谢红霞、任志远、莫宏伟：《区域相对资源承载能力时空动态研究：以陕西省为例》，载《干旱区资源与环境》2004 年第 6 期，第 76~80 页。

210. 邢永强、冯进城、窦明：《区域生态环境承载能力理论与实践》，地质出版社 2007 年版。

211. 徐斌、杨秀春等：《中国草原产草量遥感监测》，载《生态学报》2007 年第 2 期，第 405~413 页。

212. 徐大富、渠丽萍、张均：《贵州省矿产资源承载能力分析》，载《科技进步与决策》2004 年第 5 期，第 56~58 页。

213. 徐德成、董振凯、王积富：《山东沿海森林人口承载能力探讨》，载《林业科学》1994 年第 3 期，第 280~287 页。

214. 徐康宁、王剑：《自然资源丰裕程度与经济发展水平关系的研究》，载《经济研究》2006 年第 1 期。

215. 徐琳瑜、杨志锋、毛显强：《城市适度人口分析方法及其应用》，载《环境科学学报》2003 年第 3 期。

216. 徐明、张天柱：《中国经济系统中化石燃料的物质流分析》，载《清华大学学报（自然科学版）》2004 年第 9 期，第 1166~1170 页。

217. 徐强：《区域矿产资源承载能力分析几个问题的探讨》，载《自然资源学报》1996 年第 11 期。

218. 徐文吉：《朝鲜的国土规划与开发》，载《东北亚论坛》2002 年第 3 期，第 57~60 页。

219. 许联芳等：《生态承载能力研究进展》，载《生态环境》2006 年第 5 期。

220. 许先春、裴华：《可持续发展战略及其在中国的实践》，载《北京师范大学学报（社会科学版）》1998 年第 3 期。

221. 闫继红：《我国水资源承载能力模型建立及问题浅论》，载《财经政法资讯》2006 年第 5 期，第 43~48 页。

222. 颜勇、郦建强等：《环境质量综合评价的 RBF 网络方法》，载《河海大学学报》2004 年第 1 期。

223. 杨树珍：《中国经济区划研究》，中国展望出版社 1990 年版。

224. 杨伟民：《规划体制改革的理论探索》，中国物价出版社 2003 年版。

225. 杨伟民：《关于推进形成主体功能区的几个问题》，载《中国经贸导刊》2007 年第 2 期。

226. 杨吾扬等：《中国的十大经济区探讨》，载《经济地理》1992年第3期。

227. 杨晓华、杨志峰等：《城市环境质量综合评价的多目标决策理想区间法》，载《系统工程理论与实践》2004年第8期。

228. 姚林香：《统筹城乡发展的财政政策研究》，经济科学出版社2007年版。

229. 姚治君、王建华等：《区域水资源承载能力的研究进展及其理论探析》，载《水科学进展》2002年第1期。

230. ［英］里克·诺伊迈耶著，王寅通译：《强与弱：两种对立的可持续性范式》，上海世纪出版集团/上海译文出版社2006年版。

231. 于光远：《经济大辞典》，上海辞书出版社1992年版。

232. 于学军：《中国人口转变与"战略机遇期"》，载《中国人口科学》2003年第1期。

233. 余春祥：《可持续发展的环境容量和资源承载能力分析》，载《中国软科学》2004年第2期。

234. 郁建兴、周建民等：《统筹城乡发展与地方政府——基于浙江省长兴县的研究》，经济科学出版社2006年版。

235. 郁鹏、安树伟：《主体功能区建设与西部特色优势产业发展研究》，载《生态经济》2008年第1期，第230~233页。

236. 袁鹰、甘泓、汪林等：《水资源承载能力三层次评价指标体系研究》，载《水资源与水工程学报》2006年第3期。

237. 袁志刚、封进：《人口转变、社会保障与经济发展》，上海人民出版社2004年版。

238. ［美］约瑟夫·熊彼特：《经济发展理论》，商务印书馆1990年版，第73页。

239. 曾菊新：《试论空间经济结构》，载《华中师范大学学报（哲社版）》1996年第2期，第8~13页。

240. 曾坤生：《西方空间结构理论评述》，载《经济学动态》1999年第10期，第63~66页。

241. 曾维华、杨月梅等：《环境承载能力理论在区域规划环境影响评价中的应用》，载《中国人口·资源与环境》2007年第6期。

242. 曾毅、李玲、顾宝昌、林毅夫：《21世纪中国人口与经济发展》，社会科学文献出版社2006年版。

243. 张保成、孙林岩：《国内外水资源承载能力的研究综述》，载《当代经济科学》2006 年第 6 期。

244. 张红、王亚东：《区域环境经济承载能力测算与分析》，载《地域研究与开发》2009 年第 6 期。

245. 张宏声：《全国海洋功能区划概要》，海洋出版社 2003 年版。

246. 张景华：《经济增长：自然资源是"福音"还是"诅咒"》，载《社会科学研究》2008 年第 6 期。

247. 张军：《中国为什么拥有了良好的基础设施?》，载《经济研究》2007 年第 3 期，第 4～19 页。

248. 张可云：《主体功能区的操作问题与解决办法》，载《中国发展观察》2007 年第 3 期。

249. 张林波：《承载能力理论的起源、发展与展望》，载《生态学报》2009 年第 2 期。

250. 张林波：《城市生态承载能力理论与方法研究：以深圳为例》，中国环境科学出版社 2009 年版。

251. 张璐、王胜：《城乡统筹发展的困境与路径选择》，载《商业时代》2009 年第 3 期。

252. 张罗漫：《综合评价中指标值标准化方法的探讨》，载《中国卫生统计》1994 年第 3 期。

253. 张培刚：《新发展经济学》，河南人民出版社 1999 年版。

254. 张泉、王晖：《城乡统筹下的乡村重构》，中国建筑工业出版社 2006 年版。

255. 张守敬：《清除二元制樊篱，构建一体化格局——关于统筹城乡经济社会发展的深层思考》，载《现代经济探讨》2009 年第 2 期。

256. 张显峰：《建立面向区域农业可持续发展的空间决策支持系统的方法探讨》，载《遥感学报》1997 年第 3 期，第 231～236 页。

257. 张晓军、张均：《区域资源环境经济系统联合评价方法的理论与方法研究》，中国地质大学出版社 2006 年版。

258. 张孝德：《建立与主体功能区相适应的区域开发模式》，载《国家行政学院学报》2007 年第 6 期，第 34～37 页。

259. 张养贞：《县级玉米遥感估产实验及其效果研究》，载《地理科学》1995 年第 2 期，第 144～152 页。

260. 张志良：《人口承载能力与人口迁移》，甘肃科学技术出版社 1993 年版。

261. 章锦河：《国外生态足迹模型修正与前沿研究进展》，载《资源科学》

2006 年第 6 期，第 196～203 页。

262. 赵保佑：《统筹城乡经济协调发展与科学评价》，社会科学文献出版社 2009 年版。

263. 赵建世、王忠静、杨华等：《可持续发展的人口承载能力模型》，载《清华大学学报》2003 年第 2 期。

264. 赵淑芹、王殿茹：《我国主要城市辖区土地综合承载指数及评价》，载《中国国土资源经济》2006 年第 12 期。

265. 郑畅：《上海市能源利用绩效分析及对策》，载《经济导刊》2007 年第 4 期，第 64～66 页。

266. 郑裕盛：《海南省国土规划与水资源开发对策》，载《水利水电技术》2001 年第 1 期，第 38～40 页。

267. 智静、高吉喜：《城乡统筹环境保护问题分析与对策》，载《中国发展》2008 年第 12 期，第 115～120 页。

268. 中国 21 世纪议程管理中心可持续发展战略研究组：《发展的基础——中国可持续发展的资源、生态基础评价》，社会科学文献出版社 2004 年版，第 289～311 页。

269. 中国科学院可持续发展战略研究组：《中国可持续发展战略报告（1999～2003）》，科学出版社 1999～2003 年版。

270.《中国土地资源生产能力及人口承载量研究》课题组：《中国土地资源生产能力及人口承载量研究》，中国人民大学出版社 1991 年版。

271. 钟昌标：《中国区域产业整合与分工的政策研究》，载《数量经济技术经济研究》2003 年第 6 期，第 59～63 页。

272. 钟华平：《中国作物秸秆资源及其利用》，载《资源科学》2003 年第 4 期，第 62～67 页。

273. 周白、郑剑非：《内蒙古武川旱农实验区自然降水生产潜力研究》，载《中国农业气象》1992 年第 1 期，第 2～4 页。

274. 周广胜、张时新：《全球气候变化的中国自然植被的净第一生产力研究》，载《植物生态学报》1999 年第 1 期，第 11～19 页。

275. 周琳琅：《统筹城乡发展理论与实践》，中国经济出版社 2005 年版。

276. 周尚意、张国友、徐香兰：《日本新国土规划与地方规划的相互关系》，载《地理研究》2002 年第 4 期，第 400～406 页。

277. 周婷、邓玲：《区域资源环境的经济承载能力》，载《求索》2008 年第 1 期。

278. 周伟、钟祥浩、刘淑珍：《西藏高原生态承载能力研究：以山南地区为例》,科学出版社 2008 年版。

279. 周晓青、黄全义:《基于工作管理技术的国土规划办公自动系统的研究设计》,载《测绘信息与工程》2004 年第 3 期,第 12~14 页。

280. 周兆德:《农业生产潜力及人口承载能力理论探索》,中国林业出版社 2007 年版。

281. 朱传耿:《地域主体功能区划理论·方法·实证》,科学出版社 2007 年版。

282. 朱一中:《关于水资源承载能力理论与方法的研究》,载《地理科学进展》2003 年第 2 期。

283. 左其亭:《城市水资源承载能力——理论、方法、应用》,化学工业出版社 2005 年版。

284. Adriaanse, A., Bringezu, S., Hamond, A., Moriguchi, Y., Rodenburg, E., Rogich, D., Schütz, H. *Resource flows*: *The Material Base of Industrial Economies*. World Resource Institute, Washington, 1997.

285. Albert G. J. Tacon. *Aquafeeds and the environment*: *policy implication*. Aquaculture, 2003, 226 (10): 181-189.

286. Arrow, K., Bolin, B., Costanza, R., Dasgupta, P., Folke, C., Holling, C. S., Jansson, B. O., Levin, S., Maeler, K. G., Perrings, C., & Dimentel, D. *Economic Growth, Carrying Capacity, and the Environment*. Science, 1995, 268, pp. 520-521.

287. Arrow, K. J., Dasgupta, P., Maler, K. G.. *Evaluating projects and assessing sustainable development in imperfect economies*. Environmental and Resource Economics, 2003, 26, pp. 647-684.

288. Aschauer, D. A., *Public Investment and Productivity Growth in the Group of Seven*, Economic Perspectives, Federal Reserve Bank of Chicago, 1989 (c), 13: 17-25.

289. Aschauer, D. A., *Is Public Expenditure Productive?*, Journal of Monetary Economics, 1989 (b), 23: 177-200.

290. Aschauer, D. A., *Does Public Capital Crowd Out Private Capital?*, Journal of Monetary Economics, 1989 (a), 24: 178-235.

291. Aschauer, D. A., *Infrastructure and Macroeconomic Performance*: *Direct and Indirect Effects*, In The OECD Jobs Study: Investment, Productivity and Employment, 1993, 85-101, OECD, Paris.

292. Ayres R, Simonis U. *Industrial Metabolism*: *Restructuring for Sustainable*

Development. Tokyo: United Nations University Press, 1994.

293. Ayres, R. U., Ayres, L. W. Accounting for Resources, 1. *Economy – Wide Applications of Mass – Balance Principles to Materials and Waste*. Edward Elgar, Cheltenham, UK., 1998, P. 245.

294. B. H. Walker, L. Pearson, *A resilience perspective of the SEEA*, Ecological Economics, 2007 (61): 708~714.

295. Bellamy, J. A., Walker, D. H., McDonald, G. T., Syme, G. J., *A systems approach to the evaluation of natural resource management initiatives*. Journal of Environmental Management, 2001, 63, pp. 407 – 423.

296. Bicknell K B., Ball R J., Cullen R., et al, *New methodology for the ecological footprint with an application to the New Zealand economy. Ecological Economics*, 1998 (27), pp. 149 – 160.

297. Bringezu, S., Fischer – Kowalski, M., Klein, R., Palm, V. *Regional and National MaterialFlow Accounting: From Paradigm to Practice of Sustainability*. ConAccount workshop 21 – 23, Leiden, 1997.

298. Bringezu, S., Schütz, H. *Total material resource flows of the United Kingdom. Final report. EPG* 1/8/62. Wuppertal Institute, Wuppertal, 2001.

299. Brown M T., Ulgiati S. *Energy – based indices and rations to evaluate sustainability: Monitoring economies and technology toward environmentally sound innovation. Ecological Engineering*, 1997 (9), pp. 51 – 69.

300. Carey, D. I. *Development based on carrying capacity, Global Environmental Change*, 1993, 3 (2), pp. 140 – 148.

301. Carpenter, S. R., Westley, F., Turner, M.. *Surrogates for resilience of social – ecological systems*. Ecosystems, 2004. 8, pp. 941 – 944.

302. Chen, X., L. Qiao. *A Preliminary Material Input Analysis of China*. Population and Environment, 2001, 23 (1): 117 – 126.

303. Cohen J E. *Population growth and Earth's human carrying capacity. Science*, 1995 (269), pp. 341 – 346.

304. Cumming, G. S., Barnes, Perz, S., Schmink, M., Sieving, K. E., Southworth, J., Binford, M., Holt, R. D., Stickler, C., Van Holt, T. *An exploratory framework for the empirical measurement of resilience*. Ecosystems, 2004, 8 (8): 974 – 987.

305. Daily G C., Ehrlich P R. *Socioeconomic equity, sustainability, and Earth's carrying capacity. Ecological Applications*, 1996, 6 (4), pp. 991 – 1001.

306. Daily G C., Ehrlich P R. *Population, sustainability, and Earth's carrying capacity*. BioScience, 1992, 42, pp. 761–771.

307. Daly, H. E., Farley, J.. *Ecological Economics: Principles and Applications*. Island Press, Washington DC., 2004.

308. De Marco, O., Lagioia, G., Pizzoli Mazzacane, E. *Materials Flow Analysis of the Italian Economy*. Industrial Ecology, 2001, 4 (2), 55–70.

309. Démurger, S., *Infrastructure Development and Economic Growth: An Explanation for Regional Disparities in China?*, Journal of Comparative Economics, 2001, 29: 95–117.

310. Ekins, P., Simon, S., Deutsch, L., Folke, C., De Groot, R. *A framework for the practical application of the concepts of critical natural capital and strong sustainability*. Ecological Economics, 2003, 44: 164–184.

311. Elmqvist, T., Folke, C., Nystrom, M., Peterson, G., Bengston, J., Walker, B., Norberg, J. *Response diversity, ecosystem change and resilience*. Frontiers in Ecology and Environment, 2003, 1: 488–494.

312. Ernest A. Lowe and Laurence K. Evans, *Industrial ecology and industrial ecosystems*, Industrial ecology and industrial ecosystems: E. A. Lowe and L. K. Evans.

313. Eurostat Economy – Wide Material Flowaccounts and Derived Indicators: a Methodological Guide. Luxembourg: Statistical Office of the European Union, 2001.

314. Eurostat Material Use in the European Union 1980–2000: Indicators and Analysis. Luxembourg: Statistical Office of the European Union, 2002.

315. Falkenmark M, et al. *The global grain crisis key aspect – water lacks (unofficial discussion)*. Ambio, 1998, 27 (2): 148–154.

316. FalkenmarkM, Lundqvist J. *Towards water security: political determination and human adaptation crucial*. Natural Resources Forum, 1998, 21 (1): 37–51.

317. Fan S., X. Zhang, *Infrastructure and Regional Economic Development in Rural China*, China Economic Review, 2004, 15: 203–214.

318. Ferng J J. *Using composition of land multiplier to estimate p ecological footprints associated with production activity*. Ecological Economics, 2001, 37 (2): 159–172.

319. Fischer – Kowalski, M. and Hüttler, W. *Society's metabolism: The Intellectual History of Material Flow Analysis*, part II, 1970–1998. Journal of Industrial Ecology, 1999, 2 (4). 107–136.

320. Fischer – Kowalski, M. *Society's metabolism: The Intellectual History of Material Flow Analysis*, part I, 1860–1970. Journal of Industrial Ecology, 1998, 2

(1): 61-78.

321. Folke, C. *Resilience: the emergence of a perspective for social - ecological systems analyses.* Global Environmental Change, 2006, 16 (3): 243-267.

322. Furuya K. *Environmental Carrying Capacity in an Aquaculture Ground of Seaweed and Shellfish in Northern Japan.* In: Determining Environmental Carrying Capacity of Coastal and Marine Areas: Progress, Constraints and Future Options. PEMSEA Workshop Proceedings, 2003, 11, pp. 42-49.

323. G. Saro and A. Mazzla. *The carrying capacity for Mediterranean bivalve suspension feeders: evidence from analysis of food availability and hydrodynamics and their integration into a local model.* Ecological Modelling, 2004, 179 (11): 281-296.

324. George, Raju K. *Prediction of soil temperature by using artificial neural networks algorithms.* Nonlinear Analysis, Issue: 3, 2001, 47 (8): 1737-1748.

325. Giljum, S. Trade, *Material Flows and Economic Development in the South: the Example of Chile.* Journal of Industrial Ecology, 2004, 8 (1, 2): 241-261.

326. Gonzalez - Martinez A., Schandl H. *The Biophysical Perspective of a Middle Income Economy: Material Flows in Mexico.* Ecological Economics, 2008 (68): 317-327.

327. Gylfason. *Natural Resources, Education and Economics Development.* European Economic Review, 2001 (45): 847-869.

328. Hammer, M., Hubacek, K. *Material Flows and Economic Development: Material Flow Analysis of the Hungarian Economy.* Interim Report. No. 02-057. International Institute for Applied Systems Analysis (IIASA), Laxenburg, 2002.

329. Hardin G. *Cultural carrying capacity: a biological approach to human problems.* BioScience, 1986, 36 (9): 599-604.

330. Hardin, G. *Paramount positions in ecological economics.* in R. Costanza, (Ed.). *Ecological economics: The science and management of sustainability*, New York: Columbia University Press. 1991, pp. 47-57.

331. Helmi Risku - Norja, Ilmo Mäenpää. *MFA Model to Assess Economic and Environmental Consequences of Food Production and Consumption.* Ecological Economics, 2007, 60, 700-711.

332. Holling, C. S, *Engineering resilience vs. ecological resilience.* In Schulze, P. C. ed. *Enginering within ecological constraints.* National Academy Press, Washington D. C., 1996, 32-43.

333. Holling, C. S. *Resilience and stability of ecological systems.* Annual Review of

Ecology and Systematics, 1973, 1 – 23.

334. Holling, C. S. *Understanding the complexity of economic, ecological, and social systems.* Ecosystems, 2001, 4 (4): 390 – 404.

335. Hung – Suck Parka, Eldon R. Renea, Soo – Mi Choia, Anthony S. F. Chiub, *Strategies for sustainable development of industrial park in Ulsan, South Korea – From spontaneous evolution to systematic expansion of industrial symbiosis*, Journal of Environmental Management, 2006.

336. Hunter C, *Perception of the sustainable city and implications for fresh water resources management.* Environment and Pollution, 1998, 10 (1): 84 – 103.

337. Intergovernmental Panel on Climate Change, *Guidelines for National Greenhouse Gas Inventories*, ch. 4. Agriculture: Nitrous Oxide from Agricultural Soils and Manure Management. OECD, Paris, 2006.

338. Jonathan Douglas. *Carrying Capacity and the Comprehensive Plan.* Boston College Environmental Affairs Law Review, 2001, 28 (4): 483 – 608.

339. Klaus Hubacek, Stefan Giljum. *Applying physical input – output analysis to estimate land appropriation (ecological footprints) of international trade activities.* Ecological Economics, 2003, 44: 137 – 151.

340. Kozlowski J. M. *Sustainable Development in Professional Planning: a Potential Contribution of the EIA and UET Concepts.* Landscape and Urban Plan, 1990, 19 (4): 307 – 332.

341. Krebs, C. J. *Ecology: The Experimental Analysis of Distribution and Abundance.* Benjamin Cummings, Menlo Park, California. 2001.

342. Kyushik, Yeunwoo Jeong, et al. *Determining Development Density Using the Urban Carrying Capacity Assessment System.* Landscape and Urban Planning, 2004, 73: 1 – 14.

343. Lane, M. B. *Affirming new directions in planning theory: co – management of protected areas.* Society and Natural Resources, 2001, 14, pp. 647 – 671.

344. Lenzen M. , Murray S A. *A modified ecological footprint method and its application to Australia.* Ecological Economics, 2001, 37 (2): 229 – 255.

345. Luck M. , Jenerette G D. , Wu J, et al. *The urban funnel model and the spatially heterogeneous ecological footprint.* Ecosystems, 2001, 4: 782 – 796.

346. Mansuri, G. , Rao, V. *Community – based and – driven development: a critical review.* The World Bank Research Observer, 2004, 19 (10): 1 – 39.

347. Mathis Wackernagel, Chad Monfreda, Karl – Heinz Erb, et al. *Ecological*

footprint time series of Austria, the Philippines, and South Korea for 1961 – 1999: comparing the conventional approach to an actual land area approach. Land Use Policy, 2004, 21: 261 – 269.

348. Matthews, E., Bringezu, S., Fischer – Kowalski, M., Huetller, W., Kleijn, R., Moriguchi, Y., Ottke, C., Rodenburg, E., Rogich, D., Schandl, H., Schuetz, H., van der Voet, E., Weisz, H. *The Weight of Nations: Material Outflows from Industrial Economies.* World Resources Institute, Washington, 2000.

349. McLeod, S. R. *Is the concept of carrying capacity useful in variable environments?* OIKOS, 1997, 79: 529 – 542.

350. Meyer P. S, Auubel J. H. *Carrying Capacity: A model with Logistically Varying Limits.* Technological forecasting and Social Change, 1999, 61 (3): 209 – 214.

351. Michiel A. Rijiberman. *Different approaches to assessment of design and management of sustainable urban water systems.* Ecological Impact Assessment Review, 2000 (20).

352. Ming XU, Tianzhu ZHANG. *Material Flows and Economic Growth in Developing China*, Journal of Industrial Ecology, 2007, 121 – 140.

353. Ming Xu, Xiao – Ping Jia, Lei Shia, Tian – Zhu Zhanga. *Societal metabolism in Northeast China: Case study of Liaoning Province.* Resources, Conservation and Recycling 2008, 52, 1082 – 1086.

354. Moffatt I. *Ecological footprints and sustainable development.* Ecological Economics, 2000, 32: 359 – 362.

355. Nakicenovic N, Swart R. *Special Report of Emission Scenarios of the Intergovernment Panel on Climate Change (IPCC).* Cambridge: Cambridge University Press, 2000.

356. Nurkse. R. *The Problem of Capital Formation in Less – Developed Countries.* Oxford University Press, 1953.

357. Odum H T. *Environment Accounting: Energy and Environmental Decision Making*, New York, 1996.

358. Pedroni, P. *Panel cointegration: asymptotic and finite sample properties of pooled time series tests with an application to the PPP hypothesis.* Working Paper in Economics, Indiana University, 1997.

359. Pedroni, P. *Fully Modified OLS for Heterogeneous Cointegrated Panel.* Advances in Econometrics, 2000 (15): 93 – 130.

360. Pedroni, Peter. *Critical Values for Cointegration Tests in Heterogeneous Pan-*

els with *Multiple Regressors*. Oxford Bulletin of Economics and Statistics, 1999 (61): 653 – 670.

361. Rees W E, Wackernagel M. *Urban ecological footprint: Why cities cannot be sustainable and why they are a key to sustainability*. Environmental Impact Assessment Review, 1996: 224 – 248.

362. Rees W E. *Ecological footprint and appropriated carrying capacity: what urban economics leaves out*, Environment and Urbanization, 1992, 4 (2): 121 – 130.

363. Ri Jiberman, et al, *Deferent approaches to assessment of design and management of sustainable urban water system*, Environment Impact Assessment Review, 2000, 129 (3): 333 – 345

364. Robert D. Cairns, *On accounting for sustainable development and accounting for the environment*, Article in press.

365. Roldan Muradian. *Ecological thresholds: a Survey*. Ecological Economics, 2001, 38: 7 – 24.

366. Rosenterin – Rodan, P. N, '*Big Push' from Economic Development of the Latin America*, Shmudis Press 1966.

367. Ryan Plummera, Derek Armitageb, *A resilience – based framework for evaluating adaptive co – management: Linking ecology, economics and society in a complex world*, Ecological Economics, 2007 (61): 62 – 74.

368. Sayre, N. F. *Carrying Capacity: Genesis, History and Conceptual Flaws*, Working Paper, 2007.

369. Ščasný, M., Kovanda, J. Hák, T. *Material Flow Accounts, Balances and Derived Indicators the Czech Republic during the 1990s: Results and Recommendations for Methodological Improvements*. Ecological Economics, 2003, 45 (1): 41 – 57.

370. Schandl, H., and Schulz, N. *Using Material Flow Accounting to Operationalise the Concept of Society's Metabolism: A Preliminary MFA for the United Kingdom for the Period of* 1937 – 1997. ISER Working Paper. No. 2000 – 3. University of Essex, Colchester, 2000.

371. Seidl I, Tisdell C A. *Carrying capacity reconsidered: from Malthus' population theory to cultural carrying capacity*. Ecological Economics, 1999, 31, 395 – 408.

372. Simmons C., Lewis K., Barrett J. *Two feet – two approaches: a component – based model of ecological footprint*. Ecological Economics, 2000, 32 (3): 375 – 380.

373. Steven R. McLeod. *Is the concept of carrying capacity useful in variable environments*. Oikos, 1997, 79 (3): 529 – 542.

374. Stokey, N. *Are There Any Limits to Growth?* International Economic Review, 1998, 39, 1 – 31.

375. Streets D G, *Waldhoef S T. Biofuel Use in Asia and Acidifying Emissions.* Energy, 1998, 23 (12), 1029 – 1042.

376. Swamy, P. *Efficient Inference in a Random Coefficient Regression Model.*. Econometrica, Econometric Society, 1970, Vol. 38 (2), 311 – 23.

377. Turner et al. *Towards integrated modeling and analysis in coastal zones: Principles and practices.* UK, 1998.

378. UNSD (United Nations Statistics Division) *Integrated Environmental and Economic Accounting: Final version.* New York: United Nations, 2003.

379. Weisz H, Krausmann F, Amann C, Eisenmenger N, Erb K, Hubacek K, Fischer – Kowalski M. *The Physical Economy of the European Union: Cross – country Comparison and Determinants of Material Consumption.* Ecological Economics, 2006, 25 (4): 676 – 698.

380. Zhao S. et al. *A modified method of ecological footprint calculation and its application*, Ecological Modeling, 2005, 185: 65 – 75.

教育部哲学社会科学研究重大课题攻关项目成果出版列表

书　名	首席专家
《马克思主义基础理论若干重大问题研究》	陈先达
《马克思主义理论学科体系建构与建设研究》	张雷声
《马克思主义整体性研究》	逄锦聚
《改革开放以来马克思主义在中国的发展》	顾钰民
《当代中国人精神生活研究》	童世骏
《弘扬与培育民族精神研究》	杨叔子
《当代科学哲学的发展趋势》	郭贵春
《服务型政府建设规律研究》	朱光磊
《地方政府改革与深化行政管理体制改革研究》	沈荣华
《面向知识表示与推理的自然语言逻辑》	鞠实儿
《当代宗教冲突与对话研究》	张志刚
《马克思主义文艺理论中国化研究》	朱立元
《历史题材文学创作重大问题研究》	童庆炳
《现代中西高校公共艺术教育比较研究》	曾繁仁
《西方文论中国化与中国文论建设》	王一川
《楚地出土戰國簡册［十四種］》	陳　偉
《近代中国的知识与制度转型》	桑　兵
《中国抗战在世界反法西斯战争中的历史地位》	胡德坤
《京津冀都市圈的崛起与中国经济发展》	周立群
《金融市场全球化下的中国监管体系研究》	曹凤岐
《中国市场经济发展研究》	刘　伟
《全球经济调整中的中国经济增长与宏观调控体系研究》	黄　达
《中国特大都市圈与世界制造业中心研究》	李廉水
《中国产业竞争力研究》	赵彦云
《东北老工业基地资源型城市发展可持续产业问题研究》	宋冬林
《转型时期消费需求升级与产业发展研究》	臧旭恒
《中国金融国际化中的风险防范与金融安全研究》	刘锡良
《中国民营经济制度创新与发展》	李维安
《中国现代服务经济理论与发展战略研究》	陈　宪
《中国转型期的社会风险及公共危机管理研究》	丁烈云

书 名	首席专家
《人文社会科学研究成果评价体系研究》	刘大椿
《中国工业化、城镇化进程中的农村土地问题研究》	曲福田
《东北老工业基地改造与振兴研究》	程 伟
《全面建设小康社会进程中的我国就业发展战略研究》	曾湘泉
《自主创新战略与国际竞争力研究》	吴贵生
《转轨经济中的反行政性垄断与促进竞争政策研究》	于良春
《面向公共服务的电子政务管理体系研究》	孙宝文
《产权理论比较与中国产权制度变革》	黄少安
《中国企业集团成长与重组研究》	蓝海林
《我国资源、环境、人口与经济承载能力研究》	邱 东
《中国加入区域经济一体化研究》	黄卫平
《金融体制改革和货币问题研究》	王广谦
《人民币均衡汇率问题研究》	姜波克
《我国土地制度与社会经济协调发展研究》	黄祖辉
《南水北调工程与中部地区经济社会可持续发展研究》	杨云彦
《产业集聚与区域经济协调发展研究》	王 珺
《我国民法典体系问题研究》	王利明
《中国司法制度的基础理论问题研究》	陈光中
《多元化纠纷解决机制与和谐社会的构建》	范 愉
《中国和平发展的重大前沿国际法律问题研究》	曾令良
《中国法制现代化的理论与实践》	徐显明
《农村土地问题立法研究》	陈小君
《知识产权制度变革与发展研究》	吴汉东
《中国能源安全若干法律与政策问题研究》	黄 进
《城乡统筹视角下我国城乡双向商贸流通体系研究》	任保平
《产权强度、土地流转与农民权益保护》	罗必良
《生活质量的指标构建与现状评价》	周长城
《中国公民人文素质研究》	石亚军
《城市化进程中的重大社会问题及其对策研究》	李 强
《中国农村与农民问题前沿研究》	徐 勇
《西部开发中的人口流动与族际交往研究》	马 戎
《现代农业发展战略研究》	周应恒
《综合交通运输体系研究——认知与建构》	荣朝和
《中国独生子女问题研究》	风笑天

书　名	首席专家
《我国粮食安全保障体系研究》	胡小平
《中国边疆治理研究》	周　平
《边疆多民族地区构建社会主义和谐社会研究》	张先亮
《中国大众媒介的传播效果与公信力研究》	喻国明
《媒介素养：理念、认知、参与》	陆　晔
《创新型国家的知识信息服务体系研究》	胡昌平
《数字信息资源规划、管理与利用研究》	马费成
《新闻传媒发展与建构和谐社会关系研究》	罗以澄
《数字传播技术与媒体产业发展研究》	黄升民
《互联网等新媒体对社会舆论影响与利用研究》	谢新洲
《教育投入、资源配置与人力资本收益》	闵维方
《创新人才与教育创新研究》	林崇德
《中国农村教育发展指标体系研究》	袁桂林
《高校思想政治理论课程建设研究》	顾海良
《网络思想政治教育研究》	张再兴
《高校招生考试制度改革研究》	刘海峰
《基础教育改革与中国教育学理论重建研究》	叶　澜
《公共财政框架下公共教育财政制度研究》	王善迈
《农民工子女问题研究》	袁振国
《当代大学生诚信制度建设及加强大学生思想政治工作研究》	黄蓉生
《处境不利儿童的心理发展现状与教育对策研究》	申继亮
《学习过程与机制研究》	莫　雷
《青少年心理健康素质调查研究》	沈德立
《WTO主要成员贸易政策体系与对策研究》	张汉林
《中国和平发展的国际环境分析》	叶自成
*《中部崛起过程中的新型工业化研究》	陈晓红
*《中国政治文明与宪法建设》	谢庆奎
*《我国地方法制建设理论与实践研究》	葛洪义
*《我国资源、环境、人口与经济承载能力研究》	邱　东
*《非传统安全合作与中俄关系》	冯绍雷
*《中国的中亚区域经济与能源合作战略研究》	安尼瓦尔·阿木提
*《冷战时期美国重大外交政策研究》	沈志华
……	

* 为即将出版图书